21 世纪全国高职高专工学结合型规划教材

市政工程计价

主　编　彭以舟　陈云娇

副主编　张义和　陈晓麟

参　编　薛　倩　毛雯丽　赵剑丽

　　　　邹胜勇　吕　莉　权焱焱

北京大学出版社

PEKING UNIVERSITY PRESS

内容简介

本书依据浙江省市政工程最新计价标准，以真实工程项目作依托，系统地阐述了市政工程计价的主要内容，包括预算定额应用、图纸识读与定额工程量计算、工料单价法施工图预算编制、综合单价法施工图预算编制、招标控制价与投标价编制和设计概算编制。

本书提供了定额套用、工程量计算、工程清单编制、施工图预算、招标控制价、投标价、设计概算等编制实例，供学生学习、理解，充分体现了工程计价岗位技能需求，注重实操性，强调易学易做，并辅以实训练习，培养学生独立编制工程造价的能力，为今后工作奠定基础。

本书既可作为高职高专院校市政工程类相关专业的教材和指导书，也可作为市政工程造价员职业资格考试的培训、辅导教材。

图书在版编目(CIP)数据

市政工程计价/彭以舟，陈云娇主编. —北京：北京大学出版社，2013.2
(21世纪全国高职高专工学结合型规划教材)
ISBN 978-7-301-22117-4

Ⅰ.①市… Ⅱ.①彭…②陈… Ⅲ.①市政工程—工程造价—高等职业教育—教材 Ⅳ.①TU723.3

中国版本图书馆CIP数据核字(2013)第026407号

书　　名：市政工程计价
著作责任者：彭以舟　陈云娇　主编
策 划 编 辑：赖　青　王红樱
责 任 编 辑：王红樱
标 准 书 号：ISBN 978-7-301-22117-4/TU·0309
出 版 发 行：北京大学出版社
地　　址：北京市海淀区成府路205号　100871
网　　址：http://www.pup.cn　新浪官方微博：@北京大学出版社
电 子 信 箱：pup_6@163.com
电　　话：邮购部62752015　发行部62750672　编辑部62750667　出版部62754962
印 刷 者：北京富生印刷厂
经 销 者：新华书店
787毫米×1092毫米　16开本　20.5印张　474千字
2013年2月第1版　2015年2月第2次印刷
定　　价：39.00元

北大版·高职高专土建系列规划教材

专家编审指导委员会

前　言

2010 版《浙江省建设工程计价规则》、《浙江省市政工程预算定额》、《浙江省施工机械台班费用定额》、《浙江省建设工程施工费用定额》等计价依据已于 2011 年 1 月施行，为解决市政工程技术专业、工程造价专业学生学习“市政工程计价”课程没有配套教材问题，特编写本书。

本书依据市政工程技术专业、工程造价专业培养目标，“工学结合、理实一体”的课程标准进行编写；与企业专家座谈，分析毕业生工作岗位、计价工作过程来确定学习领域，并与企业人员合作开发编写。本书以杭州市康拱路工程的施工图纸识读、工程量计算、造价文件编制为载体设计学习情境，强调实操性和易学性，突出能力培养。为避免内容重复，减少学生学习难度，本书编列了预算定额应用、图纸识读与定额工程量计算、工料单价法施工图预算编制、综合单价法施工图预算编制、招标控制价与投标价编制、设计概算编制 6 个学习情境，18 个任务单元。

本书内容可按照 64～76 学时安排，推荐学时分配：学习情境 1，8～10 学时；学习情境 2，12～14 学时；学习情境 3，12～14 学时，其中造价软件实训 8～10 学时；学习情境 4，14～16 学时，其中造价软件实训 8～10 学时；学习情境 5，10～12 学时，其中造价软件实训 8～10 学时；学习情境 6，8～10 学时。教学建议采用“教学做一体”的教学方法，教师先讲解、演示，然后让学生动手去做，做的过程中老师进行辅导，最后老师总结。与将来上岗无缝对接，要求学生运用造价软件完成施工图预算、招标控制价、投标报价等编制任务。因造价软件品牌众多，本书未编列软件应用内容，可参考相应软件操作说明。

本书由浙江交通职业技术学院彭以舟、杭州市路桥有限公司陈云娇主编。学习情境 1 由浙江交通职业技术学院邹胜勇、杭州市路桥有限公司陈云娇编写；学习情境 2 由浙江交通职业技术学院张义和、彭以舟编写；学习情境 3 由浙江交通职业技术学院陈晓麟、毛雯丽编写；学习情境 4 由浙江交通职业技术学院彭以舟、杭州市路桥有限公司陈云娇编写；学习情境 5 由浙江交通职业技术学院赵剑丽、浙江中州工程咨询有限公司吕莉编写；学习情境 6 由浙江交通职业技术学院薛倩、北京市市政专业设计院股份公司浙江分公司权燚燚编写。

本书不当之处恳请读者提出宝贵意见，以便课程建设组予以更正，课程建设组衷心感谢您的厚爱与支持。

“市政工程计价”课程建设组
2013 年 1 月

目　录

学习情境1

预算定额应用

情境目标

通过学习情境 1 的学习，培养学生以下能力。

(1) 了解基本建设程序与各阶段造价文件。

(2) 了解工程定额的种类，熟悉市政工程预算定额的组成内容和适用范围。

(3) 掌握预算定额说明、定额工程量计算规则。

(4) 能正确套用市政工程预算定额，并能进行定额调整和换算。

任务描述

预算定额套用、定额调整和换算。

教学要求

教学目标	知识要点	权重
了解基本建设程序与各阶段造价文件	投资估算、设计概算、施工图预算、招标控制价、投标价、结算、决算等	10%
掌握基本建设项目的划分	建设项目、单项工程、单位工程、分部工程、分项工程	10%
熟悉定额的基本形式	劳动定额、材料消耗定额、机械台班使用定额等	10%
能正确套用定额，计算工料机消耗量、人工费、材料费、机械使用费、基价	工料机消耗量、人工费、材料费、机械使用费、基价	30%
能进行定额调整和换算	定额乘系数、砂浆配合比、混凝土配合比、稳定类材料配合比、片石掺量等调整和换算	40%

情境任务导读

市政工程建设项目从提出设想到投入运营，一般要经历项目建议书、可行性研究、初步设计、施工图设计、招投标、施工、竣工验收等基本建设程序，须套用相应的定额或指标编制投资估算、设计概算、施工图预算、招标控制价等造价文件。

知识点滴

定额趣史

据史书记载，我国自唐朝起，就由国家制定有关建筑事业的规范。

在《大唐六典》中有这类条文。当时按四季日照的长短，把劳动定额分为中工(春、秋)、长工(夏)、短工(冬)。工值以中工为准，长工短工各增减10%。每一工种按照等级、大小和质量要求，以及运输距离远近，计算工值。这些规定为编制预算和施工组织订出了严格的标准，便于生产也便于检查。

宋初，在继承和总结古代传统的基础上，记录营造房屋方法的书《木经》问世，不仅促进了当时建筑技术的交流和提高，而且对后来建筑技术的发展产生了很大的影响。到公元1103年，北宋政府颁行的《营造法式》，可以说是由国家制定的一部建筑工程定额。《营造法式》的编订，始于王安石执政时期，由将作监(古代官署名，掌管宫室建筑、金玉珠翠犀象宝贝器皿的制作和纱罗缎匹的刺绣以及各种异样器用打造的官署)于1091年编修成书。但由于缺乏用料制度，难以防止贪污浪费之弊。1097年将作监少监李诫奉敕重新修订，于1100年成书，1103年刊发。《营造法式》将工料限量与设计、施工、材料结合起来的做法，可谓定额的雏形。

清代(1644—1911年)，清工部《工程做法则例》是一部算工算料的书，全书内容大体分为各种房屋营造范例和应用工料估算额限两部分。自土木瓦石，搭材起重，油画裱糊，以至铜铁件安装等，总计17个专业，20多个工种，分门别类，各有条款详细的规程。《工程做法则例》既是工匠营造房屋标准，又是主管部门验收工程、核定经费的明文依据。

从19世纪初期开始，资本主义国家在工程建设中开始推行招标承包制，形势要求工料测量师在工程设计以后和开工以前就进行测量和估价，根据图纸算出实物工程量并汇编成工程量清单，为招标者确定标底或为投标者作出报价，工程造价管理逐渐形成独立的专业，1881年英国皇家测量师学会成立。

新中国成立以来，定额工作一直受到高度重视，1954年国家计划委员会(现为国家发展和改革委员会)颁布了《建筑工程设计预算定额(试行草案)》，其后各行业相继颁发了行业定额。

任务1.1 基本建设程序与工程定额认知

1.1.1 基本建设程序与各阶段造价文件

基本建设程序是对基本建设项目从酝酿、规划到建成投产所经历的整个过程中的各项工作开展先后顺序的规定。它反映工程建设各个阶段之间的内在联系，是从事建设工作的各有关部门和人员都必须遵守的原则。目前我国基本建设程序分为7个阶段，即项目建议书阶段、可行性研究阶段、设计阶段、建设准备阶段、建设实施阶段、竣工验收阶段、项目后评价。每个阶段又包含着许多环节，并且各有不同的工作内容，各阶段有着不同造价文件，如图1.1所示。

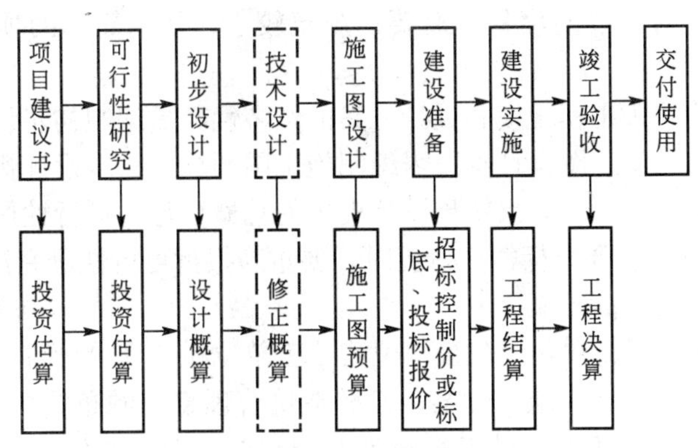

图1.1 市政工程各阶段造价文件

1. 项目建议书阶段

项目建议书是由建设单位提出要求建设某一具体项目的建议文件，是对建设项目的轮廓设想。项目建议书的主要作用是推荐一个拟进行建设项目的初步说明，论证建设的必要性、条件的可行性和获利的可能性，供决策部门选择并确定是否进行下一步工作。

为了论证项目建设条件的可行性和获利的可能性，需要测算项目从筹建、施工直至建成投产的全部建设费用金额，应编制项目建议书投资估算，投资估算是对拟建项目的全部投资费用进行的预测估计。

2. 可行性研究阶段

可行性研究是在项目建议书批准后进行的，是基本建设前期工作的一项重要内容，是项目决策和编制设计任务书的依据。

可行性研究的目的是对某项工程建设的必要性、技术的可行性、经济的合理性、实施的可能性等方面进行综合研究，推荐最佳方案，编制可行性研究阶段投资估算，并通过财务评价和国民经济评价，为建设项目决策和审批提供科学依据。

可行性研究报告按照规定的审批程序报批，项目经过政府有关部门的批准，并列入政府计划的过程叫项目立项。可行性研究报告一经批准，不得随意修改和变更。经过批准的可行性研究报告作为勘测设计的依据。可行性研究阶段编制的造价文件也称作投资估算，或可行性研究投资估算。可行性研究投资估算与项目建议书投资估算差额不得超过30%。

3. 设计阶段

设计是对拟建工程的实施在技术上和经济上进行全面详尽的安排，是基本建设计划的具体化，是整个工程的决定性环节。建设项目的可行性研究报告批准后，应通过招标的方式选择设计单位。设计单位应按批准的可行性研究报告进行设计，编制设计文件。根据建设项目的不同情况，设计阶段可采用一阶段设计(施工图设计)、两阶段设计(初步设计、施工图设计)或三阶段设计(初步设计、技术设计、施工图设计)。设计文件是安排建设项目和组织施工的主要依据。

技术设计是根据批准的初步设计，对重大、复杂的技术问题通过科学试验、专题研究、加深勘探调查及分析比较，解决初步设计中的遗留问题，落实技术方案，提出修正的施工方案。技术设计对一般的项目不需要；规模较小、技术简单的项目一般只需一阶段设计。

初步设计阶段为明确工程规模和设计方案的经济性，需编制初步设计概算；技术设计阶段需编制修正概算；施工图设计阶段需编制施工图预算。初步设计概算不得突破可行性研究报告投资估算的±10%，如果初步设计提出的总概算超过可行性研究报告确定的总投资估算10%以上或其他主要指标需要变更时，要重新报批可行性研究报告。批准后的概算是国家控制项目投资的最高限额。

施工图预算是工程设计单位、建设单位或施工单位在工程设计阶段或开工之前，根据施工图，依据施工组织设计或施工方案，按照造价管理部门颁布的相关造价文件(如浙江省市政工程预算定额、浙江省建设工程施工取费定额、浙江省施工机械台班费用定额)、定额工程量计算规则、现场勘查资料及人工、材料、施工机械台班预算价格，逐项计算编制而成的工程费用文件。

4. 建设准备阶段

建设单位应按规定进行建设准备。在“三通一平”完成，物资、材料、设备和资金落实，有满足施工使用的设计文件后，编制招标文件，发布招标公告，组织项目招标，通过招标方式，择优选择施工单位。

招标阶段建设单位应组织专门人员编制招标控制价，招标控制价是为准备招标的那一部分工程按计价规定而计算出的一个合理的基本价格。招标时告知投标人，招标单位用招标控制价来控制投标人的报价。

标底是建设单位组织专门人员为拟招标的那一部分工程而编制的一个合理的基本价格，并以此为尺度来评判投标者的报价是否合理。标底的编制是工程招标中重要的环节之一，是评标、定标的重要依据，开标前严格保密。

投标阶段投标人需对招标人招标的那一部分工程进行报价，投标价是指投标人同招标人出示的愿意完成工程内容的价位。投标单位中标后与建设单位签订合同价格。

5. 建设实施阶段

建设实施阶段是将设计蓝图变成现实的过程，在这阶段要求施工单位必须按照设计图纸进行施工，如存在需要变更设计的问题，必须经设计单位签发设计变更单，才能进行变更。施工活动是非常复杂的生产活动，应严格按设计要求、合同约定、质量标准和施工验收规范的要求组织施工，在保证工程质量、工期、成本的前提下，达到验收标准。

施工预算是指施工企业在工程实施阶段，根据施工定额、单位工程施工组织设计或分项工程施工方案等资料，通过工料分析，计算和确定拟建工程所需的人工、材料、机械台班消耗量及其相应费用的技术经济文件，主要用于企业内部组织管理生产。

工程结算是指施工企业按照合同规定的内容全部完成所承包的工程，经验收质量合格，并符合合同要求之后，由承包人按照合同价款及合同价款调整内容以及工程变更、索赔事项进行编制，经发包人审核的承包人所能得到的全部工程费用金额。

6. 竣工验收阶段

竣工验收是检验工程项目从计划、设计到施工各项工作质量的关键环节。竣工验收是建设单位、监理单位、设计单位和施工单位(承包商)作为建设项目的生产者，将其投资成果的生产能力、质量、成本、收益等情况向国家汇报并交付新增固定资产的活动。竣工验收可分为单项工程验收和建设项目验收。只有通过了单项工程验收，才能进行建设项目验收。竣工交付使用的工程必须符合有关法律法规、技术标准、技术规范、设计图纸和合同规定。

建设项目全部完成后，由建设单位负责编制的项目从立项到投入使用所发生的一切费用金额称为工程决算。

7. 项目后评价

建设项目后评价是工程项目竣工运营一段时间后，再对项目的立项决策、设计施工、竣工投产、生产运营等全过程进行系统评价的一种技术经济活动。它是固定资产投资管理的重要内容，通过建设项目后评价以达到肯定成绩、总结经验、研究问题、吸取教训、提出建议、改进工作、不断提高决策水平和投资效果的目的。

1.1.2 基本建设项目的划分

基本建设项目按照基本建设管理工作和合理确定工程造价的需要，划分为建设项目、单项工程、单位工程、分部工程和分项工程，如图 1.2 所示。

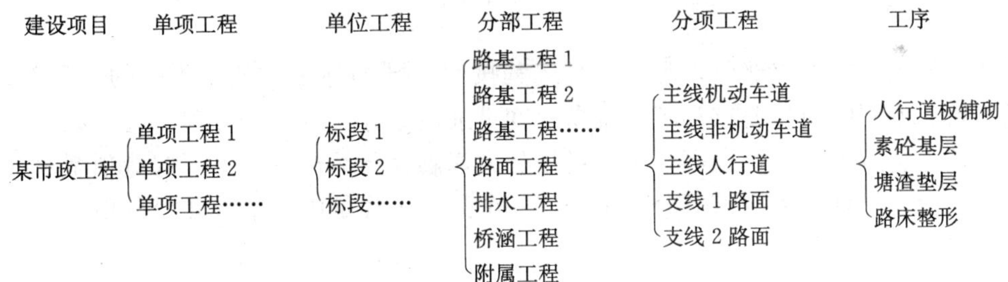

图 1.2 基本建设项目划分

1. 建设项目

又称基本建设项目，一般指符合国家总体建设规划，能独立发挥生产功能或满足生活需要，其项目建议书经批准立项和可行性研究报告经批准的建设任务，其按照一个总体设计进行施工，经济上实行统一核算，行政上有独立的组织形式。如民用建设中的一个居民区、一所学校；工业建设中的一座工厂、一个矿山；市政工程建设中的一条道路、一座独立大桥等。建设项目包括新建、扩建、改建、恢复及迁建等形式的固定资产再生产。

2. 单项工程

又称工程项目，是建设项目的组成部分，建成后能够独立发挥生产能力或效益的工程。一般是指工业建设中能独立生产的车间，排水工程中的泵站，有接线建成后能独立发挥交通功能的独立的桥梁、隧道等。如在工业建设工程中企业的各生产车间、办公楼、食堂、住宅等；民用建设工程中的学校的教学楼、图书馆、食堂、学生宿舍、教职员工住宅等。工程项目划分的标准，由于工程专业性质的不同而不完全一样，一个建设项目是由一个或几个单项工程所组成的。

3. 单位工程

单位工程是单项工程的组成部分，指具有单独设计的施工图纸和单独编制的施工图预算文件，可以独立施工和作为成本核算对象，但建成后不能独立发挥生产能力或效益的工程。通常按照单项工程所包含的不同性质的工程内容，根据能否独立施工的要求，将一个单项工程划分为若干个单位工程，如市政建设中的一段道路工程、一段下水道工程，泵站建设中的房屋建设等。一个单项工程是由一个或几个单位工程所组成的。

4. 分部工程

分部工程是单位工程的组成部分，一般是按照单位工程的主要结构、各个主要部位划分的。如工业与民用建筑中将土建工程作为单位工程，而土石方工程、砌筑工程等作为分部工程；市政工程中一段道路划分为路基工程、路面工程、附属工程等若干个分部工程；公路工程中路基工程划分为单位工程，路基工程中的土石方工程、小桥工程、排水工程、涵洞工程、砌筑防护、大型挡土墙工程划分为分部工程。一个单位工程是由一个或几个分部工程所组成的。

5. 分项工程

它是分部工程的组成部分，是将分部工程按照不同的施工方法、不同的工程部位、不同的材料、不同的质量要求和工作难易程度更细地划分为若干个分项工程。如土方工程划分为挖土、运土、回填土等，小桥可划分为基础及下部构造、上部构造预制及安装或浇筑、桥面、栏杆、人行道等分项工程。一个分部工程是由一个或几个分项工程所组成的。

分项工程又可划分为若干工序，分项工程是预算定额的基本计量单位，故也称为工程定额子目或称工程细目。

各个分项工程的造价合计形成分部工程造价，各分部工程造价合计形成单位工程造价，各单位工程造价合计形成单项工程造价，各单项工程造价合计形成建设项目造价。即工程造价的计算过程是：分部分项工程造价→单位工程造价→单项工程造价→建设项目总造价。

1.1.3 基本建设的内容

1. 建筑工程

建筑工程指使用建筑材料和施工设备，建造或维修房屋、道路、桥梁、隧道、给排水、农田水利等基本建设项目的生产活动，可理解为土建工程，但不可理解为狭义的房屋建筑工程。

2. 安装工程

安装工程是指基本建设项目中的各种设备、装置的安装。如市政工程排水泵站泵机的安装，隧道工程通风设备、监控设备安装等。桥梁工程预制梁板的安装、给排水管道的安装等属建筑工程。

3. 设备及工器具购置

设备及工器具购置包括设备购置、工器具购置和生产用家具购置。

设备购置系指为满足基本建设项目的运营、管理、维护需要，达到固定资产标准的设备和虽低于固定资产标准但属于设计明确列入设备清单的设备的购置，如市政工程排水泵站泵机，隧道工程通风设备、监控设备、照明设备，市政道路养护用的机械、设备和工具、器具等的购置。

工器具购置系指建设项目交付使用后为满足初期正常运营必须购置的第一套不构成固定资产的设备、仪器、仪表、工卡模具、器具、工作台等的购置。工器具购置应由设计单位列出计划购置的清单。

生产用家具购置系指为保证新建、改建项目初期正常生产、使用和管理所必须购置的办公和生活用家具、用具的费用。包括办公室、会议室、资料档案室、阅览室、生活福利设施等的家具、用具的购置。

4. 其他基本建设工作

包括上述以外的基本建设工作，如征地拆迁、可行性研究、研究试验、勘察设计、环境影响评价、工程监理及其他与工程建设相关的工作。

1.1.4 工程定额

1. 定额的基本概念

定额：“定”是规定，“额”是数额，定额就是规定的数额，即规定生产质量合格的单位工程产品(如 $1m^2$、$1m^3$)所必须消耗的人力、物力或费用的标准数额。定额是计价依据主要内容之一，也称作指标。

定额、指标有两部分：一是工程定额、指标；二是费用定额(如浙江省建设工程施工取费定额、机械台班费用定额)。

市政工程预算定额就是市政工程建设按照正常的施工条件，目前多数企业的施工机械装备程度，合理的施工工期、施工工艺和劳动组织下，生产定额单位的质量合格结构构件、分项工程所必须消耗的人工、材料和机械台班的数量标准，反映了社会平均消耗水平，是编制施工图预算的主要依据，是确定和控制工程造价的基础。

2. 定额的分类

工程定额的分类如图 1.3 所示。

1) 按生产因素分类

(1) 人工消耗定额。也称劳动消耗定额、劳动定额，是指完成一定数量的合格产品(工程实体或劳务)规定活劳动消耗的数量标准。有两种表现形式：时间定额和产量定额。

时间定额就是工人在正常施工条件下，为完成单位合格产品或工作任务所消耗的必要

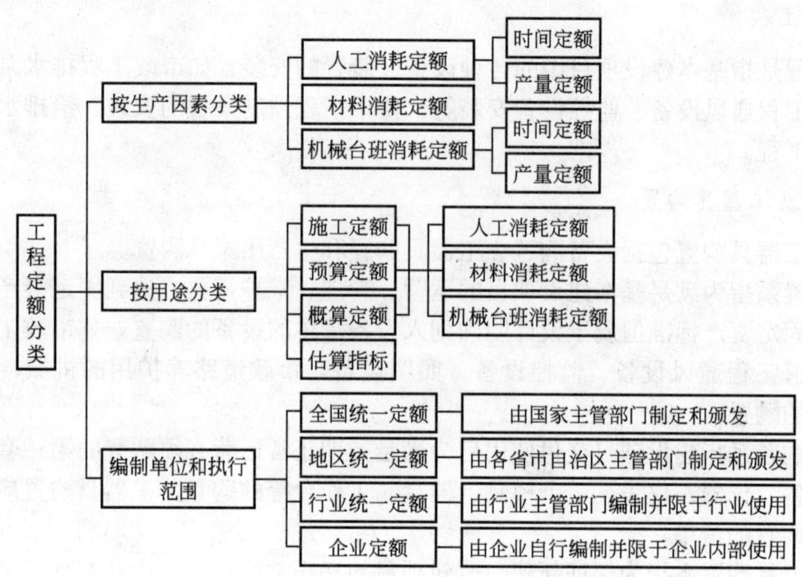

图 1.3　工程定额的分类

劳动时间。必要劳动时间包括有效工作时间(准备与结束工作时间、基本工作时间、辅助

(2) 材料消耗定额。是指完成一定数量的合格产品所需消耗的原材料、成品、半成品、构配件、燃料以及水、电等动力资源的数量标准。

(3) 机械台班消耗定额。是指为完成一定数量的合格产品(工程实体或劳务)规定的施工机械消耗的数量标准。

2) 按用途分类

按用途分为施工定额、预算定额、概算定额、概算指标与投资估算指标。

施工定额是施工企业为组织生产和加强管理在企业内部使用的一种定额，属于企业性质定额。它是建筑安装工人在合理的劳动组织或工人小组在正常施工条件下，为完成单位合格产品，所需劳动、机械、材料消耗的数量标准。施工定额采用社会平均先进水平，它由劳动定额、机械定额和材料定额 3 个相对独立的部分组成。施工定额是施工企业内部经济核算、编制施工预算、编制施工作业计划、编制施工组织设计、签发生产任务单与限额领料单、考核劳动生产率和进行成本核算的依据。施工定额是以同一性质的施工过程——工序作为对象编制，表示生产产品数量与生产要素消耗综合关系编制的定额。施工定额也是编制预算定额的基础。

预算定额是编制施工图预算、确定和控制建筑安装工程造价的基础，属于计价定额。预算定额是以工程中的分项工程和结构构件为对象编制的定额，预算定额采用社会平均水平。

概算定额是在初步设计阶段编制设计概算或技术设计阶段编制修正概算的依据，是确定建设工程项目投资额的依据。概算定额可用于进行设计方案的技术经济比较。概算定额也是编制概算指标的基础。概算定额是以扩大分项工程或扩大结构构件为对象编制的，计算和确定劳动、机械台班、材料消耗量所使用的定额。

概算指标是以每 $100m^2$ 建筑面积、每 $1000m^3$ 建筑体积或每座构筑物为计量单位，规定人工、材料、机械及造价的定额指标。概算指标是概算定额的扩大与合并，它是以整个建筑物和构筑物为对象，以更为扩大的计量单位来编制的。概算指标的作用与概算定额相同，在设计深度不够的情况下，往往用概算指标来编制初步设计概算。因为概算指标比概算定额进一步扩大与综合，所以依据概算指标来估算投资就更为简便，但精确度也随之降低。

投资估算指标是在项目建议书和可行性研究阶段编制投资估算、计算投资需要量时使用的进一步综合与扩大的一种定额。

3）按编制单位和执行范围分类

按编制单位和执行范围分为：全国统一定额、行业统一定额、地区统一定额、企业定额。

全国统一定额是由国家建设行政主管部门综合全国工程建设中技术和施工组织管理的情况编制，并在全国范围内执行的定额。行业统一定额是考虑到各行业部门专业工程技术特点，以及施工生产和管理水平编制的。一般只在本行业和相同专业性质的范围内使用，如建筑工程定额，安装工程定额，市政工程定额，园林绿化工程定额、铁路工程定额，公路工程定额等。地区统一定额主要是考虑地区性特点和全国统一定额水平作适当调整和补充编制的，包括省、自治区、直辖市定额。企业定额是施工企业考虑本企业施工技术和管理水平而编制的人工、材料和机械台班等的消耗标准，仅适用于本企业。

3. 定额的基本形式

1）劳动定额

也称人工定额，是劳动消耗定额的简称，表示建筑工人劳动生产率的一个指标。有两种表现形式：时间定额和产量定额。

时间定额：是工人在正常施工条件下，为完成单位合格产品或工作任务所消耗的必要劳动时间。必要劳动时间包括有效工作时间(准备与结束工作时间、基本工作时间、辅助工作时间)以及休息时间，不可避免的中断时间。

时间定额以工日为单位，每一工日工作时间按现行制度规定为8h，潜水作业为6h，隧道洞内作业为7h。

$$\text{时间定额}=\text{工日数量}/\text{产品数量} \tag{1-1}$$

或：时间定额=班组成员工日数总和/班组完成产品数量总和

产量定额：是指在正常施工条件下，在单位时间(工日)内所应完成合格产品的数量。

$$\text{产量定额}=\text{产品数量}/\text{工日数量} \tag{1-2}$$

或：

$$\text{产量定额}=\text{班组完成产品数量总和}/\text{班组成员工日数总和}$$

时间定额与产量定额互为倒数，即

$$\text{时间定额}\times\text{产量定额}=1$$

【例1-1】 人工挖一、二类土方100m^3需9.28工日，则：

$$\text{时间定额}=9.28/100=0.0928(\text{工日}/m^3)$$

$$\text{产量定额}=100/9.28=10.776(m^3/\text{工日})$$

2）材料消耗定额

材料消耗定额是指在节约与合理使用材料的条件下，生产单位合格产品所必须消耗材料、构件或配件的数量标准。材料消耗量计入了相应的损耗，损耗的内容和范围包括：从工地仓库、现场集中堆放地点或现场加工地点至操作或安装地点的现场运输损耗、施工操作损耗、施工现场堆放损耗。

$$材料总用量=净用量\times(1+损耗率) \tag{1-3}$$

【例 1-2】 浇筑长 7m、宽 3m、高 1m 矩形混凝土基础，混凝土净用量为 $7\times3\times1=21(m^3)$。因混凝土材料在搅拌、运输、入模过程中不可避免有损耗，经测算社会平均损耗率为 1.5%，则浇筑长 7m、宽 3m、高 1m 矩形混凝土基础定额混凝土消耗量为 $21\times(1+1.5\%)=21.315(m^3)$。

定额中的材料可分为以下 4 类。

(1) 主要材料。指直接构成工程实体的材料，其中包括半成品、成品。如钢筋、水泥、碎石、沥青、涵管、路缘石等。

(2) 辅助材料。用量少，在施工中起辅助作用的各种材料，如电焊条、铁钉、铅丝等，在定额中列出材料名称和消耗量。

(3) 周转材料。指多次使用，但不构成工程实体的工具性材料，如模板、脚手架、支架、挡土板、钢板桩、钢护筒等。

(4) 其他材料。用量少、价值小的材料，定额中不列出材料名称和消耗量，以其他材料费形式表示。

3) 机械台班使用定额

机械台班使用定额是完成单位合格产品所必需的机械台班消耗标准。它也分为时间定额和产量定额。

时间定额就是生产质量合格的单位产品所必需消耗的机械工作时间。一般机械工作 8h 为 1 台班。

$$时间定额=台班数量/产品数量 \tag{1-4}$$

或：

$$时间定额=班组台班数总和/班组产品数量总和$$

产量定额就是一个机械台班完成合格产品的数量。

$$产量定额=产品数量/台班数量 \tag{1-5}$$

或：

$$产量定额=班组产品数量总和/班组台班数量总和$$

【例 1-3】 $1m^3$ 液压履带式单斗挖掘机挖三类土，不装车，挖 $1000m^3$ 需 1.970 台班。则：

$$时间定额=1.970/1000=0.00197(台班/m^3)$$

$$产量定额=1000/1.970=507.61(m^3/台班)$$

任务 1.2 预算定额的套用

1.2.1 预算定额项目的划分

《浙江省市政工程预算定额》(2010 版)共分 8 册，具体包括：第一册《通用项目》；第二册《道路工程》；第三册《桥涵工程》；第四册《隧道工程》；第五册《给水工程》；第六册《排水工程》；第七册《燃气与集中供热工程》；第八册《路灯工程》和附录。

1.2.2 预算定额的组成

预算定额一般由总说明、目录、章说明、工程量计算规则、定额表和有关附录等组成。

1. 总说明、章说明、工程量计算规则

“总说明、章说明、工程量计算规则”对定额进行相关解释和规定，使用定额前须仔细阅读和理解。

2. 目录

目录是快速查阅定额的途径。

3. 定额表

定额表是定额的核心内容，定额表由定额表名称、工作内容、计量单位、项目名称、工料机消耗数量、人工费、材料费、机械费、基价、注等组成见表 1－1 和表 1－2。

表 1－1 人工挖土方

工作内容：挖土、抛土、修整底边、边坡　　计量单位：$100m^3$

定额编号				1－1	1－2	1－3
项目				一、二类土	三类土	四类土
基价/元				371	682	1059
其中	人工费/元 材料费/元 机械费/元			371.20	681.60	1059.20
	名　称	单位	单价/元	消耗量		
人工	一类人工	工日	40.00	9.280	17.040	26.480

注：① 砾石含量在 30％以上密实性土壤按四类土乘以系数 1.43。

② 挖土深度超过 1.5m 应计算人工垂直运输土方，超过部分工程量按垂直深度每 1m 折合成水平距离 7m 增加工日，深度按全高计算。

表 1－2 基础

工作内容：混凝土配、拌、运输、浇筑、捣固、抹平、养生　　计量单位：$10m^3$ 及 $10m^2$

定额编号		3－212	3－213	3－214
项目		混凝土基础		
		混凝土	商品混凝土	模板
		$10m^3$		$10m^2$
基价/元		2639	3115	286
其中	人工费/元 材料费/元 机械费/元	416.67 1982.90 239.45	139.75 2911.11 64.19	86.86 170.40 28.83

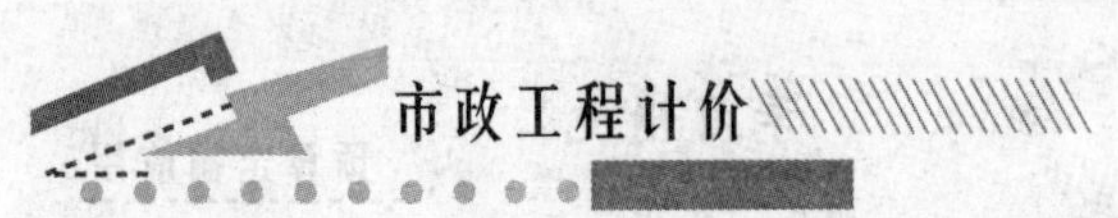

（续）

名称		单位	单价/元	消耗量		
人工	二类人工	工日	**43.00**	**9.690**	**3.250**	**2.020**
材料	现浇现拌混凝土 C20(40)	m^3	192.94	10.150	—	—
	非泵送商品混凝土 C20	m^3	285.00	—	10.150	—
	块石	t	40.50	—	—	—
	草袋	个	2.54	5.300	5.300	—
	水	m^3	2.95	3.760	—	—
	钢模板	kg	4.67	—	1.659	6.370
	钢支撑	kg	4.60	—	—	2.510
	零星卡具	kg	6.82	—	—	13.010
	木模板	m^3	1200.00	—	—	0.030
	圆钉	kg	4.36	—	—	0.240
	脱模剂	kg	2.83	—	—	1.000
	模板嵌缝料	kg	1.00	—	—	0.500
机械	双锥反转出料混凝土搅拌机 350L	台班	96.72	0.530	—	—
	机动翻斗车 1t	台班	109.73	1.130	—	—
	履带式电动起重机 5t	台班	144.71	0.390	0.390	—
	混凝土振捣器平板式 BLL	台班	17.56	0.285	0.285	—
	混凝土振捣器插入式	台班	4.83	0.570	0.570	—
	载货汽车 4t	台班	282.45	—	—	0.074
	汽车式起重机 5t	台班	330.22	—	—	0.024

(1) 定额表名称。如：①人工挖土方；②人工挖沟槽、基坑土方等。

(2) 工作内容。工作内容说明了定额表人工、材料、机械台班消耗量所包含的工序，已包含于工作内容的工序不得再另外套用其他定额，未包含在工作内容中的工序应再套用其他定额。工作内容是界定定额套用“不重不漏”的重要依据。如定额表“人工挖土方”已包括了人工挖土、抛土和修整底边、边坡工序，套用定额时不得再套用人工修整底边、边坡定额。

(3) 计量单位。定额表中的人工、材料、机械台班消耗量是完成一个“计量单位”工程量的合格产品所消耗人工、材料、机械台班数量标准。为避免表中数字过大或过小，影响计算精度或排版，计量单位往往不是自然单位，而是 $10m^3$、$100m^3$、$1000m^3$ 等。套用定额时计量单位十分重要，自然单位的工程量需换算成“计量单位”的工程量后方可套用定额，否则数值会相差若干倍。某些工程量自然单位是 m^3，定额计量单位是 m^2，需将 m^3 换算成 m^2 后才能套用定额，即应将工程量换算成“定额计量单位”的工程量后方可套用定额，简称“单位一致性原则”。

【例 1-4】 人机配合铺筑人行道 20cm 厚塘渣垫层 $524.4m^3$，套用定额 2-100，定额 2-100 计量单位为 $100m^2$，需将 $524.4m^3$ 换算成 $100m^2$ 计量单位的工程量才能套用定额。

塘渣垫层面积 $=524.4/0.2=2622(m^2)=26.22(100m^2)$

(4) 定额编号。定额栏目的编号，如1-1、1-468、2-1等，第一个数字表示工程类别，如“1-1、1-468”中的“1”表示通用项目，“2-1”中的“2”表示道路工程……，第二个数字表示定额栏目编号，如“1-468”中的“468”表示通用项目第468个定额子目(栏目)。

(5) 消耗量。生产一个“计量单位”合格产品所需要消耗的人工工日数量、材料数量、机械台班数量的标准。

(6) 基价。基价是指一个计量单位合格产品所花费的人工费、材料费、机械使用费的合计价值。定额表里的基价称作定额基价，是指在定额编制时，以某一年为基期年，以该年某一地区人工、材料和机械台班单价为基础计算的完成一个计量单位合格产品所花费的人工费、材料费、机械使用费的合计价值。定额基价是计算建设工程费用的取费基数，优点在于取费金额不受人工、材料、机械台班市场价格波动影响。《浙江省市政工程预算定额》(2010版)定额单价的取定，人工单价：一类人工40元/工日；二类人工43元/工日；材料单价按《浙江省建筑安装材料基期价格》(2010版)取定；机械台班单价根据《浙江省施工机械台班费用定额》(2010版)取定。

【例1-5】 定额1-1的定额基价是371元/100m^3。

定额基价=定额人工费+定额材料费+定额机械使用费=371.20+0+0=371(元/100m^3)

【例1-6】 表1-2桥涵工程现浇混凝土基础定额表，定额编号3-212的定额基价是2639元/10m^3。

定额基价=定额人工费+定额材料费+定额机械使用费=416.67+1982.90+239.45=2639(元/10m^3)

(7) 注。“注”是对某定额表的制定依据、适用范围、使用方法及调整换算等所作的补充说明和规定。

4. 附录

在第一册定额的最后部分，包括附录A砂浆、混凝土强度等级配合比，附录B工、料、机单价取定表，附录C机械台班单独计算的费用，供定额调整、换算、补充时使用。

1.2.3 预算定额的套用

1. 直接套用

当某分项工程或工序采用的材料、施工方法、工作内容等与定额条件一致，不需对定额进行调整换算，可直接套用定额计算工、料、机消耗量或人工费、材料费、机械使用费。人工费、材料费、机械使用费之和称作直接工程费。

【例1-7】 人工挖三类土888m^3，深度1.0m，计算人工工日数量。

【解】 查定额：人工挖土方属通用项目，通用项目在定额的第一册，翻开定额第一册目录，查看第一章土石方工程→1. 人工挖土方，翻到定额第11页，找到定额表：1. 人工挖土方，再查看定额表栏目，找到1-2三类土。

定额编号：1-2。

人工工日数量=17.040×888/100=151.32(工日)

【例1-8】 浇筑长7m、宽3m、高1m矩形桥梁混凝土基础，现浇现拌混凝土C20(40)，工、料、机市场价见表1-3，计算浇筑该基础所需消耗的工、料、机数量及人工费、材料费、机械费、直接工程费。

表 1-3　工、料、机市场价格

序号	名称	单位	定额单价	市场价	差价
1	二类人工	工日	43.00	43.00	0.00
2	水	m^3	2.95	2.00	−5.31
3	现浇现拌混凝土 C20(40)	m^3	192.94	226.02	335.77
4	草袋	个	2.54	3.00	2.44
5	电(机械)	kW·h	0.85	1.00	7.28
6	柴油(机械)	kg	6.35	8.00	11.24
7	双锥反转出料混凝土搅拌机 350L	台班	96.73	103.08	3.37
8	机动翻斗车 1t	台班	109.73	119.68	11.24
9	履带式电动起重机 5t	台班	144.71	153.47	3.42
10	混凝土振捣器平板式 BLL	台班	17.56	18.14	0.17
11	混凝土振捣器插入式	台班	4.83	5.41	0.33

【解】 查定额：桥梁混凝土基础属桥涵工程，桥涵工程在定额的第三册，翻开定额第三册目录，浇筑桥梁混凝土基础属现浇混凝土工程，查看第五章现浇混凝土工程→1. 基础，翻到定额第 128 页，找到定额表：1. 基础，再查看定额表栏目，找到“混凝土基础”栏，因题目告知为现浇现拌混凝土，不是商品混凝土，选定“混凝土”栏目。

C20 混凝土基础体积＝7×3×1＝21(m^3)

定额编号：3-212。

人工＝9.690×21/10＝20.35(工日)

现浇现拌混凝土 C20(40)＝10.150×21/10＝21.32(m^3)

草袋＝5.300×21/10＝11.13(个)

水＝3.760×21/10＝7.90(m^3)

双锥反转出料混凝土搅拌机 350L＝0.530×21/10＝1.11(台班)

机动翻斗车 1t＝1.130×21/10＝2.37(台班)

履带式电动起重机 5t＝0.390×21/10＝0.82(台班)

混凝土振捣器平板式 BLL＝0.285×21/10＝0.60(台班)

混凝土振捣器插入式＝0.570×21/10＝1.20(台班)

人工费＝20.35×43.00＝875.05(元)

材料费＝21.32×226.02＋11.13×3.00＋7.90×2.00＝4867.94(元)

机械使用费＝1.11×103.08＋2.37×119.68＋0.82×153.47＋0.60×18.14＋1.20×5.41＝541.28(元)

直接工程费＝人工费＋材料费＋机械使用费＝875.05＋4867.94＋541.28＝6284.27(元)

【例 1-9】 水泥混凝土路面补强钢筋网设计工程量为 3456kg，计算制作、安装钢筋网定额消耗量及定额直接工程费。

定额直接工程费是指按定额人工单价、定额材料单价、定额机械台班单价计算的直接工程费。

【解】 定额编号：2－210。

钢筋用量＝1.02×3456/1000＝3.53(t)

定额直接工程费＝4460×3.456＝15413.76(元)

【例1－10】 某现浇现拌水泥混凝土路面2000m^3，设计混凝土抗折强度4.0MPa，厚24cm，计算人工费、材料费、机械费(不含伸缩缝嵌缝、切缝刻防滑槽及养生)及42.5水泥消耗量。

【解】 将水泥混凝土路面2000m^3换算成面积：2000/0.24＝8333.33(m^2)

特别提示

应将工程量换算成定额计量单位的工程量后方可套用定额，简称“单位一致性原则”。

定额编号：2－193＋2－194×4。

人工费＝(964.92＋28.38×4)×8333.33/100＝89869.96(元)

材料费＝(4509.93＋223.54×4)×8333.33/100＝450340.65(元)

机械费＝(96.19＋4.48×4)×8333.33/100＝9509.16(元)

由第一册附录A砂浆、混凝土强度等级配合比，查得道路路面混凝土抗折强度等级4.0MPa配合比42.5水泥用量为304kg/m^3，则

42.5水泥消耗量＝(20.3＋1.015×4)×8333.33/100×304＝617120(kg)

2. 换算套用

当设计要求与定额的工程内容、材料规格或施工方法等条件不一致时，对混凝土强度、砂浆标号、碎石规格等应加以调整换算；为保持定额的简明性，定额对某些情况采用乘系数进行调整。所以套用定额前须认真阅读定额说明，明确定额的适用条件和换算规则。如现浇混凝土项目分现拌混凝土和商品混凝土，如果定额所列混凝土形式与实际不同时，除混凝土单价换算外，人工、机械消耗量还应按定额说明进行调整。

特别提示

为与直接套用加以区分，定额编号后面加“H”或“换”。

定额换算一般有以下几种情况：按定额说明规定的定额乘系数换算；把定额中的某种材料替换成实际代用的材料换算；砂浆标号、混凝土标号换算、无机结合料配合比换算等。

特别提示

施工单位实际施工配合比材料用量与定额配合比表用量不同时，除配合比表说明中允许换算外，均不得调整；施工中实际采用机械的种类、规格与定额规定的不同时，一律不得换算。

【例1－11】 人工挖基坑三类湿土，深5m，确定基价。

【解】 人工挖基坑土方属第一册通用项目，查看目录找到定额表2. 人工挖沟槽、基坑土方，翻到定额第11页，基坑深5m应套用6m以内栏目，三类土挖深5m定额编号为

1-10。根据定额说明：干、湿土的划分首先以地质勘察资料为准，含水率≥25%为湿土；或以地下常水位为准，常水位以上为干土，以下为湿土。挖运湿土时，人工和机械乘以系数1.18(机械运湿土除外)，干、湿土工程量分别计算。

定额编号：1-10换。

$$基价=(2032+0)\times1.18=2397.76(元/100m^3)$$

特别提示

定额中注有“××以内”或“××以下”者均包括××本身，“××以外”或“××以上”者，则不包括××本身。

【例1-12】 人工辅助挖基坑土方，挖深5m，三类湿土，计算定额基价。

【解】 第一章土石方工程工程量计算规则“九、机械挖沟槽、基坑土方中如需人工辅助开挖(包括切边、修整底边)，机械挖土按实挖土方量计算，人工挖土土方量按实套相应定额乘以系数1.25，挖土深度按沟槽、基坑总深确定，但垂直深度不再折合水平运输距离”，则

定额编号：1-10H。

$$定额基价=2032\times1.18\times1.25+0+0=2997.2(元/100m^3)$$

【例1-13】 挖掘机挖一般土方一类土、不装车，垫板上作业，确定基价。

【解】 定额编号：1-56换。

$$基价=(192+1931.64)\times1.25+230=2884.55(元/1000m^3)$$

定额说明：挖土机在垫板上作业，人工和机械乘以系数1.25，搭拆垫板的人工、材料和辅机摊销费按每1000m³增加230元计算。

【例1-14】 推土机清除表土，均厚20cm，推距50m，确定基价。

【解】 定额编号：1-50换。

$$基价=192+5.12\times705.64\times1.25=4708.10(元/1000m^3)$$

定额说明：推土机推土的平均土层厚度小于30cm时，其推土机台班乘以系数1.25。

【例1-15】 挖掘机在支撑下挖地下水位以下一类土并装车，确定基价。

【解】 定额编号：1-59换。

$$基价=192\times1.18\times1.43+3051.73\times1.18\times1.2=4645.23(元/1000m^3)$$

定额说明：在支撑下挖土，按实挖体积人工乘以系数1.43，机械乘以系数1.20。先开挖后支撑的不属支撑下挖土。

【例1-16】 沟槽开挖宽4.5m，采用木挡土板(密撑、木支撑)竖板横撑，计算木挡土板定额基价。

【解】 木挡土板属第一册通用项目第四章支撑工程，定额说明“四、除槽钢挡土板外，本章定额均按横板、竖撑计算，如采用竖板、横撑时，其人工工日乘以系数1.2”；“五、定额中挡土板支撑按槽坑两侧同时支撑挡土板考虑，支撑面积为两侧挡土板面积之和，支撑宽度为4.1m以内。如槽坑宽度超过4.1m时，其两侧均按一侧支撑挡土板考虑。按槽坑一侧支撑挡土板面积计算时，工日数乘以系数1.33，除挡土板外，其他材料乘以系数2”。根据题目条件应进行调整换算。

定额编号：1-203H。

定额基价＝1532＋689.72×(1.2×1.33－1)＋(826.25－0.395×1000)×(2－1)

＝2374.32(元/100m^2)

【例1-17】 浇筑长7m、宽3m、高1m矩形桥梁混凝土基础，现浇现拌混凝土C30(40)，计算定额基价。

【解】 查定额，定额编号：3-212，定额表现浇现拌混凝土为C20(40)，与设计现浇现拌混凝土C30(40)不一致，需进行调整换算。

查第一册附录A砂浆、混凝土强度等级配合比，碎石最大粒径40mm，C30基价为216.47元/m^3。

定额编号：3-212H。

定额基价＝原基价＋(换入材料单价－换出材料单价)×定额消耗量　(1-6)

定额基价＝2639＋(216.47－192.94)×10.15＝2877.83(元/10m^3)

【例1-18】 计算3cm厚M10砂浆垫层人行道板安砌定额基价。

【解】 定额编号：2-215，定额水泥砂浆标号为M7.5，砂浆垫层厚度为2cm，与设计不一致，需进行调整换算。根据第四章人行道及其他定额说明“三、各类垫层厚度、配合比如与设计不同时，材料、搅拌机械应进行调整，人工不变”，应对砂浆消耗量、灰浆搅拌机200L机械台班消耗量进行换算。查第一册附录A砂浆、混凝土强度等级配合比，M10砂浆基价为174.77元/m^3。

定额编号：2-215H。

定额基价＝3346＋174.77×2.12×3/2－168.17×2.12＋0.35×58.57×(3/2－1)

＝ 3555.50(元/100m^2)

【例1-19】 碎石底层设计厚度17cm，已知人机配合摊铺15cm厚基价1463元/100m^2，20cm厚基价1913/100m^2，计算人机配合摊铺17cm厚基价。

【解】 设计厚度与定额不一致，定额又没有“每增减1cm”栏目，厚度不同应采用内插法：

$$基价=厚度h_1基价+\frac{厚度h_2基价-厚度h_1基价}{h_2-h_1}\times(设计厚度h-厚度h_1) \quad (1-7)$$

定额编号：2-75H。

$$基价=1463+\frac{1913-1463}{20-15}\times(17-15)=1643(元/100\text{m}^2)$$

【例1-20】 杭州市阳光大道路面结构塘渣垫层30cm厚，人机配合一次铺筑碾压，计算基价。

【解】 定额人机配合铺筑塘渣底层最大厚度为25cm，又无每增减1cm子目，故30cm厚塘渣垫层按插入法计算。

定额编号：[2－101]＋([2－101]－[2－100])。

基价＝1522＋1522－1220＝1824(元/100m^2)

【例1-21】 6cm人行道板(仿石条纹砖)安砌，3cmM10砂浆卧底，仿石条纹砖规格100×200×60，单价25元/m^2，计算基价。

【解】 定额编号：2-215H。

基价＝3346＋174.77×2.12×3/2－168.17×2.12＋(25－20)×103＋0.35×58.57×(3/2－1)

＝4070.50(元/100m^2)

特别提示

套用定额对定额内容应仔细研读，做到不重不漏，本题不能再套用3cmM10砂浆卧底定额，因为定额2～215基价中已包括2cm厚M7.5水泥砂浆卧底的费用，仅需进行砂浆厚度、标号调整。仿石条纹砖规格100mm×200mm×60mm，与定额人行道板250mm×250mm×50mm材料不同，需进行材料替换，将250mm×250mm×50mm人行道板替换为规格100mm×200mm×60mm仿石条纹砖，因定额人行道板250mm×250mm×50mm单价为20元/m^3，只需计算仿石条纹砖差价。人行道板6cm厚与定额5cm厚虽不一致，但只对人行道板单价有影响。

【例1-22】 彩色异形人行道板铺设，采用3cmM10水泥砂浆基层，彩色异形人行道板30元/m^2，确定基价。

【解】 定额编号：2-215换。

基价=3346+174.77×2.12×3/2-168.17×2.12+(30-20)×103+898.7×(1.1-1)+0.35×58.57×(3/2-1)=4675.37(元/100m^2)

定额说明：人行道板安砌定额中人行道板如采用异形板，其人工乘以系数1.1，材料消耗量不变。人行道砖人字纹铺装按异型考虑。

【例1-23】 厂拌15cm5%水泥稳定碎石上基层，摊铺机摊铺，5%水泥稳定碎石基价110元/m^3，计算基价。

【解】 定额编号：2-49+2-50×(-5)。

基价=1939-91×5+(110-87)×(20.4-1.02×5)=1835.90(元/100m^2)

道路基层定额说明：六、水泥稳定基层等如采用厂拌，可套用厂拌粉煤灰三渣基层相应子目；道路基层如采用沥青混凝土摊铺机摊铺，可套用厂拌粉煤灰三渣基层(沥青混凝土摊铺机摊铺)相应子目，材料换算，其他不变。

当设计配合比与定额标明的配合比不同时，有关材料消耗量可分别按下式换算：

$$C_i=[C_d+B_d\times(H_1-H_0)]\times\frac{L_i}{L_d} \tag{1-8}$$

式中：C_i——按设计配合比换算后的材料数量；

C_d——定额中基本压实厚度的材料数量；

B_d——定额中压实厚度每增减1cm的材料数量；

H_0——定额的基本压实厚度；

H_1——设计的压实厚度；

L_d——定额标明的材料百分率；

L_i——设计配合比的材料百分率。

【例1-24】 机拌石灰、土、碎石基层厚15cm，设计配合比为石灰∶土∶碎石=15∶50∶35，黄土单价12元/m^3，确定基价。

【解】 定额编号：2-41+2-42×(15-20)H。

基价=1610-86×5+(26.75-1.34×5)×12+[7.847+0.394×(15-20)]×35/20×49+[3.38+0.17×(15-20)]×15/8×230+(7.24-0.36×5)×2.95+(3.36-0.17×5)-(1186.62-59.64×5)=2145.75(元/100m^2)

特别提示

定额中用括号“( )”表示的消耗量均未计入基价。

本题黄土消耗量定额是以“( )”表示，应另外计算黄土费用。机拌石灰、土、碎石基层定额配合比是 8∶72∶20，本题设计配合比为石灰∶土∶碎石＝15∶50∶35，应进行调整。

【例 1-25】 定额 3-506 安装单组毛勒伸缩缝定额基价为 519 元/10m，定额材料消耗量毛勒伸缩缝为(10.000)m，说明基价 519 元/10m 没有包括毛勒伸缩缝材料费，若毛勒伸缩缝市场价为 700 元/m，则基价为

定额编号：3-506H。

基价＝519＋700×10.000＝7519(元/10m)

【例 1-26】 现浇自拌混凝土路面，混凝土抗折强度设计值 4.5MPa，厚 19cm，采用企口形式，确定基价。

定额编号：2-193＋2-194×(－1)

基价＝5571＋256×(－1)＋(20.3－1.015)×(228.78－219.75)＋(964.92－28.38)×(1.01－1)＝5498.51(元/100m^2)

定额说明：水泥混凝土路面以平口为准，如设计为企口时，水泥混凝土路面定额人工乘以系数 1.01。

【例 1-27】 厂拌石灰、粉煤灰、碎石基层(单价 65 元/m^3)厚 38cm，沥青摊铺机摊铺，确定基价。

【解】 厂拌石灰、粉煤灰、碎石基层厚 38cm，需分层施工，拟分为 18cm＋20cm 两层，也可分为 19cm＋19cm，但不可分为 17cm＋21cm，21cm 超过基层允许施工厚度。

定额编号：2-49＋2-49＋2-50×(－2)。

基价＝1939×2＋91×(－2)＋(20.4－1.02)×2×(65－87)＝2843.28(元/100m^2)

【例 1-28】 非泵送 C30(20)商品混凝土现浇轻型桥台基价。

【解】 定额编号：3-226 换。

基价＝3235＋10.15×(319－299)＋181.03×(1.35－1)＋1.06×144.71＝3654.75(元/10m^3)

定额说明如下。

1）泵送商品混凝土和非泵送商品混凝土换算

定额中现浇混凝土项目分现拌混凝土和商品混凝土，商品混凝土定额中已按结构部位取定泵送或非泵送，如果定额所列混凝土形式与实际不同时，除混凝土单价换算外，人工、机械具体调整如下。

(1) 泵送商品混凝土调整为非泵送商品混凝土：定额人工乘以 1.35，并增加相应普通混凝土定额子目中垂直运输机械的含量。

(2) 非泵送商品混凝土调整为泵送商品混凝土：定额人工乘以 0.75，并扣除定额子目中垂直运输机械的含量。

2）现拌混凝土和商品混凝土换算

定额中未列商品混凝土的子目，实际采用商品混凝土浇捣时，按相应的现拌混凝土定额执行，除混凝土单价换算外，人工、机械具体调整如下。

(1) 采用泵送商品混凝土的，扣除定额中混凝土搅拌机、水平及垂直运输机械台班含量，人工乘以系数0.4。

(2) 采用非泵送商品混凝土的，扣除定额中混凝土搅拌机及水平运输机械台班含量，人工乘以系数0.55。

3) 现拌砂浆和预拌砂浆换算

本定额中各类砌体所使用的砂浆均为普通现拌砂浆，若实际使用预拌(干混或湿拌)砂浆，按以下方法调整定额。

(1) 使用干混砂浆砌筑的，除将现拌砂浆数量同比例调整为干混砂浆外，另按相应定额中每立方米砌筑砂浆扣除人工0.2工日，灰浆搅拌机台班数量乘系数0.6。

(2) 使用湿拌砌筑砂浆的，除将现拌砂浆数量同比例调整为湿拌砂浆外，另按相应定额中每立方米砌筑砂浆扣除人工0.45工日，并扣除灰浆搅拌机台班数量。

任务1.3　预算定额的应用

1.3.1　土石方工程

(1) 土石方运距应以挖土重心或弃土重心最近距离计算，挖土重心、填土重心、弃土重心按施工组织设计确定。如遇下列情况应增加运距。

① 人力及人力车运土、石方上坡坡度在15%以上，推土机重车上坡坡度大于5%，斜道运距按斜道长度乘以表1-4系数。

表1-4　人力及人力车运土、石方坡度系数表

项目	推土机				人力及人力车
坡度/(%)	5～10	15以内	20以内	25以内	15以上
系数	1.75	2	2.25	2.5	5

② 采用人力垂直运输土、石方，垂直深度每米折合水平运距7m计算。

(2) 平整场地、沟槽、基坑和一般土石方的划分，厚度≤30cm的就地挖、填土按平整场地计算；底宽≤7m，且底长>3倍底宽按沟槽计算；底长≤3倍底宽，且基坑地面积≤150m² 按基坑计算。超过上述范围则为一般土石方。

【例1-29】 人工挖三类土深4.5m，底长20m(含工作面宽)，底宽10m(含工作面宽)，计算挖土工程量，确定直接工程费。

【解】 定额说明：根据《挖土放坡系数表》人工开挖三类土深4.5m，按1∶0.33放坡；平整场地、沟槽、基坑和一般土石方的划分：厚度在30cm以内就地挖、填土按平整场地计算；底宽在7m以内，且底长大于3倍底宽按沟槽计算；底长在3倍底宽以内，且基坑地面积≤150m² 按基坑计算。超过上述范围则为一般土方。因底面积为200m²≥150m²，故本题不能套用基坑定额，应按挖一般土方计算。

根据定额1-2“注”：挖土深度超过1.5m应计算人工垂直运输土方，超过部分工程量按垂直深度每1m折合成水平距离7m增加工日，深度按全深计算。所以本题需将挖土工程量拆分为深度1.5m以内部分和深度超过1.5m部分(H=3m)。

地坑公式：

$$V=(B+2C+KH)\times H\times(L+2C+KH)+K^2H^3/3 \tag{1-9}$$

式中：$B+2C$——地坑底宽，m；

H——地坑挖深，m；

$L+2C$——地坑底长，m；

K——放坡系数。

深度1.5m处开挖长度：20＋3×0.33×2＝21.98(m)，宽度：10＋3×0.33×2＝11.98(m)

深度1.5m以内部分体积 $V=(11.98+0.33\times1.5)\times1.5\times(21.98+0.33\times1.5)+1/3\times0.33^2\times1.5^3=420.69(m^3)$

深度1.5m以外部分体积 $V=(10+0.33\times3)\times3\times(20+0.33\times3)+0.33^2\times3^3/3=693.02(m^3)$

深度1.5m以内部分直接工程费：

定额编号：1－2。

直接工程费＝682×420.69/100＝2869.11(元)

深度1.5m以外部分基价：

人工垂直运输土方运距换算成人工水平运输土方运距4.5×7＝31.5(m)。套用人工运土定额1－28，定额1－28基本运距20m，还需套用1-29增运定额，100m内每增加20m，(31.5－20)/20＝0.575，取整数1。

定额编号：1－2＋1－28＋1－29×1。

直接工程费＝(682＋533＋115)×693.02/100＝9217.17(元)

$\sum$ 直接工程费 ＝ 2869.11＋9217.17 ＝ 12086.28(元)

(3) 除有特殊工艺要求的管道节点开挖土石方工程量按实计算外，其他管道接口作业坑和沿线各种井室所需增加开挖的土石方工程量按沟槽全部土石方量的2.5%计算。管沟回填土应扣除各种管道、基础、垫层和构筑物所占的体积。

【例1－30】 某排水工程沟槽开挖，采用机械开挖(沿沟槽方向)，人工清底。土壤类别为三类，原地面平均标高4.50m，设计槽坑底平均标高为2.30m，开挖深度2.2m；设计槽坑底宽(含工作面)为1.8m，沟槽全长2km，机械挖土挖至基底标高以上20cm处，其余为人工开挖。试分别计算该工程机械及人工土方数量。

【解】 该工程土方开挖深度为2.2m，土壤类别为三类，需放坡，查定额得放坡系数为0.25。

土石方总量 $V_{总}=(1.8+0.25\times2.2)\times2.2\times2000\times1.025=10599(m^3)$

其中：

人工辅助开挖量 $V_{人工}=(1.8+0.25\times0.2)\times0.2\times2000\times1.025=759(m^3)$

机械土方量 $V_{机械}=10599-759=9840(m^3)$

【例1－31】 某排水工程长1000m，钢筋混凝土管道DN1000，管座135°，沟槽底宽2.4m，二类土，平均挖深3m，挖掘机沿沟槽开挖，沿线有各种井室，计算沟槽开挖工程量。

【解】 沟槽开挖工程量＝$(2.4+0.33\times3)\times1000\times1.025=3474.75(m^3)$。

【例1－32】 某排水工程，按图纸计算土方开挖工程量为1300m³，采用土方现场平衡，回填至开挖地面标高。其中管道、基础、垫层及各类检查井所占体积为458m³，计算土方回填、余土外运工程量(1m³夯实土方需1.15m³天然密实土方)。

【解】　　　　土方回填工程量＝1300－458＝842(m^3)

余土外运工程量＝1300－842×1.15＝332(m^3)

(4) 人工装土汽车运土时，汽车运土 1km 以内定额中自卸汽车含量乘以系数 1.10。

1.3.2 打拔工具桩

工具桩是指为完成工程主体结构施工而需要打设的辅助用桩(工作桩)，待工程主体结构完成后拔除，通常用于市政工程中的沟槽、基坑或围堰等工程，采取打桩形式进行支撑围护和加固。工具桩可周转使用，属周转性材料。

(1) 工具桩分类如下。

① 工具桩根据材质可分为木制工具桩、钢制工具桩。

a. 木制工具桩：用松木或杉木制作。按断面有圆木桩与木板桩，圆木桩一般采用疏打，即桩与桩之间有一定距离，而木板桩一般采用密打形式。

b. 钢制工具桩：用槽钢或工字钢制作，通常为密打形式(图 1.4)。

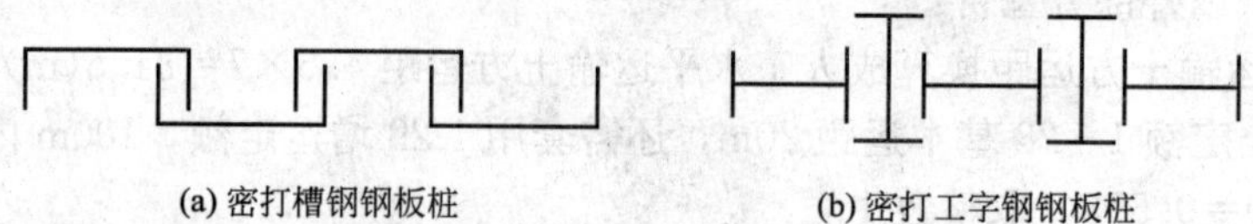
(a) 密打槽钢钢板桩　　(b) 密打工字钢钢板桩

图 1.4　钢制工具桩

② 按打桩设备分类如下。

简易打拔桩机包括简易打桩机和简易拔桩机。

a. 简易打桩机。一般由桩架、吊锤和卷扬机组成。

b. 简易拔桩机。一般由人字杠杆和卷扬机组成。所以，简易打拔桩机也称卷扬机打拔。

柴油打桩机：一般由专用柴油打桩架和柴油内燃式桩锤组成。

(2) 定额中所指的水上作业，是以距岸线 1.5m 以外或者水深在 2m 以上的打拔桩。距岸线 1.5m 以内时，水深在 1m 以内者，按陆上作业考虑。如水深在 1m 以上 2m 以内者，其工程量则按水、陆各 50％计算(表 1－5)。

表 1－5　水上、陆上打拔工具桩划分表

项目名称	说明
水上作业	距岸线＞1.5m 或水深＞2m
陆上作业	距岸线≤1.5m，水深≤1m
水、陆作业各占 50％	1m＜水深≤2m

注：① 岸线指施工期间最高水位时，水面与河岸的相交线。

② 水深指施工期间最高水位时的水深度。

③ 水上打拔工具桩按二艘驳船捆扎成船台作业。

(3) 打拔工具桩均以直桩为准，如遇打斜桩(包括俯打、仰打)按相应定额人工、机械乘以系数 1.35。

(4) 圆木桩按疏打计算；钢板桩按密打计算；如钢板桩需要疏打时，按需要定额人工乘以系数1.05。

【例1-33】 水上卷扬机疏打槽型钢板斜桩，桩长9m，乙级土，确定基价。

【解】 定额编号：1-162换。

基价＝2381＋535.35×(1.05×1.35－1)＋765.5×(1.35－1)＝2872.43(元/10t)

(5) 圆木桩：按设计桩长 L(检尺长)和圆木桩小头直径 D(检尺径)查《木材、立木材积速算表》，计算圆木桩体积。

(6) 竖、拆打拔桩架次数，按施工组织设计规定计算。如无规定时按打桩的进行方向：双排桩每100延长米、单排桩每200延长米计算一次，不足一次者均各计算一次。

1.3.3 围堰工程

为了确保主体工程及附属工程在施工过程中不受水流的侵袭，通常采用一种临时性的挡水措施，即围堰工程。根据河湖水深、流速、河床地质条件，施工技术水平与就地可取材质情况确定堰体材料，形成不同类型的围堰。

(1) 围堰类型如下。

① 土草围堰分类如下。

筑土围堰：当流速缓慢，水深不大于2m，冲刷作用很小，其底为不渗水土质时，采用筑土围堰。一般就地取土筑堰。

草袋(编织袋)围堰：当流速在2m/s以内，水深不大于3.5m时，采用草袋或编织袋就地取土装土筑堰，装土量一般为袋容积1/3～1/2，缝合后上下内外相互错缝堆码整齐。

② 土石围堰。

土石围堰构造与土草围堰基本相同，一般在迎水面填筑黏土防渗，背水面抛填块石，较土草围堰更加稳定。

土草(土石)围堰工程量以体积 m^3 计：

$$V=\text{围堰施工断面积}\times\text{围堰中心线长度} \tag{1-10}$$

③ 桩体围堰。

堰宽可达2～3m，堰高可达6m。按桩材质不同分有圆木桩围堰、钢桩围堰、钢板桩围堰。

a. 圆木桩围堰。一般为双排桩。施打圆木桩两排，内以一层竹篱片挡土，就地取土，填土筑堰，适用于水深3～5m。

b. 钢桩围堰(图1.5)。一般为双排桩。施打槽钢桩两排，内以一层竹篱片挡土，就地取土，填土筑堰，适用水深可达6m。

c. 钢板桩围堰(图1.6)。一般为双排桩。施打钢板桩两排，就地取土，填土筑堰，适用于水流较深，流速较大，土质为砂类土、黏土、碎卵石类土以及风化岩等。

④ 竹笼围堰(图1.7)。用竹笼装填块石，一般为双层竹笼围堰，即两排竹笼，竹笼之间填以黏土或砂土。适用于底层为岩石，流速较大，水深达1.5～7m，当地盛产竹子的围堰工程。

桩体围堰、竹笼围堰工程量以围堰中心线长度m计。

其中：围堰施工断面尺寸按施工方案确定，堰内坡脚至堰内基坑距离根据河床土质及基坑深度而定，但不得小于1m，如图1.8所示。

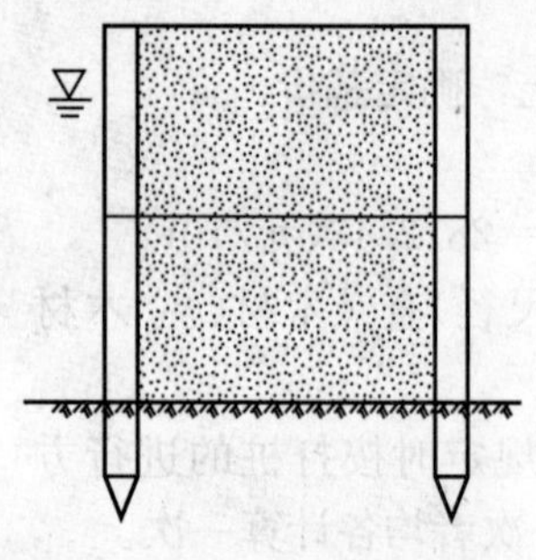
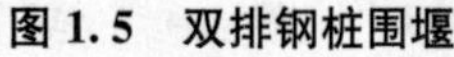
图 1.5 双排钢桩围堰

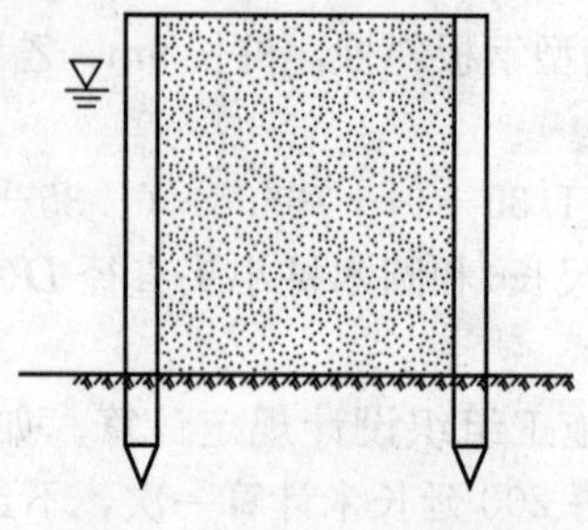
图 1.6 双排钢板桩围堰图

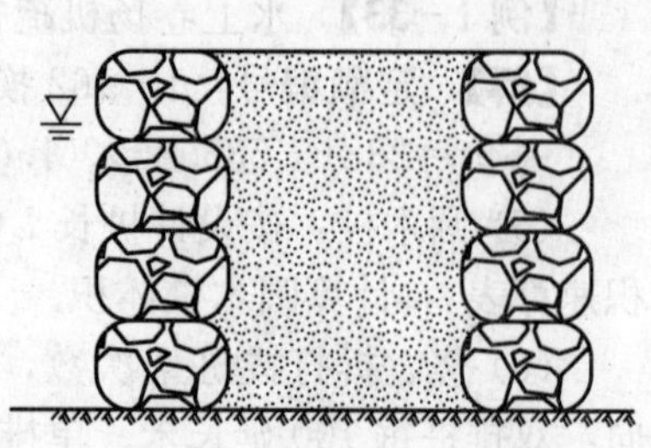
图 1.7 双层竹笼围堰

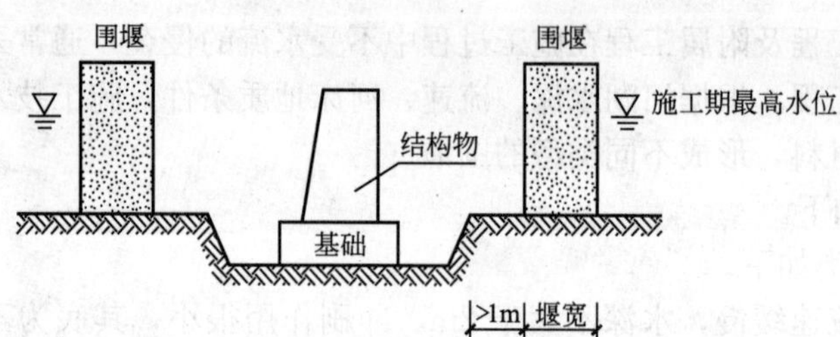

图 1.8 围堰断面示意图

⑤ 筑岛填心。是指建造一座临时性的土岛。首先在需施工的主体或附属工程周围围堰，再在围堰中心填土或砂或砂砾石形成一座水中土岛。围堰中心进行填土称筑岛填心。

(2) 围堰工程 50m 范围以内取土、砂、砂砾，均不计土方和砂、砂砾的材料价格。取 50m 范围以外的土方、砂、砂砾，应计算土方和砂、砂砾材料的挖、运或外购费用，但应扣除定额中土方现场挖运的人工：55.5 工日/100m^3 黏土。定额括号中所列黏土数量为取自然土方数量，结算中可按取土的实际情况调整。

(3) 用立方米计算的围堰工程按围堰的施工断面乘以围堰中心线的长度，围堰高度按施工期内的最高临水面加 0.5m 计算，施工围堰的尺寸按有关设计施工规范确定。堰内坡脚至堰内基坑边缘距离根据河床土质及基坑深度而定，但不得小于 1m。定额围堰尺寸的取定如下。

土草围堰的堰顶宽为 1～2m，堰高为 4m 以内；土石混合围堰的堰顶宽为 2m，堰高为 6m 以内；圆木桩围堰的堰顶宽为 2～2.5m，堰高 5m 以内；钢桩围堰的堰顶宽为 2.5～3m，堰高 6m 以内；钢板桩围堰的堰顶宽为 2.5～3m，堰高 6m 以内；竹笼围堰竹笼间黏土填心的宽度为 2～2.5m，堰高 5m 以内；木笼围堰的堰顶宽度为 2.4m，堰高为 4m 以内。

(4) 以延长米计算的围堰工程按围堰中心线的长度计算。

1.3.4 支撑工程

支撑是防止挖沟槽或基坑时土方坍塌的一种临时性挡土措施，一般由挡板、撑板与加固撑杆组成。挡板撑板材质通常有木、钢、竹。撑杆通常用钢、木。

根据挡土板疏密与排列方式可分为：横板竖撑(密或疏)、竖板横撑(密或疏)、井字支撑等(图 1.9)。

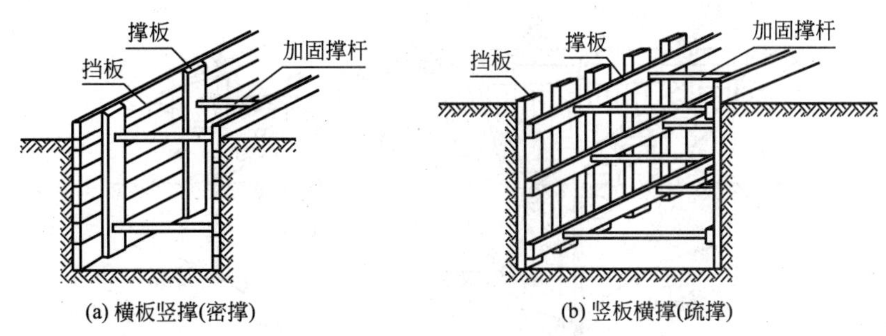

(a) 横板竖撑(密撑)　　(b) 竖板横撑(疏撑)

图 1.9　挡土板支撑

(1) 除槽钢挡土板外，本章定额均按横板、竖撑计算，如采用竖板、横撑时，其人工工日乘以系数 1.2。

(2) 定额中挡土板支撑按槽坑两侧同时支撑挡土板考虑，支撑面积为两侧挡土板面积之和，支撑宽度为 4.1m 以内。如槽坑宽度超过 4.1m 时，其两侧均按一侧支挡土板考虑。按槽坑一侧支撑挡土板面积计算时，工日数乘以系数 1.33，除挡土板外，其他材料乘以系数 2。

(3) 如采用井字支撑时，按疏撑乘以系数 0.61。

【例 1-34】 5m×5m 基坑井字支撑，采用钢制挡土板、钢支撑，计算基价。

【解】 定额编号：1-214H。

$$基价=1106\times0.61=674.66(元/100m^2)$$

1.3.5　脚手架及其他工程

1. 脚手架

脚手架工程量按墙面水平边线长度乘以墙面砌筑高度以“平方米”计算。柱形砌体按图示柱结构外围周长另加 3.6m 乘以砌筑高度以“平方米”计算。浇混凝土用仓面脚手按仓面的水平面积以“平方米”计算。

【例 1-35】 某柱形砌体高 3.6m，截面尺寸 400mm×400mm，计算脚手架工程量。

【解】 脚手架工程量$=(0.4\times4+3.6)\times3.6=18.72(m^2)$

2. 井点降水

井点降水是通过置于地基含水层内以滤管(井)，用抽水设备将地下水抽出，使地下水位降落到沟槽或基坑底以下，并在沟槽或基坑基础稳定之前不断抽水，形成局部地下水位降低，以达到人工降低地下水位的目的。井点降水方法常用的有轻型井点、喷射井点、大口径井点等。井点系统包括管路系统与抽水系统两大部分(图 1.10)。

3. 工程量计算规则

轻型井点 50 根为一套，井点管间距为 1.2m；喷射井点 30 根为一套，井点管间距为 2.5m；大口径井点以 10 根为一套，井点管间距为 10m。井点使用定额单位为“套·天”，一天系按 24h 计算。除轻型井点外，累计根数不足一套按一套计算；轻型井点尾数 25 根以内的按 0.5 套，超过 25 根的按一套计算。井管的安装、拆除以“根”计算。

井点使用天数按施工组织设计或现场签证认可的使用天数确定，编制施工图预算、招标控制价时可参考表 1-6 计算。

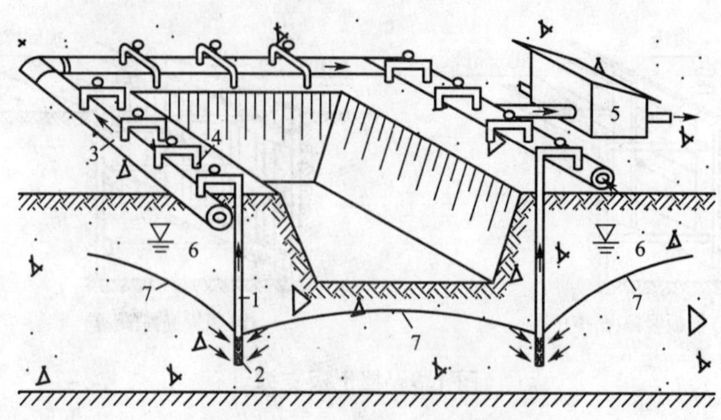

图 1.10　轻型井点法示意图

1—井点管；2—滤管；3—总管；4—弯联管；5—水泵房；6—原有地下水位线；7—降低后地下水位线

表 1-6　排水管道采用轻型井点降水使用周期

管径/(mm 以内)	开槽埋管/(天/套)	管径/(mm 以内)	开槽埋管/(天/套)
ϕ600	10	ϕ1500	16
ϕ800	12	ϕ1800	18
ϕ1000	13	ϕ2000	20
ϕ1200	14		

注：UPVC 管开槽埋管，按上表使用量乘以 0.7 系数计算。

1.3.6　地下连续墙

(1) 成槽工程量按设计长度乘墙厚及成槽深度(自然地坪至连续墙底加超深 0.5m)以“m^3”计算。泥浆池建拆、泥浆外运工程量按成槽工程量计算。

(2) 连续墙混凝土浇注工程量按设计长度乘墙厚及墙深加 0.5m 以“m^3”计算。

1.3.7　地基加固、围护及监测

(1) 深层水泥搅拌桩。

① 单、双头深层水泥搅拌桩，三轴水泥搅拌桩定额的水泥掺入量分别按加固土重($1800kg/m^3$)的 13%和 18%考虑，如设计不同时按每增减 1%定额计算。

② 单、双头水泥搅拌桩定额已综合考虑了正常施工工艺所需要的重复喷浆(粉)和搅拌。

③ 三轴水泥搅拌桩定额按二搅二喷施工工艺考虑，设计不同时，每增(减)一搅一喷按相应定额的人工和机械费增(减)40%。

④ 插、拔型钢定额中已综合考虑了正常施工条件下的型钢损耗和周转摊销量。

⑤ 三轴水泥搅拌桩设计要求全断面套打时，相应定额的人工及机械乘以系数 1.5，其余不变。

⑥ 水泥搅拌桩空搅部分费用按相应定额人工及搅拌桩机械台班乘以系数 0.5 计算。

⑦ 深层水泥搅拌桩单位工程打桩工程量少于 $100m^3$ 时，打桩定额人工及机械乘系数 1.25。

(2) 高压旋喷桩定额已综合考虑接头处的复喷工料。高压旋喷桩中设计水泥用量与定额不同时应调整，设计水泥用量可根据设计有关规定进行调整。

1.3.8 桥涵工程

(1) 横跨道路的单道横向排水圆管涵套用第六册《排水工程》定额，因单道横向排水圆管涵一般规模较小，施工效率受影响，其中管道铺设及基础项目人工、机械费乘以系数1.25。

(2) 桥涵工程定额中提升高度按原地面标高至梁底标高8m为界，若超过8m时，应考虑超高因素(悬浇箱梁除外)。

① 现浇混凝土项目按提升高度不同将全桥划分为若干段，以超高段承台顶面以上混凝土(不含泵送混凝土)、模板、钢筋的工程量，按表1-7调整相应定额中起重机械的规格及人工、起重机台班的消耗量分段计算。

② 陆上安装梁可按表1-7调整相应定额中的人工及起重机台班的消耗量，但起重机械的规格不作调整。

表1-7 陆上安装梁人工及起重机消耗量调整表

项目	现浇混凝土			陆上安装梁	
	人工	5t履带式电动起重机		人工	起重机械
提升高度 H/m	消耗量系数	消耗量系数	规格调整为	消耗量系数	消耗量系数
$H\leqslant15$	1.02	1.02	15t履带式起重机	1.10	1.10
$H\leqslant22$	1.05	1.05	25t履带式起重机	1.25	1.25
$H>22$	1.10	1.10	40t履带式起重机	1.50	1.50

【例1-36】 陆上扒杆安装C30预制混凝土T型梁，梁长20m，提升高度10m，确定基价。

【解】 定额编号：3-445H。

基价＝1657＋435.16×(1.10－1)＋2.32×245.51×(1.10－1)＝1757.47(元/10m³)

特别提示

电动卷扬机单筒快速10kN为水平牵引设备，不是垂直运输设备。

(3) 打桩工程定额均为打直桩，如打斜桩(包括俯打、仰打)斜率在1∶6以内时，人工乘以1.33，机械乘以1.43。

(4) 因桩顶设计标高低于原地面，不能将桩直接打至桩顶设计标高，需通过工具桩将桩送至设计标高。送桩工程量按以下规则计算。

① 陆上打桩时，以原地面平均标高增加1m为界线，界线以下至设计桩顶标高之间的打桩实体积为送桩工程量；

② 支架上打桩时，以当地施工期间的最高潮水位增加0.5m为界线，界线以下至设计桩顶标高之间的打桩实体积为送桩工程量；

③ 船上打桩时，以当地施工期间的平均水位增加1m为界线，界线以下至设计桩顶标

高之间的打桩实体积为送桩工程量。

(5) 送桩定额按送 4m 为界，如实际超过 4m 时，按相应定额乘以下列调整系数：送桩 5m 以内乘以系数 1.2；送桩 6m 以内乘以系数 1.5；送桩 7m 以内乘以系数 2.0；送桩 7m 以上，以调整后 7m 为基础，每超过 1m 递增系数 0.75。

【例 1-37】 100 根钢筋砼管桩，外径 400mm，壁厚 65mm，陆上打桩，原地面标高−0.3m，桩顶标高−2.3m，计算其送桩工程量。

【解】 送桩工程量$=[0.4^2/4-(0.4/2-0.065)^2]\times3.1416\times\{1+[-0.3-(-2.3)]\}\times100=20.52(m^3)$

特别提示

定额工程量须按定额工程量计算规则执行。打桩、送桩工程量均以桩体实体体积计算，不包括空心部分体积。

【例 1-38】 陆上打 400mm×400mm 预制方桩，设计桩长 20m(包括桩尖)，自然地坪标高为 2.3m，设计桩顶标高为 0.8m，计算单根桩送桩定额直接工程费。

【解】 送桩长度：2.3−0.8+1=2.5m<4m，定额不需调整。

桩截面积：$0.4\times0.4=0.16(m^2)$，送桩体积：$0.16\times2.5=0.4(m^3)$

定额编号：3-74 换。

单根桩送桩定额直接工程费=4758×0.4/10=190.32(元)

(6) 现浇混凝土定额中嵌石混凝土的块石含量按 15%考虑，如与设计不同时，块石和混凝土消耗量应按表 1-8 进行调整，人工和机械不变。

表 1-8　嵌石混凝土块石、混凝土消耗量调整表

块石掺量/%	10	15	20	25
每立方米块石掺量/t	0.254	0.381	0.508	0.635

注：① 块石掺量另加损耗率 2%。
② 混凝土用量扣除嵌石百分数后，乘以损耗率 1.5%。

【例 1-39】 现浇 C25(40)桥台混凝土基础，片石掺量 20%，计算基价。

【解】 块石掺量是指块石体积占现浇块石混凝土结构物体积的百分比，块石掺量 15%即 $1m^3$ 块石混凝土结构物含块石净体积 $0.15m^3$，混凝土净体积 $0.85m^3$。

片石掺量 20%：片石消耗量$=0.508\times10\times(1+2\%)=5.182(t/10m^3)$

混凝土消耗量$=(1-20\%)\times10\times(1+1.5\%)=8.12(m^3/10m^3)$

定额编号：3-210 换。

基价$=2337-8.63\times183.25+8.12\times207.37+(5.182-3.886)\times40.5=2491.88$(元$/10m^3$)

(7) 钻孔灌注桩工程。

① 套用回旋钻机钻孔、卷扬机带冲抓锥冲孔、卷扬机带冲击锥冲孔定额时，若工程量小于 $150m^3$，打桩定额的人工及机械乘系数 1.25。

【例 1-40】 水上回旋转机钻孔，桩径 $\phi800$，成孔工程量 $150m^3$，确定基价。

【解】 定额编号：3-127H。

基价$=1813+(634.68+1001.47)\times(1.25\times1.2-1)=2631.08$(元$/10m^3$)

② 钢护筒定额每米重量见表 1－9。

表 1－9 钢护筒定额每米重量

桩径/mm	600	800	1000	1200	1500
每米护筒重量/(kg/m)	120.28	155.06	184.87	285.93	345.09

③ 钻孔桩成孔工程量按成孔长度乘以设计桩截面积以“m^3”计算。成孔长度：陆上时，为原地面至设计桩底的长度；水上时，为水平面至设计桩底的长度减去水深。入岩工程量按实际入岩数量以“m^3”计算。泥浆池建造和拆除工程量按成(冲)孔工程量以“m^3”计算。

钻孔桩灌注混凝土工程量按桩长乘以设计桩截面积计算，桩长＝设计桩长＋设计加灌长度。设计未规定加灌长度时，加灌长度按不同设计桩长确定：25m 以内按 0.5m、35m 以上按 1.2m 计算。

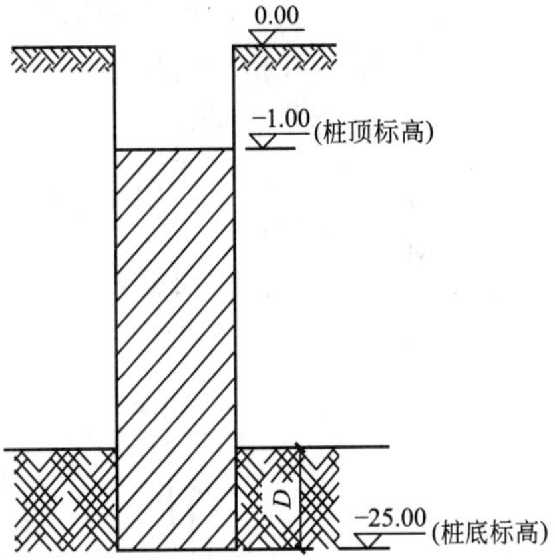

【例 1－41】 某桥梁桩基工程，需打 ϕ1200 钻孔灌注桩 50 根，钢护筒均长 2m/根。设计桩长如图 1.11 所示，入岩深度 D 为 1.2m。采用 C25 商品混凝土，试计算工程量并套用定额。

图 1.11 设计桩长示意图

【解】 ① 埋设钢护筒。50×2＝100(m)

定额编号：3－108。

直接工程费：1385×100/10＝13850(元)

② 钻孔桩成孔。

$25\times3.1416\times(1.2\div2)^2\times50=1413.7(m^3)$

定额编号：3－129。

直接工程费： 1148×1413.7÷10＝162292.8(元)

③ 入岩增加费。

入岩体积：

$$1.2\times3.1416\times(1.2\div2)^2\times50=67.9(m^3)$$

定额编号：3－133。

直接工程费： 5077×67.9/10＝34472.83(元)

④ 泥浆池建拆。

泥浆池建拆工程量等于成孔工程量，体积＝1413.7m^3。

定额编号：3－144

直接工程费： 35×1413.7/10＝4947.95(元)

⑤ 灌注商品混凝土 C25。

$$(25-1+0.5)\times3.1416\times(1.2\div2)^2\times50=1385.45(m^3)$$

定额编号：3－150。

直接工程费： 4244×1385.45/10＝587985(元)

(8) 搭拆打桩工作平台面积计算。

桥梁打桩、钻孔灌注桩工作平台如图 1.12 所示，工作平台总面积 F 按下式计算：

① 桥梁打桩。 $$F=N_1F_1+N_2F_2 \qquad (1-11)$$

每座桥台(桥墩)　　$F_1=(5.5+A+2.5)\times(6.5+D)$

每条通道：

$$F_2=6.5\times[L-(6.5+D)]$$

② 钻孔灌注桩。

$$F=N_1F_1+N_2F_2 \tag{1-12}$$

每座桥台(桥墩)

$$F_1=(A+6.5)\times(6.5+D)$$

每条通道：

$$F_2=6.5\times[L-(6.5+D)]$$

式中：F——工作平台总面积，m^2；

F_1——每座桥台(桥墩)工作平台面积，m^2；

F_2——桥台至桥墩间或桥墩至桥墩间通道工作平台面积，m^2；

N_1——桥台和桥墩总数量；

N_2——通道总数量；

D——二排桩之间距离，m；

L——桥梁跨径或护岸的第一根桩中心至最后一根桩中心之间的距离，m；

A——桥台(桥墩)每排桩的第一根桩中心至最后一根桩中心之间的距离，m。

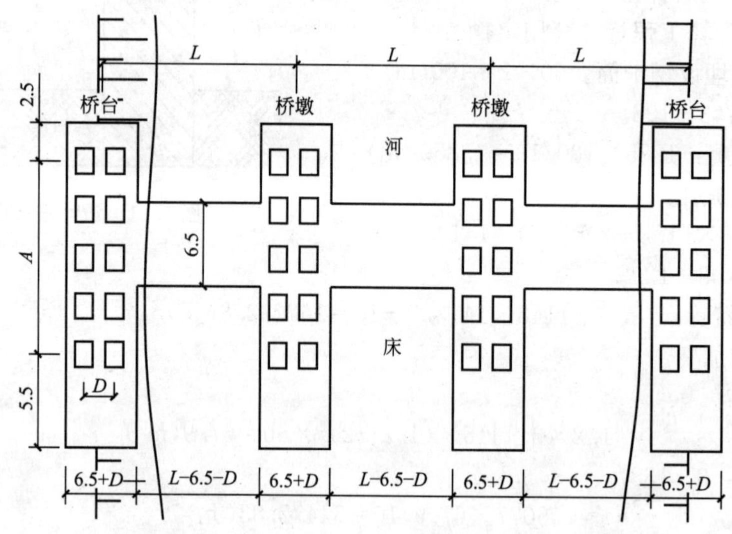

图 1.12　工作平台面积计算示意图

注：图中尺寸均为 m，桩中心距为 D，通道宽 6.5m。

1.3.9　排水工程

(1) 如在无基础的槽内铺设混凝土管道，其人工、机械乘以系数 1.18。

(2) 如遇有特殊情况，必须在支撑下串管铺设，人工、机械乘以系数 1.33。

(3) 管道敷设定额若管材单价已包括接口费用，则不得重复套用管道接口相关子目。

(4) 排水管道接口定额中，企口管的膨胀水泥砂浆接口和石棉水泥接口适于 360°，其他接口均是按管座 120°和 180°列项的。如管座角度不同，按相应材质的接口做法，以管道接口调整表进行调整，见表 1-10。

表 1-10 管道接口调整表

序号	项目名称	实做角度	调整基数或材料	调整系数
1	水泥砂浆接口	90°	120°定额基价	1.33
2	水泥砂浆接口	135°	120°定额基价	0.89
3	钢丝网水泥砂浆接口	90°	120°定额基价	1.33
4	钢丝网水泥砂浆接口	135°	120°定额基价	0.89
5	企口管膨胀水泥砂浆接口	90°	定额中 1∶2 水泥砂浆	0.75
6	企口管膨胀水泥砂浆接口	120°	定额中 1∶2 水泥砂浆	0.67
7	企口管膨胀水泥砂浆接口	135°	定额中 1∶2 水泥砂浆	0.625
8	企口管膨胀水泥砂浆接口	180°	定额中 1∶2 水泥砂浆	0.50
9	企口管石棉水泥接口	90°	定额中 1∶2 水泥砂浆	0.75
10	企口管石棉水泥接口	120°	定额中 1∶2 水泥砂浆	0.67
11	企口管石棉水泥接口	135°	定额中 1∶2 水泥砂浆	0.625
12	企口管石棉水泥接口	180°	定额中 1∶2 水泥砂浆	0.50

注：现浇混凝土外套环、变形缝接口，通用于平口、企口管。

(5) 定额中的水泥砂浆接口、钢丝网水泥砂浆接口均不包括内抹口，如设计要求内抹口时，按抹口周长每 100 延米增加水泥砂浆 0.042m³、人工 9.22 工日计算。

【例 1-42】 DN600 钢筋混凝土管道(135°基础)，内外抹口均为 1∶2.5 水泥砂浆，10 个口的内抹口周长为 18.9m，确定基价。

【解】 定额编号：6-54 换。

定额基价＝[81＋(210.26－195.13)×0.007]×0.89＋(0.042×210.26＋9.22×43)×18.9/100＝148.78(元/10 个口)

(6) 顶管采用中继间顶进时，各级中继间后面的顶管人工与机械数量乘以表 1-11 中系数分级计算。

表 1-11 中继间顶进人工费、机械费调整系数表

中继间顶进分级	一级顶进	二级顶进	三级顶进	四级顶进	超过四级
人工费、机械费调整系数	1.20	1.45	1.75	2.1	另计

中继间顶进如图 1.13 所示。

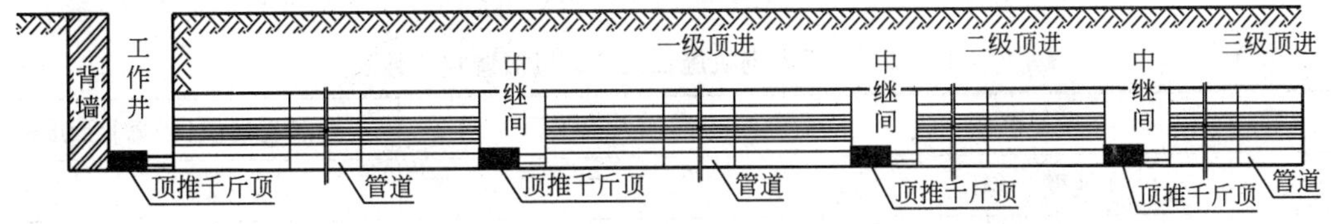

图 1.13 中继间顶进

【例 1-43】 某 ϕ1200 顶管工程，总长度为 200m，采用封闭式泥水平衡式顶进，设置 4 级中继间顶进，每 100m 定额人工为 222.926 工日，顶管设备 15 台班。如图 1.14 所示求其人工消耗量和顶管设备消耗量。

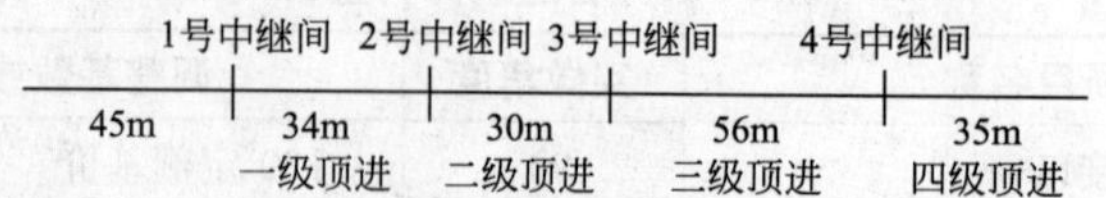

图 1.14　管道顶进示意图

【解】　定额编号：6-515H。

人工消耗量=(45+34×1.2+30×1.45+56×1.75+35×2.1)/100×222.926=670.56(工日)

顶管设备=(45+34×1.2+30×1.45+56×1.75+35×2.1)/100×15=45.12(台班)

(7) 定额说明：单位工程中，管径 ϕ1650 以内敞开式顶进在 100m 以内、封闭式顶进(不分管径)在 50m 以内时，顶进定额中的人工费与机械费乘以系数 1.30。

【例 1-44】　敞开式顶管施工，管径 ϕ1200，管道顶进长度 90m，挤压式(出土)，确定基价。

【解】　定额编号：6-504 换。

基价=[155144+(11434.78+13385.97)×(1.3−1)]×90/100=146331.20(元)

(8) 定额说明：石砌体均按块石考虑，如采用片石时，石料与砂浆用量分别乘以系数 1.09 和 1.19，其他不变。

【例 1-45】　M10 水泥砂浆片石砌筑渠道墙身，片石单价 26.16 元/t。

【解】　定额编号：6-293 换。

基价=2295+18.442×1.0×26.16−18.442×40.5+3.67×1.19×174.77−3.67×168.17=2176.63(元/10m³)

【例 1-46】　直筒式砖砌圆形阀门井，井内径 1.6m，井深 2.7m，M10 水泥砂浆砌筑，确定基价。

【解】　定额编号：5-348+5-349×4H。

基价=2073+108×4+(1.093+0.095×4)×(174.77−168.17)=2514.72(元/座)

【例 1-47】　某排水工程采用现浇钢筋混凝土管道基础，水泥混凝土熟料双轮车场内运输，运距 200m。计算此项混凝土场内运费。

【解】　定额编号：1−315+1−316×(200−50)/50。

基价=99+21×3=162(元/10m³)

(9) 混凝土池壁、柱(梁)、池盖是按地面以上 3.6m 以内施工考虑的，如超过 3.6m 者按以下规定。

① 采用卷扬机施工的，每 10m³ 混凝土增加卷扬机(带塔)和人工见表 1-12。

表 1-12　采用卷扬机施工人工、机械调整系数表

序号	项目名称	增加人工工日	增加卷扬机(带塔)台班
1	池壁、隔墙	8.7	0.59
2	柱、梁	6.1	0.39
3	池盖	6.1	0.39

② 采用塔式起重机施工时，每 10m³ 混凝土增加塔式起重机台班，按相应项目中搅拌机台班用量的 50%计算。

【例1-48】 现浇C30混凝土矩形池壁厚30cm，高4.9m，采用60kN·m塔式起重机施工。

【解】 定额编号：6-645H。

基价=3056+0.56/2×96.72+(216.47-192.94)×10.15=3321.91(元/10m^3)

【案例一】 某市区新建次干道道路工程，道路路面结构层依次为：20cm厚混凝土面层(抗折强度4.0MPa)、18cm厚5%水泥稳定碎石砂基层、20cm厚塘渣底层(人机配合施工)，人行道采用6cm厚彩色异形人行道板如图1.15所示。该设计路段土路基已填筑至设计路基标高；6cm厚彩色异形人行道板、12cm×37cm×100cm花岗岩侧石及树池石质块均按成品考虑，具体材料取定价：彩色异形人行道板45元/m^2、花岗岩侧石150元/m、树池石质块30元/m；水泥混凝土、水泥稳定碎石砂采用现场集中拌制，平均场内运距70m，采用双轮车运输；混凝土路面考虑塑料膜养护，路面刻防滑槽(锯缝机锯缝、伸缩缝嵌缝及钢筋工程在本题中不考虑)。请套用定额并计算基价。

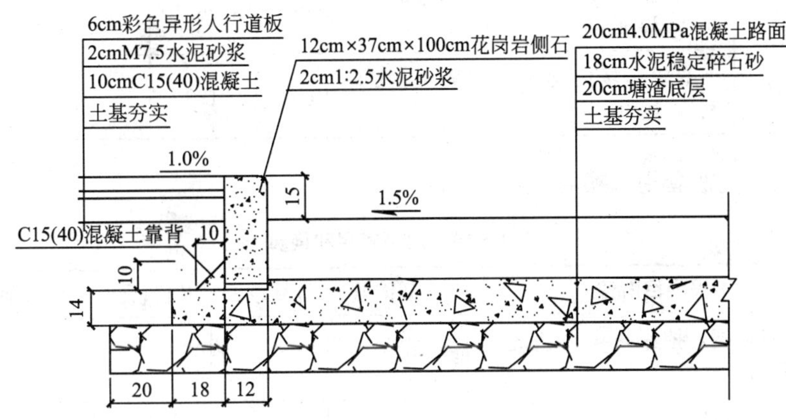

图1.15 某市区新建次干道道路结构图(单位：cm)

【案例解析】 该次干道道路工程定额套用及基价计算详见表1-13。

表1-13 某市区新建次干道定额套用及基价计算

序号	定额编号	名称	计量单位	基价/元	计算式
1	2-1	路床(槽)整形路床碾压检验	100m^2	115	115
2	2-2	路床(槽)整形人行道整形碾压	100m^2	78	78
3	2-100	人机配合铺筑塘碴底层厚20cm	100m^2	1220	1220
4	2-128换	铺筑5%水泥稳定碎石砂基层厚18cm	100m^2	2771	2771
5	2-193	水泥混凝土路面4MPa，厚20cm	100m^2	5571	5571
6	2-197	道路模板	100m^2	3164	3164
7	2-204	混凝土路面锯缝机刻防滑槽	100m^2	263	263

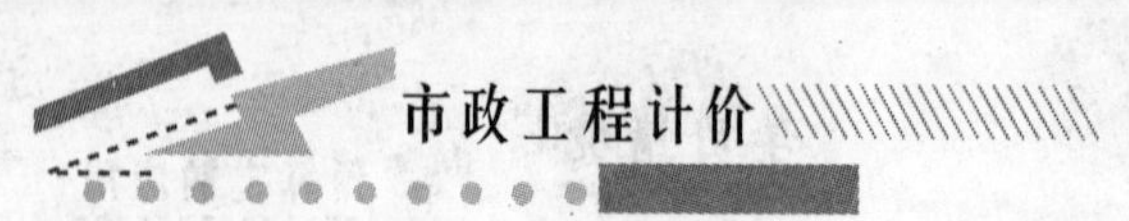

（续）

序号	定额编号	名称	计量单位	基价/元	计算式
8	2-207	水泥混凝土路面塑料膜养护	$100m^2$	152	152
9	2-215 换	彩色异形人行道板安砌水泥砂浆垫层 M7.5，彩色异形人行道板 45 元/m^2，人工×1.1	$100m^2$	6010.87	3346＋(45－20)×103＋898.7×(1.1－1)
10	2-211	C15 人行道混凝土基础厚 10cm	$100m^2$	2609	2609
11	2-225	侧石 C15 混凝土靠背	m^3	247	247
12	2-227 换	人工铺装侧石 1：2.5 水泥砂浆垫层	m^3	274.93	232＋(210.26－168.17)×1.02
13	2-229 换	12×37×100 花岗岩侧石安砌(150 元/m)	100m	15940	14308＋(150－134)×102
14	2-238	砌筑石质块树池规格 25×5×12.5(30 元/m)	100m	3246.10	2125＋(30－18.9)×101
15	1-315	双轮车场内运水泥混凝土(熟料)，运距 70m	$10m^3$	120	99＋21

【案例二】 定额套用和换算(表 1-14)

表 1-14 定额套用和换算

序号	工程项目内容	定额编号	计量单位	基价(元)	计算式
1	人工挖淤泥，挖深 6m，深度超过 1.5m 部分工程量				
2	水上回旋转机钻孔，桩径 ϕ800，成孔工程量 $150m^3$				
3	M10 水泥砂浆片石砌筑渠道墙身，片石单价 26.16 元/t				
4	M10 砖砌圆形阀门井，收口式，井内径 1.6m，井深 2.5m，采用球墨铸铁井盖、井座(单价 480 元/套)				

【案例解析】 定额套用和换算成果见表 1-15。

表 1-15 定额套用和换算成果

序号	工程项目内容	定额编号	计量单位	基价/元	计算式
1	人工挖淤泥，挖深 6m，深度超过 1.5m 部分工程量	1-35h	$100m^3$	4486	2530＋994＋481×2
2	水上回旋转机钻孔，桩径 ϕ800，成孔工程量 $150m^3$	3-127h	$10m^3$	2631.08	1813＋(634.68＋1001.47)×(1.25×1.2－1)

（续）

序号	工程项目内容	定额编号	计量单位	基价/元	计算式
3	M10 水泥砂浆片石砌筑渠道墙身，片石单价 26.16 元/t	6-293h	$10m^3$	2220.05	2295＋(26.16×1.09－40.5)×18.442＋(174.77×1.19－168.17)×3.67
4	M10 砖砌圆形阀门井，收口式，井内径 1.6m，井深 2.5m，采用球墨铸铁井盖、井座(单价 480 元/套)	5-332h	1 座	1963.72	1908＋108×2＋(1.131＋0.095×2)×(174.77－168.17)＋(480－649)

情境小结

本学习情境详细阐述了基本建设程序、各阶段造价文件、建设项目的划分、定额的分类、定额的组成、定额的套用与调整、定额说明、定额工程量计算规则等。

具体内容包括：基本建设程序分为项目建议书、可行性研究、设计阶段、建设准备、建设实施、竣工验收、项目后评价 7 个阶段，依次要编制投资估算、设计概算(修正概算)、施工图预算、招标控制价、标底、投标价、工程结算、工程决算等造价文件。基本建设项目划分为建设项目、单项工程、单位工程、分部工程、分项工程。定额有劳动定额、材料消耗定额、机械台班使用定额 3 个基本形式。预算定额一般由总说明、目录、章说明、工程量计算规则、定额表和有关附录等所组成，定额应按定额说明、工程量计算规则进行套用、调整。

本章的教学目标是培养学生了解基本建设程序与各阶段造价文件；了解基本建设项目的划分；掌握定额的基本形式；能正确套用市政工程预算定额，计算工料机消耗量、基价。

能力训练

一、单选题

1. 下列支撑定额中，不是按横板、竖撑考虑的是(　　)。

A. 木挡土板钢支撑　　B. 木挡土板木支撑

C. 竹挡土板木支撑　　D. 槽钢挡土板

2. 某隧道沉井下沉深度 34m，适合本定额的下沉方式是(　　)。

A. 沉井吊车挖土下沉　　B. 水力机械冲吸泥下沉

C. 不排水潜水员吸泥下沉　　D. 钻吸法出土下沉

3. 某给水工程，管材选用无缝钢管 $\phi426\times10$，工程量为 100m，需做 IPN8710 防腐涂料内防腐，施工工艺为底漆一道，面漆两道。IPN8710 防腐涂料的信息价为 20 元/kg，则完成本工程所需的 IPN8710 防腐涂料材料费为(　　)元。

A. 1346.23　　B. 1379.39　　C. 1412.55　　D. 1514.51

4. 钢筋混凝土管道铺设，管径 800mm，定额中下管方式为(　　)下管。

A. 人工　B. 机械　C. 塔吊　D. 人机配合

5. 某燃气管道工程，输送压力 P 为 0.3MPa，$\phi108\times89\times4$ 同心异径无缝钢管管件安装，其基价为(　　)元/个。

A. 27.89　B. 31　C. 34.46　D. 46.73

6. 现浇现拌 C20(40)卵石混凝土的单价为(　　)元/m^3(卵石价格 37.35 元/t)。

A. 176.65　B. 190.91　C. 192.94　D. 196.09

7. 以下人工工日按 8 小时每工日考虑的是(　　)。

A. 垂直顶升　B. 斜井衬砌　C. 盾构掘进　D. 岩石隧道井下掘进

8. 2010 版市政计价依据中，降水深度为 8m 的定额考虑的降水方案为(　　)。

A. 深井降水　B. 轻型井点　C. 喷射井点　D. 大口径井点

9. 地下连续墙混凝土浇捣工程量计算时，应按设计长度乘以墙厚及墙深加(　　)以“m^3”计算。

A. 0.5m　B. 1m　C. 1 倍墙厚　D. 0.5 倍墙厚

10. 某老路改建项目，采用手持凿岩机破除原 18cm 厚三渣基层，则套用的定额编号为(　　)。

A. 1-225H　B. 1-227H　C. 1-245H　D. 1-247H

11. 100 根钢筋砼管桩，外径 400mm，壁厚 65mm，路上打桩，原地面标高－0.3m，桩顶标高－2.3m，计算其送桩工程量为(　　)(圆环面积)。

A. 200m　B. 300m　C. 20.523m^3　D. 37.699m^3

12. 桥涵工程中，下列构件安装定额中已包括 150m 场内运输费用的是(　　)。

A. 预制锚锭板　B. 预制箱形块　C. 预制空心梁　D. 预制槽形梁

13. 某给水工程定型砖砌圆型收口式阀门井，井内径 2.4m，井深 4.1m，共 5 座，则其定额基价为(　　)元。

A. 3386　B. 3535　C. 17675　D. 16930

14. 砖砌排水检查井的井深指的是井底(　　)至井顶盖的距离。

A. 基础底面　B. 基础顶面　C. 垫层底面　D. 垫层顶面

15. 某燃气管道工程，输送压力 P 为 1.0MPa，氩电联焊 DN400 碳钢管(单价：400 元/米)安装，其定额基价为(　　)元/10m。

A. 4276　B. 4038　C. 4320　D. 4354

二、多选题

1. 土石方工程中遇下列项目，套用定额时人工或机械应乘以相应的系数(　　)。

A. 人工运湿土　B. 人工夯实土堤

C. 人工沟槽土方单侧回填　D. 挖掘机在垫板上作业员

E. 推土机重车上坡，坡度 8%

2. 高压旋喷桩喷浆定额不包括下列工作内容(　　)。

A. 钻孔　B. 水泥浆调制

C. 喷水泥浆　D. 检测喷浆效果

E. 泥浆处理

3. 关于给水工程，下列说法正确的是(　　)。

A. 管道安装定额不包含管道水压试验的工作内容，应另行计算

B. 铸铁承插盘短管的安装套用铸铁法兰盲板安装定额

C. 铸铁管新旧管连接(膨胀水泥接口)，管道安装工程量计算到碰头的阀门处，阀门及与阀门连接的承(插)盘短管安装不包括在定额内，应另行计算

D. 球墨铸铁管件(胶圈接口)安装套用铸铁管件安装(胶圈接口)

E. 按《给排水标准图集》S143 选用的砖砌圆形阀门井应套用《排水工程》相应定额

4. 关于打拔工具桩工程，下列说法正确的是(　　)。

A. 水深 1～2m 的打拔桩套用陆上作业定额

B. 导桩及导桩夹木的安制、拆除包含在相应的定额中

C. 定额已包括钢板桩、木桩的防腐费用

D. 圆木桩按设计桩长×小头截面积计算工程量

E. 槽型钢板桩按实际使用量列入定额中

5. 关于《隧道工程》下列说法中正确的是(　　)。

A. 定额已综合考虑超挖因素，所有超挖数量不得计入开挖工程量

B. 平洞开挖出渣，采用人力装渣，轻轨斗车运输，运距按斜道长度计，分别乘以坡度调整系数

C. 洞内施工排水，排水量按自重排水 10m^3/h 计，排水量超过时抽水机台班乘以调整系数

D. 隧道内衬现浇混凝土边墙，拱部均考虑了施工操作平台，竖井采用的脚手架已在定额中综合考虑，不得另行计算

E. 沉井触变泥浆的工程量，按沉井外壁所围的平面投影面积乘以下沉深度，并乘以相应的土方回淤系数

6. 定额套用遇以下(　　)项目时，应按相应定额人工、机械乘以系数。

A. 排水管在支撑下串管铺设

B. 钢筋混凝土池附壁柱

C. 钢筋混凝土池底板下碎石垫层铺设

D. 在支撑下挖基坑土方

E. 在无基础的槽内铺设钢筋混凝土管道

7. 关于轻型井点，定额中没有包括的内容有(　　)。

A. 泥水处理费用　　B. 钻孔机安、拆费用

C. 井点管场外运输费用　　D. 备用电源的费用

E. 井点管安、拆时的损耗量

8. 关于高度 4.8m 双排圆木桩围堰工程，下列说法正确的是(　　)。

A. 定额中已包括 50m 范围内取土的费用

B. 定额中所列黏土数量为夯实碾压后体积数量，实际与定额不同时应调整换算

C. 如取 50m 以外土方时，除计算土方挖、运或外购费用以外，还应扣除定额人工 55.5 工日/100m^3 黏土

D. 如取 50m 以外土方时，除计算土方挖、运或外购费用以外，还应扣除定额人工 73.05 工日/10m

E. 定额所列圆木桩数量为参考数量，实际与定额不同时应进行调整，并套用水上打拔工具桩相应定额

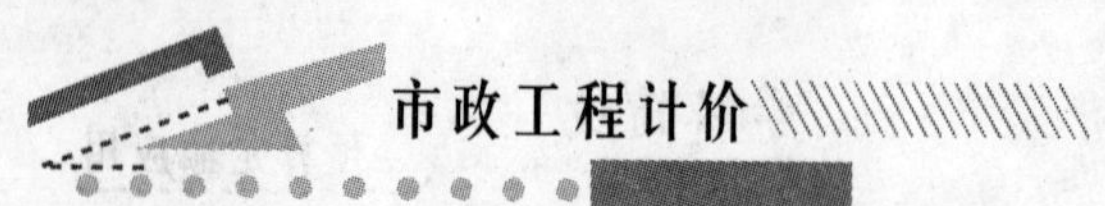

9. 道路工程中，下列安砌子目定额已包括卧底砂浆的有（　　）。

A. 混凝土侧石　　B. 混凝土平石

C. 人行道板　　D. 混凝土树池

E. 广场砖

10. 下列项目中，按周转材料摊销形式计入定额的有（　　）。

A. 彩钢板护栏　　B. 混凝土模板

C. 钢管脚手架　　D. 陆上卷扬机打槽型钢板桩

E. 满堂式钢管支架

三、实训题

【实训题 1】 定额套用与换算(表 1-16)

表 1-16　定额套用与换算

序号	工程项目内容	定额编号	计量单位	基价/元	计算式
1	彩色异型人行道板安砌，采用 3cm 厚 M7.5 水泥砂浆垫层(人行道板单价：60 元/m²)				
2	埋设钻孔灌注桩钢护筒，桩径 800mm，水上作业，钢护筒无法拔出时钢护筒埋设定额计价(钢护筒单价：5000 元/t)				
3	M7.5 干混砂浆砌筑桥梁引桥料石挡墙				
4	顶管工程，总长 90m，设置一级中继间，采用敞开式手掘顶进，中继间后直径 1500mm 钢筋混凝土顶进				
5	现浇预应力箱梁接缝部分，采用 C30 非泵送商品混凝土(单价：290 元/m³)				
6	深层水泥搅拌桩，采用单头喷浆，工程量 50m³，水泥掺量 15%				

学习情境2

图纸识读与定额工程量计算

情境目标

通过学习情境 2 的学习，培养学生以下能力。

(1) 能读懂道路工程、桥梁工程、排水工程图纸。

(2) 能运用定额工程量计算规则计算定额工程量，编制工程数量表。

任务描述

根据杭州市康拱路工程设计资料，识读图纸，计算道路工程、桥梁工程、排水工程定额工程量，编制工程数量表。

教学要求

教学目标	知识要点	权重
能识读市政工程设计图纸	设计说明、道路工程设计图、桥梁工程设计图、排水工程设计图等识读方法	10%
能计算道路工程定额工程量	路基填挖方量、路面结构类型、结构层面积、侧平石长度等典型工程量计算方法	30%
能计算桥梁工程定额工程量	挖基坑、钢筋数量、钻孔灌注桩、桥梁实体结构等典型工程量计算方法	30%
能计算排水工程定额工程量	挖沟槽土方、排水管道工程量、检查井等典型工程量计算方法	30%

情境任务导读

市政工程项目计价，首先须计算工程量。工程量计算是编制工程造价文件的基础工作，施工图纸及配套的标准图集是工程量计算的基础资料和基本依据。工程量分为定额工程量和清单工程量，定额工程量是按照定额工程量计算规则计算的工程量，定额工程量才能套用定额；清单工程量是按照《建设工程工程量清单计价规范》工程量计算规则计算的工程量。作为一名造价人员，必须能识读工程图纸、计算工程量。

知识点滴

市政工程基础知识

市政工程是城市基础设施的重要组成部分，是城市经济和社会发展的基础条件，是与城市生产和人民生活密切相关的、直接为城市生产、生活服务并为城市生产和人民生活提供必不可少的物质条件的城市公共设施。本教材所讲的市政工程是指狭义的市政工程概念，即包括城市的道路工程、桥涵工程、排水工程等设施。

城市道路是指城市内部的道路，是城市组织生产、安排生活、搞活经济、物质流通所必需的车辆、行人交通往来的道路，是联结城市各个功能分区和对外交通的纽带。城市道路也为城市通风、采光以及保持城市生活环境提供所需要的空间，并为城市防火、绿化提供通道和场地。城市道路分为快速路、主干路、次干路及支路 4 类。快速路系指在城市道路中设有中央分隔带，具有 4 条或 4 条以上机动车道，全部或部分采用立体交叉并控制车辆出入，供车辆以较高车速行驶的道路。主干路是指在城市道路网中起骨架作用的道路。次干路是城市道路网中的区域性干路，次干路与主干路相连，构成完整的城市干路系统。支路是指城市道路网中干路以外联系次干路或供区域内部使用的道路。

城市道路一般由机动车道、非机动车道、人行道、隔离带及附属设施等部分组成，如图 2.1 所示。路基是支撑路面的基础，其结构必须具有足够的强度和稳定性，以承受汽车荷载的作用，防止水分及其他自然因素对路基本身的侵蚀和损害。路面是用筑路材料铺在路基上供车辆行驶的层状构造物，路面应具有足够的强度、刚度、平整度、耐久性和粗糙度，以保证汽车以一定的速度安全、舒适地行驶。路面结构自下而上一般由垫层、底基层、基层、面层组成。

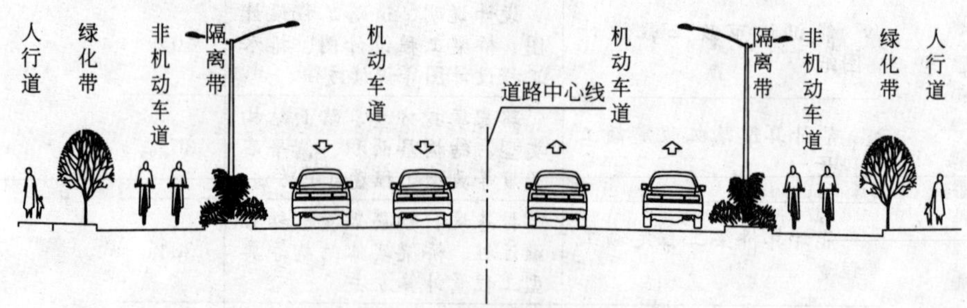

图 2.1　城市道路的组成

桥梁一般由上部结构、下部结构、支座和附属设施 4 部分组成，桥梁按受力体系可分为：梁桥、拱桥、刚构桥(刚架桥)、悬索桥和斜拉桥，分别如图 2.2～图 2.6所示。

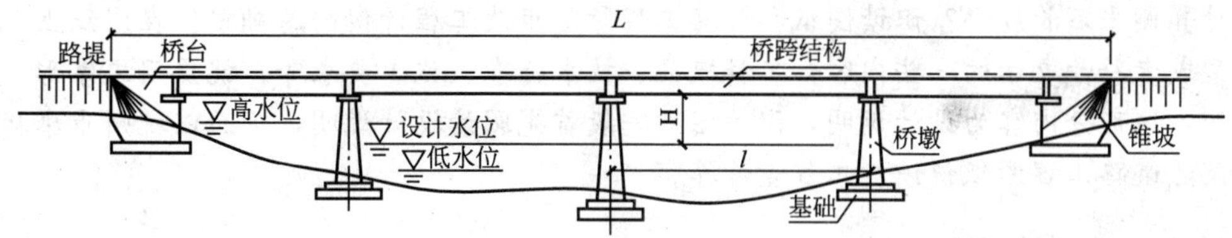

图 2.2　梁桥的组成

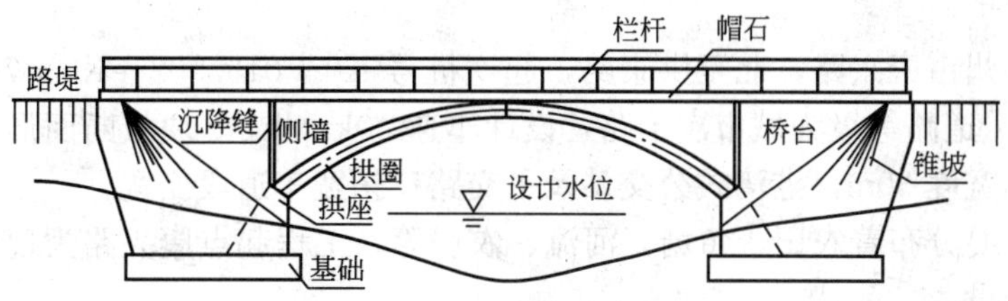

图 2.3　拱桥的组成

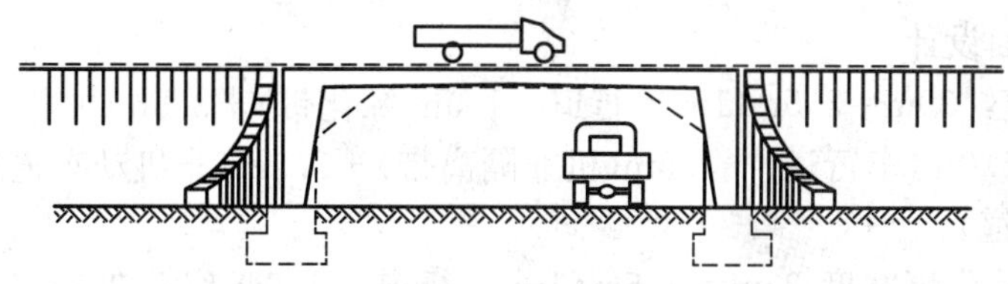

图 2.4　刚构桥

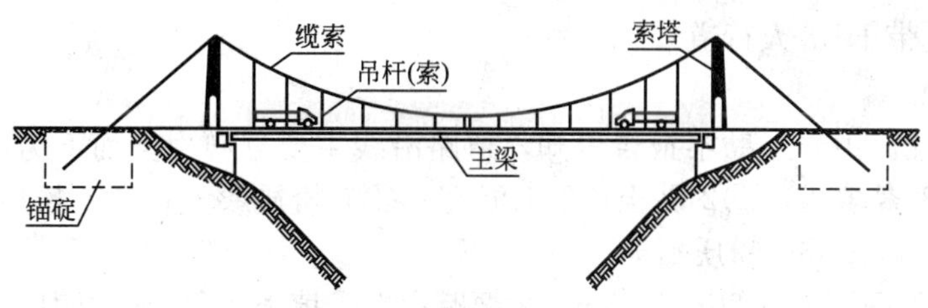

图 2.5　悬索桥(吊桥)

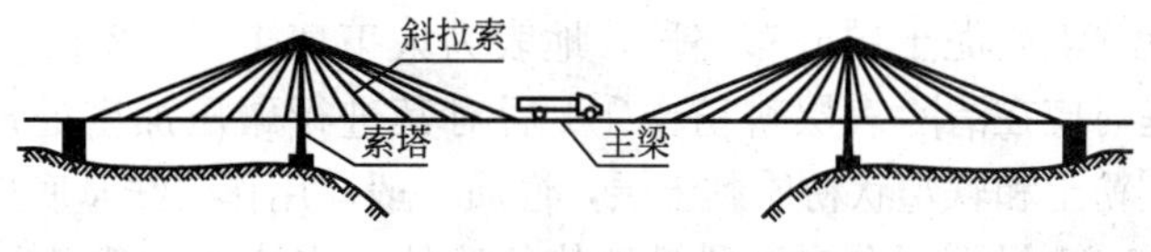

图 2.6　斜拉桥

排水工程由管道系统(或称排水管网)和污水处理系统(即污水处理厂、站)组成，管道系统主要包括管道、检查井、水泵站、排水设备等工程设施。

任务 2.1　道路工程图纸识读与定额工程量计算

导　入

道路工程是市政工程的重要组成部分，你能识读道路工程施工图纸、计算各结构层面积、计算侧平石长度吗？识读图纸和计算工程量是市政工程计价的基础噢！在图纸上无法用线型或者符号表示的一些内容如工程概况、技术标准、施工要求等，就要用文字形式加以说明，这部分内容为设计说明，识读图纸一般首先阅读设计说明，下面以杭州市康拱路为例阐述道路工程图纸识读与工程量计算。

2.1.1 施工图设计说明(节选)

1. 工程概况

工程西起杭州市康兴路，北至拱康路，起讫桩号 K0＋015.502～K0＋762.037，道路全长 746.535m，道路等级为城市次干路，设计车速 40km/h，3 块板断面形式，双向 4 车道，标准段路幅宽度 30m，港湾式公交站及平交路口拓宽车道段变宽。

道路沿线主要分布着农田、鱼塘、河流、农房等。工程起点康兴路为现状道路，终点处拱康路正在建设。

2. 道路工程

1) 道路横断面设计

标准路幅宽度：30m＝2.5m(1m 人行道＋1.5m 绿化带)＋3.5m(非机动车道)＋1.5m(机非隔离带)＋15.0m(车行道)＋1.5m(机非隔离带)＋3.5m(非机动车道)＋2.5m(1.5m 绿化带＋1m 人行道)。

公交停靠站段路幅宽度 33m＝2.5m(1m 人行道＋1.5m 绿化带)＋3.5m(非机动车道)＋1.5m(机非隔离带)＋18.0m(车行道)＋1.7m(公交站台)＋3.3m(非机动车道)＋2.5m(1.5m 绿化带＋1m 人行道)。

2) 路基工程

(1) 地质概况。由岩土勘察报告得知，道路沿线主要分布由上而下为：①1 耕植土；①2 杂填土；①3 素填土；②2 黏土；③1 淤泥；④1 粉质黏土；④2 粉质黏土夹粉土；⑤(淤泥质)粉质黏土；⑥1 粉质黏土。

地下稳定水位埋深为 0.20～2.55m，主要赋存在①填土、②黏土层中，相当于高程为 0.03～2.46m，属孔隙性潜水。

对于拟建道路无③1 淤泥土层分布路段，地表为人工填土层①2 和①3，欠密实、欠均匀，用作路基、管基时应在清除表层耕植土①1 后对其进行碾压加密处理并设垫层；该段②层土为稍密状粘质粉土和软塑状粉质黏土层，性质一般，用作管线基底持力层应设垫层。

对于拟建道路有③1 淤泥层分布路段且地势低洼处，应填方加载且③1 淤泥层埋深浅，性质较差，因此，该段路基易产生较大的沉降和侧向位移，不宜直接使用，建议该路段路基进行加固处理，处理深度至④黏土层面，宜采用水泥搅拌桩法，路基加设垫层；该段管基宜设基础，特别在两种地貌单元交界地段应予加强。

(2) 清表。对沿线层厚约 0.40～0.50m 的植物根茎及碎砾石，暂按 0.5m 清表，具体工程量根据现场实际确定。

(3) 路基压实度。清表后路基填方段采用 30cm 塘渣＋素土依次回填压实至路床顶。其中必须保证路面结构下方第一层为塘渣层。

(4) 特殊路基处理。由勘探报告得知，本工程范围内部分路段下方有淤泥夹层，淤泥夹层厚度较厚且埋深较浅，综合考虑后采取水泥搅拌桩进行处理。搅拌桩施工应在清表后进行。

水泥搅拌桩处理后复合地基承载力≥90MPa。

水泥搅拌桩单桩承载力标准值为95～100kPa。90天无侧限抗压强度1.3MPa，7天无侧限抗压强度为0.35～0.55MPa。

① 一般路段。采用ϕ50cm水泥搅拌桩处理，正方形布置，间距1.2m×1.2m，桩长根据淤泥层厚不同，采用相应的桩长。具体详见软基处理平面图。

② 桥梁台后路段。采用ϕ50cm水泥搅拌桩处理，正方形布置，间距1.2m×1.2m，桩长根据淤泥层厚不同，采用相应的桩长。台后搅拌桩施工完毕后，采用级配碎石回填至路基顶。

③ 挡墙路段。挡墙基础地基承载力要求≥90MPa。

当挡墙经过水泥搅拌桩区域时，应保证挡墙基础外侧至少有一排水泥搅拌桩。

④ 河塘处理。对于不在搅拌桩范围内河塘处理措施：抽干水后，清淤厚度暂按1.5m清除，清淤后用塘渣回填分层压实(按路基压实标准执行)。

对处于水泥搅拌桩范围内河塘处理措施：抽干水后，清淤厚度暂按1.5m清除，回填素土分层压实(按路基压实标准执行)，再进行水泥搅拌桩处理。

对老河道处理措施：围堰抽干水后，清淤厚度暂按2m清除，回填素土分层压实(按路基压实标准执行)，再进行水泥搅拌桩处理。

3) 路面工程

(1) 车行道路面结构(总厚度73cm)。

5cmAC-13C型细粒式沥青砼(SBS改性)。

6cmAC-20C型中粒式沥青砼。

7cmAC-25C型粗粒式沥青砼。

35cm5%水泥稳定碎石基层。

20cm级配碎石垫层。

(2) 非机动车道路面结构(总厚度56cm)。

4cmAC-13C型细粒式沥青砼(SBS改性)。

7cmAC-25C型粗粒式沥青砼。

30cm5%水泥稳定碎石基层。

15cm级配碎石垫层。

(3) 人行道路面结构(总厚度49cm)。

6cm人行道板。

3cmM10砂浆卧底。

20cmC15素砼基层(每隔3m设置一道假缝)。

20cm塘渣垫层。

2.1.2 道路工程施工图纸识读(图2.7～图2.11)(表2-1和表2-2)

特别提示

道路工程平面图识读应查阅图纸右下角的说明，了解比例尺、单位；识读图例，弄清路线起讫点、分隔带、人行道、平石、侧石、挡土墙、平交路口等位置；查阅平面交叉口宽度、路幅宽度等。

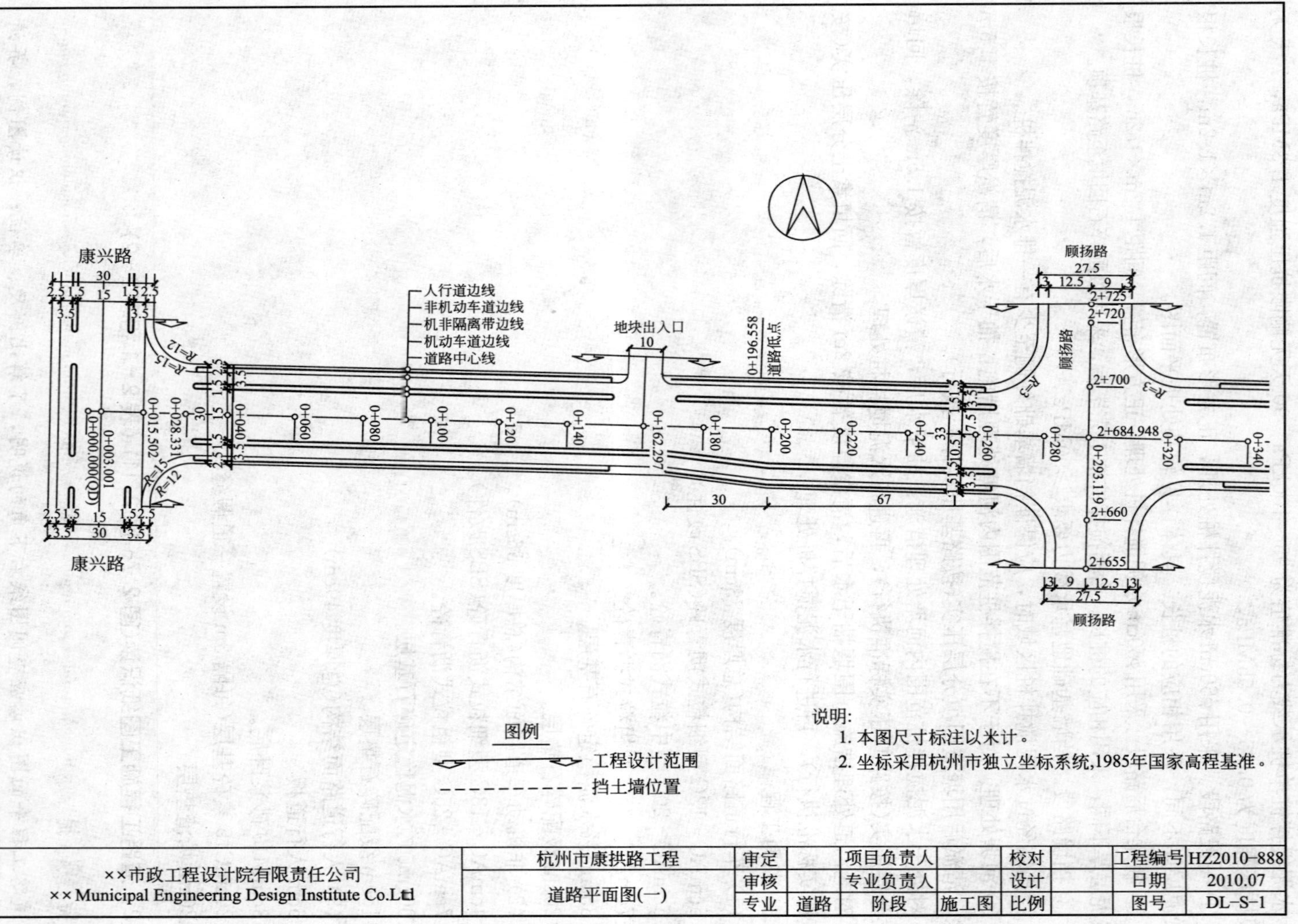
康兴路
顾扬路
0+000.000(QD)
0+003.001
0+015.502
0+028.331
0+040
0+060
0+080
0+100
0+120
0+140
0+162.297
地块出入口
0+180
0+196.558 道路低点
0+200
0+220
0+240
0+260
0+280
0+293.119
0+320
0+340
2+655
2+660
2+684.948
2+700
2+720
2+725
人行道边线
非机动车道边线
机非隔离带边线
机动车道边线
道路中心线
图例
工程设计范围
挡土墙位置
说明：
1. 本图尺寸标注以米计。
2. 坐标采用杭州市独立坐标系统，1985年国家高程基准。
××市政工程设计院有限责任公司
××Municipal Engineering Design Institute Co.Ltd
杭州市康拱路工程
道路平面图(一)
审定
审核
专业 道路
项目负责人
专业负责人
阶段 施工图
校对
设计
比例
工程编号 HZ2010-888
日期 2010.07
图号 DL-S-1

图 2.7 道路平面图(1)

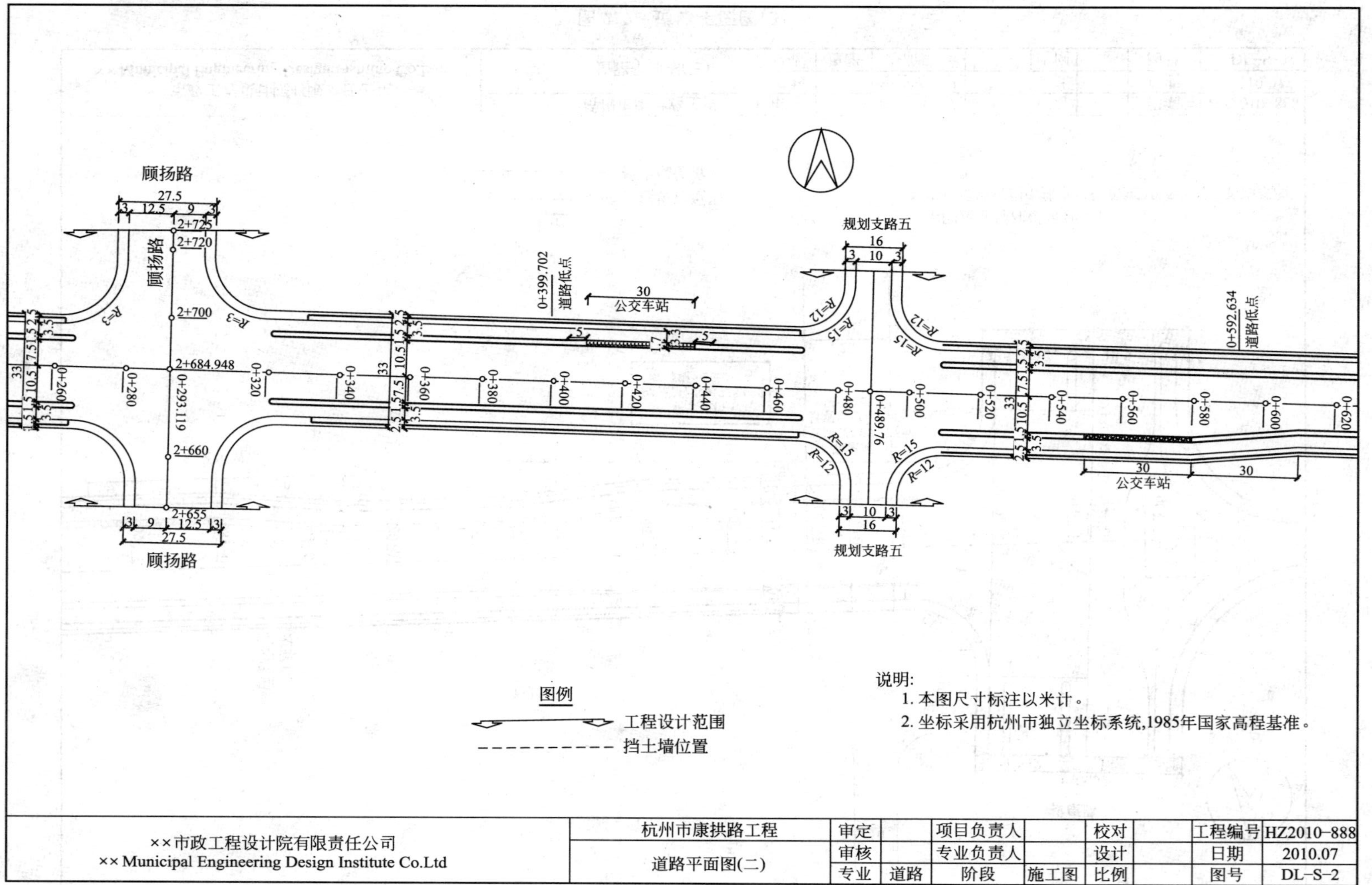
顾扬路
规划支路五
公交车站
0+399.702
道路低点
0+592.634
道路低点
0+489.76
0+293.119
2+684.948
图例
工程设计范围
挡土墙位置
说明:
1. 本图尺寸标注以米计。
2. 坐标采用杭州市独立坐标系统,1985年国家高程基准。
××市政工程设计院有限责任公司
×× Municipal Engineering Design Institute Co.Ltd
杭州市康拱路工程
道路平面图(二)
审定
审核
专业
道路
项目负责人
专业负责人
阶段
施工图
校对
设计
比例
工程编号
HZ2010-888
日期
2010.07
图号
DL-S-2

图 2.7　道路平面图(2)

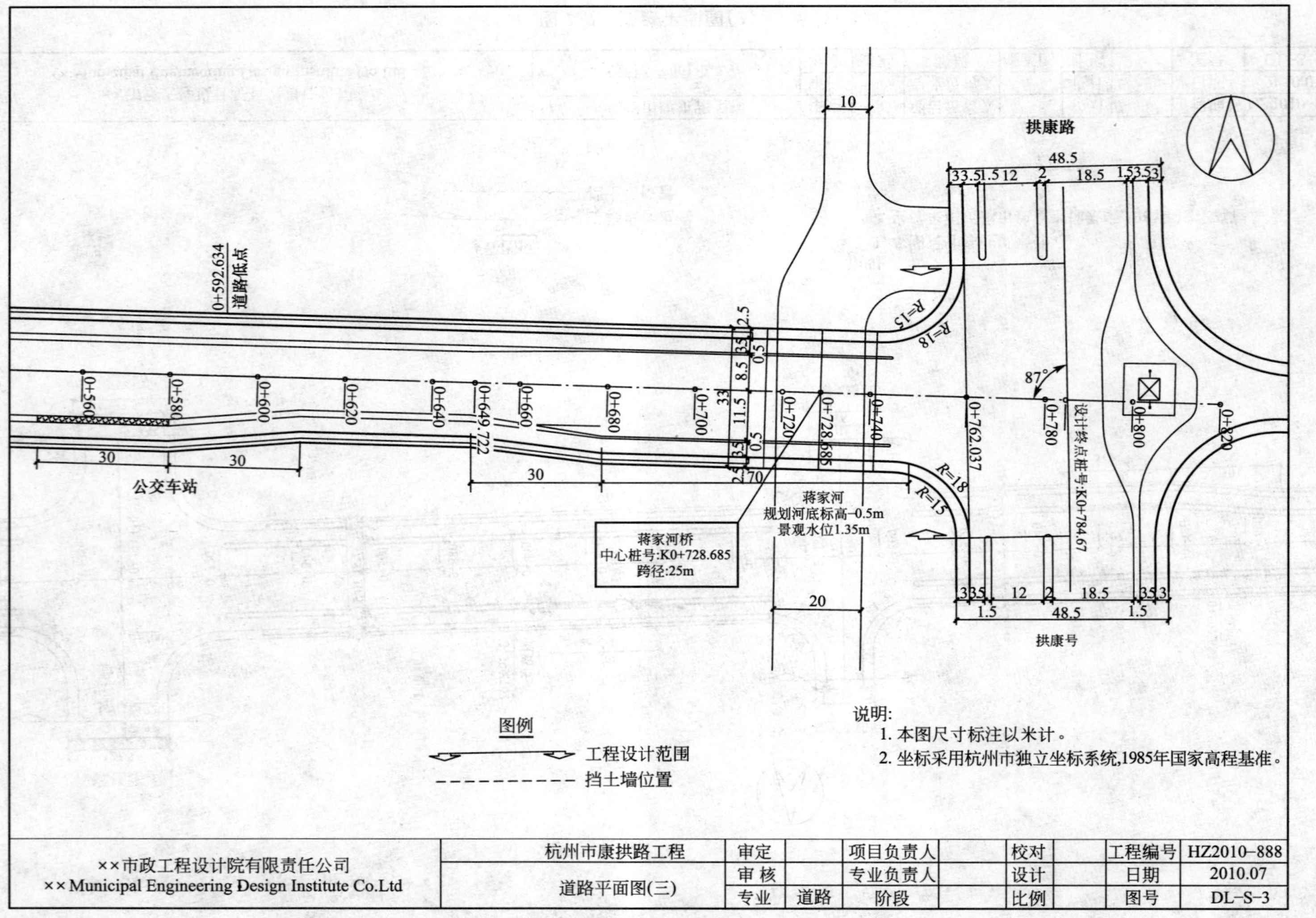
拱康路
拱康号
设计终点桩号:K0+784.67
0+820
0+800
0+780
0+762.037
0+740
0+728.685
0+720
0+700
0+680
0+660
0+649.722
0+640
0+620
0+600
0+580
0+560
0+592.634
道路低点
公交车站
蒋家河
规划河底标高-0.5m
景观水位1.35m
蒋家河桥
中心桩号:K0+728.685
跨径:25m
R=18
R=15
87°
说明:
1. 本图尺寸标注以米计。
2. 坐标采用杭州市独立坐标系统,1985年国家高程基准。
图例
工程设计范围
挡土墙位置
××市政工程设计院有限责任公司
××Municipal Engineering Design Institute Co.Ltd
杭州市康拱路工程
道路平面图(三)
审定
审核
专业
道路
项目负责人
专业负责人
阶段
校对
设计
比例
工程编号
HZ2010-888
日期
2010.07
图号
DL-S-3

图 2.7 道路平面图(3)

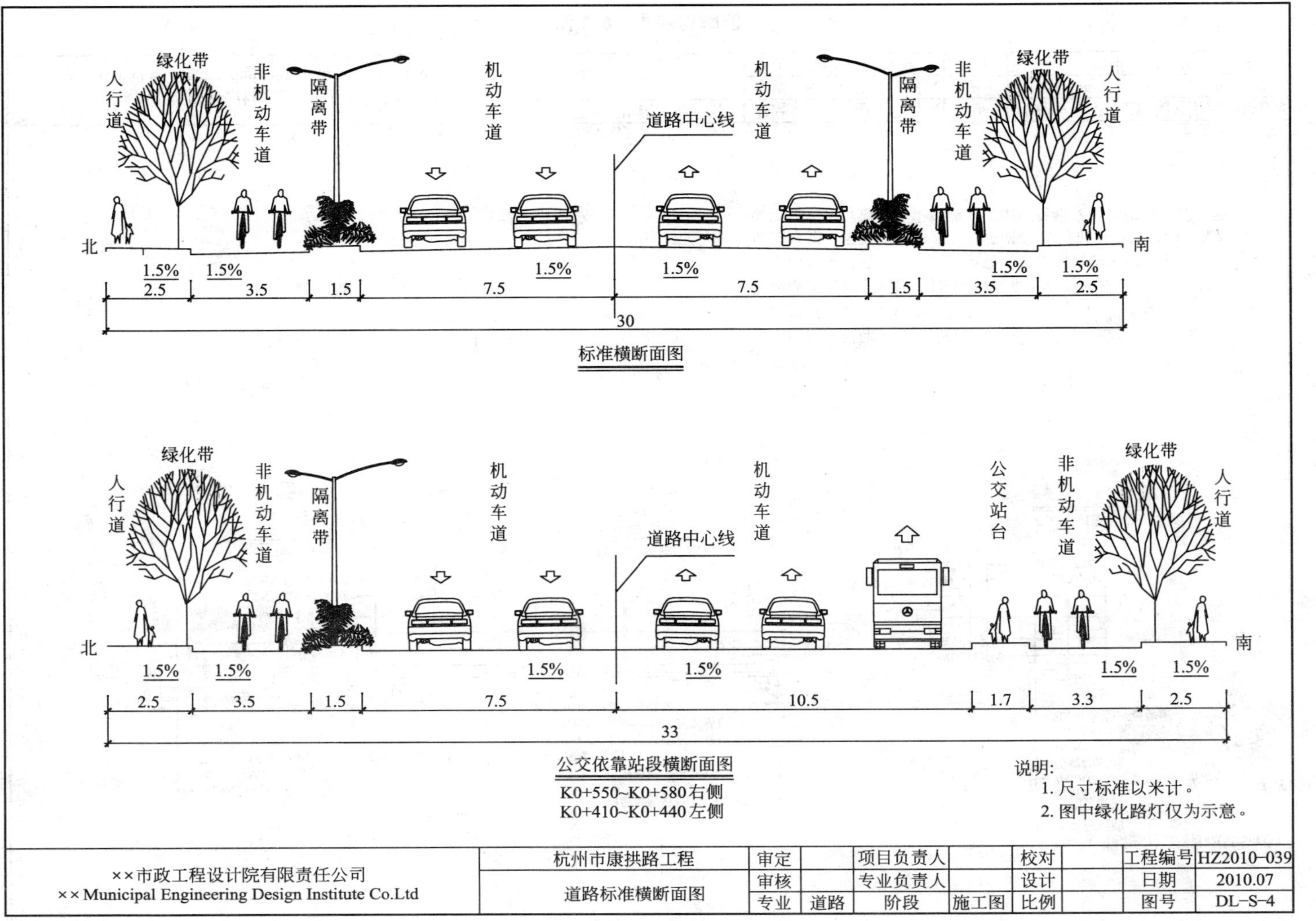

图 2.8 道路标准横断面图

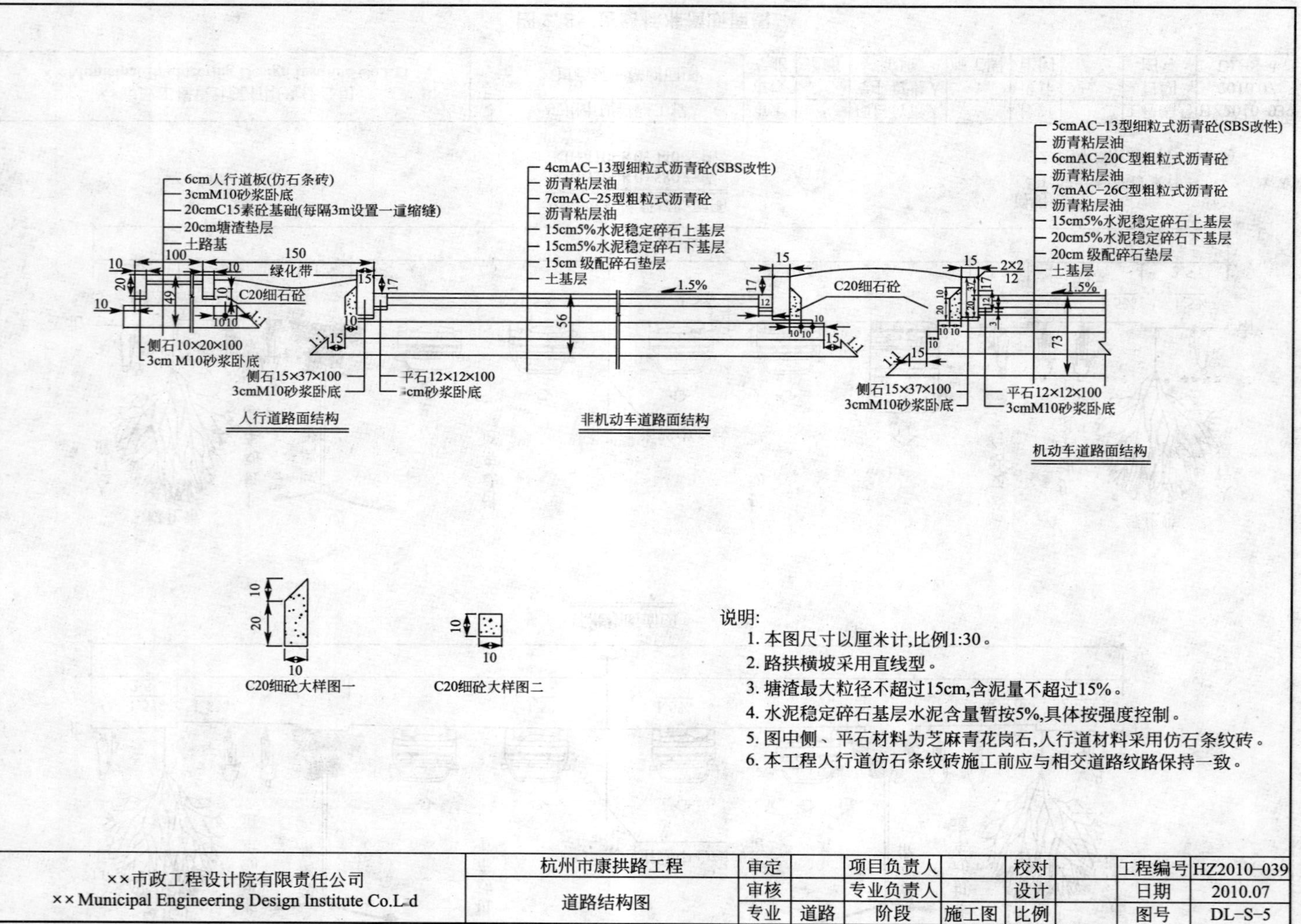

6cm人行道板(仿石条砖)
3cmM10砂浆卧底
20cmC15素砼基础(每隔3m设置一道缩缝)
20cm塘渣垫层
土路基
绿化带
C20细石砼
侧石10×20×100
3cm M10砂浆卧底
侧石15×37×100
3cmM10砂浆卧底
平石12×12×100
3cm砂浆卧底
人行道路面结构
4cmAC-13型细粒式沥青砼(SBS改性)
沥青粘层油
7cmAC-25型粗粒式沥青砼
沥青粘层油
15cm5%水泥稳定碎石上基层
15cm5%水泥稳定碎石下基层
15cm 级配碎石垫层
土基层
1.5%
非机动车道路面结构
5cmAC-13型细粒式沥青砼(SBS改性)
沥青粘层油
6cmAC-20C型粗粒式沥青砼
沥青粘层油
7cmAC-26C型粗粒式沥青砼
沥青粘层油
15cm5%水泥稳定碎石上基层
20cm5%水泥稳定碎石下基层
20cm 级配碎石垫层
土基层
C20细石砼
侧石15×37×100
3cmM10砂浆卧底
平石12×12×100
3cmM10砂浆卧底
机动车道路面结构
C20细砼大样图一
C20细砼大样图二
说明:
1. 本图尺寸以厘米计,比例1:30。
2. 路拱横坡采用直线型。
3. 塘渣最大粒径不超过15cm,含泥量不超过15%。
4. 水泥稳定碎石基层水泥含量暂按5%,具体按强度控制。
5. 图中侧、平石材料为芝麻青花岗石,人行道材料采用仿石条纹砖。
6. 本工程人行道仿石条纹砖施工前应与相交道路纹路保持一致。
××市政工程设计院有限责任公司
××Municipal Engineering Design Institute Co.L.d
杭州市康拱路工程
道路结构图
审定
审核
项目负责人
专业负责人
校对
设计
工程编号
HZ2010-039
日期
2010.07
专业
道路
阶段
施工图
比例
图号
DL-S-5

图 2.9 道路结构图

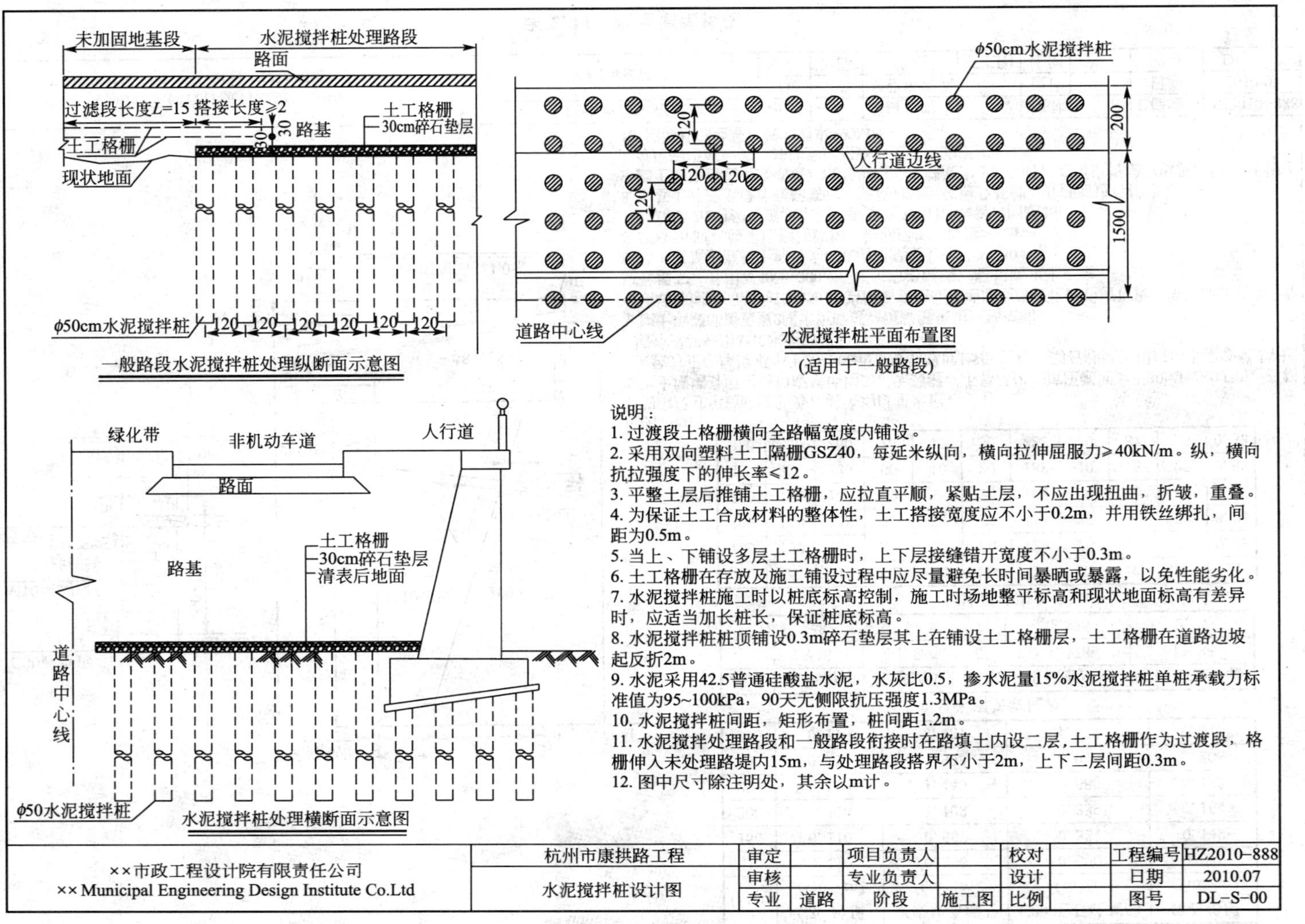

图 2.10　水泥搅拌桩设计图

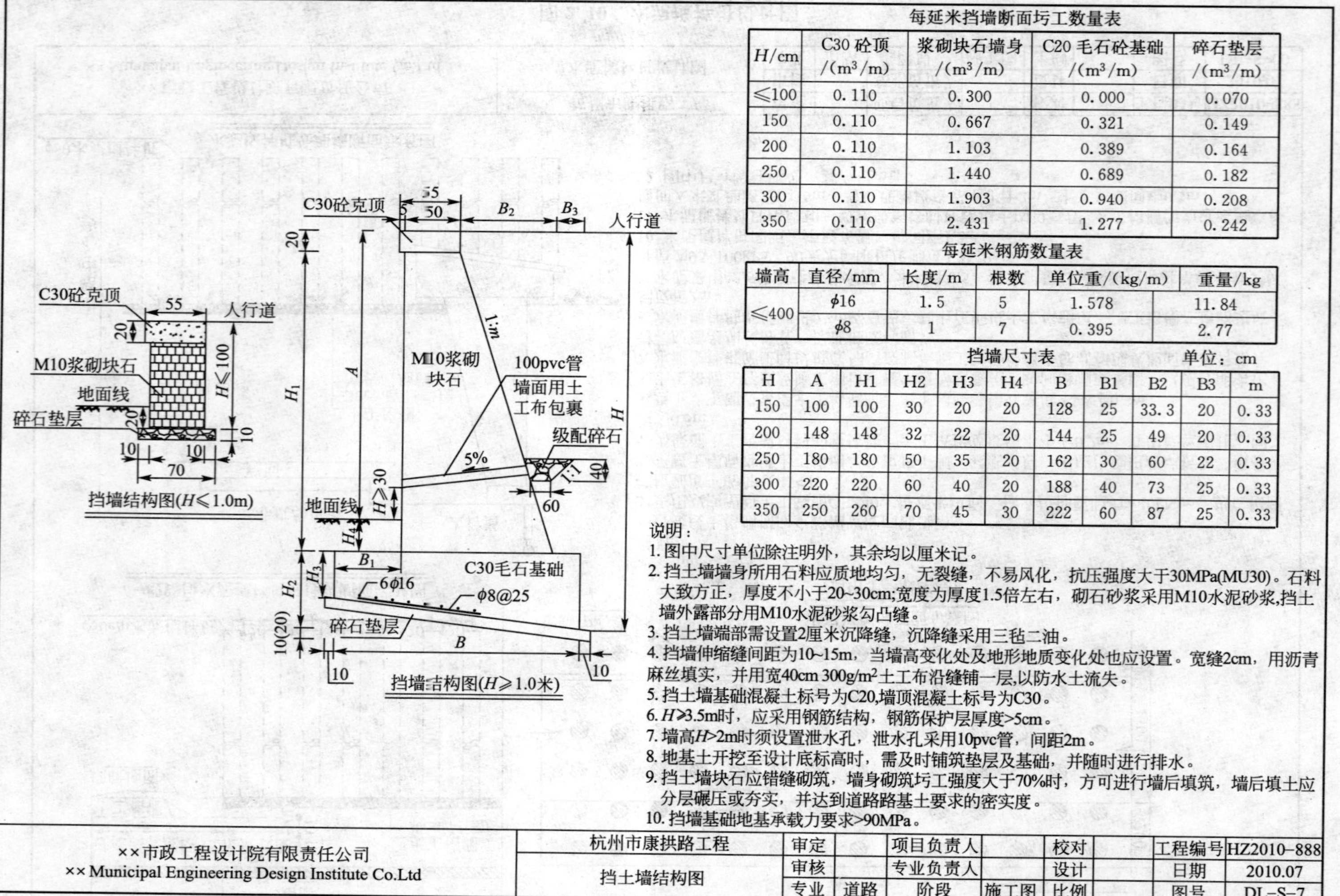

每延米挡墙断面圬工数量表

H/cm	C30 砼顶 /(m³/m)	浆砌块石墙身 /(m³/m)	C20 毛石砼基础 /(m³/m)	碎石垫层 /(m³/m)
≤100	0.110	0.300	0.000	0.070
150	0.110	0.667	0.321	0.149
200	0.110	1.103	0.389	0.164
250	0.110	1.440	0.689	0.182
300	0.110	1.903	0.940	0.208
350	0.110	2.431	1.277	0.242

每延米钢筋数量表

墙高	直径/mm	长度/m	根数	单位重/(kg/m)	重量/kg
≤400	φ16	1.5	5	1.578	11.84
	φ8	1	7	0.395	2.77

挡墙尺寸表　　单位：cm

H	A	H1	H2	H3	H4	B	B1	B2	B3	m
150	100	100	30	20	20	128	25	33.3	20	0.33
200	148	148	32	22	20	144	25	49	20	0.33
250	180	180	50	35	20	162	30	60	22	0.33
300	220	220	60	40	20	188	40	73	25	0.33
350	250	260	70	45	30	222	60	87	25	0.33

说明：

1. 图中尺寸单位除注明外，其余均以厘米记。
2. 挡土墙墙身所用石料应质地均匀，无裂缝，不易风化，抗压强度大于30MPa(MU30)。石料大致方正，厚度不小于20~30cm;宽度为厚度1.5倍左右，砌石砂浆采用M10水泥砂浆,挡土墙外露部分用M10水泥砂浆勾凸缝。
3. 挡土墙端部需设置2厘米沉降缝，沉降缝采用三毡二油。
4. 挡墙伸缩缝间距为10~15m，当墙高变化处及地形地质变化处也应设置。宽缝2cm，用沥青麻丝填实，并用宽40cm 300g/m²土工布沿缝铺一层,以防水土流失。
5. 挡土墙基础混凝土标号为C20,墙顶混凝土标号为C30。
6. H≥3.5m时，应采用钢筋结构，钢筋保护层厚度>5cm。
7. 墙高H>2m时须设置泄水孔，泄水孔采用10pvc管，间距2m。
8. 地基土开挖至设计底标高时，需及时铺筑垫层及基础，并随时进行排水。
9. 挡土墙块石应错缝砌筑，墙身砌筑圬工强度大于70%时，方可进行墙后填筑，墙后填土应分层碾压或夯实，并达到道路路基土要求的密实度。
10. 挡墙基础地基承载力要求>90MPa。

××市政工程设计院有限责任公司 ××Municipal Engineering Design Institute Co.Ltd	杭州市康拱路工程	审定		项目负责人		校对		工程编号	HZ2010-888
	挡土墙结构图	审核		专业负责人		设计		日期	2010.07
		专业	道路	阶段	施工图	比例		图号	DL-S-7

图 2.11　挡土墙结构图

表 2-1 杭州市康拱路路基土石方数量计算表

桩号	距离/m	面积/m²		体积/m³	
		填	挖	填	挖
0+040	20	9.04	0.08	219.03	1.16
0+060	20	12.86	0.04	263.41	0.38
0+080	20	13.48	0.00	284.50	0.00
0+100	20	14.97	0.00	302.46	0.00
0+120	20	15.27	0.00	208.45	17.40
0+140	20	5.57	1.74	91.35	44.98
0+160	20	3.56	2.76	70.30	70.34
0+180	40	3.47	4.28	516.20	85.50
0+220	20	22.34	0.00	398.90	0.00
0+240	20	17.55	0.00	744.48	0.00
0+255		56.90	0.00		
顾扬路路口					
0+340	20	45.72	0.00	919.78	0.00
0+360	20	46.26	0.00	901.17	0.00
0+380	20	43.86	0.00	700.49	0.00
0+400	20	26.19	0.00	654.89	0.00
0+420	20	39.30	0.00	816.20	0.00
0+440	20	42.32	0.00	919.00	0.00
0+460		49.58	0.00		
规划支路五					
0+520	20	49.89	0.00	1004.99	0.00
0+540	20	50.61	0.00	946.00	0.00
0+560	20	43.99	0.00	633.12	0.00
0+580	20	19.32	0.00	270.56	23.20
0+600	20	7.74	2.32	121.53	49.98
0+620	20	4.42	2.68	541.77	26.78
0+640	20	49.76	0.00	866.72	0.00
0+660	20	36.91	0.00	754.41	0.00
0+680	20	38.53	0.00	1071.16	0.00
0+700		68.59	0.00		
蒋家河桥					
拱康路路口					
小计				14220.84	319.70

清表 12215m³；路段填方为 14221m³，交叉口范围填方为 6159m³，池塘填方为 1088m³，则总填方量为 21468m³，挖方总量为 320m³。

表 2-2 杭州市康拱路道路挡土墙设置一览表

道路北侧挡墙设置一览表			道路南侧挡墙设置一览表		
起讫桩号	挡墙长度/m	高度 A/m	起讫桩号	挡墙长度/m	高度 A/m
K0+050～K0+150	100	1.30	K0+050～K0+130	80	1.30
K0+210～K0+240	30	1.70	K0+210～K0+240	30	1.40
K0+240～K0+255	15	2.10	K0+240～K0+255	15	2.10
K0+330～K0+490	160	2.10	K0+330～K0+490	160	2.10
K0+490～K0+600	117	2.10	K0+490～K0+570	87	2.30
K0+650～K0+700	50	2.10	K0+570～K0+580	10	1.70
K0+700～K0+716.2	16.2	2.70	K0+580～K0+610	30	1.30
K0+741.2～K0+763.379	26.2	3.10	K0+640～K0+690	50	1.70
			K0+690～K0+710	20	3.10
			K0+710～K0+716.2	6.2	3.50
			K0+741.2～K0+763.379	28	3.50
小计	514.4		小计	516.2	
道路挡土墙总长度				1030.6	

2.1.3 道路工程定额工程量计算

1. 清除表土、填前压实工程量计算

路基填方填筑前需对路基填筑范围内原地面的杂草、垃圾、有机物残渣及取土坑原地面表层(100～300mm)腐殖土、草皮、农作物的根系和表土予以清除，并将种植表土集中堆放在监理人指定地点以备将来做绿化种植用土。场地清理完成后，应全面进行填前碾压，使其密实度达到规定的要求。场地清理及回填压实后，应重测地面高程，计算清除表土、压实沉降增加的填方工程量，计入路基填方工程量。

清除表土面积以坡脚平面投影面积计算(m^2)。

2. 路基土石方工程量计算

路基土石方工程量计算一般采用平均断面法(图 2.12)：

$$V=\frac{1}{2}(A_1+A_2)L \tag{2-1}$$

式中：V——挖(填)土体积，m^3；

A_1、A_2——相邻断面填方面积或挖方面积(计算挖方体积为相邻断面挖方面积，计算填方体积为相邻断面填方面积)，m^2；

L——A_1、A_2 断面间距，m。

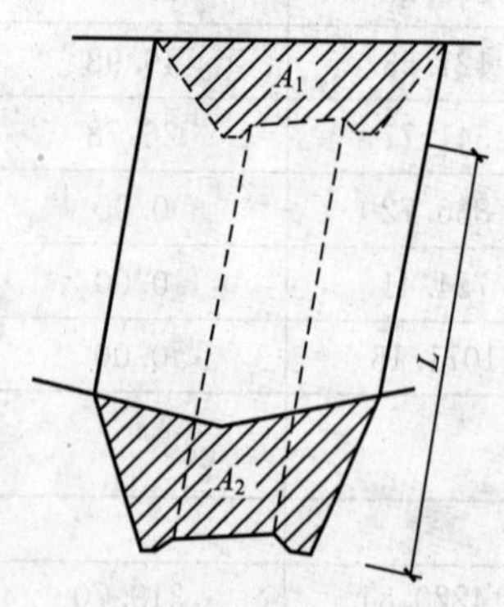

图 2.12 平均断面法示意图

【例 2-1】 某工程道路路基断面面积见表 2-3，计算路基土方工程量。

表 2-3 某工程道路路基土方工程量计算表

桩号	断面面积/m²		平均面积/m²		距离/m	土方工程量/m³	
	挖方	填方	挖方	填方		挖方	填方
0+000	15.76	7.83					
			18.49	9.49	40	739.60	379.60
0+040	21.22	11.14					
			19.94	5.57	60	1196.40	334.20
0+100	18.66						
			19.21	2.05	45	864.45	92.25
0+145	19.75	4.10					
合计						2800.45	806.05

3. 广场等大面积场地平整或平基土方

1) 平整场地

平整场地面积按构筑物结构外边线每边各增加 2m 范围的面积计算。

2) 平基土方(挖填土方工程量)

平基土方挖填土方工程量一般采用方格网法计算。根据地形起伏变化大小情况，按如下方法进行。

(1) 选择适当方格尺寸。有 5m×5m、10m×10m、20m×20m、100m×100m 等，方格越小，计算精确度越高；反之，方格越大，精确度越小。

(2) 方格编号，标注方格 4 个角点的原地面标高，设计标高并计算施工高度，如图 2.13 所示。施工高度为设计标高与原地面标高的差值，挖方为“－”，填方为“＋”。

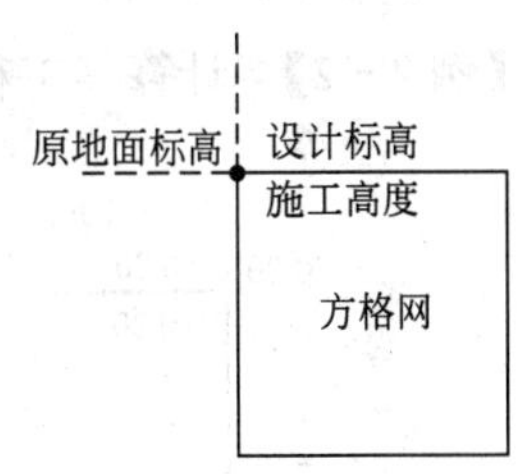

图 2.13 角点标高标注

(3) 计算两个角点之间的零点。在一个方格网内同时有填方或挖方时，要先算出方格网边的零点位置，并标注于方格网上。当两个角点中一个“＋”，一个“－”值时，两点连线之间必有零点，它是填方区与挖方区的分界线，如图 2.14 所示。

(4) 判断方格挖方与填方区(即确定零线)，如图 2.15 所示。

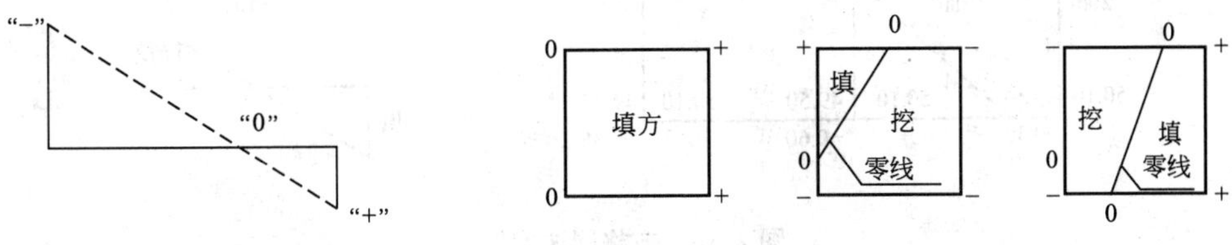

图 2.14 “0”零点

图 2.15 挖、填方格示意图

(5) 计算方格挖填工程量见表 2-4。

表 2-4 常用方格网点计算公式

项目	图式	计算公式
一点填方或挖方(三角形)	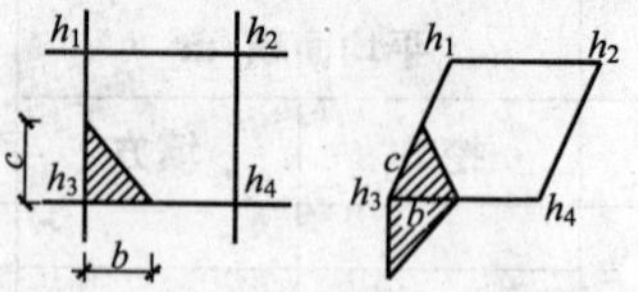	$V=\frac{bch_3}{6}$
二点填方或挖方(梯形)	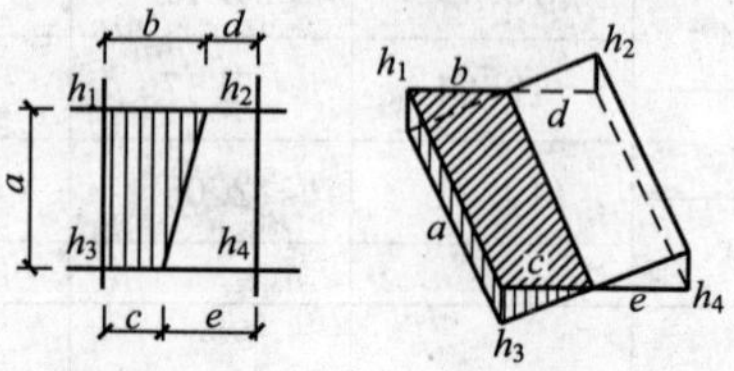	$V_+=\frac{a}{8}(b+c)(h_1+h_3)$ $V_-=\frac{a}{8}(d+e)(h_2+h_4)$
三点填方或挖方(五角形)	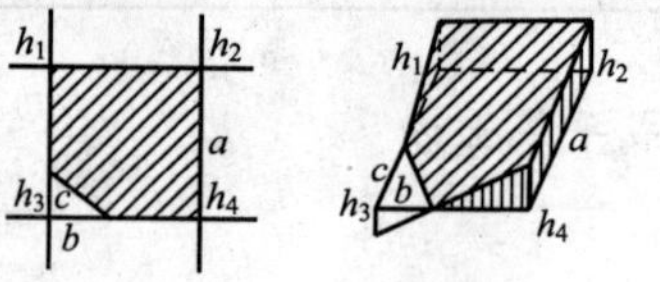	$V=\left(a^2-\frac{bc}{2}\right)\frac{h_1+h_2+h_4}{5}$
四点填方或挖方(四边形)	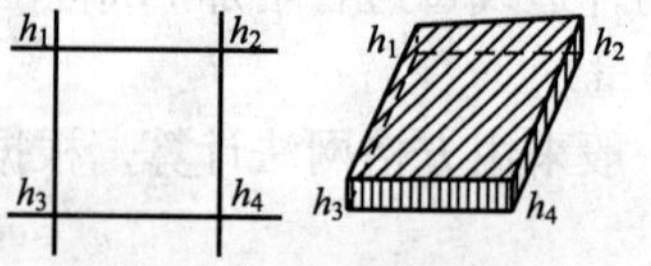	$V=\frac{a^2}{4}(h_1+h_2+h_3+h_4)$

注：① a-方格网的边长(m)；b、c、d、e-零点到一角的边长(m)；h_1、h_2、h_3、h_4-方格网四角点的填挖高度值(m)；V-挖方或填方体积(m³)。

② 本表公式是按各计算图形底面积乘以平均填挖高度值而得出的。

【例 2-2】 计算某工程挖填土方工程量。方格网 20m×20m，如图 2.16 所示。

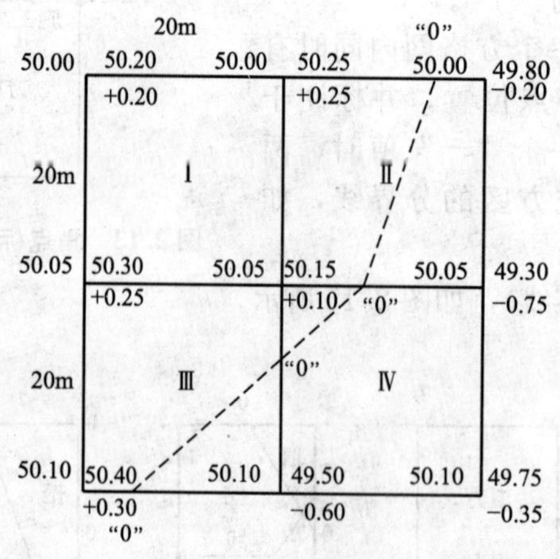

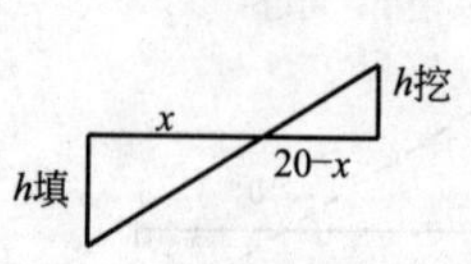

图 2.16 方格网法图例

【解】 Ⅰ方格：

$$V_{Ⅰ填}=\frac{1}{4}\times20^2\times(0.2+0.25+0.25+0.1)=80(\text{m}^3)$$

Ⅱ方格：

$$\frac{0.25}{0.2}=\frac{b}{20-b}\quad b=11.11\text{m},\qquad d=20-11.11=8.89(\text{m})$$

同理：$c=2.35\text{m}$，$e=17.65\text{m}$。

$$V_{\text{Ⅱ挖}}=\frac{1}{8}\times20\times(17.65+8.89)\times(0.2+0.75)=63.03(\text{m}^3)$$

$$V_{\text{Ⅱ填}}=\frac{1}{8}\times20\times(2.35+11.11)\times(0.1+0.25)=11.78(\text{m}^3)$$

Ⅲ方格：

$$V_{\text{Ⅲ挖}}=\frac{1}{6}\times13.33\times17.14\times0.6=22.85(\text{m}^3)$$

$$V_{\text{Ⅲ填}}=\left(20^2-\frac{1}{2}\times13.33\times17.14\right)\times\frac{1}{5}\times(0.25+0.1+0.3)=22.85(\text{m}^3)$$

Ⅳ方格：

$$V_{\text{Ⅳ挖}}=\left(20^2-\frac{1}{2}\times2.86\times2.35\right)\times\frac{1}{5}\times(0.6+0.35+0.75)=134.86(\text{m}^3)$$

$$V_{\text{Ⅳ填}}=\frac{1}{6}\times2.86\times2.35\times0.1=0.11(\text{m}^3)$$

合计：$V_{\text{挖}}=220.73\text{m}^3$，$V_{\text{填}}=129.04\text{m}^3$。

【例2-3】 某路基填土方21468m³，土源采用挖掘机挖装三类土，10t自卸汽车运输5km至工地，计算挖装、运输三类土数量。

【解】 路基挖方土、石方体积均以天然密实体积(天然方)计算，回填土按碾压夯实后的体积(压方)计算。土方体积换算见表2-5。

表2-5 土方体积换算

虚方体积	天然密实度体积	夯实后体积	松填体积
1.00	0.77	0.67	0.83
1.30	1.00	0.87	1.08
1.50	1.15	1.00	1.25
1.20	0.92	0.80	1.00

挖装三类土、自卸汽车运土工程量为天然密实方，填土方21468m³为压实方(夯实方)，由压实方计算天然密实方应乘以1.15换算系数。

$$\text{挖装、运输三类土数量}=21468\times1.15=24688.2(\text{m}^3)$$

4. 路面结构层工程量计算

城市道路需设置港湾式公交站台，平交路口增设转弯车道、平交路口加铺转角等，路面宽度往往不一，路面面积计算可将路面分割为易于计算的矩形、梯形、扇形等。

路床(槽)整形碾压宽度应按设计道路底层宽度加加宽值计算。加宽值在无明确规定时按底层两侧各加25cm计算，人行道碾压加宽按一侧加25cm计算。

道路基层、面层工程量按设计图示尺寸以“m²”计算，带平石的面层应扣除平石面积，基层、面层工程量不扣除各类井所占面积；水泥混凝土路面伸缩缝嵌缝工程量按设计缝长乘以设计缝深以“m²”计算、锯缝机锯缝工程量按设计图示尺寸以“延长米”计算、

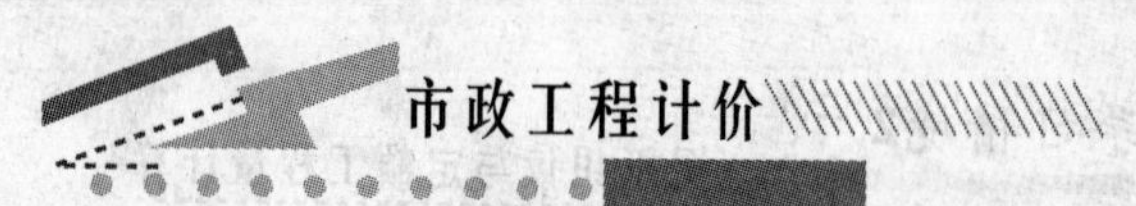

路面防滑槽工程量按设计图示尺寸以“m^2”计算；模板工程量根据施工实际情况，按与混凝土接触面积以“m^2”计算。

道路正交时路口转角面积计算(图 2.17)：

$$A=R^2-\frac{\pi R^2}{4}=0.2146R^2 \tag{2-2}$$

道路斜交角度 α 转角面积计算(图 2.17)：

$$A=R^2\tan\frac{\alpha}{2}-\frac{\pi R^2}{360}\alpha=R^2\left(\tan\frac{\alpha}{2}-0.00873\alpha\right)\quad(\alpha\ \text{以度计}) \tag{2-3}$$

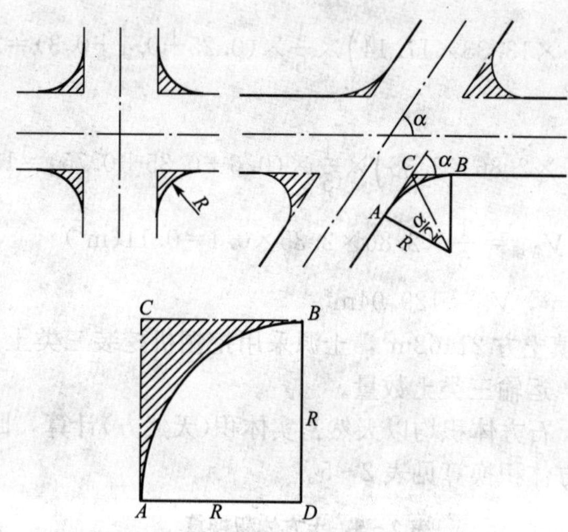

图 2.17 道路路口转角面积计算示意图

【例 2-4】 计算图 2.18 路床整形面积、300 厚 5%水泥稳定碎石面积、侧石长度、平石长度及 60 厚人行道块料面积(沥青路面长度 100m，图示尺寸单位：mm)。

【解】

路床整形面积=(15+0.2×2+0.25×2)×100+(2.5−0.2+0.25)×2×100=2100(m^2)

300 厚 5%水泥稳定碎石面积=(15+0.2×2)×100=1540(m^2)

侧石长度=100×2=200(m)

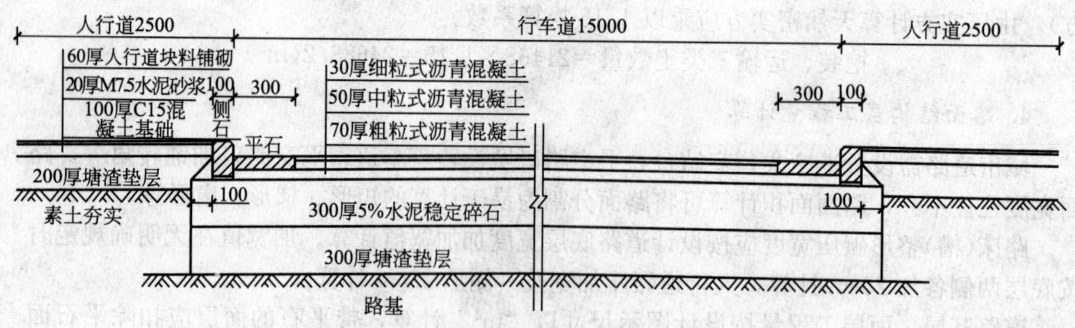

图 2.18 路面结构断面图

$$平石长度=100\times2=200(m)$$

$$60厚人行道块料面积=(2.5-0.1)\times100\times2=480(m^2)$$

【例 2-5】 某直线段混凝土道路，起点桩号 K0+000，终点桩号 K0+800。混凝土路面宽 14m，板厚 22cm。混凝土路面横向分两幅浇捣，纵向单次浇捣长度为 200m。若起、终桩号处模板仅计算一处，计算此段道路模板工程量。

【解】 水泥混凝土路面长 800m，混凝土路面横向分两幅浇捣，需立 3 条纵向模板，纵向单次浇捣长度为 200m，横断面需立 5 道模板，但“起、终桩号处模板仅计算一处”，需立模板 4 道横模板。

$$纵向模板面积=800\times3\times0.22=528(m^2)$$

$$横向模板面积=14\times4\times0.22=12.32(m^2)$$

$$此段道路模板工程量=528+12.32=540.32(m^2)$$

【案例一】 某新建城市道路次干道，设计路幅宽度 40m，各组成部分具体尺寸如图 2.19和图 2.20 所示。中央分隔带采用 50cm×15cm×100cm 预制高侧石进行分隔，两端圆弧处为 C20 现浇混凝土(现场拌制，不计运输费用)，由于直接浇捣在粉煤灰基层上，现浇段侧石高度调整为 52cm。混凝土路面及人行道板结构具体如图所示，该设计路段土路基已填筑至设计路基标高。计算该工程桩号 K0+055.6～K0+168 范围内道路工程量(不含道路土方、伸缩缝、钢筋及施工技术措施项目)。

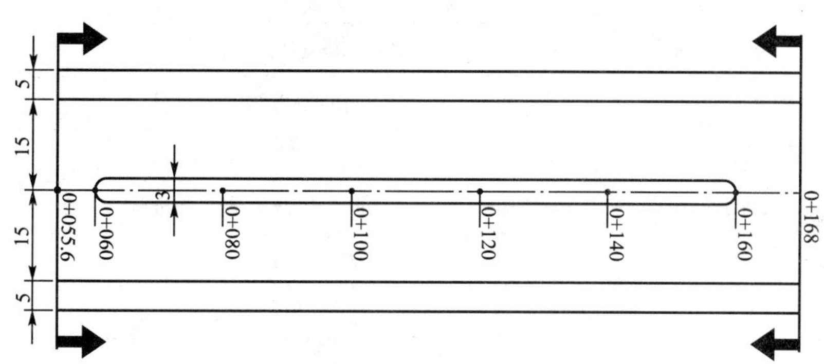

图 2.19 道路平面图

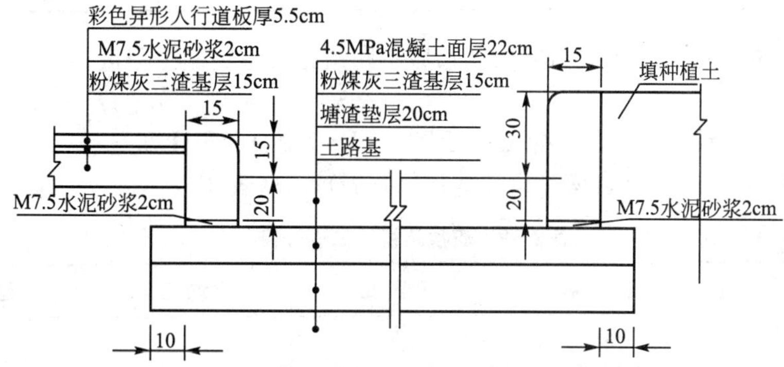

图 2.20 路面结构图

【案例解析】 该段道路工程量计算结果见表2-6和表2-7。

表2-6 基本数据计算表

序号	项目名称	计量单位	计算式	结果
1	中央分隔带周长	m	97×2+π×3	203.42
2	中央分隔区域总面积	m^2	$\pi\times1.5^2+97\times3$	298.07
3	路面总面积	m^2	30×112.4−298.07	3073.93
4	人行道总面积	m^2	5×112.4×2	1124

表2-7 工程量计算书

序号	项目名称	单位	计算公式	数量
1	路床整形	m^2	3073.93+(0.25×2+0.25×2)×112.4+203.42×(0.25+0.25)	3288.04
2	人行道碾压	m^2	1124+112.4×0.25×2	1180.2
3	塘渣底层20cm	m^2	3073.93+0.25×2×112.4+203.42×0.25	3180.99
4	行车道粉煤灰三渣15cm	m^2	同塘渣底层工程量	3180.99
5	4.5MPa混凝土路面	m^2	30×112.4−298.07	3073.93
6	混凝土路面养护	m^2	同混凝土路面工程量	3073.93
7	人行道粉煤灰三渣	m^2	(5−0.15)×112.4×2	1090.28
8	彩色异形人行道板铺设	m^2	同粉煤灰三渣工程量	1090.28
9	机动翻斗车运粉煤灰250m	m^3	(3180.99+1090.28)×0.15	640.69
10	侧石安砌	m	112.4×2	224.8
11	高侧石安砌	m	97×2	194
12	现浇C20高侧石	m^3	$\pi\times(1.5^2-1.35^2)\times0.52$	0.70
13	侧石下M7.5水泥砂浆垫层	m^3	0.15×0.02×(112.4×2+97×2)	1.26

【案例二】 根据图纸资料，计算杭州市康拱路道路工程定额工程量。

【案例解析】

1) 机动车道5cmAC-13C型细粒式沥青砼(SBS改性)面积计算

(1) 康拱路机动车道(不含交叉口加铺转角面积)计算(表2-8)。

表2-8 康拱路机动车道计算

桩号	路面宽/m	距离/m	平均宽/m	面积/m^2
K0+015.502	15			
K0+170	15	154.5	15	2317.5
K0+200	18	30	16.5	495

（续）

桩号	路面宽/m	距离/m	平均宽/m	面积/m^2
K0＋580	18	380	18	6840
K0＋610	15	30	16.5	495
K0＋650	15	40	15	600
K0＋680	20	30	17.5	525
K0＋762.037	20	82.037	20	1640.74
公交站	3	35×2	3	210
扣除蒋家河桥	20	29.64	20	－592.8
小计		846.177		12530.44

(2) 加铺转角增加面积(图 2.21)计算。

$$\text{康兴路路口 } A_1=(20^2-3.14\times20^2/4)\times2+5\times15=247(\text{m}^2)$$

$$\text{顾扬路路口 } A_2=(22^2-3.14\times22^2/4)\times4=416(\text{m}^2)$$

$$\text{规划支路五路口 } A_3=(20^2-3.14\times20^2/4)\times4=344(\text{m}^2)$$

拱康路路口：

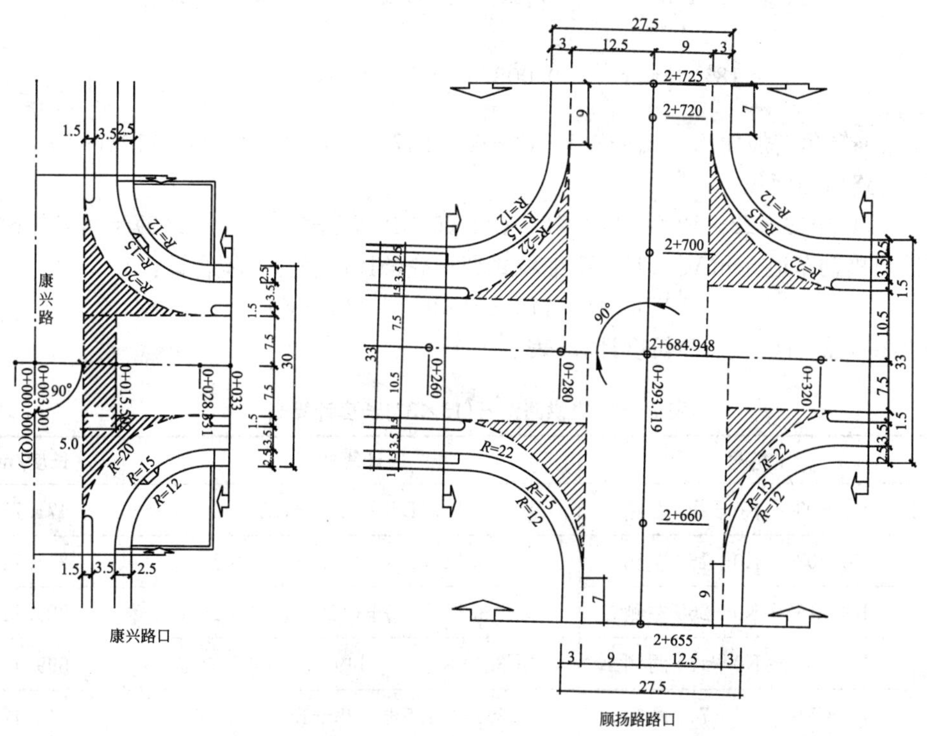

图 2.21　康拱路交叉口增加面积(阴影部分)计算示意图

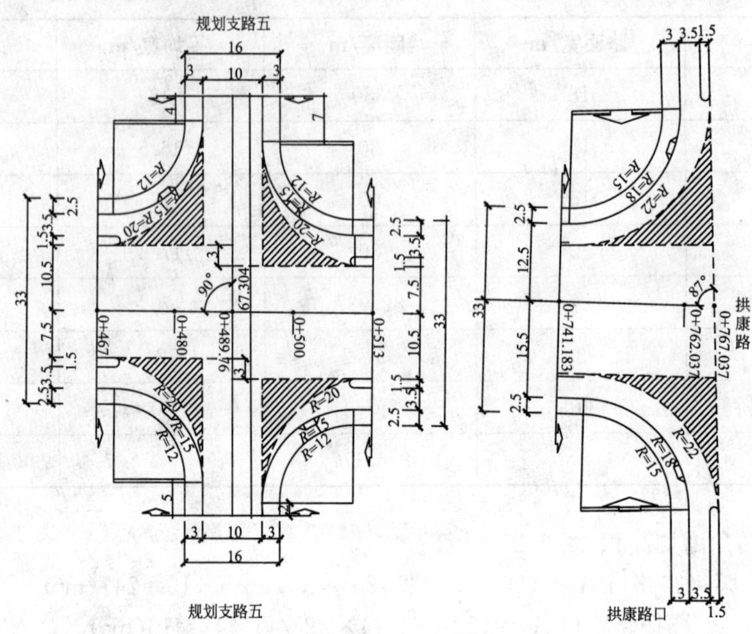

图 2.21　康拱路交叉口增加面积(阴影部分)计算示意图(续)

$$A_4=\left(R^2\tan\frac{\alpha}{2}-\frac{\pi R^2}{360}\alpha\right)\times 2=R^2\left(\tan\frac{\alpha}{2}-0.00873\alpha\right)\times 2$$

$$=18^2\times\left(\tan\frac{87}{2}-0.00873\times 87\right)\times 2=122.77(\mathrm{m}^2)$$

加铺转角增加面积$=A_1+A_2+A_3+A_4=247+416+344+123=1130(\mathrm{m}^2)$

(3) 支路增加面积。

$A_4=5\times 10+(9\times 22+12.5\times 24)\times 2+(22\times 5+19\times 5+20\times 5+17\times 5)=1436(\mathrm{m}^2)$

康拱路机动车道 5cmAC－13C 型细粒式沥青砼(SBS 改性)面积合计：

$12530.44+1130+1436=15096(\mathrm{m}^2)$

2) 康拱路侧石(15×37)长度计算(表 2－9)

表 2－9　康拱路侧石(15×37)长度计算表

位置	桩号	计算式	长度/m
机非分隔带	K0＋030～K0＋265 右侧	3.14×1.5＋(235－1.5)×2	471.71
	K0＋030～K0＋153 左侧	3.14×1.5＋(123－1.5)×2	247.71
	K0＋153～K0＋265 左侧	3.14×1.5＋(112－1.5)×2	225.71
	K0＋321～K0＋470 两侧	[3.14×1.5＋(149－1.5)×2]×2	599.42
	K0＋510～K0＋745 两侧	[3.14×1.5＋(235－1.5)×2]×2	943.42
	扣除蒋家河桥	29.64×4	－118.56
	小计		2369

续表

位置	桩号	计算式	长度/m
人行道	K0＋015～K0＋030	3.14×15	47.1
	K0＋030～K0＋265	235×2－16＋3.14×3＋5×2(地块出入口)	473.42
	K0＋265～K0＋321	3.14×15×2＋7＋4＋5＋2(顾扬路口)	112.2
	K0＋321～K0＋470	149×2	298
	K0＋470～K0＋510	3.14×15×2＋7＋4＋5＋2(规划支路五路口)	112.2
	K0＋510～K0＋745	235×2	470
	K0＋745～K0＋762	3.14×18	56.52
	扣除蒋家河桥	29.64×2	－59.28
	小计		1510
合计			3879

3) 道路工程数量表(表 2－10)

表 2－10　康拱路道路工程数量计算书

项目名称	计算式	单位	数量
一、路面			
机动车道			
5cmAC－13C 型细粒式沥青砼(SBS 改性)		m^2	15096
沥青粘层油		m^2	15096
6cmAC－20C 型中粒式沥青砼		m^2	15096
沥青粘层油		m^2	15096
7cmAC－25C 型粗粒式沥青砼	2369/2×0.12＋15096	m^2	15238
沥青透层油		m^2	15238
15cm5％水泥稳定碎石上基层	2369/2×0.35＋15238	m^2	15653
20cm5％水泥稳定碎石下基层	2369/2×0.1＋15653	m^2	15771
水泥稳定碎石基层模板	(1510＋746.535－29.64)×0.35	m^2	779
20cm 级配碎石垫层(中面积)	2369/2×0.25＋15771	m^2	16067
路床(槽)整形	2369/2×0.25＋16186(底面积)	m^2	16482
非机动车道			
4cmAC－13C 型细粒式沥青砼(SBS 改性)		m^2	4933
沥青粘层油		m^2	4933

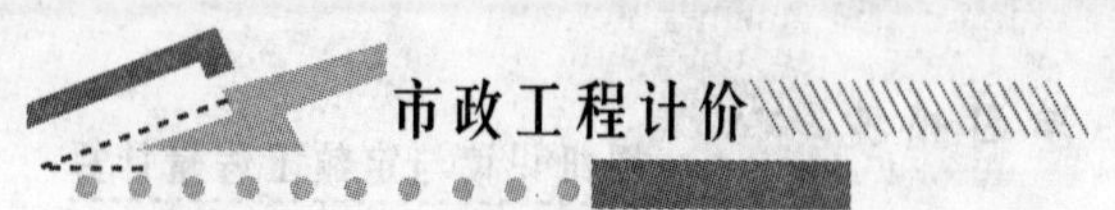

（续）

项目名称	计算式	单位	数量
7cmAC－25C 型粗粒式沥青砼		m^2	4933
沥青透层油		m^2	4933
15cm5％水泥稳定碎石上基层	(1510＋2369/2)×0.12＋4933	m^2	5256
15cm5％水泥稳定碎石下基层	(1510＋2369/2)×0.25＋5256	m^2	5930
水泥稳定碎石基层模板	(1510＋2369/2)×0.30	m^2	808
15cm 级配碎石垫层(中面积)	(1510＋2369/2)×0.225＋5930	m^2	6536
路床(槽)整形	(1510＋2369/2)×0.25＋6738(底面积)	m^2	7412
	人行道		
6cm 人行道板(仿石条纹砖)	1510×2.25－1112×1.5	m^2	1730
3cmM10 砂浆卧底		m^2	1730
20cmC15 素砼基层	1134×0.2＋1510×0.1＋1730	m^2	2108
C15 素砼基层模板	(1134＋1510)×0.2	m^2	529
20cm 塘渣垫层(中面积)	1134×0.2＋1510×0.1＋2108	m^2	2486
侧石(150mm×370mm×1000mm)(含机非分隔带)		m	3879
3cmM10 砂浆卧底	3879×0.15×0.03	m^3	17.5
侧石(100mm×200mm×1000mm)	1510＋1134	m	2644
3cmM10 砂浆卧底	2644×0.10×0.03	m^3	7.9
平石(120mm×120mm×1000mm)		m	3879
3cmM10 砂浆卧底	3879×0.12×0.03	m^3	14.0
C20 细石砼坞膀	1134×0.1×0.1＋3879×0.025	m^3	108
路床(槽)整形	(1134＋1510)×0.25＋2599	m^2	3260
二、路基			
清表		m^3	12215
余方弃置		m^3	12215
填方(含清表回填、压实沉降回填)		m^3	21468
挖方		m^3	320
土工隔栅		m^2	21808
碎石垫层		m^3	4649
清淤		m^3	1237

（续）

项目名称	计算式	单位	数量
ϕ50 水泥搅拌桩(42.5 级掺水泥量 15%)	m	33043	

三、挡土墙

高度	长度/m	C30 克顶/m³	M10 浆砌块石墙身/m³	C20 毛石混凝土基础/m³	碎石垫层/m³	挖基/m³
H=1.3	210.0	23.10	108.57	40.53	24.57	231.00
H=1.4	30.0	3.30	17.70	7.71	3.99	34.50
H=1.7	90.0	9.90	75.69	31.32	13.95	112.50
H=2.1	517.0	56.87	604.89	232.13	86.86	672.10
H=2.3	87.0	9.57	113.54	49.50	15.23	158.34
H=2.7	16.2	1.78	26.33	12.78	3.11	32.89
H=3.1	46.2	5.08	92.82	46.52	9.93	107.18
H=3.5	34.2	3.76	83.14	43.67	8.28	109.44
合计	1030.60	113.36	1122.68	464.16	165.92	1457.95

任务 2.2 桥涵工程图纸识读与定额工程量计算

导入

桥涵工程图纸较道路工程图纸复杂得多，识读桥涵工程图纸应从哪里着手呢？桥涵工程数量表往往只是工程实体工程量，即“显性”工程量，还有很多辅助工序、临时工程的“隐性”工程量要计算，否则就漏项了，该考虑哪些“隐性”工程量呢？识读图纸和计算工程量是市政工程计价的基础噢！

2.2.1 施工图设计说明(节选)

1. 设计依据(略)

2. 桥梁说明

1) 桥梁要素

桥梁起终里程。K0+713.865～K0+743.505；桥梁位于道路直线线段内。

桥梁总体布置：单跨 25m 预应力空心板简支梁桥，右偏角为 90°。

结构形式：上部为后张法预应力砼简支梁，梁高 1.1m，中板板宽 1.25m，边板板宽 1m，边板悬臂长度 0.250m 及 0.375m。下部桥台采用重力式桥台，基础采用 D100 钻孔灌注桩。

桥面铺装：桥面铺装下层采用 8cm 厚 C40 混凝土，上层采用 11cm 厚沥青混凝土(分层同道路专业路面结构)，混凝土铺装顶面喷涂 2mm 厚聚合物防水涂料。铺装钢筋采用

D8@10×10 钢筋网。

2）建筑材料

（1）钢筋及预应力钢筋标准如下。

普通钢筋采用 HRB335(Φ表示)钢筋和 R235(φ表示)钢筋，钢筋的化学成分及力学性能应分别符合 GB 1499.2—2007、GB 1499.1—2008 的规定。

纵向预应力钢筋：采用 f_{pk}＝1860MPa、E_p＝1.95×10^5MPa，符合 GB/T 5224—2003 标准要求的ϕ_s15.2mm 钢绞线(Ⅱ级松弛)。

（2）混凝土使用标准如下。

预制梁板：C50 混凝土。

台帽：C30 混凝土。

台身及侧墙：C25 混凝土(片石掺量不大于 20%)。

钻孔灌注桩：C25 水下混凝土。

桥面铺装：C40 混凝土。

承台：C25 混凝土。

（3）石料标准如下。

片石：一般指用爆破或楔劈法开采的石块，其中部厚度不应小于 150mm(卵形或薄片者不得采用)，强度等级不低于 MU30。

块石：形状应大致方正，上下面大致平整，厚度为 200～300mm，宽度约为厚度的 1.0～1.5 倍，长度约为厚度的 1.5～3.0 倍，强度等级不低于 MU30。

3）施工过程

上、下部结构可以同时施工，即墩台桩基施工的同时可进行空心板梁预制；待墩台下部结构达到设计强度后，开始上部结构的安装施工。

上部结构施工过程如下简述：安装支座→用吊机架设空心板梁→浇筑铰缝混凝土→预制空心板块件顶面砼拉毛划槽、浇筑桥面铺装→其他附属构造→施工完成。

4）桥台沉降观测点设置

桥台沉降观测点设置在各桥台台帽底以上 10cm 处，每个桥台一个，位置设于各桥台南侧。

特别提示

桥涵工程图纸识读应由总体布置图到局部图再到细部图；查阅图纸右下角的说明，了解比例尺、单位；图表结合，前后对照；读懂说明，弄清工程数量表；正确理解设计中采用的施工方法、施工工艺和技术要求。

2.2.2 桥梁工程图纸识读(表 2-11 和表 2-12、图 2.22～图 2.26)

2.2.3 桥梁工程定额工程量计算

1. 挖基工程量计算

桥台或桥墩基坑开挖一般为矩形基坑(图 2.27)或圆形基坑(图 2.28)，其工程量可按

表 2-11 蒋家河桥主要材料及工程数量表

数量 项目 名称		单位	上部构造						下部构造				桥面铺装	桥面伸缩缝	支座	栏杆	桥头搭板	挡土墙	全桥合计
			预制板(梁)	封端	铰缝	人行道		绿化带	桥台										
						基座	道板		台帽	台身	承台	桩基							
混凝土	C50	(m^3)	432.2		49.8														482.1
	C40	(m^3)											64.6						79.2
	C30	(m^3)							100.0								41.4		141.4
	C25	(m^3)		9.3		16.3	8.5	11.1			445.5								533.5
	水下 C25	(m^3)										731.9							731.9
C25 片石混凝土		(m^3)								558.4									555.4
5cmAC-13C(SBS 改性)		(m^2)											800.3						800.3
6cmAC-20C		(m^2)											800.3						800.3
YN 桥面防水涂料		(m^2)											800.3						800.3
ϕ^{s}15.2 钢铰线		(kg)	22360.8																22360.8
ϕ55mm 波纹管		(m)	3855.8																3855.8
YM15-5 锚具		(套)	312																312.0
HRB335 钢筋		(kg)	14794.0			1515.8	1102.2		3042.7		32789.0	43001.8					5977.8		102223.3
R235 钢筋		(kg)	25310.3			687.3	481.1		2110.2	1971.0	2346.4	4679.0							37585.3
D8 钢筋网		(kg)											8055.6						8055.6
异型钢伸缩缝		(m)												66.0					67.0
青石栏杆		(m)														57.2			57.2
200×250×42 支座		(个)													52				52
F4200×250×42 支座		(个)													52				52
3cm 彩色人行道砖		(m^2)					106.7												106.7
泄水孔		(个)								20.0			20.0						40.0
M7.5 浆砌片石		(m^3)																76.0	76.0
碎石垫层		(m^3)															23.6		27.1
C15 混凝土垫层		(m^3)									30.5						11.6		46.4
块石垫层		(m^3)									100.9								107.4
挖土方		(m^3)									627							759	1386

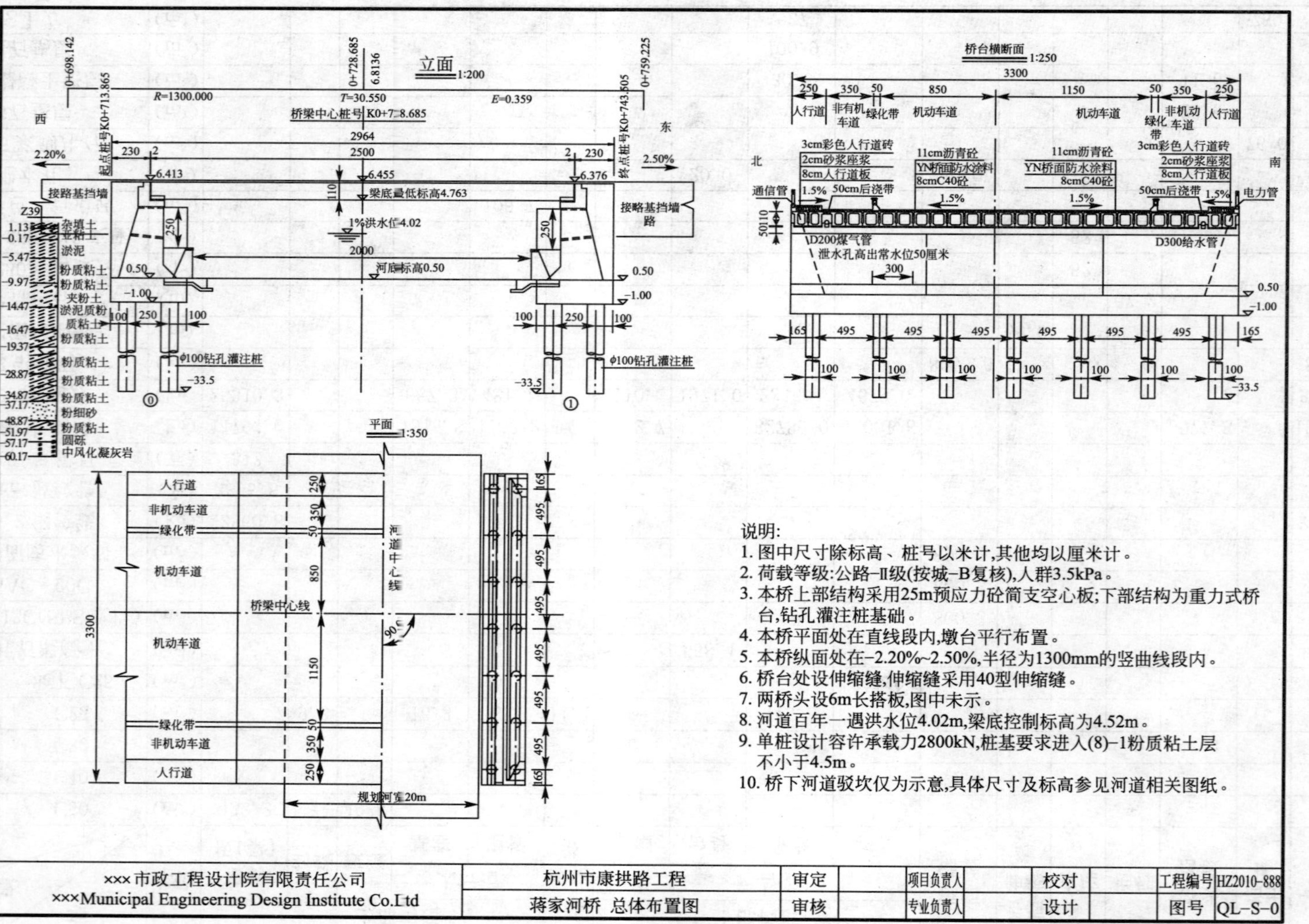

图 2.22 蒋家河桥总体布置图

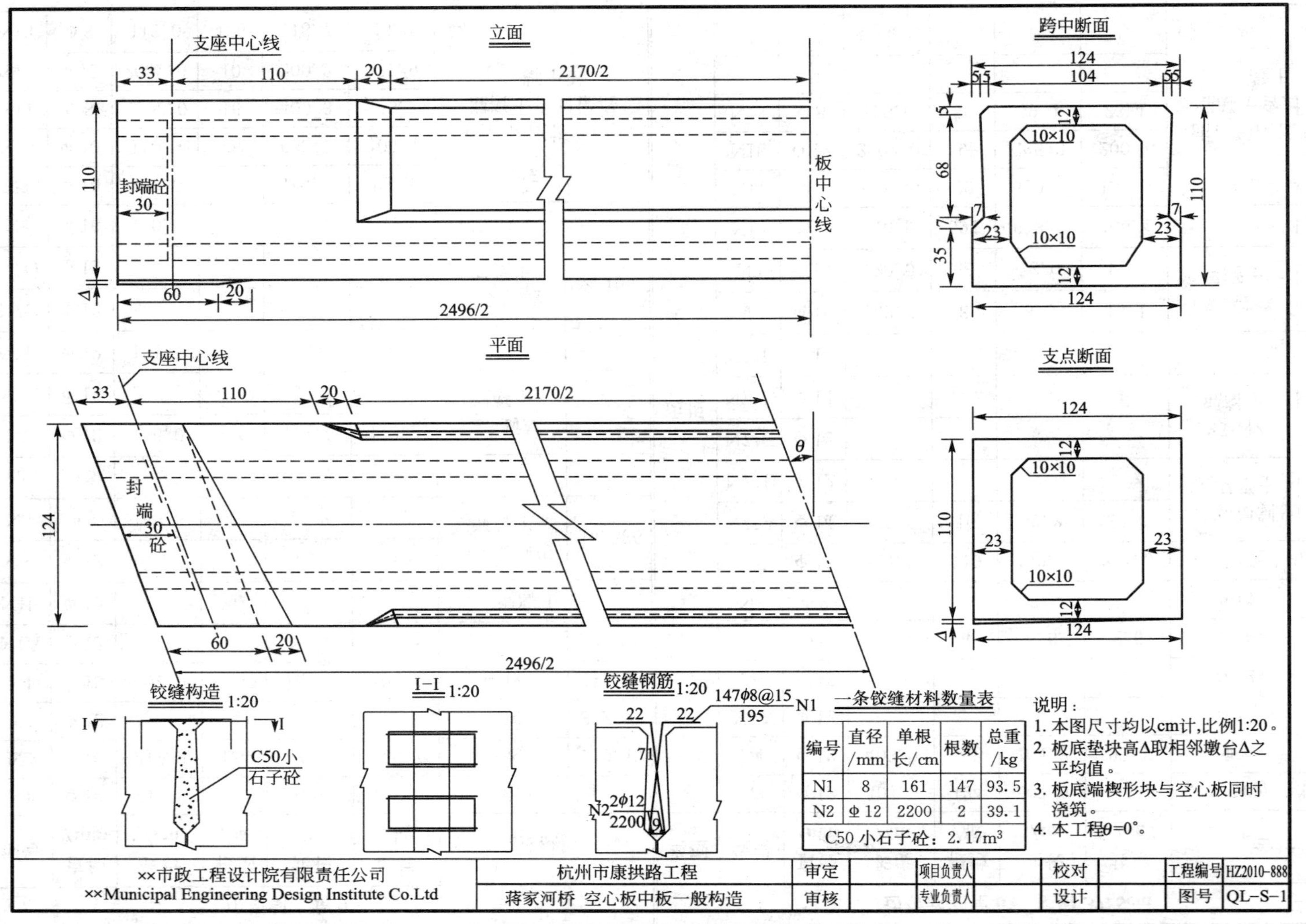

图 2.23 蒋家河桥空心板设计图(1)

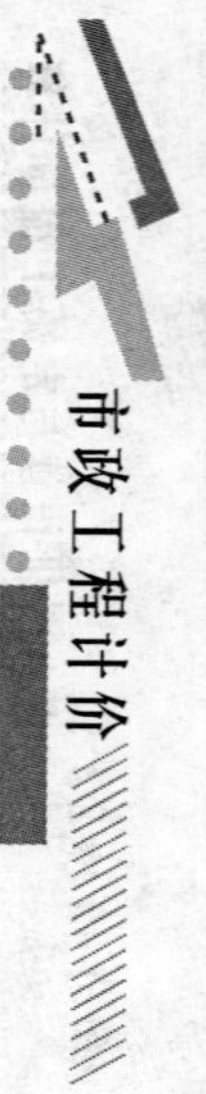

表 2-12　25m 跨径(0°)空心板普通钢筋数量表

中板斜交角 0°

类型	编号	直径/mm	长度/cm	根数/根	共长/m	共重/kg	合计	
中板	N1	Φ10	249.6	124	309.5	191.0	钢筋：/kg	
	N2	Φ10	217.9	124	270.2	166.7	Φ8	210.19
	N3	Φ12					Φ10	852.97
	N4	Φ12	452.0	26	117.5	104.4	Φ12	414.29
	N4A	Φ12					Φ16	16.43
	N4B	Φ12					混凝土/m³	
	N4C	Φ12					C50 预制板混凝土	16.386
	N5	Φ8	165.6	8	13.2	5.2		
	N6	Φ8						
	N7	Φ12	116.0	110	127.6	113.4	C25 封端混凝土	0.387
	N7A	Φ12						
	N7B	Φ12	131.1	16	21.0	18.6		
	N7C	Φ12					C50 铰缝混凝土	2.166
	N7D	Φ12						
	N8	Φ16	130.0	8	10.4	16.4		
	N9	Φ10	120.0	120	144.0	88.8	注：预制板 50 号混凝土含封锚混凝土	
	N10	Φ10	110.9	594	658.7	406.1		
	N11	Φ8	2502.0	16	400.3	158.1		
	N12	Φ12	2002.0	10	200.2	177.9		
	N13	Φ8	112.0	106	118.7	46.9		

边板斜交角 0°　挑臂 37.5cm

类型	编号	直径/mm	长度/cm	根数/根	共长/m	共重/kg	合计	
边板	N3	Φ12	404.5	124	501.6	445.6	钢筋：/kg	
	N4	Φ12	403.0	26	104.8	93.1	Φ8	223.65
	N4A	Φ12					Φ10	450.87
	N4B	Φ12					Φ12	738.81
	N5	Φ8	165.6	4	6.6	2.6	Φ16	13.09
	N6	Φ8					Φ14	278.03
	N7'	Φ14	181.5	110	199.7	241.5	混凝土/m³	
	N7'A	Φ14	189.0	16	30.2	36.6	C50 预制板混凝土	17.418
	N7'B	Φ12						
	N7'C	Φ12					C25 封端混凝土	0.264
	N7'D	Φ14						
	N7'E	Φ14						
	N8	Φ16	103.6	8	8.3	13.1	C50 铰缝混凝土	1.083
	N9	Φ10	120.0	60	72.0	44.4		
	N10	Φ10	110.9	594	658.7	406.4		
	N11	Φ8	2502.0	20	500.4	197.6	注：预制板 50 号混凝土含封锚混凝土	
	N12	Φ12	2502.0	9	225.2	200.1		
	N13	Φ8	106.0	56	59.4	23.4		

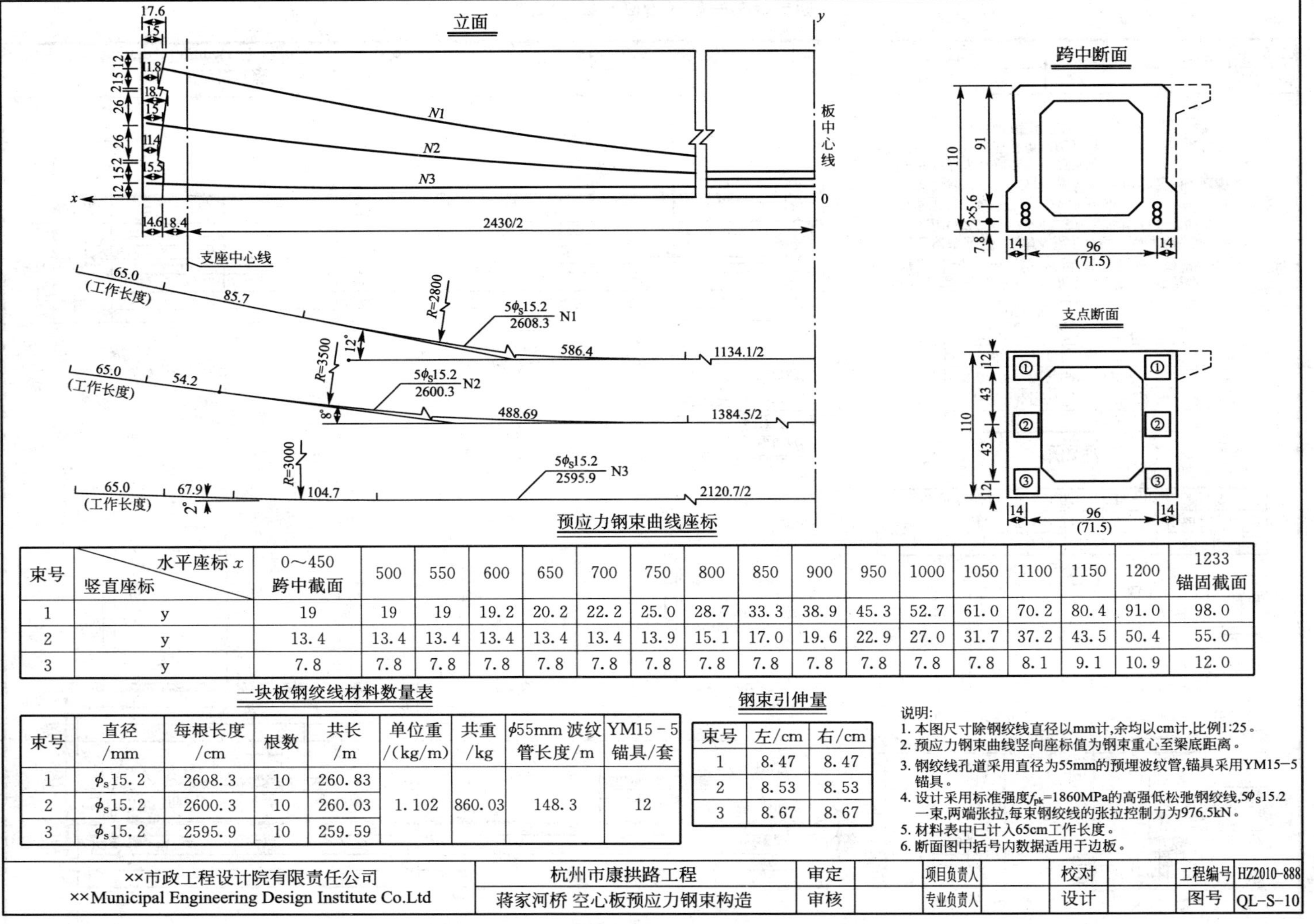

预应力钢束曲线座标

束号	竖直坐标 \ 水平座标 x	0~450 跨中截面	500	550	600	650	700	750	800	850	900	950	1000	1050	1100	1150	1200	1233 锚固截面
1	y	19	19	19	19.2	20.2	22.2	25.0	28.7	33.3	38.9	45.3	52.7	61.0	70.2	80.4	91.0	98.0
2	y	13.4	13.4	13.4	13.4	13.4	13.4	13.9	15.1	17.0	19.6	22.9	27.0	31.7	37.2	43.5	50.4	55.0
3	y	7.8	7.8	7.8	7.8	7.8	7.8	7.8	7.8	7.8	7.8	7.8	7.8	7.8	8.1	9.1	10.9	12.0

一块板钢绞线材料数量表

束号	直径 /mm	每根长度 /cm	根数	共长 /m	单位重 /(kg/m)	共重 /kg	φ55mm 波纹管长度/m	YM15－5 锚具/套
1	ϕ_s15.2	2608.3	10	260.83	1.102	860.03	148.3	12
2	ϕ_s15.2	2600.3	10	260.03				
3	ϕ_s15.2	2595.9	10	259.59				

钢束引伸量

束号	左/cm	右/cm
1	8.47	8.47
2	8.53	8.53
3	8.67	8.67

图 2.23 蒋家河桥空心板设计图(2)

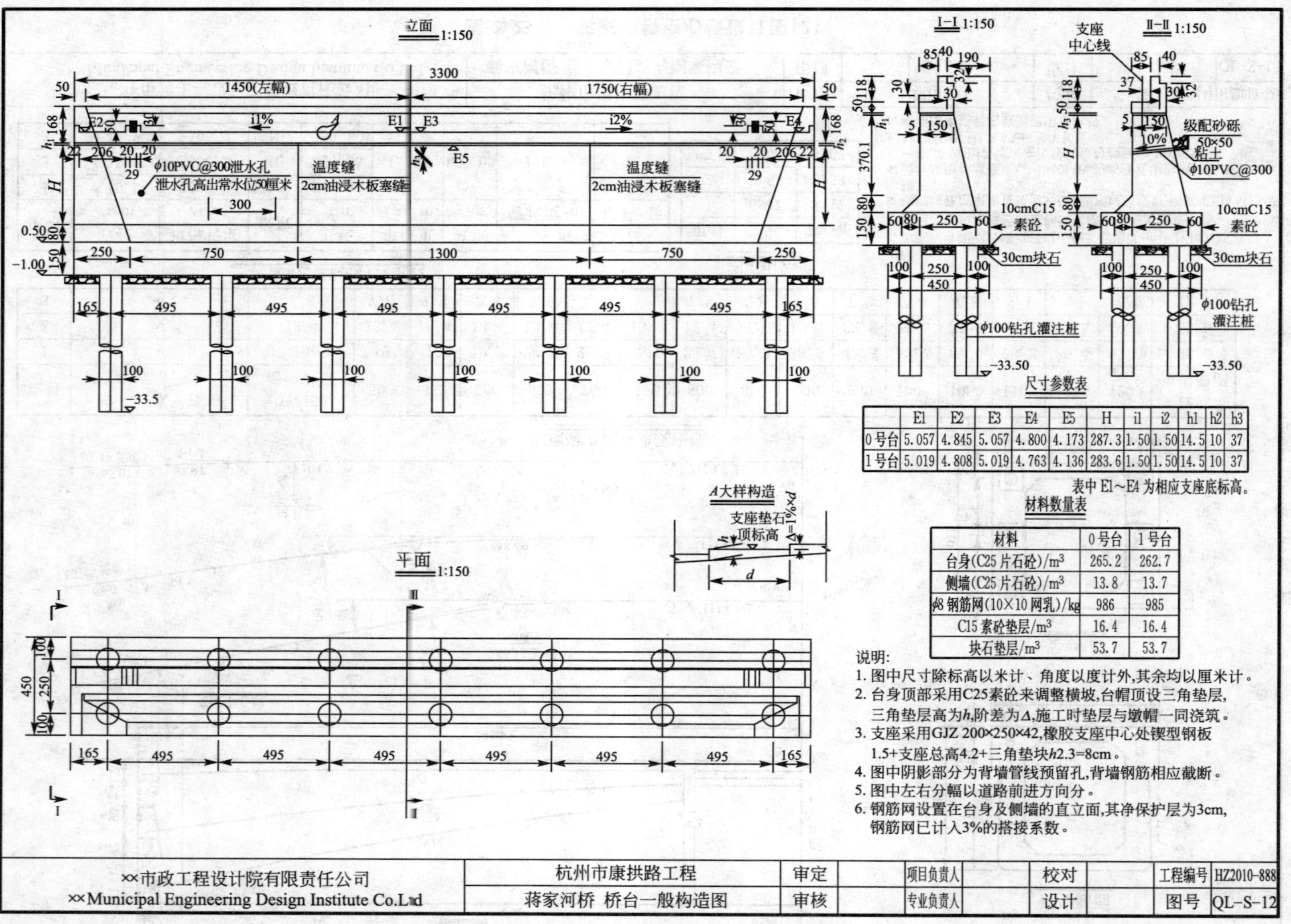

尺寸参数表

	E1	E2	E3	E4	E5	H	i1	i2	h1	h2	h3
0号台	5.057	4.845	5.057	4.800	4.173	287.3	1.50	1.50	14.5	10	37
1号台	5.019	4.808	5.019	4.763	4.136	283.6	1.50	1.50	14.5	10	37

表中E1～E4为相应支座底标高。

材料数量表

材料	0号台	1号台
台身(C25片石砼)/m^3	265.2	262.7
侧墙(C25片石砼)/m^3	13.8	13.7
φ8钢筋网(10×10网孔)/kg	986	985
C15素砼垫层/m^3	16.4	16.4
块石垫层/m^3	53.7	53.7

图 2.24 蒋家河桥桥台一般构造图

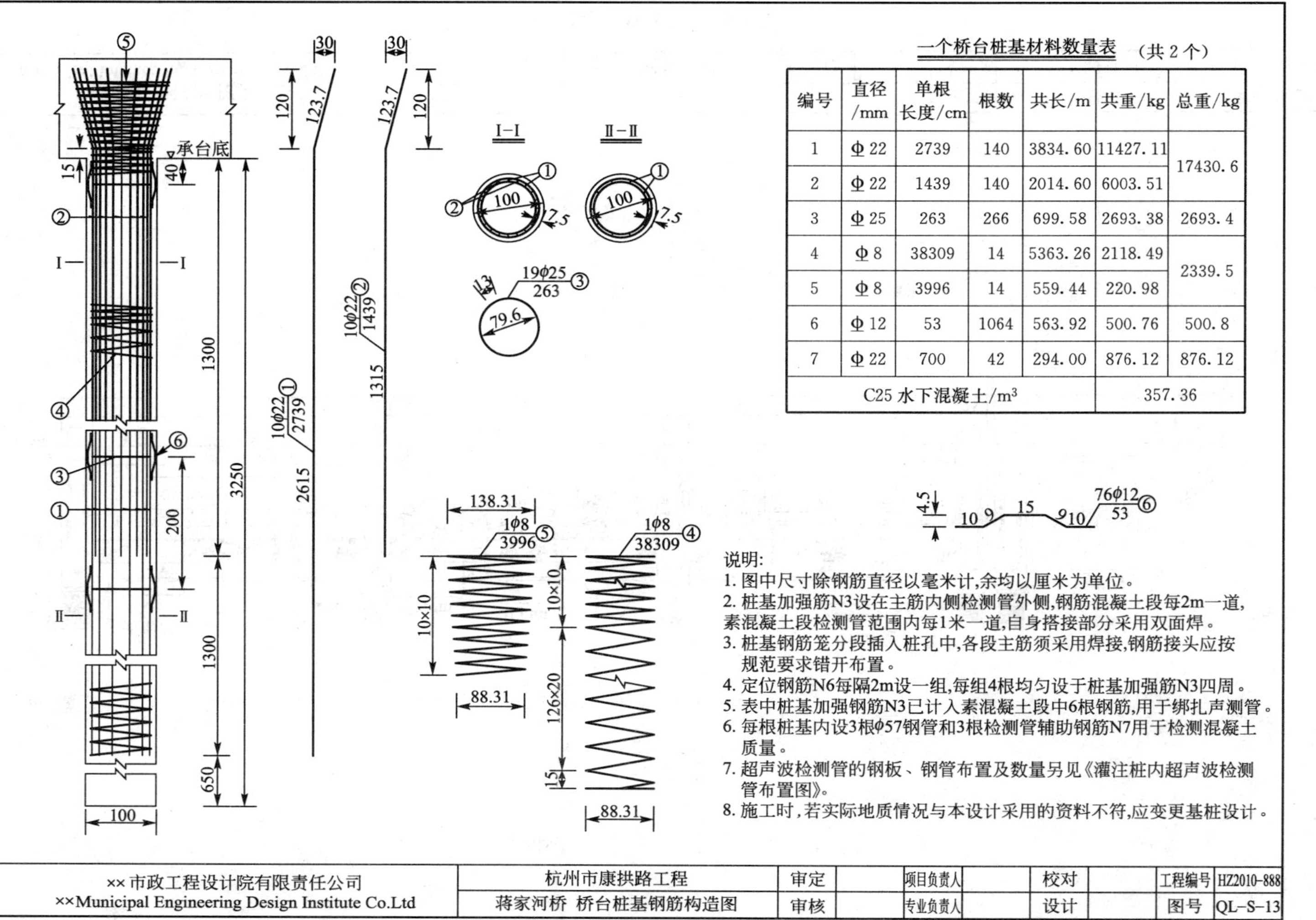

一个桥台桩基材料数量表 （共2个）

编号	直径/mm	单根长度/cm	根数	共长/m	共重/kg	总重/kg
1	Φ 22	2739	140	3834.60	11427.11	17430.6
2	Φ 22	1439	140	2014.60	6003.51	
3	Φ 25	263	266	699.58	2693.38	2693.4
4	Φ 8	38309	14	5363.26	2118.49	2339.5
5	Φ 8	3996	14	559.44	220.98	
6	Φ 12	53	1064	563.92	500.76	500.8
7	Φ 22	700	42	294.00	876.12	876.12
C25 水下混凝土/m^3					357.36	

说明:

1. 图中尺寸除钢筋直径以毫米计,余均以厘米为单位。
2. 桩基加强筋N3设在主筋内侧检测管外侧,钢筋混凝土段每2m一道,素混凝土段检测管范围内每1米一道,自身搭接部分采用双面焊。
3. 桩基钢筋笼分段插入桩孔中,各段主筋须采用焊接,钢筋接头应按规范要求错开布置。
4. 定位钢筋N6每隔2m设一组,每组4根均匀设于桩基加强筋N3四周。
5. 表中桩基加强钢筋N3已计入素混凝土段中6根钢筋,用于绑扎声测管。
6. 每根桩基内设3根φ57钢管和3根检测管辅助钢筋N7用于检测混凝土质量。
7. 超声波检测管的钢板、钢管布置及数量另见《灌注桩内超声波检测管布置图》。
8. 施工时,若实际地质情况与本设计采用的资料不符,应变更基桩设计。

图 2.25 蒋家河桥桥台桩基钢筋构造图

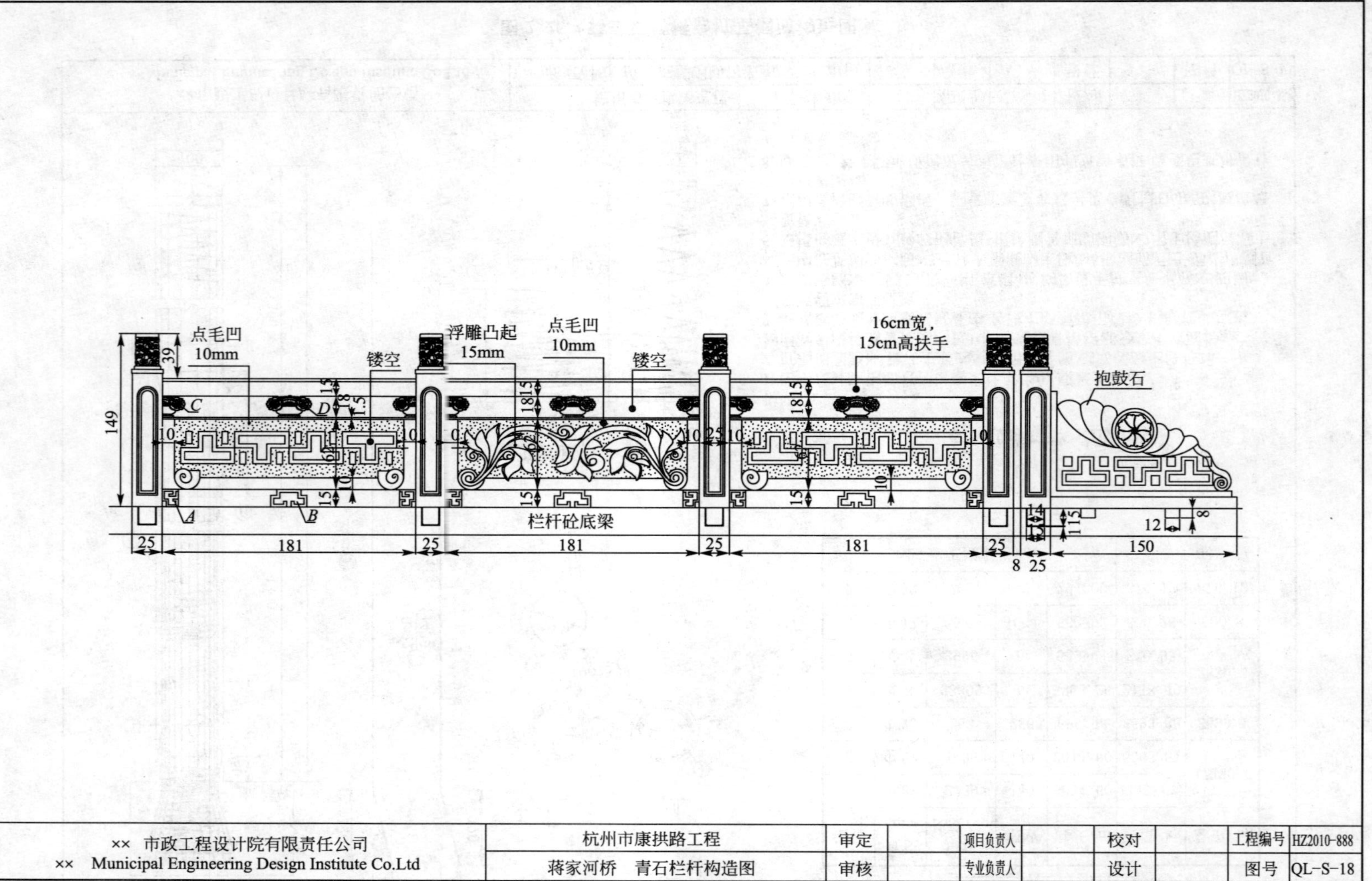

图 2.26 蒋家河桥青石栏杆构造图

下式近似计算。

矩形基坑挖土体积公式：$V=(L+2C+KH)(B+2C+KH)H+K^2H^3/3$ (2-4)

或：

$$V=\frac{H}{6}[(B+2C)(L+2C)+4(B+2C+KH)(L+2C+KH)+(B+2C+2KH)(L+2C+2KH)] \quad (2-5)$$

圆形基坑挖土体积公式：

$$V=\frac{\pi H}{3}[(R+C)^2+(R+C)(R+C+KH)+(R+C+KH)^2] \quad (2-6)$$

通用基坑挖土体积公式：

$$V=\frac{H}{6}(S_{上}+S_{下}+4S_{中}) \quad (2-7)$$

式中：V——挖土体积，m^3；

L——基础结构长，m；

B——基础结构宽，m；

K——放坡系数；

H——基础挖深，m；

R——圆形基础结构半径，m；

C——每侧工作面宽度，m；

$S_{上}$——基坑顶面积，m^2；

$S_{下}$——基坑底面积，m^2；

$S_{中}$——基坑中截面面积，中截面位置按基坑深度一半计取。

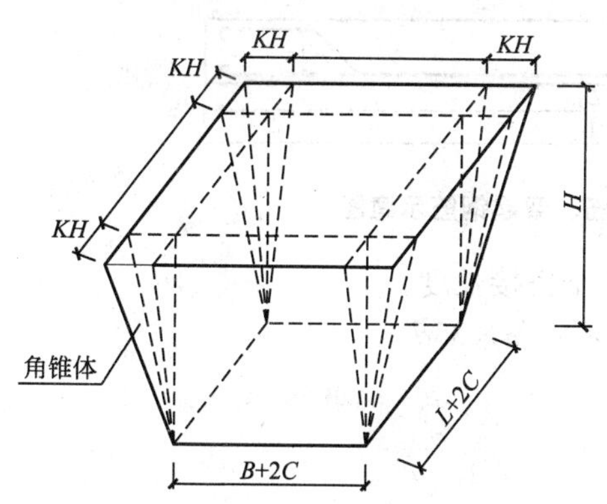

图 2.27 矩形基坑开挖示意图

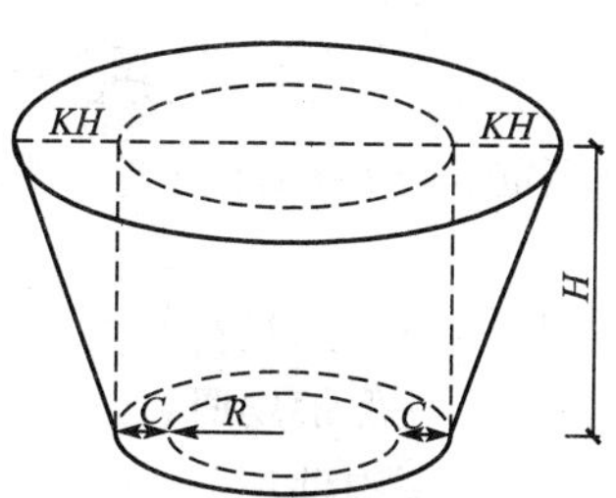

图 2.28 圆形基坑开挖示意图

挖土放坡应按图纸尺寸计算，如施工组织设计未明确的，可按表 2-13 取值。

表 2-13 挖土放坡系数表

土壤类别	深度超过/m	机械开挖			人工开挖
		在沟槽坑底作业	在沟槽坑边上作业	沿沟槽方向作业	
一、二类土	1.2	1∶0.33	1∶0.75	1∶0.33	1∶0.50
三类土	1.5	1∶0.25	1∶0.50	1∶0.25	1∶0.33
四类土	2.0	1∶0.10	1∶0.33	1∶0.10	1∶0.25

注：表中 1.2m、1.5m、2.0m 分别是一二类土、三类土、四类土放坡起点。

特别提示

放坡起点是指开挖深度超过该深度须考虑放坡，不超过该深度可以不放坡，进行垂直开挖。

【例 2-6】 桥梁基础长 20m，宽 5m，基坑深 4.5m，采用挖掘机坑底作业开挖，土质为三类土，工作面宽度取 1m，计算挖基工程量。

【解】 由表 2-12 知：$K=0.25$，即

$$V=(L+2C+KH)(B+2C+KH)H+K^2H^3/3$$
$$=(20+2\times1+0.25\times4.5)\times(5+2\times1+0.25\times4.5)\times4.5+0.25^2\times4.5^3/3=847.41(\text{m}^3)$$

2. 钢筋及钢结构工程量计算

钢材密度 7850kg/m³，直径为 d(mm)的 HPB235、HRB335 的钢筋每米质量按下式计算：

$$钢筋每米质量=3.1416\times d^2\times10^{-6}/4\times1\times7850=0.00617d^2(\text{kg/m}) \tag{2-8}$$

【例 2-7】 计算ф 12HRB335 钢筋每米质量。

【解】 ф 12HRB335 钢筋每米质量$=0.00617\times12^2=0.888$(kg/m)

$$钢板每平方米质量公式=7.85\times厚度(\text{mm})\quad(单位：\text{kg/m}^2) \tag{2-9}$$

【例 2-8】 1.5mm 厚钢板每平方米质量$=7.85\times1.5=11.775(\text{kg/m}^2)$。

其他金属材料理论质量查五金手册。

(1) 直钢筋、弯钩钢筋、分布钢筋计算，弯钩钢筋、弯起钢筋如图 2.29 所示。

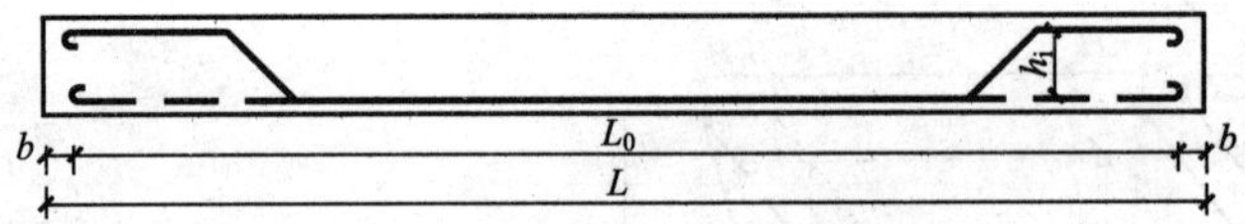

图 2.29 弯钩钢筋、弯起钢筋示意图

① 直钢筋长度=构件长度−保护层厚度+搭接长度。

$$L_0=L-2\times b+n\times35d \tag{2-10}$$

式中：L_0——钢筋长；

b——保护层厚；

L——构件长；

d——钢筋直径；

n——搭接个数(单根钢筋连续长度超过 8m 设一个搭接)。

② 弯钩钢筋长度=构件长度−保护层厚度+弯钩长度+搭接长度。

若弯钩长度设计不明确时，弯钩长度可按以下规则计算。

a. 半圆弯钩长度$=6.25d$/个弯钩。

$$L_0=L-2\times b+2\times6.25d+n\times35d \tag{2-11}$$

b. 直角弯钩长度$=3d$/个弯钩。

c. 斜弯钩长度$=4.9d$/个弯钩。

③ 弯起筋计算。

$$L_0^1=L_0+2\times6.25d+0.4\times n\times H_i \tag{2-12}$$

式中：L_0——直筋长；

L_0^1——弯起筋长；

n——弯起个数；

H_i——弯起高度。

④ 分布钢筋。

$$分布钢筋根数=配筋长度\div间距+1。 \tag{2-13}$$

【例 2-9】 某钢筋混凝土预制板长 3.85m，宽 0.65m，厚 0.1m，保护层为 2.5cm，如图 2.30 所示。计算钢筋工程量。

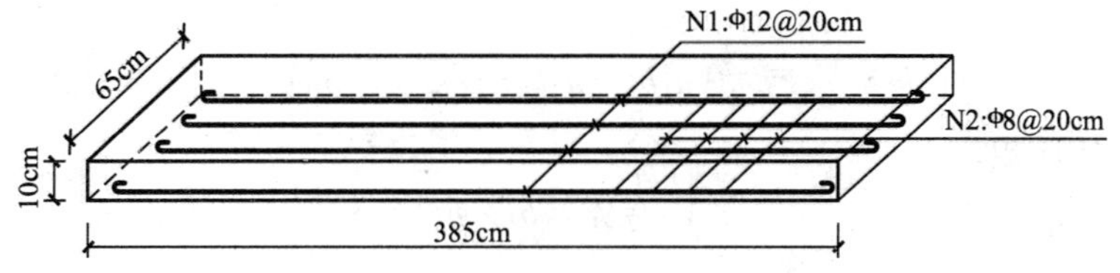

图 2.30 某钢筋混凝土预制板钢筋布置图

【解】 N1：Φ12 钢筋质量$=(3.85-0.025\times2+6.25\times0.012\times2)\times[(0.65-0.025\times2)/0.2+1]\times0.00617\times12^2=3.95\times4\times0.888=14.03(\text{kg})$

N2：Φ8 钢筋质量$=(0.65-0.025\times2)\times[(3.85-0.025\times2)/0.2+1]\times0.00617\times8^2=0.6\times20\times0.395=4.74(\text{kg})$

钢筋质量合计$=14.03+4.74=18.77(\text{kg})$

(2) 螺旋箍筋长度计算如下(图 2.31)。

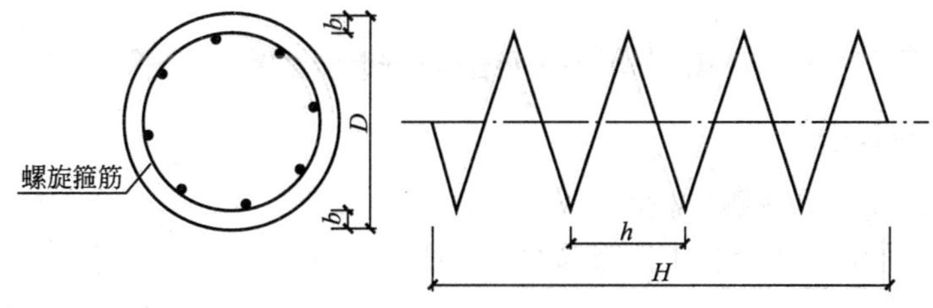

图 2.31 螺旋箍筋净长图

$$螺旋箍筋净长=\frac{H}{h}\sqrt{[\pi(D-2b-d)]^2+h^2} \tag{2-14}$$

式中：H——螺旋箍筋高度(深度)；

d——螺旋箍筋直径；

D——圆柱(桩)直径；

h——螺距；

b——保护层厚。

3. 混凝土及模板工程量计算

1) 混凝土工程量计算

混凝土工程量按图纸设计尺寸以实体体积计算(不包括空心板、梁的空心体积)，不扣除钢筋、铁丝、铁件、预留压浆孔道和螺栓所占的体积。现浇混凝土墙、板上单孔面积在 0.3m^2 以内的孔洞体积不予扣除，洞侧壁模板面积亦不再计算；单孔面积在 0.3m^2 以上的

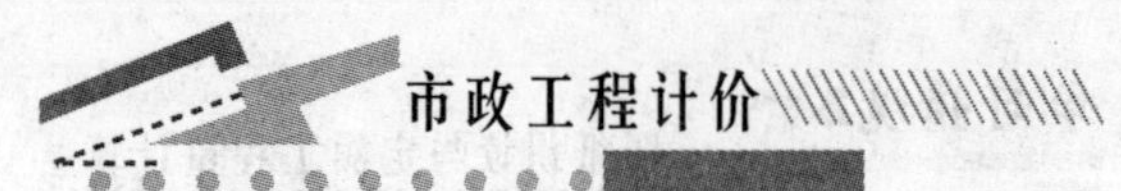

孔洞体积应予扣除，洞侧壁模板面积进行计算。

2）U形桥台体积计算方法

桥梁采用U形桥台者较多。一般情况是桥台外侧都是垂直面，而内侧向内放坡。台帽成L形，如图2.32所示。其混凝土工程是可按一个长方体减去中间的一块截头方锥体，再减去台帽处的长方体计算。

长方体体积：

$$V_1=L\times W\times H$$

截头方锥体体积：$V_2=\frac{H}{6}[a_1b_1+a_2b_2+(a_1+a_2)(b_1+b_2)]$或

$$V_2=\frac{H}{3}(a_1b_1+a_2b_2+\sqrt{a_1b_1a_2b_2}) \tag{2-15}$$

台帽长方体体积：

$$V_3=W\times b_3\times h_1$$

桥台体积：

$$V=V_1-V_2-V_3$$

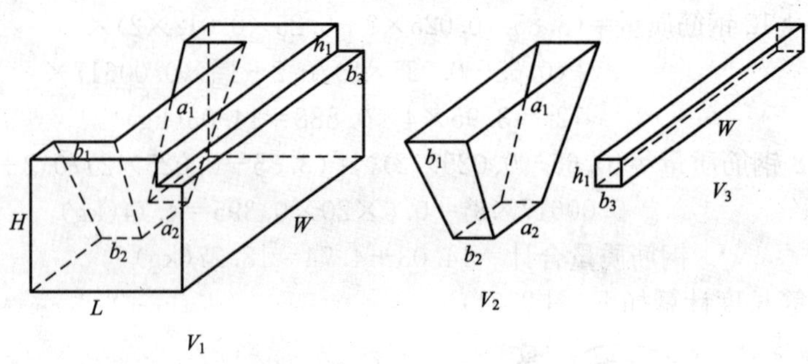

图2.32 U形桥台体积计算示意图

3）模板工程量计算

模板工程量按混凝土接触模板的面积计算。

【例2-10】 桥梁现浇混凝土矩形基础尺寸为长12m，宽3m，高1m，计算现浇混凝土基础模板面积。

【解】 模板面积$A=(12+3)\times 2\times 1=30(m^2)$

【案例三】 根据康拱路蒋家河桥施工图纸，计算蒋家河桥定额工程量。

【案例解析】 蒋家河桥定额工程量计算见表2-14。

表2-14 工程数量计算书

序号	项目名称	单位	计算式	工程数量
1	预制C50混凝土空心板梁(预应力)	m^3	16.386×20(中板数量)+17.418×6(边板数量)	432.23
2	预制混凝土空心板模板	m^2	432.23×10.4	4495.19
3	ϕ_s15.2钢绞线	t	0.86003×26	22.361
4	YM15-5锚具	套	12×26	312.000
5	φ55波纹管	m	148.3×26	3855.8

（续）

序号	项目名称	单位	计算式	工程数量
6	波纹管压浆	m^3	$3.14\times0.055^2/4\times3855.8$	9.16
7	梁板运输 100m	m^3	432.23＋9.3	441.53
8	梁板安装	m^3	432.23＋9.3	441.53
9	板梁底座混凝土	m^3	1.24×24.96×5×0.2	30.95
10	板梁底座模板	m^2	(1.24＋24.96)×2×5×0.2	52.4
11	C50 混凝土铰缝	m^3	2.166×20＋1.083×6	49.82
12	C25 人行道基座	m^3	0.275×29.64×2	16.30
13	现浇人行道基座模板	m^2	1.31×29.64×2	77.657
14	C25 人行道道板预制、安装	m^3	0.9×2×29.64×0.08×2	8.54
15	预制人行道道板模板	m^2	0.08×(0.9＋0.5)×2×2×60×2	53.76
16	人行道道板运输 100m	m^3		8.54
17	3cm 彩色人行道砖	m^2	1.8×29.64×2	106.7
18	绿化带 C25 混凝土防撞护栏	m^3	0.222×25×2	11.10
19	绿化带现浇混凝土模板	m^2	25×2×1.408(侧面)＋0.222×4(端头)	71.29
20	C30 混凝土台帽	m^3	50.02×2	100.04
21	台帽模板	m^2	100×3.225	322.50
22	C25 台身	m^3	265.2＋265.7＋13.8＋13.7	558.40
23	台身模板	m^2	2.475×558.40	1382.04
24	泄水孔	个	28/3＝9(9＋1)×2＝20 (28/3＋1)×2 (取整)	20.00
25	C25 混凝土承台	m^3	33×4.5×1.5×2	445.50
26	承台模板(无底模)	m^2	(4.5＋33)×2×1.5×2	225.00
27	10cmC15 混凝土垫层	m^3	$4.9\times33.4\times0.1\times2-3.14\times0.5^2\times28\times0.1$	30.53
28	10cmC15 混凝土垫层模板	m^2	(4.9＋33.4)×2×0.1×2	15.32
29	30cm 块石垫层	m^3	$5.3\times33.8\times0.3\times2-3.14\times0.5^2\times28\times0.3$	100.89
30	预制混凝土螺纹钢(HRB335)	t	(14794＋1102.2)/1000	15.896
31	预制混凝土圆钢(R235)	t	(25310.3＋481.1)/1000	25.791
32	现浇混凝土螺纹钢(HRB335)	t	(1515.8 ＋ 3042.7 ＋ 32789 ＋ 5977.8)/1000	43.325

（续）

序号	项目名称	单位	计算式	工程数量
33	现浇混凝土圆钢(R235)	t	(687.3＋2110.2＋1971.0＋2346.4)/1000	7.115
34	陆上埋设钢护筒 ϕ≤1000	m	28×1.5	42.00
35	搭拆桩基础支架平台(陆上)	m^2	2×(29.7＋6.5)×(6.5＋2.5)＋6.5×(29.64－4.5－6.5－2.5)	756.51
36	桩径 ϕ1000mm 成孔	m^3	3.14×0.5^2×32.5×28	714.35
37	钻孔灌注混凝土	m^3	3.14×0.5^2×(32.5＋0.5)×28	725.34
38	泥浆池建造、拆除	m^3		714.35
39	泥浆外运	m^3		714.35
40	凿除钻孔灌注桩顶钢筋混凝土	m^3	3.14×0.5^2×0.5×28	10.99
41	钻孔桩钢筋笼	t	(43001.8＋4679.0)/1000	47.681
42	声测管	t	据图纸计算	13.143
43	C40 混凝土桥面铺装	m^3	25×32.3×0.08	64.60
44	桥面铺装模板	m^2	(25×3＋32.3×2)×0.08	11.17
45	D8 钢筋网	t	8055.6/1000	8.056
46	5cmAC－13C 型细粒式沥青砼(SBS 改性)桥面铺装机动车道	m^2	29.64×(8.5＋11.5)	592.8
47	4cmAC－13C 型细粒式沥青砼(SBS 改性)桥面铺装非机动车道	m^2	29.64×3.5×2	207.48
48	6cmAC－20C 型中粒式沥青砼桥面铺装机动车道	m^2	29.64×(8.5＋11.5)	592.8
49	7cmAC－25C 型粗粒式沥青砼桥面铺装非机动车道	m^2	29.64×3.5×2	207.48
50	桥面防水层聚氨酯沥青防水涂料～YN 桥面防水涂料	m^2	29.64×(8.5＋11.5＋3.5×2)	800.3
51	异型钢伸缩缝	m	33×2	66.00
52	板式橡胶支座	cm^3	200×250×42×52/1000	109200
53	四氟板式橡胶支座	cm^3	200×250×42×52/1000	109200
54	青石栏杆	m	28.62×2	57.24
55	C30 桥头搭板	m^3	6.0×(8.5＋11.5)×0.3×2	72.0
56	桥头搭板模板	m^2	(6.0＋8.5＋6＋11.5)×2×0.3×2	38.4
57	20cm 厚碎石垫层	m^3	5.9×(8.5＋11.5)×0.2×2	47.2
58	10cmC15 混凝土垫层	m^3	5.8×(8.5＋11.5)×0.1×2	23.20
59	10cmC15 混凝土垫层模板	m^2	(5.8＋8.5＋5.8＋11.5)×2×0.1×2	12.64

（续）

序号	项目名称	单位	计算式	工程数量
60	浆砌块石挡土墙	m^3	据图纸	76.00
61	挖基坑土方	m^3	627＋759	1386
62	基坑填土	m^3	627－445.5－30.5－100.9＋759－76	733
63	混凝土拌和站进出场及安拆	座	据施工组织设计	1
64	桥台双排钢管脚手架	m^2	(33＋3×2)×2×4	312

任务2.3 排水工程图纸识读与定额工程量计算

导入

排水工程包括管道、各种类型排水井及出水口、排水构筑物等，排水工程图纸如何识读呢？排水工程定额工程量如何计算？

2.3.1 设计说明(节选)

1. 设计依据(略)

2. 地质情况

根据地质报告可知，与排水工程有关的地质层如下。

① 1耕植土。灰、黄灰色，稍湿，松散，以粉质黏土为主，夹少量植物根茎及碎砾石。层厚0.40～0.50m，局部路段分布。

② 2杂填土。灰色为主，稍湿，松散，含20%～30%砖瓦碎块、混凝土碎块、碎块石等建筑垃圾，其余以黏性土充填。局部顶面为0.10m厚混凝土地坪。层厚1.30～2.00m，局部路段分布。

③ 3素填土。灰色为主，湿，松散，呈黏土性，含少量有机质、腐殖质及植物根系，局部夹少量碎石。层厚1.10～5.50m，局部路段分布。

④ 2黏土。浅灰、灰黄色，饱和，流塑～软塑，含少量云母碎屑、腐殖质及氧化铁斑点，无摇振反应，切面较光滑，有光泽，干强度中等，韧性中等。层厚0.80～2.300m，大部分路段分布。

⑤ 1淤泥。灰色，饱和，流塑，黏土性，含少量云母碎屑及腐殖质，含较多有机质，无摇振反应，切面较光滑，有光泽，高灵敏度，干强度中等，韧性中等。层厚1.20～7.30m，局部分布。

⑥ 1粉质黏土。灰黄、蓝灰色，饱和，可塑～硬可塑，含少量云母碎屑及铁锰质结核，无摇振反应，切面较光滑，有光泽，干强度高，韧性中等。层厚1.00～10.80m，厚薄不均，全场地分布。

⑦ 2粉质黏土夹粉土。灰黄、灰色，饱和，可塑，含氧化铁及少量有机质，夹薄层状粉土，具有层理，无摇振反应，切面略光滑，稍有光泽，干强度中等，韧性低。层厚2.90～8.00m，道路沿线西段缺失。

⑧(淤泥质)粉质黏土。灰色，饱和，流塑，含有机质及腐殖质，无摇振反应，切面较光滑，有光泽，干强度高，韧性中等。层厚 0.5～3.30m，厚薄不均，局部缺失。

⑨1 粉质黏土。灰绿、灰黄色，饱和，硬可塑～硬塑，含少量有机质及氧化铁，无摇振反应，切面较光滑，有光泽，干强度高，韧性中等。层厚 2.50～9.20m，全场地分布。

3. 雨水管道及检查井

雨水管管径为 D200～D1200，全部采用钢筋混凝土承插管(Ⅱ级管)，橡胶圈接口(具体参见国标 06MS201)。

除 D200 和 D300 的雨水管采用级配砂回填，D400～D1200 的雨水管均采用 135°钢筋混凝土管基，100 厚 C10 素混凝土垫层，详见结构图。

雨水检查井均采用砖砌井壁，C25 钢筋混凝土顶底板结构，底板下采用 100 厚 C10 素混凝土垫层。

雨水管道及检查井全部为大开挖施工，施工时应做好沟槽的排水。施工时应采用有效的沟槽围护措施。沟槽回填土要求采用素土回填，沟槽两侧应同步回填，严禁单侧堆高，管道两侧回填土密实度为 95%，管顶以上 500mm 范围内为 87%，500mm 范围以上不小于 90%。

特别提示

排水工程图纸识读应先识读排水平面设计图，再读结构设计图；查阅图例、图纸右下角的说明，了解比例尺、单位；图表结合，前后对照；读懂说明，弄清工程数量表；正确理解设计中采用的施工方法、施工工艺和技术要求。

2.3.2 排水工程施工图识读(图 2-33～图 2.44)

2.3.3 排水工程定额工程量计算

市政排水工程是为了排除雨水、污水，主要内容可概括为 3 大部分：管道、各种类型排水井及出水口、排水构筑物。本教材考虑篇幅和难度，没有介绍污水工程。

1. 市政管道工程分类

1) 按材质及制品分类

分为混凝土管、钢筋混凝土管及化学建材管等。UPVC 塑料管分加筋管、双壁波纹管、缠绕管等。

2) 按工作压力分类

排水对管顶产生大于或等于 0.1MPa 压力的给排水管道称作压力管；排水对管顶产生的压力小于 0.1MPa 的给排水管道称作无压管。

3) 按施工工艺分类

分为开槽施工、不开槽施工(如顶管施工)。

4) 按管道接口形式分类

混凝土管道分为承插口、平口、圆弧口和企口 4 种形式(图 2.45)。

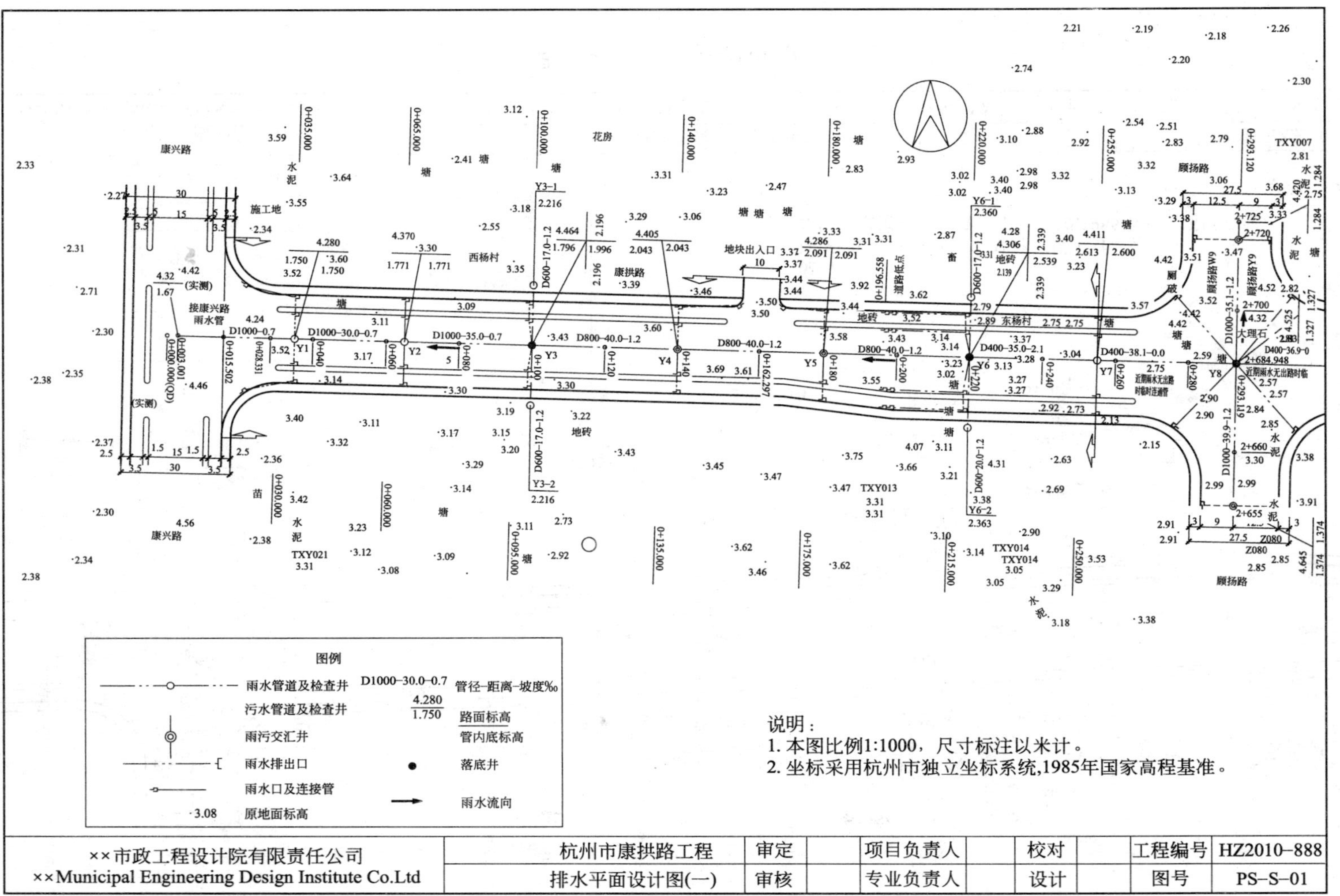

图 2.33 排水平面设计图(1)

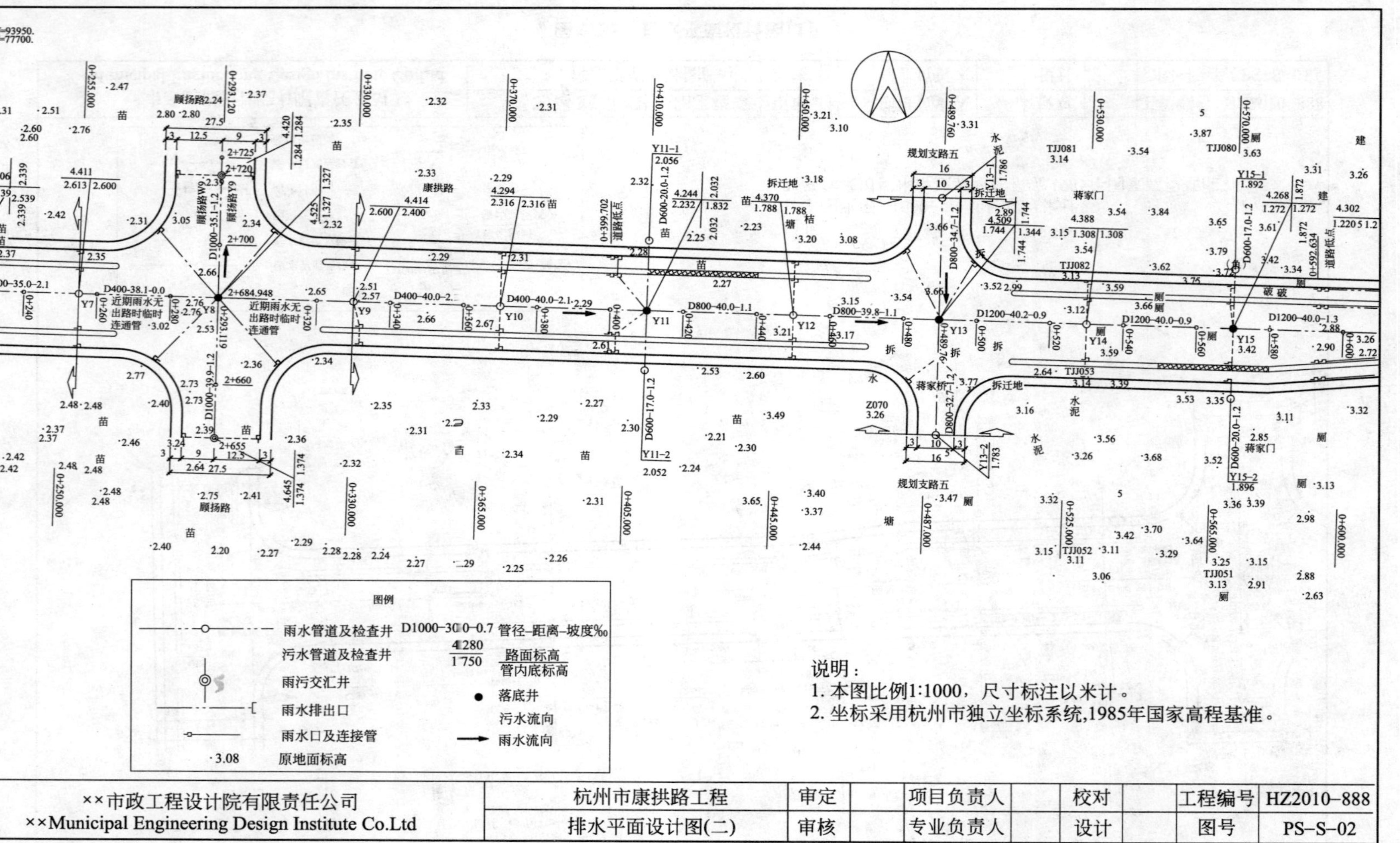

图 2.33　排水平面设计图(2)

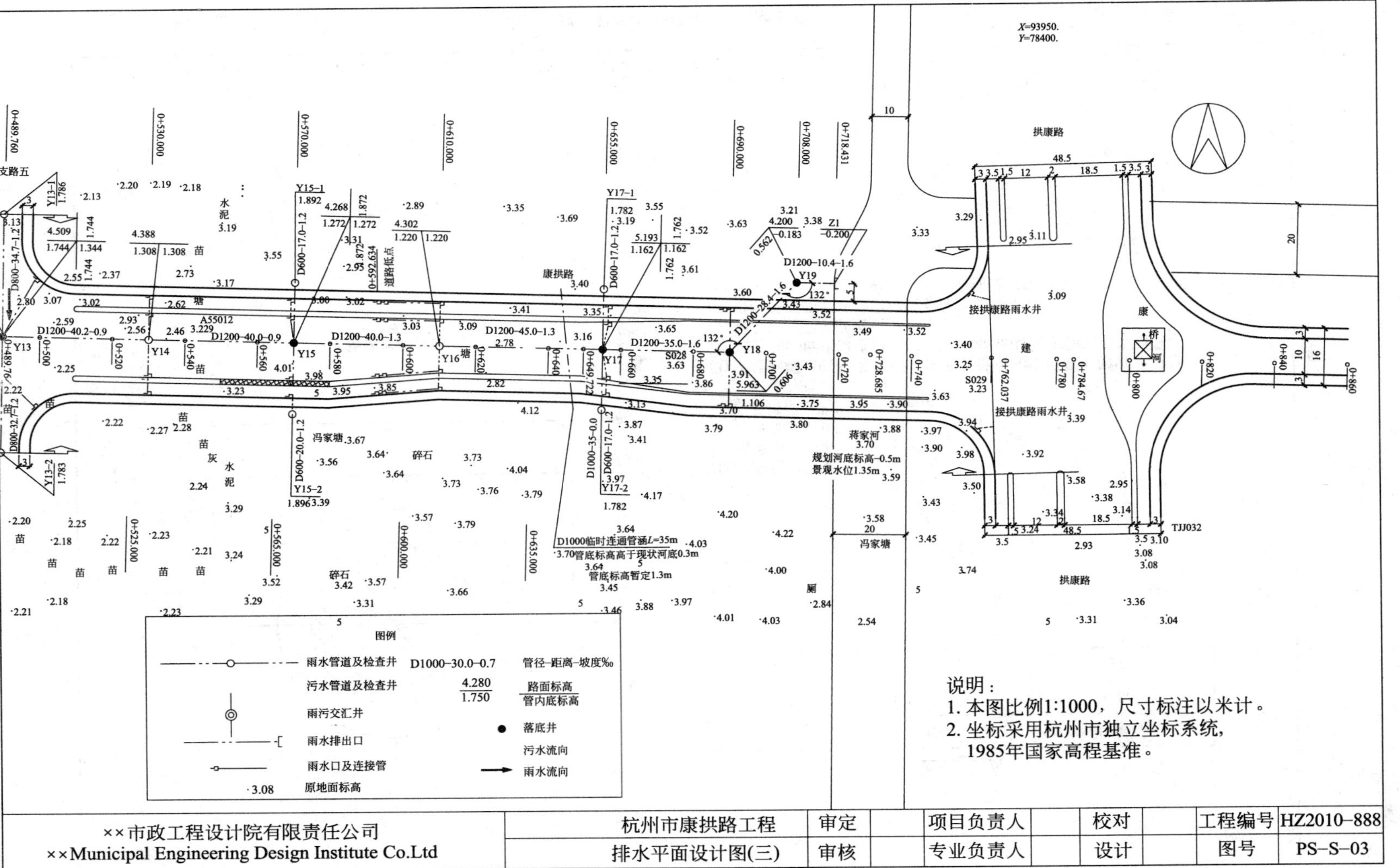

图 2.33 排水平面设计图(3)

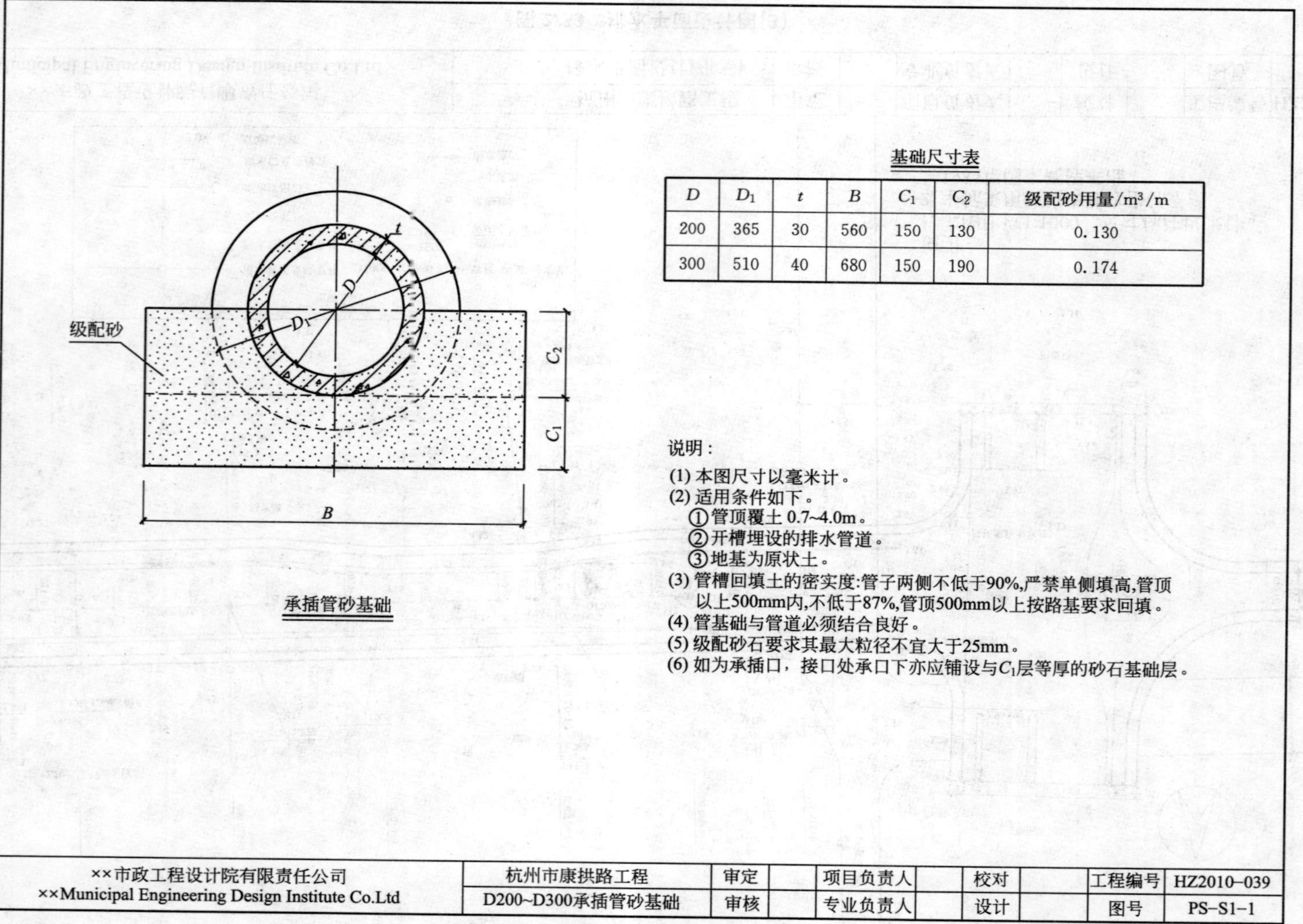

基础尺寸表

D	D_1	t	B	C_1	C_2	级配砂用量/m^3/m
200	365	30	560	150	130	0.130
300	510	40	680	150	190	0.174

说明：

(1) 本图尺寸以毫米计。

(2) 适用条件如下。

①管顶覆土 0.7~4.0m。

②开槽埋设的排水管道。

③地基为原状土。

(3) 管槽回填土的密实度:管子两侧不低于90%,严禁单侧填高,管顶以上500mm内,不低于87%,管顶500mm以上按路基要求回填。

(4) 管基础与管道必须结合良好。

(5) 级配砂石要求其最大粒径不宜大于25mm。

(6) 如为承插口，接口处承口下亦应铺设与C_1层等厚的砂石基础层。

××市政工程设计院有限责任公司 ××Municipal Engineering Design Institute Co.Ltd	杭州市康拱路工程	审定		项目负责人		校对		工程编号	HZ2010-039
	D200~D300承插管砂基础	审核		专业负责人		设计		图号	PS-S1-1

图 2.34　D200～D300 承插管砂基础图

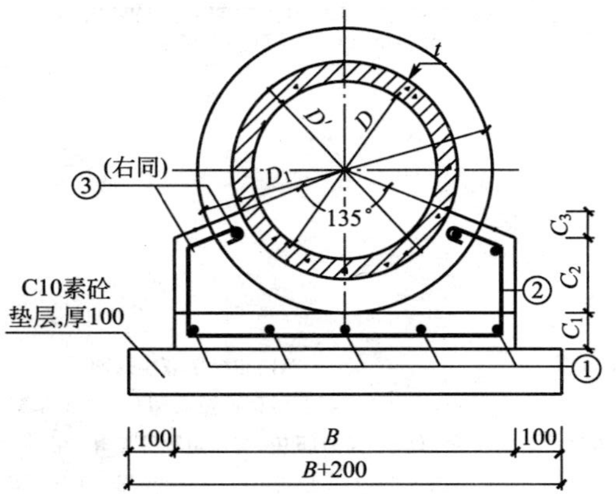

C10素砼垫层,厚100

③(右同)

②

①

D' D D_1 135° t

C_3 C_2 C_1

100 B 100

B+200

管道基础

基础尺寸及材料表

D	D'	D_1	t	B	C_1	C_2	C_3	①	②	③	每米管道基础工程量			
/mm	/mm	/mm	/mm	/mm	/mm	/mm	/mm				C25砼/m^3	①筋长/m	②筋长/m	③筋长/m
200	260	365	30	465	60	86	47	2Φ10	Φ8@200	1Φ10	0.070	2.00	4.105	2.00
300	380	510	40	610	70	129	54	3Φ10	Φ8@200	1Φ10	0.112	3.00	5.450	2.00
400	490	640	45	740	80	167	60	4Φ10	Φ8@200	2Φ10	0.169	4.00	6.740	4.00
500	610	780	55	880	80	208	66	5Φ10	Φ8@200	2Φ10	0.224	5.00	8.005	4.00
600	720	910	60	1010	80	246	71	6Φ10	Φ8@200	2Φ10	0.282	6.00	9.165	4.00
700/800	930	1104	65	1204	80	303	71	7Φ10	Φ8@200	2Φ10	0.356	7.00	10.71	4.00
900/1000	1150	1346	75	1446	80	374	79	8Φ10	Φ8@200	2Φ10	0.483	8.00	12.84	4.00
1100/1200	1380	1616	90	1716	80	453	91	9Φ10	Φ8@200	2Φ10	0.658	9.00	15.29	4.00
1400/1500	1730	2008	115	2108	80	567	106	11Φ10	Φ8@200	2Φ10	0.943	11.00	21.54	4.00
1800	2080	2388	140	2589	90	664	191	13Φ10	Φ8@200	2Φ10	1.357	13.00	28.86	4.00

说明：

(1) 本图尺寸以毫米计。

(2) 适用条件如下。

① 管顶覆土D200~D600mm为0.7~4.0m；D800~D1500mm为0.7~6.0m。

② 开槽埋设的排水管道。

③ 地基为原状土。

(3) 材料：砼:C25;钢筋：ϕ为HPB235，Φ为HRB335。

(4) 主筋净保护层：下层为40,其他为35。

(5) 垫层：a. C10素砼垫层,厚100。

(6) 管槽回填土的密实度:管子两侧不低于90%，严禁单侧填高。

(7) 管顶以上500mm内,不低于87%,管顶500mm以上按路基要求回填。

(7) 管基础与管道必须结合良好。

(8) 当施工过程中需在C1层面处留施工缝时,则在继续施工时应将间歇面凿毛刷净,以使整个管基结为一体。

(9) 管道带形基础每隔15~20m断开20mm,内填沥青木丝板。

××市政工程设计院有限责任公司 ××Municipal Engineering Design Institute Co.Ltd	杭州市康拱路工程	审定		项目负责人		校对		工程编号	HZ2010-039
	D400~D1200承插管钢筋砼基础	审核		专业负责人		设计		图号	PS-S1-2

图 2.35 D400～D1200 承插管钢筋砼基础图

排水检查井总说明

（1）本套图适用于室外排水管道工程建设中使用。

（2）本图尺寸除说明外均为毫米。

（3）内容如下。

① 本图只含砖砌矩形检查井。

② 检查井分落底井和不落底井两种。

（4）适用条件如下。

① 设计荷载：城 A 级。

② 土容重：干容重：18kN/m³，饱和容重：20kN/m³。

③ 地下水位：地面下 1.0m。

④ 检查井预板上覆土厚度：井筒总高度小于等于 2.0m 的井筒顶板及井筒总高度大于 2.0m 的。

a. 井筒总高度＜2.0m 的顶板及井筒总高度＞2.0m 的顶板 2 适用覆土厚度：0.6～2.0m。

b. 井筒总高度＞2.0m 的顶板 1 适用覆土厚度：2.0～3.5m。小于 0.6m 或大于 3.5m 的顶板应另行设计。

⑤ 地基承载力≥80kPa。

（5）材料如下。

① 砖砌检查井用 M10 水泥砂浆砌筑 MU10 机砖，检查井内外表面及抹三角灰用 1∶2 水泥砂浆抹面，厚 20。

② 钢筋砼构件：预制与现浇均采用 C15 砼，钢筋：Φ—HPB235，Φ—HRB335。

③ 砼垫层：C10。余下垫层同管基。

（6）检查井配用 D700 的井座及井盖板。

（7）检查井底板均选用钢筋砼底板，并与主干管的第一节管子（或半节长管子）基础浇注成整体。

（8）检查井处在砼道路上时，铸铁井座周围应有钢筋加固。

（9）管子上半圆砌发砖券，当管道 D＜800mm 时，券高为 120mm；当管道 D≥100mm 时，券高 δ 为 240mm。

（10）施工注意事项。

① 预制或现浇盖板必须保证底面平整光洁，不得有蜂窝麻面。

② 安装井座须座浆，井盖顶板要求与路面平。

（11）除图中已注明外，其余垫层作法与接入主管基础垫层相同（企口管除外）。

××市政工程设计院有限责任公司	杭州市康拱路工程	审定		项目负责人		校对		工程编号	HZ2010-039
××Municipal Engineering Design Institute Co.Ltd	排水检查井总说明	审核		专业负责人		设计		图号	PS-S1-3

图 2.36　排水检查井总说明

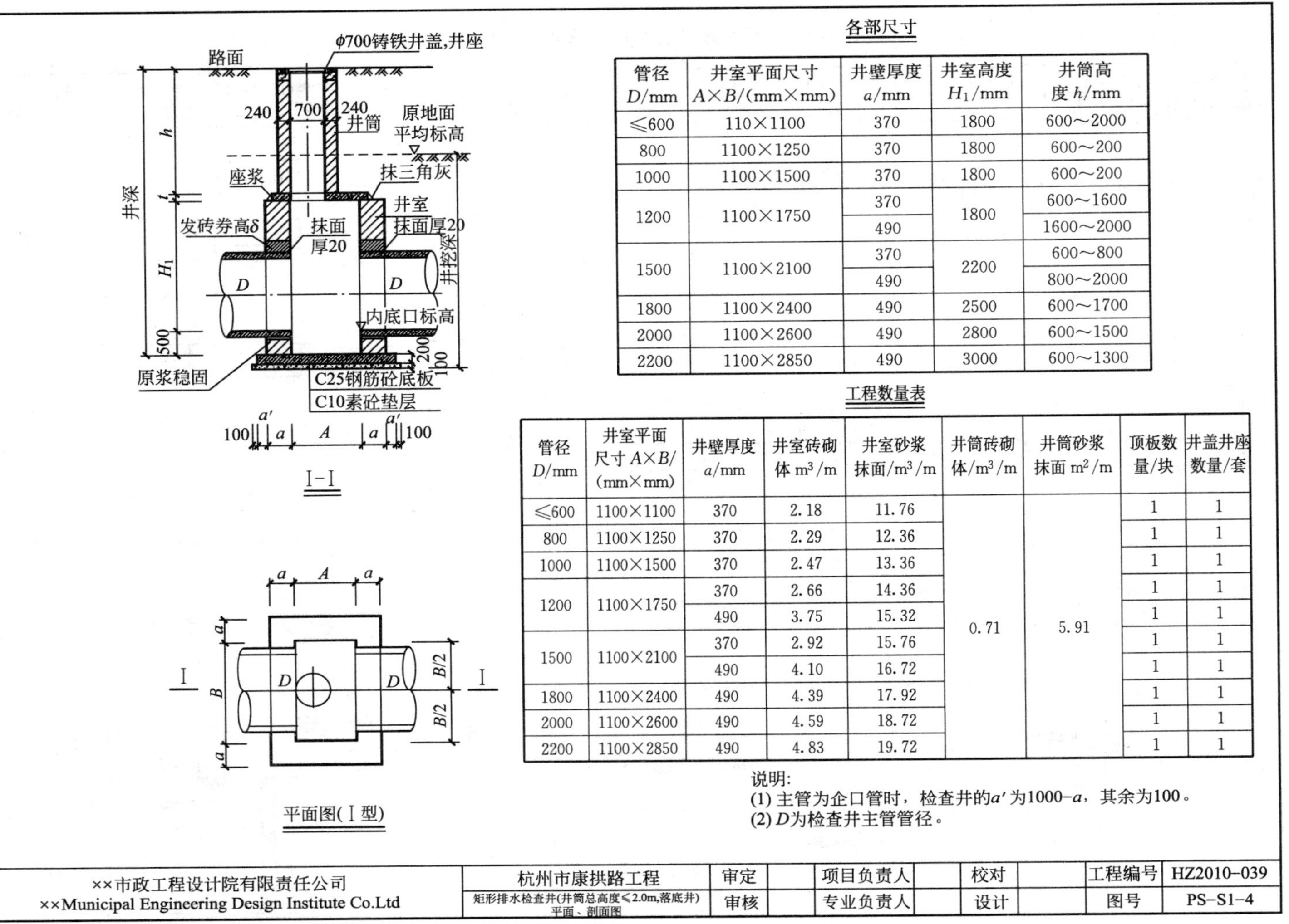

各部尺寸

管径 D/mm	井室平面尺寸 A×B/(mm×mm)	井壁厚度 a/mm	井室高度 H_1/mm	井筒高度 h/mm
≤600	110×1100	370	1800	600～2000
800	1100×1250	370	1800	600～200
1000	1100×1500	370	1800	600～200
1200	1100×1750	370	1800	600～1600
		490		1600～2000
1500	1100×2100	370	2200	600～800
		490		800～2000
1800	1100×2400	490	2500	600～1700
2000	1100×2600	490	2800	600～1500
2200	1100×2850	490	3000	600～1300

工程数量表

管径 D/mm	井室平面尺寸 A×B/(mm×mm)	井壁厚度 a/mm	井室砖砌体 m³/m	井室砂浆抹面/m³/m	井筒砖砌体/m³/m	井筒砂浆抹面 m²/m	顶板数量/块	井盖井座数量/套
≤600	1100×1100	370	2.18	11.76	0.71	5.91	1	1
800	1100×1250	370	2.29	12.36			1	1
1000	1100×1500	370	2.47	13.36			1	1
1200	1100×1750	370	2.66	14.36			1	1
		490	3.75	15.32			1	1
1500	1100×2100	370	2.92	15.76			1	1
		490	4.10	16.72			1	1
1800	1100×2400	490	4.39	17.92			1	1
2000	1100×2600	490	4.59	18.72			1	1
2200	1100×2850	490	4.83	19.72			1	1

说明:
(1) 主管为企口管时，检查井的a'为1000−a，其余为100。
(2) D为检查井主管管径。

××市政工程设计院有限责任公司 ××Municipal Engineering Design Institute Co.Ltd	杭州市康拱路工程	审定		项目负责人		校对		工程编号	HZ2010-039
	矩形排水检查井(井筒总高度≤2.0m,落底井)平面、剖面图	审核		专业负责人		设计		图号	PS-S1-4

图 2.37 矩形排水检查井平面、剖面图(落底井)

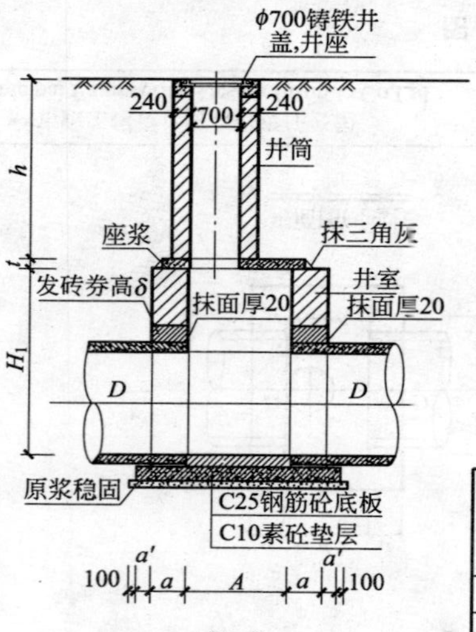

φ700铸铁井盖,井座
240 700 240
井筒
h
座浆
抹三角灰
发砖券高δ
井室抹面厚20
抹面厚20
H_1
D D
原浆稳固
C25钢筋砼底板
C10素砼垫层
100 a' a A a a' 100
II-II

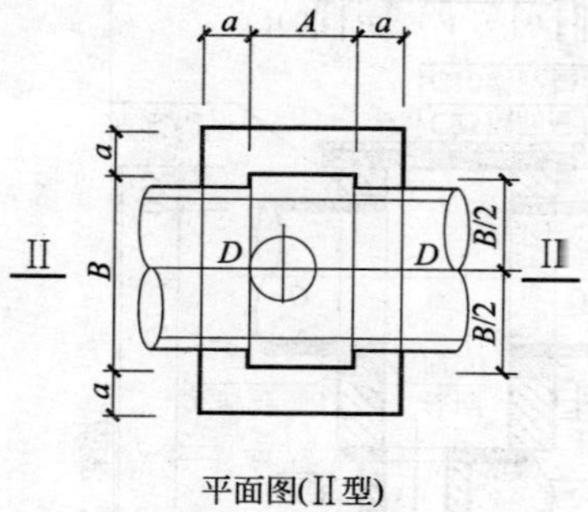

a A a
a B B/2 B/2 a
II D D II
平面图(II型)

各部尺寸

管径 D/mm	井室平面尺寸 A×B/(mm×mm)	井壁厚度 a/mm	井室高度 H_1/mm	井筒高度 h/mm
≤600	110×1100	370	1800～2400	600～2000
800	1100×1250	370	1800～2400	600～2000
1000	1100×1500	370	1800～2600	600～2000
1200	1100×1750	370	1800～2800	600～2000
1500	1100×2100	370	2200～3200	600～2000
1800	1100×2400	490	2500～3300	600～1700
2000	1100×2600	490	2800～3500	600～1500
2200	1100×2850	490	3000～3700	600～1300

工程数量表

管径 D/mm	井室平面尺寸 A×B/ mm×mm	井壁厚度 a/mm	井室砖砌体 m^3/m	井室砂浆抹面/m^3/m	流槽石砌体/m^3	流槽砂浆抹面/m^2	井筒砖砌体/m^3/m	井筒砂浆抹面 m^2/m	顶板数量/块	井盖井座数量/套
≤600	1100×1100	370	2.18	11.76	0.35	2.14	0.71	5.91	1	1
800	1100×1250	370	2.29	12.36	0.58	2.76			1	1
1000	1100×1500	370	2.47	13.36	0.83	3.38			1	1
1200	1100×1750	370	2.66	14.36	1.13	4.00			1	1
1500	1100×2100	370	2.92	15.76	1.66	4.90			1	1
1800	1100×2400	490	4.39	17.92	2.10	5.75			1	1
2000	1100×2600	490	4.59	18.73	2.39	6.32			1	1
2200	1100×2850	490	4.83	19.72	2.83	6.94			1	1

说明:
(1) 主管为企口管时，检查井的a'为1000−a，其余为100。
(2) D为检查井主管管径。

××市政工程设计院有限责任公司 ××Municipal Engineering Design Institute Co.Ltc	杭州市康拱路工程 矩形排水检查井(井筒总高度≤2.0m,不落底井)平面、剖面图	审定		项目负责人		校对		工程编号	HZ2010-039
		审核		专业负责人		设计		图号	PS-S1-5

图 2.38　矩形排水检查井平面、剖面图(不落底井)

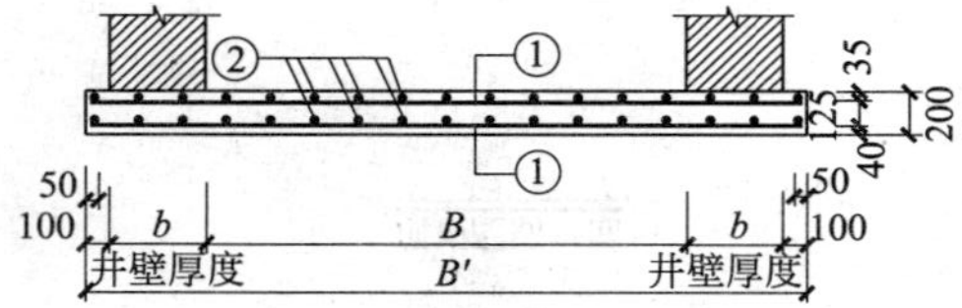

A-A剖面

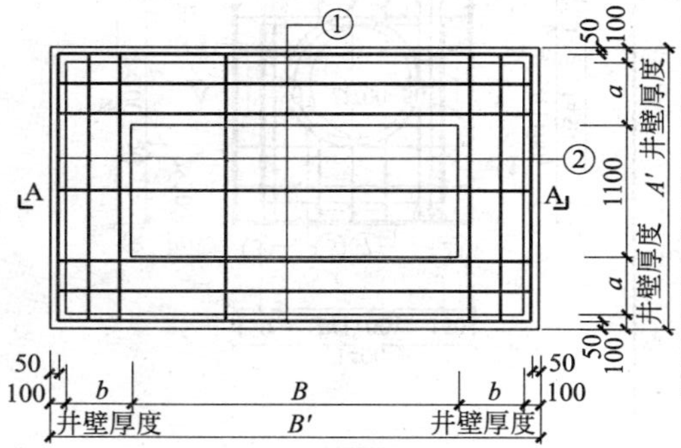

底板配筋平面

钢筋及材料表

检查井尺寸 A×B	底板尺寸 A′×B′	井墙厚 a	井墙厚 b	编号	直径 /mm	简图 /mm	根长 /mm	根数 /根	共长 /m	重量 /kg	每块底板材料 钢筋/kg	每块底板材料 砼/m³
1100×1100	2040×2040	370	370	①	Φ10	1980	1980	22	43.56	23.877	53.754	0.832
				②	Φ10	1980	1980	22	43.56	26.877		
1100×1250	2040×2190	370	370	①	Φ10	2130	2130	22	46.86	28.913	58.233	0.894
				②	Φ10	1980	1980	24	47.52	29.320		
1100×1500	2040×2440	370	370	①	Φ10	2380	2380	22	52.36	32.306	64.069	0.996
				②	Φ10	1980	1980	26	51.48	31.763		
1100×1750	2040×2690	370	370	①	Φ10	2630	2630	22	57.86	35.700	69.906	1.098
				②	Φ10	1980	1980	28	55.44	34.206		
	2280×2930	490	490	①	Φ10	2870	2870	24	68.88	42.499	83.591	1.336
				②	Φ10	2220	2220	30	66.60	41.092		
1100×2100	2040×3040	370	370	①	Φ10	2980	2980	22	65.56	40.451	79.544	1.240
				②	Φ10	1980	1980	32	63.36	39.093		
	2280×3280	490	490	①	Φ10	3220	3220	24	77.28	47.682	96.993	1.498
				②	Φ10	2220	2220	36	79.92	49.311		
1100×2400	2280×3580	490	490	①	Φ10	3520	3520	24	84.48	52.124	104.174	1.632
				②	Φ10	2220	2220	38	84.36	52.050		
1100×2600	2280×3780	490	490	①	Φ10	3720	3720	24	89.26	55.086	133.670	1.724
				②	Φ12	2220	2220	40	88.80	78.584		

说明:
(1) 本图尺寸以毫米计。
(2) 材料: 砼−C25。Φ−HRB335。
(3) 主钢筋净保护层:底板下层为40mm。其余为35mm。
(4) 活载:公路Ⅰ级。
(5) 底板与检查井两侧第一节管道连接详见相应结构图。

××市政工程设计院有限责任公司 ××Municipal Engineering Design Institute Co.Ltd	杭州市康拱路工程	审定		项目负责人		校对		工程编号	HZ2010-039
	矩形排水检查井底板配筋图	审核		专业负责人		设计		图号	PS-S1-6

图 2.39　矩形排水检查井底板配筋图

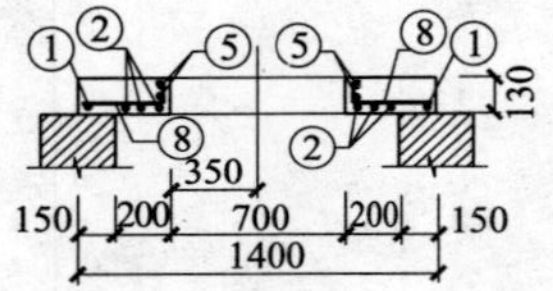

钢筋及工程数量表

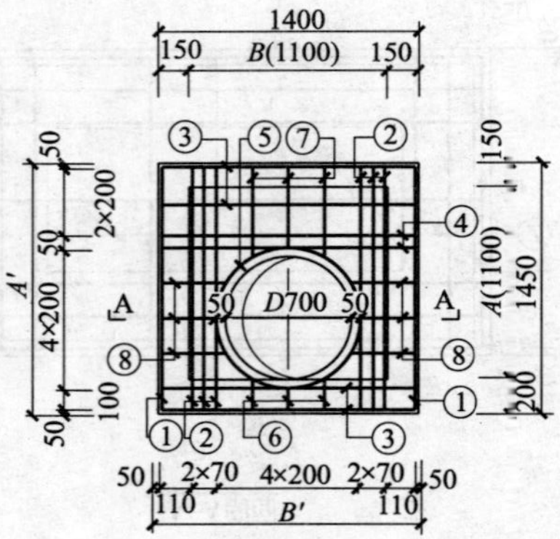

检查井尺寸 $A\times B$ /mm×mm	盖板尺寸 $A'\times B'$/ mm×mm	编号	直径/mm	简图/mm	根长/mm	根数/根	共长/m	重量/kg	每块顶板材料用量 钢筋/kg	每块顶板材料用量 砼/m³
1100×1100	1450×1400	①	Φ10	1390	1390	2	2.780	1.715	23.312	0.213
		②	Φ12	1390	1390	6	8.340	7.406		
		③	Φ10	1340	1340	4	5.360	3.307		
		④	Φ12	1340	1340	2	2.680	2.380		
		⑤	Φ12	搭接46d	3064	2	6.128	5.447		
		⑥	Φ10	50 60 均长140	均长 250	3	0.750	0.463		
		⑦	Φ10	50 60 均长490	均长 600	3	1.80	1.111		
		⑧	Φ10	50 60 均长290	均长 400	6	2.40	1.481		

说明:
(1) 本图尺寸以毫米计。
(2) 材料: 砼-C25。Φ-HRB335。
(3) 主钢筋净保护层35mm。
(4) 板顶覆土厚度为600~2000mm。
(5) 活载：公路I级。

××市政工程设计院有限责任公司 ××Municipal Engineering Design Institute Co.Ltd	杭州市康拱路工程 1100×1100矩形排水检查井顶板配筋图(井筒总高度≤2.0m)	审定		项目负责人		校对		工程编号	HZ2010-039
		审核		专业负责人		设计		图号	PS-S1-7

图 2.40　1100×1100 矩形排水检查井顶板配筋图(井筒总高度≤2.0m)

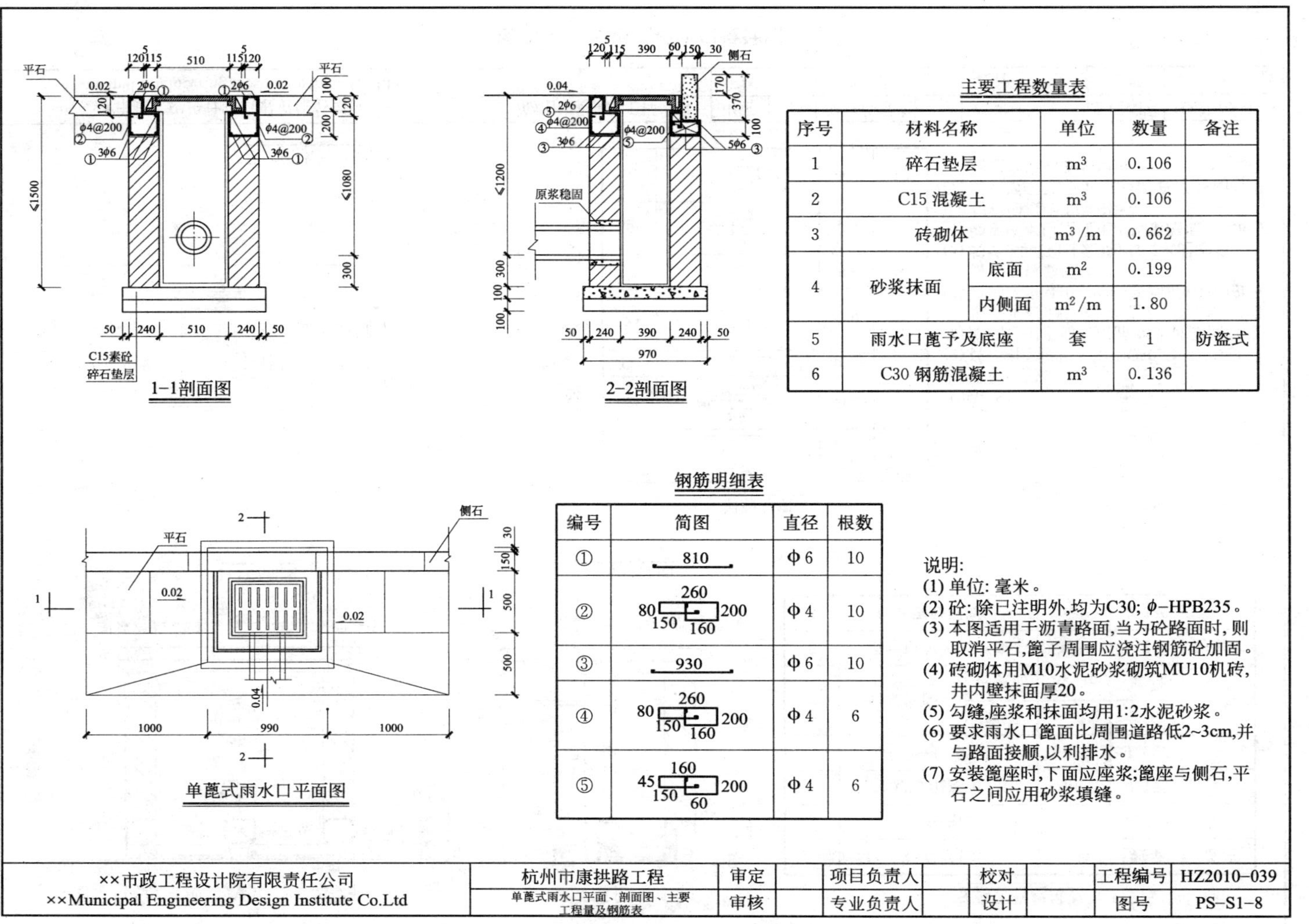

主要工程数量表

序号	材料名称		单位	数量	备注
1	碎石垫层		m^3	0.106	
2	C15 混凝土		m^3	0.106	
3	砖砌体		m^3/m	0.662	
4	砂浆抹面	底面	m^2	0.199	
		内侧面	m^2/m	1.80	
5	雨水口蓖予及底座		套	1	防盗式
6	C30 钢筋混凝土		m^3	0.136	

钢筋明细表

编号	简图	直径	根数
①	810	Φ6	10
②	80, 260, 200, 150, 160	Φ4	10
③	930	Φ6	10
④	80, 260, 200, 150, 160	Φ4	6
⑤	45, 160, 200, 150, 60	Φ4	6

图 2.41 单蓖式雨水口设计图

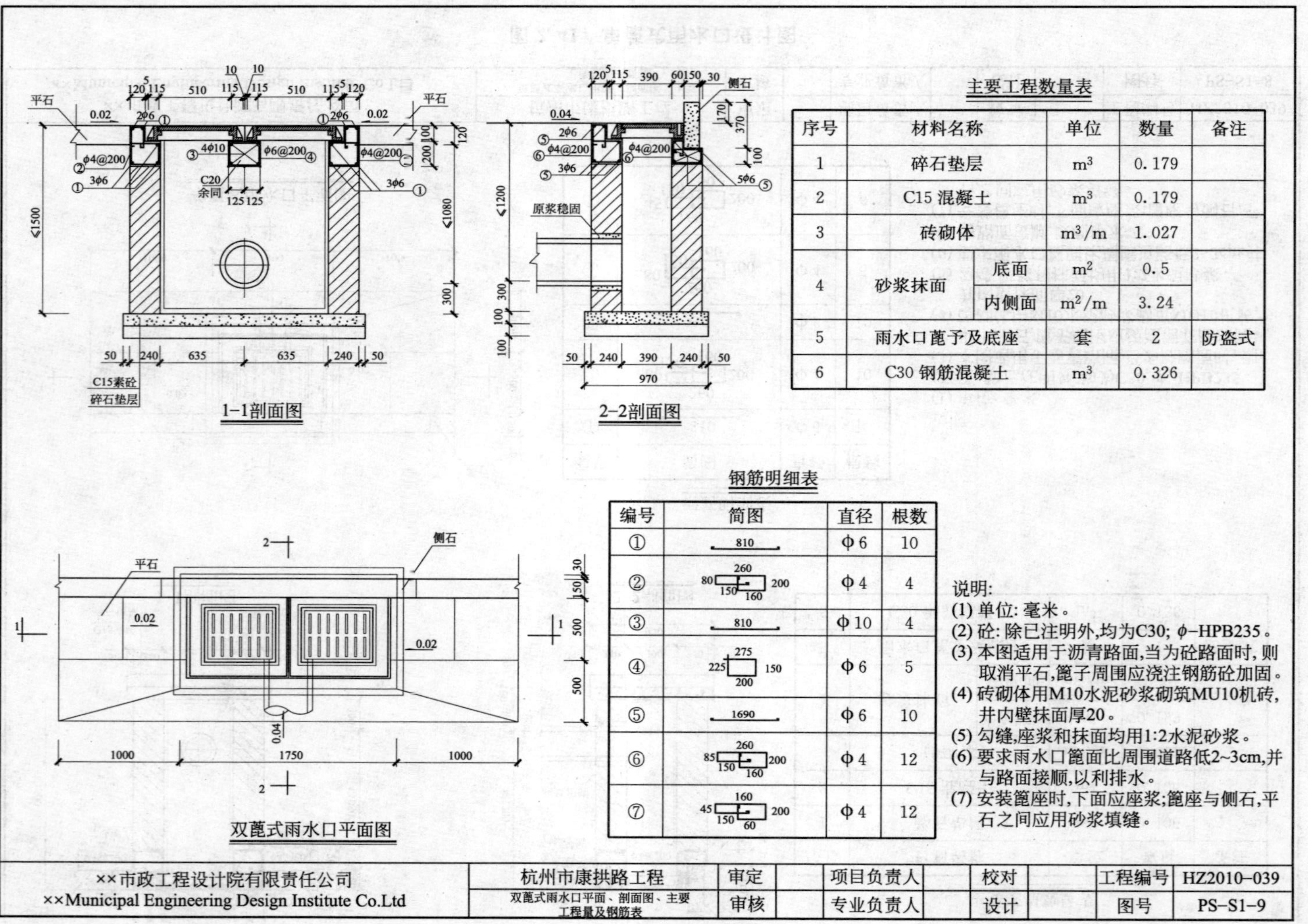

图 2.42 双蓖式雨水口设计图

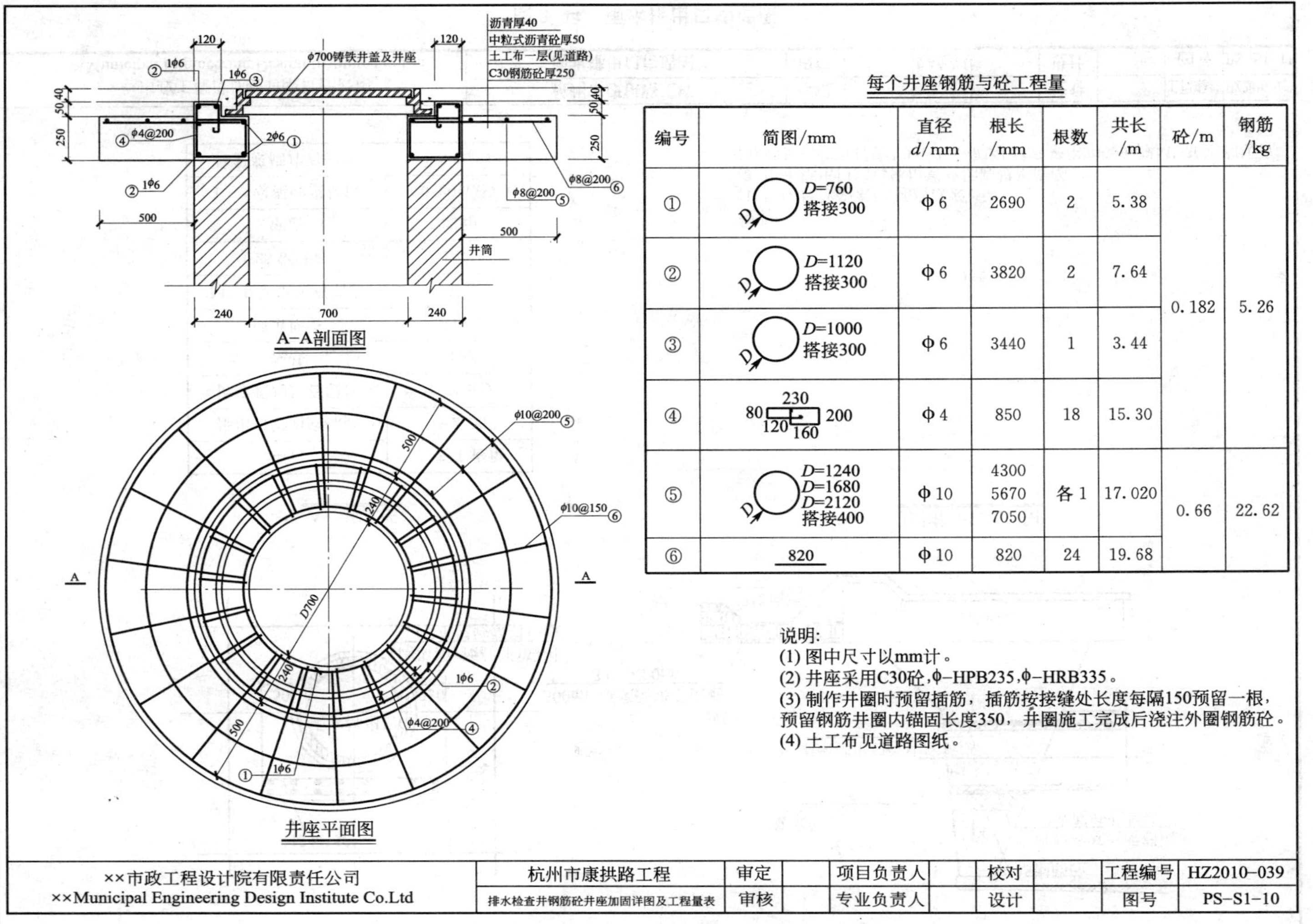

每个井座钢筋与砼工程量

编号	简图/mm	直径 d/mm	根长/mm	根数	共长/m	砼/m	钢筋/kg
①	D=760 搭接300	Φ6	2690	2	5.38	0.182	5.26
②	D=1120 搭接300	Φ6	3820	2	7.64		
③	D=1000 搭接300	Φ6	3440	1	3.44		
④	230, 80, 200, 120, 160	Φ4	850	18	15.30		
⑤	D=1240 D=1680 D=2120 搭接400	Φ10	4300 5670 7050	各1	17.020	0.66	22.62
⑥	820	Φ10	820	24	19.68		

说明:
(1) 图中尺寸以mm计。
(2) 井座采用C30砼,φ–HPB235,φ–HRB335。
(3) 制作井圈时预留插筋，插筋按接缝处长度每隔150预留一根，预留钢筋井圈内锚固长度350，井圈施工完成后浇注外圈钢筋砼。
(4) 土工布见道路图纸。

××市政工程设计院有限责任公司 ××Municipal Engineering Design Institute Co.Ltd	杭州市康拱路工程	审定		项目负责人		校对		工程编号	HZ2010-039
	排水检查井钢筋砼井座加固详图及工程量表	审核		专业负责人		设计		图号	PS-S1-10

图 2.43 排水检查井钢筋砼井座设计图

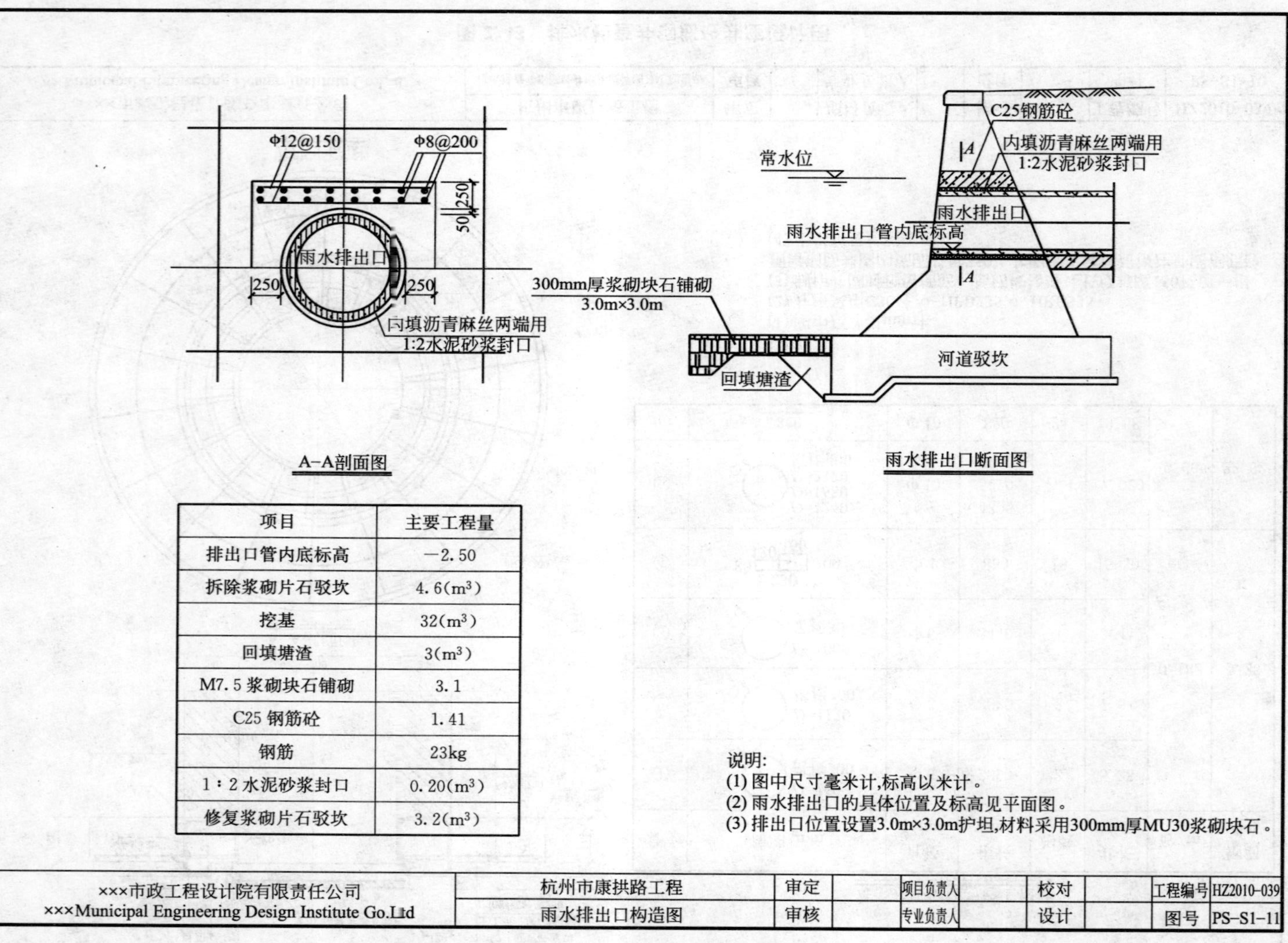

项目	主要工程量
排出口管内底标高	-2.50
拆除浆砌片石驳坎	4.6(m^3)
挖基	32(m^3)
回填塘渣	3(m^3)
M7.5浆砌块石铺砌	3.1
C25钢筋砼	1.41
钢筋	23kg
1∶2水泥砂浆封口	0.20(m^3)
修复浆砌片石驳坎	3.2(m^3)

图 2.44　雨水排出口构造图

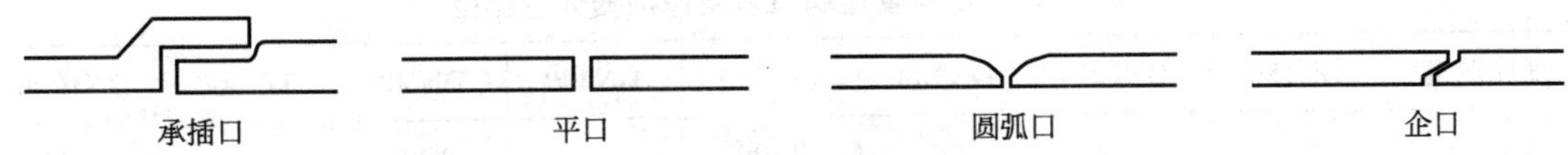

图 2.45　管道接口形式

化学建材管接口分粘接、承插胶圈接口、热(电)熔接口等。

2. 管道结构

排水工程管道结构一般由垫层、平基、管座、管道组成(图 2.46)。图中 α 表示管座(管基)角度，混凝土管道基础 90°、120°、135°、180°指的就是 α 角。

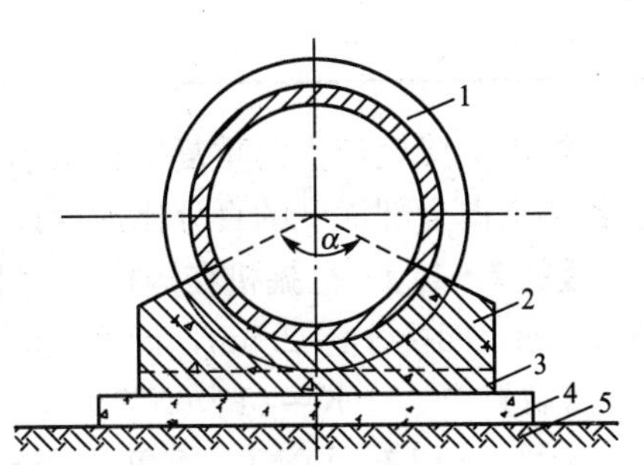

图 2.46　管道结构断面图

1—管道(承插口)；2—管座；3—平基；4—垫层；5—地基

3. 沟槽开挖工程量计算

挖土放坡和沟、槽底加宽应按图纸尺寸计算，如施工组织设计未明确的，挖土放坡系数取值。管沟底部每侧工作面宽度(C)按表 2-15 取值。

表 2-15　管沟底部每侧工作面宽度计算表

管道结构宽/mm	混凝土管道基础 90°	混凝土管道基础>90°	金属管道	构筑物	
				无防潮层	有防潮层
500 以内	400	400	300	400	600
1000 以内	500	500	400		
2500 以内	600	500	400		

管道结构宽(B)：有管座(图 2.47)按管道基础外缘(不包括各类垫层)计算，构筑物按基础外缘计算，如设挡土板每侧增加 100mm；无管座(图 2.48)按管道外径计算。

塑料管道铺设沟槽开挖底宽度，若设计中有规定的按设计规定计算，设计未明确的按下列规定计算：无支撑沟槽开挖，工作面按管道结构宽每侧加 30cm 计算；有支撑沟槽开挖，按表 2-16 计算。

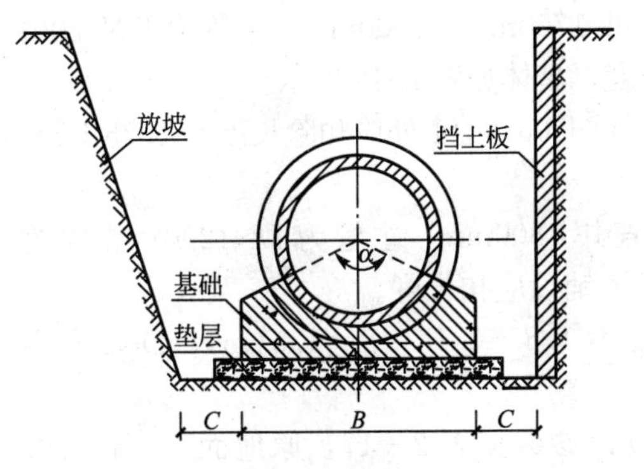

图 2.47　有管座管道结构宽示意图

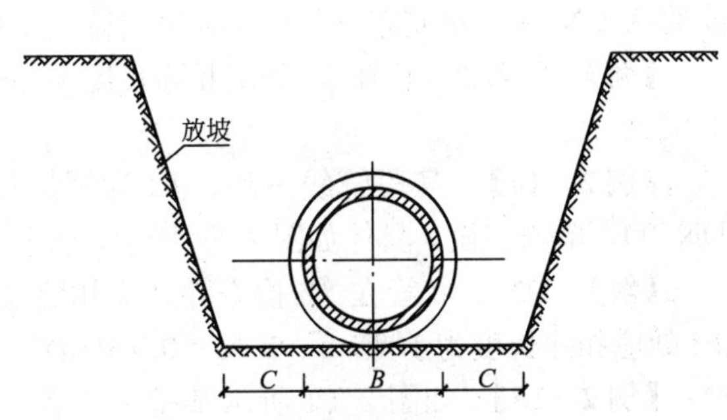

图 2.48　无管座管道结构宽示意图

表 2-16 塑料管道铺设有支撑沟槽开挖宽度

管径深度	DN150	DN225	DN300	DN400	DN400	DN600	DN800	DN1000
≤3.00	800	900	1000	1100	1200	1300	1500	1700
≤4.00	—	1100	1200	1300	1400	1500	1700	1900
>4.00	—	—	—	1400	1500	1600	1800	2000

挖土交接处产生的重复工程量不扣除。如在同一断面内遇有数类土壤，其放坡系数可按各类土占全部深度的百分比加权计算。

【例 2-11】 挖掘机在沟槽坑边上开挖沟槽，沟槽深 5m，其中一类土深 1m，三类土深 1.5m，四类土深 2.5m，计算该沟槽开挖综合放坡系数。

【解】 $K=(1\times0.75+1.5\times0.50+2.5\times0.33)/5=0.47(\text{mm})$

【例 2-12】 DN500 钢筋混凝土排水管道开挖，管座采用 135°基础，管道结构宽 0.8m，根据施工组织设计单侧设挡土板，计算沟槽开挖底宽。

【解】 管道结构宽：800mm，查表管沟底部每侧工作面宽度 500×2=1000(mm)。

沟槽开挖底宽=800+100+1000=1900(mm)

沟槽挖土体积公式：

$$V=(B+KH+2C)\times H\times L \tag{2-16}$$

式中：V——挖土体积，m^3；

B——基础结构宽，m；

K——放坡系数；

H——基础挖深，m；

C——每侧工作面宽度，m；

L——沟槽长度，m，一般不考虑放坡长度。

4. 管道铺设定额工程量计算

排水管道图纸所示设计长度为起点井中心至终点井中心的长度，但管道铺设长度应按井中至井中的中心扣除检查井长度，以延长米计算。每座检查井扣除长度：矩形检查井按管线方向井内径计算，圆形检查井按管线方向井内径每侧减 15cm 计算。雨水口井所占长度不予扣除。

【例 2-13】 某段管线工程，$J1$ 为矩形检查井 1750mm×1000mm，主管为 DN1200；支管为 DN500，单侧布置，计算管道铺设应扣长度，具体如图 2.49 所示。

【解】 DN1200 管在 $J1$ 处应扣除长度为 1m；DN500 在 $J1$ 处应扣除长度为 1.75÷2=0.875(m)。

【例 2-14】 某段管线工程，$J2$ 为圆形检查井 1800mm，主管为 DN1200；支管为 DN500，单侧布设，具体如图 2.50 所示，计算管道铺设应扣长度。

【解】 DN1200 管在 $J2$ 检查井处应扣除长度为 1.8－0.15×2=1.5(m)，DN500 在 $J2$ 处应扣除长度为 1.8÷2－0.15=0.75(m)。

【例 2-15】 如图 2.51 所示某排水工程，设计参数见表 2-17，原地面下 1m 为湿土，二类土，人工开挖，人力运土 30m，清理余土运距 10km。D1000 管道结构截面积

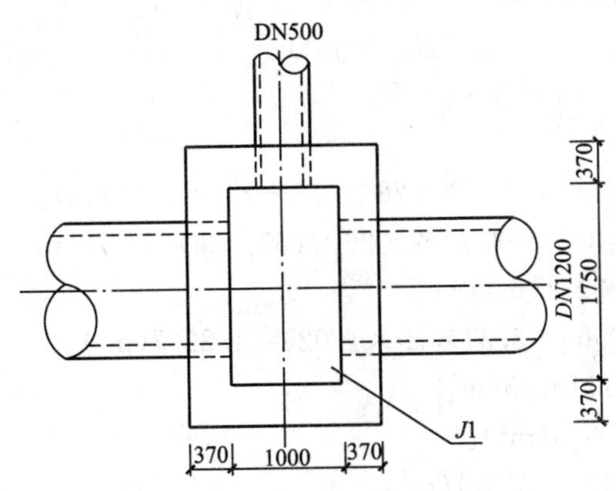

图 2.49　某段管线工程图

图 2.50　某排水工程管线工程图

1.77m²，沟槽底宽 2.61m，内口底高距地基 0.4m；D1200 管道结构截面积 2.51m²，沟槽底宽 3.28m，内口底高距地基 0.46m。沿线井室增加土方按沟槽开挖体积的 2.5%计算，计算该排水工程土方工程量。

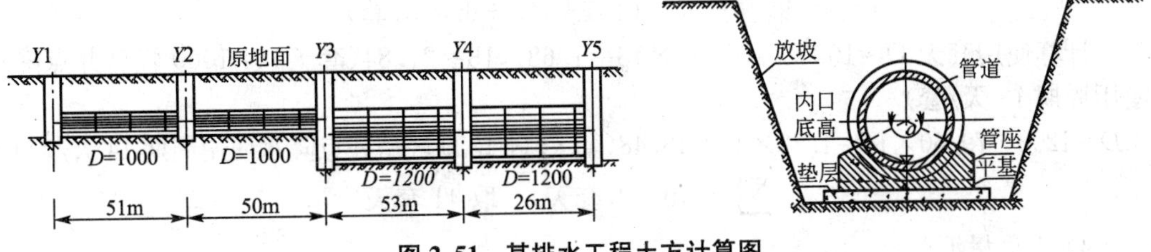

图 2.51　某排水工程土方计算图

表 2-17　某排水工程设计参数

桩号	井号	管径/mm	原地面高/m	内口底高/m	井段长度/m
K0+000	Y1	1000	6.070	3.900	51
K0+061	Y2	1000	6.270	3.880	50
K0+101	Y3	1000 1200	7.000	3.860 3.740	53
K0+154	Y4	1200	6.360	3.710	26
K0+180	Y5	1200	6.360	3.700	

【解】 方案一：若土质为粉砂土，使用井点方案。

1) 计算 $Y1$—$Y3$ 段　管径 D=1000mm

(1) 原地面高(加权平均)。

[(6.070+6.27)/2×51+(6.27+7.00)/2×50]/(51+50)=6.40(m)

(2) 内口底高(加权平均)。

[(3.90+3.88)/2×51+(3.88+3.86)/2×50]/(51+50)=3.88(m)

(3) 沟槽挖土深度=6.40−3.88+0.4(管座+平基+垫层)=2.92(m)。

(4) 沟槽挖土二类干土=(2.61+2.92×0.5)×2.92×101×1.025=1230(m³)。

(5) 回填土。

$$1230-101\times1.77\times1.025=1046.76(m^3)$$

(6) 清理余土(10km 外运)：1230－1046.76×1.15＝26.23(m^3)。

(7) 30m 人工运土方＝1230＋1046.76×1.15＝2434(m^3)。

2) 计算 $Y3$—$Y5$ 段　管径 D＝1200mm

(1) 原地面高＝[(7＋6.36)/2×53＋(6.36＋6.36)/2×26]/(53＋26)＝6.57(m)。

(2) 内口底高＝[(3.74＋3.71)/2×53＋(3.71＋3.7)/2×26]/(53＋26)＝3.72(m)。

(3) 沟槽挖土深度＝6.57－3.72＋0.46＝3.31(m)。

(4) 沟槽挖土二类干土＝(3.28＋3.31×0.5)×3.31×79×1.025＝1322.7(m^3)。

(5) 回填土 1322.7－79×2.51×1.025＝1119.45(m^3)。

(6) 清理余土 1322.7－1119.45×1.15＝35.3(m^3)。

(7) 30m 人工运土 1322.7＋1119.45×1.15＝2610.1(m^3)。

3) 井点使用计算

$$D=1000\quad L=101m\quad D=1200\quad L=79m$$

(1) 安装拆除井管＝(101＋79)÷1.20＝150(根)(轻型井点间距 1.20m)。

(2) 井点使用：按井管根数＝150÷50＝3(套)(轻型井点 50 根为 1 套)。

铺管长度＝(101＋79)÷60＝3(套)

计算使用套天 D＝1000　101/60×13＝1.68×13＝21.84(套天)(φ1000 轻型井点降水使用周期 13 天/套)

D＝1200　79/60×14＝1.32×14＝18.48(套天)(φ1200 轻型井点降水使用周期 14 天/套)

$\sum$＝40.32(套天)　取 41 套天

4) 工程量汇总

(1) 人工沟槽挖土(二类土)：1230＋1322.7＝2553(m^3)。

(2) 回填土(沟槽、机夯)：1204＋1287.4＝2491(m^3)。

(3) 30m 人力运土(干土)：2434＋2610.1＝5044(m^3)。

(4) 10km 汽车清余土：26＋35.3＝61(m^3)。

(5) 井点安装拆除：150 根。

(6) 井点使用：41 套天。

方案二：若土质为黏土，按一般明排水计算。

1) D＝1000　挖土深 2.92m

(1) 挖沟土(二类湿土)＝(3.11＋1.92×0.5)×1.92×101×1.025＝809(m^3)。

(2) 挖沟土(二类干土)＝[(3.11＋1.92)＋1×0.5]×1×101×1.025＝572(m^3)。

(3) 回填土＝(809＋572－101×1.77×1.025)×1.15＝1377.4(m^3)。

(4) 清余土＝809＋572－1377.4＝3.6(m^3)。

(5) 30m 人工运干土＝572＋1377.4＝1949.4(m^3)。

(6) 30m 人工运湿土＝809(m^3)。

(7) 湿土排水 809m^3。

2) D＝1200

(1) 挖沟土(二类湿土)＝(3.78＋2.31×0.5)×2.31×79×1.025＝923(m^3)。

(2) 挖沟土(二类干土)＝(3.78＋2.31×0.5)×1.34×79×1.025＝535(m^3)。

(3) 回填土：(923＋535－79×2.51×1.025)×1.15＝1443.0(m^3)。

(4) 清余土：923＋535－1443.0＝15(m^3)。

(5) 30m人工运干土：535＋1443.0＝1978(m^3)。

(6) 30m人工运湿土：923m^3。

(7) 湿土排水：923m^3。

3) 工程量汇总

(1) 二类干土挖沟槽＝572＋535＝1107(m^3)。

(2) 二类湿土挖沟槽＝809＋923＝1732(m^3)。

(3) 回填土＝1377.4＋1443.0＝2820.4(m^3)。

(4) 湿土排水＝809＋923＝1732(m^3)。

(5) 30m人力运干土＝1949.4＋1978＝3927.4(m^3)。

(6) 30m人力运湿土＝809＋923＝1732(m^3)。

(7) 10km汽车清余土＝3.6＋15＝18.6(m^3)。

【案例四】 根据康拱路排水工程施工图纸，计算定额工程量。

【案例解析】 杭州市康拱路排水工程定额工程量计算见表2-18和表2-19(据图纸统计)。

表2-18 杭州市康拱路排水工程数量表

序号	名称	规格	材料	单位	数量	备注
一	排水管					
1	雨水口连接管	D200	钢筋混凝土管	m	205	
2	雨水口连接管	D300	钢筋混凝土管	m	470	
3	雨水管	D400	钢筋混凝土管	m	190	
4	雨水管	D600	钢筋混凝土管	m	179	
5	雨水管	D800	钢筋混凝土管	m	267	
6	雨水管	D1000	钢筋混凝土管	m	140	
7	雨水管	D1200	钢筋混凝土管	m	239	
8	临时连通管涵	D1000	钢筋混凝土管	m	35	K0＋645处现状河连通管
二	检查井					
1	雨水检查井	1100×1100	砖砌井	座	14	
2	雨水检查井	1100×1250	砖砌井	座	7	Y4、Y5、Y6、Y11、Y12、Y13-1、Y13-2
3	雨水检查井	1100×1500	砖砌井	座	5	Y1、Y2、Y3
4	雨水检查井	1100×1750	砖砌井	座	4	Y14、Y15、Y16、Y17
5	雨水检查井	1750×1750	砖砌井	座	3	Y13、Y19、Y18
三	雨水口					
1	雨水口	单蓖	砖砌	座	78	
2	雨水口	双蓖	砖砌	座	14	
四	雨水排出口	D1200八字式	浆砌块石	座	1	Z1

表 2-19　排水工程数据表

序号	井编号	桩号	长度/m	扣井长度/m	连接管径/mm	管内底标高/m	地面标高/m	路面标高/m	井型	井挖深/m	井深/m	扣管道占面积/m²
1	Y1	K0+035			D1000	1.75	3.34	4.28	1100×1500	1.99	2.63	1.04×2
2	Y2	K0+065	30	1.1	D1000 D1000	1.77	3.25	4.37	1100×1500	1.88	2.70	1.04 1.04
3	Y3	K0+100	35	1.1	D1000 D800	1.80 2.00	3.32	4.46	1100×1500 落底	2.32	3.16	1.04 0.68
4	Y3-1		17	1.1	D600	2.22	3.32		1100×1100	1.5	2.34	0.41
5	Y3-2		17	1.1	D600	2.22	3.32		1100×1100	1.5	2.34	0.41
6	Y4	K0+140	40	1.1	D800 D800	2.04	3.75	4.41	1100×1250	2.11	2.47	0.68 0.68
7	Y5	K0+180	40	1.1	D800 D800	2.09	3.76	4.29	1100×1250	2.07	2.30	0.68 0.68
8	Y6	K0+220	40	1.1	D800 D400	2.14 2.54	3.11	4.31	1100×1250 落底	1.77	2.67	0.68 0
9	Y6-1		17	1.1	D600	2.36	3.11		1100×1100	1.15	2.05	0.41
10	Y6-2		20	1.1	D600	2.36	3.11		1100×1100	1.15	2.05	0.41
11	Y7	K0+255	35	1.1	D400 D400	2.61	2.24	4.41	1100×1100	0.03	1.90	0
12	Y8	K0+293.1	38.1	1.1	D400 D400	1.33	2.35	4.41	1100×1100 落底	1.82	3.58	0
13	Y8-1		35.1	1.1	D1000	1.28	2.35		1100×1500	1.47	3.23	1.04
14	Y8-2		39.9	1.1	D1000	1.37	2.35		1100×1500	1.38	3.14	1.04
15	Y9	K0+330	36.9	1.1	D400 D400	2.60 2.40	2.45	4.41	1100×1100	0.45	2.11	0
16	Y10	K0+370	40	1.1	D400 D400	2.32	2.35	4.29	1100×1100	0.43	2.07	0
17	Y11	K0+410	40	1.1	D400 D800	2.23 1.83	3.28	4.24	1100×1250 落底	2.25	2.91	0 0.68

（续）

序号	井编号	桩号	长度/m	扣井长度/m	连接管径/mm	管内底标高/m	地面标高/m	路面标高/m	井型	井挖深/m	井深/m	扣管道占面积/m²
18	Y11-1		20	1.1	D600	2.06	3.28		1100×1100	1.62	2.28	0.41
19	Y11-2		17	1.1	D600	2.05	3.28		1100×1100	1.63	2.29	0.41
20	Y12	K0+450	40	1.1	D800 D800	1.79	2.42	4.37	1100×1250	1.03	2.68	0.68 0.68
21	Y13	K0+489.8	39.8	1.43	D800 D1200	1.74 1.34	2.24	4.51	1750×1750	1.30	3.27	0.68 1.49
22	Y13-1		34.7	1.43	D800	1.79	2.24	4.29	1100×1250	0.85	2.60	0.68
23	Y13-2		32.7	1.43	D800	1.78	2.24	4.29	1100×1250	0.86	2.61	0.68
24	Y14	K0+530	40.2	1.43	D1200 D1200	1.31	2.42	4.39	1100×1750	1.51	3.18	1.49 1.49
25	Y15	K0+570	40	1.1	D1200 D1200	1.27	3.05	4.27	1100×1750 落底	2.58	3.50	1.49 1.49
26	Y15-1		17	1.1	D600	1.89	3.05		1100×1100	1.56	2.48	0.41
27	Y15-2		20	1.1	D600	1.90	3.05		1100×1100	1.55	2.47	0.41
28	Y16	K0+610	40	1.1	D1200 D1200	1.22	3.75	4.30	1100×1750	2.93	3.18	1.49 1.49
29	Y17	K0+655	45	1.1	D1200 D1200	1.16	3.22	5.19	1100×1750 落底	2.86	4.53	1.49 1.49
30	Y17-1		17	1.1	D600	1.78	3.22		1100×1100	1.84	3.51	0.41
31	Y17-2		17	1.1	D600	1.78	3.22		1100×1100	1.84	3.51	0.41
32	Y18	K0+690	35	1.43	D1200 D1200	1.11 0.61	3.42	5.96	1750×1750	3.61	5.85	1.49 1.49
33	Y19	K0+708	28.4	1.75	D1200 D1200	0.56 −0.18	3.51	4.20	1750×1750 落底	4.41	4.88	1.49 1.49
	出水口		10.4	0.88	D1200							1.49

注：井室不扣除管径 500mm 以内管道所占体积。

(1) 雨水管铺设管长统计如下：

① D200：205(m)。

② D300：470(m)。

③ D400：35－1.1＋38.1－1.1＋36.9－1.1＋(40－1.1)×2＝185(m)。

④ D600：(17－1.1)×7＋20－1.1＋20－1.1＋20－1.1＝168(m)。

⑤ D800：(40－1.1)×4＋39.8－1.43＋34.7－1.43＋32.7－1.43＝259(m)。

⑥ D1000：30－1.1＋35－1.1＋35.1－1.1＋39.9－1.1＝136(m)。

⑦ D1200：40.2－1.43＋(40－1.1)×2＋45－1.1＋35－1.43＋28.4－1.75＋10.4－0.88＝230(m)。

⑧ D1000 临时连通管涵：35m。

(2) 检查井工程量计算如下。

① 1100×1100 井平均挖深＝(1.5＋1.5＋1.15＋1.15＋0.03＋1.82＋0.45＋0.43＋1.62＋1.63＋1.56＋1.55＋1.84＋1.84)/14＝1.29(m)。

② 1100×1250 井平均挖深＝(2.11＋2.07＋1.77＋2.25＋1.03＋0.85＋0.86)/7＝1.56(m)。

③ 1100×1500 井平均挖深＝(1.99＋1.88＋2.32＋1.47＋1.38)/5＝1.81(m)。

④ 1100×1750 井平均挖深＝(1.51＋2.58＋2.93＋2.86)/4＝2.47(m)。

⑤ 1750×1750 井平均挖深＝(1.30＋4.41＋3.61)/3＝3.11(m)。

⑥ 1100×1100 井(不落底)平均井深＝(2.34＋2.34＋2.05＋2.05＋1.90＋2.11＋2.07＋2.28＋2.29＋2.48＋2.47＋3.51＋3.51)/13＝2.42(m)。

⑦ 1100×1100 井(落底)平均井深＝3.58(m)。

⑧ 1100×1250 井(不落底)平均井深＝(2.47＋2.30＋2.60＋2.61)/4＝2.50(m)。

⑨ 1100×1250 井(落底)平均井深＝(2.67＋2.91＋2.68)/3＝2.75(m)。

⑩ 1100×1500 井(不落底)平均井深＝(2.63＋2.70＋3.23＋3.14)/4＝2.93(m)。

⑪ 1100×1500 井(落底)平均井深＝3.16(m)。

⑫ 1100×1750 井(不落底)平均井深＝(3.18＋3.18)/2＝3.18(m)。

⑬ 1100×1750 井(落底)平均井深＝(3.50＋4.53)/2＝4.02(m)。

⑭ 1750×1750 井(不落底)平均井深＝3.27(m)。

⑮ 1750×1750 井(落底)平均井深＝(4.88＋5.85)/2＝5.37(m)。

(3) 挖沟槽土方(挖掘机开挖，人工辅助)。

① D200 钢筋混凝土管＝0.56×1×205＝114.80(m^3)。

② D300 钢筋混凝土管＝0.68×1×470＝319.60(m^3)。

③ D400 钢筋混凝土管＝1.74×1×190＝330.6(m^3)。

④ D600 钢筋混凝土管＝2.01×1×179＝359.79(m^3)。

⑤ D800 钢筋混凝土管＝(1.204＋0.5×2＋0.33×1.56)×1.56×267＝1132.44(m^3)。

⑥ D1000 钢筋混凝土管＝(1.446＋0.5×2＋0.33×1.81)×1.81×175＝963.97(m^3)。

⑦ D1200 钢筋混凝土管＝(1.716＋0.5×2＋0.33×3.11)×2.47×239＝2209.19(m^3)。

⑧ 挖沟槽土方＝(114.80＋319.60＋330.6＋359.79＋1132.44＋963.97＋2209.19)×1.025＝5566.15(m^3)。

(4) 各类井工程量计算如下。

① 1100×1100 井 14 座(13 座不落底+1 座落底)。

a. C10 素砼垫层=(2.24×2.24×0.1)×14=7.02(m^3)。

b. 底板 C25 钢筋砼=0.832×14=11.65(m^3)。

c. 底板钢筋：53.754×14=753(kg)。

d. 1100×1100 井(不落底)砖砌体体积=[2.18×(1.8+0.06)+0.71×(2.42－1.8－0.3－0.13)]×13－0.41×10×0.37=52.95(m^3)。

e. 1100×1100 井(落底)砖砌体体积=2.18×(1.8+0.5)+0.71×(3.58－1.8－0.5－0.3－0.13)=5.62(m^3)。

f. 井室砂浆抹面=[11.76+5.91×(2.42－1.8－0.06－0.3－0.13)]×13+11.76+5.91×(3.58－1.8－0.5－0.3－0.13)=179.65(m^2)。

g. 流槽石砌体=0.35×13=4.55(m^3)。

h. 流槽砂浆抹面=2.14×13=27.82(m^2)。

i. 井室顶板砼体积=0.213×14=2.98(m^3)。

j. 井室顶板钢筋数量=23.312×14=326.37(kg)。

k. 井圈砼体积=(0.182+0.66)×14=11.79(m^3)。

l. 井圈钢筋数量=27.88×14=390(kg)。

m. Φ700 铸铁井盖 14 套。

② 1100×1250 井 7 座(不落底 4 座、落底 3 座)。

a. C10 素砼垫层=(2.24×2.39×0.1)×7=3.75(m^3)

b. 底板 C25 钢筋砼=0.894×7=6.26(m^3)

c. 底板钢筋：58.233×7=408(kg)

d. 1100×1250 井(不落底)砖砌体体积=[2.29×(1.8+0.065)+0.71×(2.50－1.8－0.065－0.3－0.13)]×4－0.68×8×0.37=15.65(m^3)

e. 1100×1250 井(落底)砖砌体体积=[2.29×(1.8+0.5)+0.71×(2.75－1.8－0.5－0.3－0.13)]×3－0.68×2×0.37=15.34(m^3)

f. 井室砂浆抹面=[12.36+5.91×(2.50－1.8－0.065－0.3－0.13)]×4+[12.36+5.91×(2.75－1.8－0.5－0.3－0.13)]×3=91.72(m^2)

j. 流槽石砌体=0.58×4=2.32(m^3)

k. 流槽砂浆抹面=2.76×4=11.04(m^2)

l. 井室顶板砼体积=0.243×7=1.70(m^3)

m. 井室顶板钢筋数量=24.245×7=169.72(kg)

n. 井圈砼体积=(0.182+0.66)×7=5.89(m^3)

o. 井圈钢筋数量=27.88×7=195(kg)

p. Φ700 铸铁井盖 7 套。

q. 其余井计算略去。

③ 单蓖雨水口 78 座。

a. 碎石垫层=0.106×78=8.27(m^3)。

b. C15 混凝土底板=0.106×78=8.27(m^3)。

c. 砖砌体=0.662×78=51.64(m^3)。

d. 砂浆抹面(底面)=0.199×78=15.52(m^2)。

e. 砂浆抹面(内侧面)=1.80×78=140.4(m^2)。

f. 雨水口篦子78套，C30底座=0.136×78=10.61(m^3)。

g. 底座钢筋=5.56×78=433.68(kg)。

④ 双蓖雨水口14座。

a. 碎石垫层=0.179×14=2.51(m^3)。

b. C15混凝土底板=0.179×14=2.51(m^3)。

c. 砖砌体=1.027×14=16.898(m^3)。

d. 砂浆抹面(底面)=0.5×14=7(m^2)。

e. 砂浆抹面(内侧面)=3.24×14=45.36(m^2)。

f. 雨水口篦子28套。

g. C30底座=0.326×14=4.56(m^3)。

h. 底座钢筋=11.08×14=155(kg)。

情境小结

本学习情境以杭州市康拱路工程为依托，介绍了道路工程、桥梁工程、排水工程施工图纸识读方法，定额工程量计算方法。

具体内容包括：道路工程施工图设计说明、设计图纸、各结构层面积计算、侧平石长度计算、路基土石方数量计算、挡土墙工程量计算等；桥涵工程施工图设计说明、设计图纸、挖基工程量计算、钢筋及钢结构工程量计算、混凝土及模板工程量计算等；排水工程施工图设计说明、设计图纸、市政管道工程分类、管道结构、沟槽开挖工程量计算、管道铺设定额工程量计算等。

本学习情境的教学目标是培养学生能读懂道路工程、桥梁工程、排水工程图纸；能运用定额工程量计算规则计算定额工程量，编制工程数量表。

能力训练

【实训题1】

某市政雨水管道工程，采用ϕ500mm×3000mm钢筋混凝土承插管(O型胶圈接口)，人机配合下管，135°混凝土管道基础，管道平均埋设深度为2.557m，具体结构如图2.52和2.53所示(起、终点为已建1000mm×1000mm方井)。检查井为1000mm×1000mm砖砌落底方型雨水检查井(具体结构如图2.54和图2.55所示)，平均井深3.057m。管道铺设完成后，需进行闭水试验。

已知：

(1) 本工程现浇混凝土采用非泵送商品混凝土，检查井盖板及井圈现场集中预制，不考虑场内运输费。

(2) 沟槽土方为三类干土，定额土方开挖工程量为835m^3，土方回填工程量为500.49m^3(回填土方密实度97%)，弃土外运工程量为66.66m^3，运距3km。

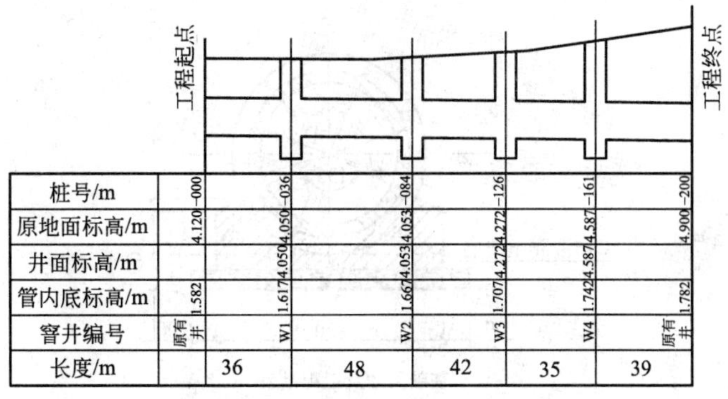

图 2.52　排水管道施工纵断面图

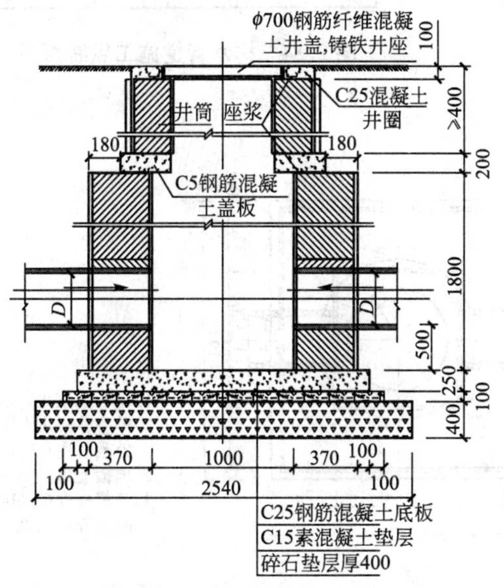

图 2.53　1－1 剖面图

(3) π 取 3.1416。

试根据以上条件，计算该雨水管道(含土方)工程的定额工程量。

【实训题 2】 识读杭州市阳光大道工程施工图，如图 2.56～图 2.58 和表 2－20，按定额工程量计算规则计算工程量，编制工程数量表。

(1) 工程描述如下。

阳光大道位于杭州市金家渡，是一条城市次干道，起点接幸福路边缘，起点桩号 K0＋000，道路全长 1000m，内有中桥一座。道路路基已建成，不在施工范围。

(2) 有关施工方案说明如下。

① 施工机械中的大型机械有：压路机 5 台。

② 沥青混凝土、水泥稳定碎石均采用沥青摊铺机摊铺。

③ 在水泥稳定碎石基层与粗粒式沥青混凝土之间需喷洒石油沥青封层(喷油量 1kg/m^2)。

④ 沥青混凝土、水泥稳定碎石混合料、人行道板以及平、侧石均按成品考虑。

(3) 施工图设计图纸。

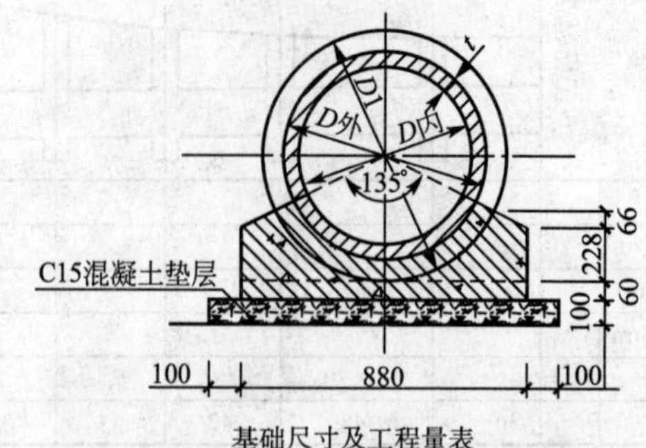

基础尺寸及工程量表

公称内径D内	插门外径D处	承门外径D1	管壁厚t	C25混凝土管道基础
500	610	780	55	0.224(m^3/m)

图 2.54　排水管道施工纵断面图

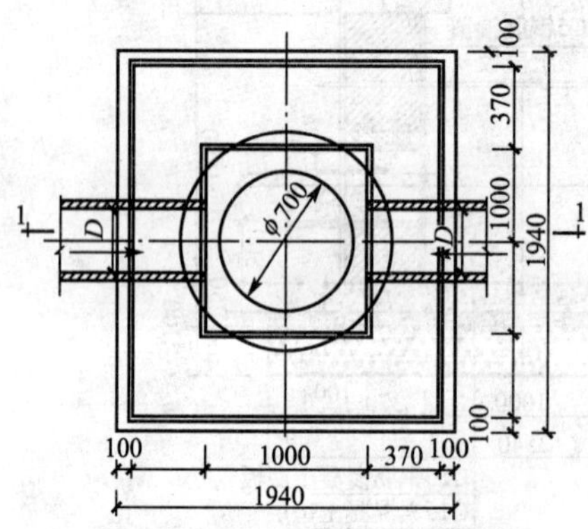

说明:
1. 尺寸以毫米计。
2. 检查井M10水泥砂浆、MU10砖砌筑,内外表面用1:2防水泥砂浆抹面,厚20。
3. 顶板上覆土高≥400。
4. 井室高度按1800mm,当井较浅时允许适当减少井室高度。

图 2.55　平面图

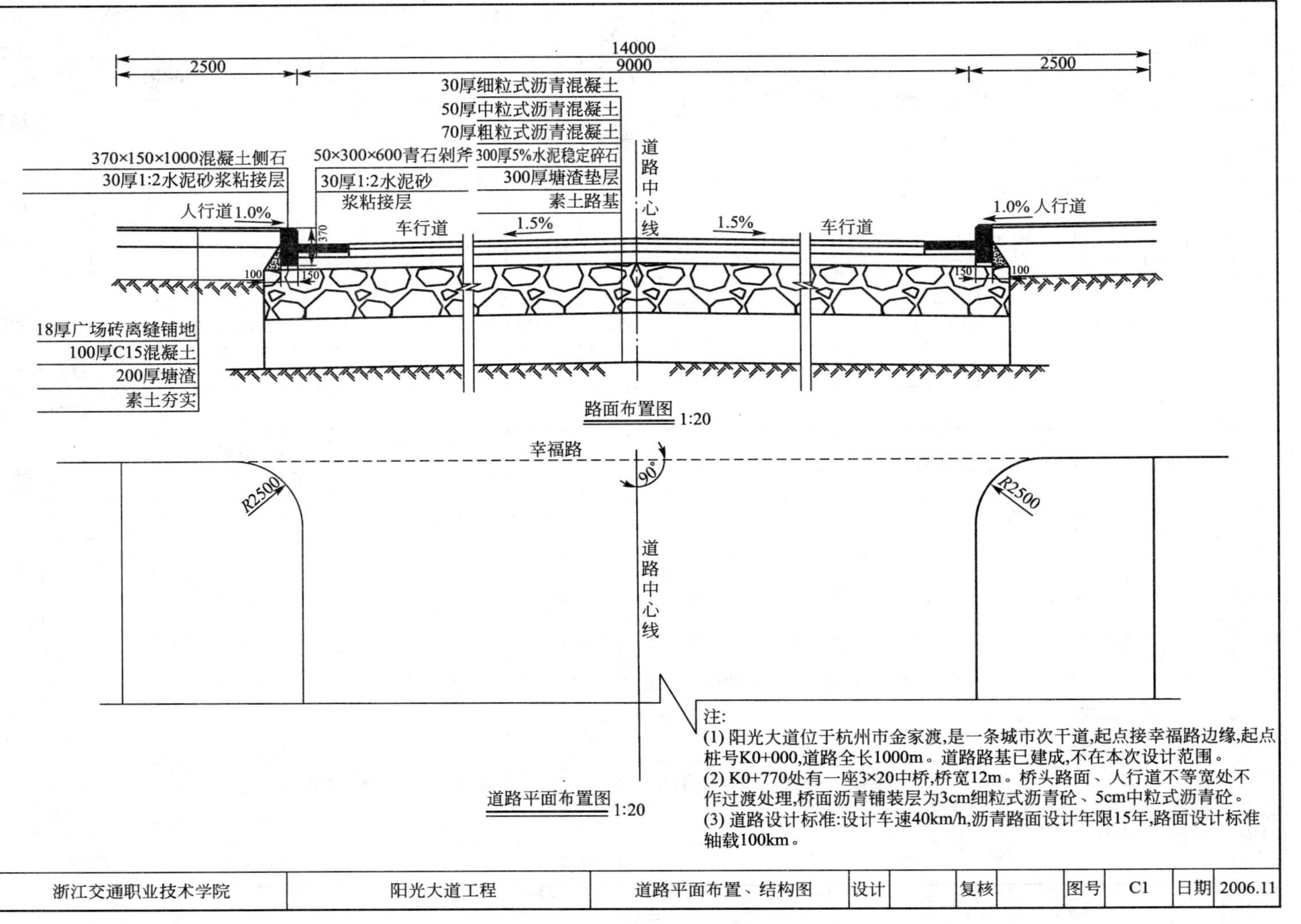

图 2.56 阳光大道工程(1)

表 2-20　K0+770 中桥全桥主要材料及工程数量表

阳光大道工程　　　　C5B-5-1

名称		单位	上部构造	下部构造								桥面铺装	桥面伸缩缝	支座	防撞护栏	桥头搭板	防护工程	全桥合计
			预制板（梁）	桥墩				桥台										
				盖梁	立柱	系梁	桩基	台帽、背墙	台身	侧墙	基础							
混凝土	C50	（m³）	304.4									66.0						370.4
	C40	（m³）																
	C30	（m³）		36.4	38.4			34.1							50.3			159.3
	C25	（m³）	5.4			13.2	106.1		98.8	14.5						49.0		287.0
	C20	（m³）																
C25 片石混凝土		（m³）								27.0	268.8							295.8
沥青混凝土		（m³）										52.8						52.8
Φs15.2 钢铰线		（kg）	11421.0															11421.0
YM15-4 锚具		（套）	54															54
YM15-5 锚具		（套）	54															54
HRB335 钢筋		（kg）	10618.0	5099.1	2690.4	858.0	7429.2	2901.9				7920.0			5346.6	13953.6		56816.8
R235 钢筋		（kg）	13835.3	1456.9	384.3	92.4	849.1	512.1							681.8			17811.8
伸缩缝		（m）											24.0					24.0
支座		（个）												108				108.0
M7.5 浆砌片石		（m³）															67.2	67.2
砂砾层		（m³）															28.2	28.2
挖方		（m³）						51.2	148.2	62.2	430.1						42.3	734.0

编制：　　　　复核：

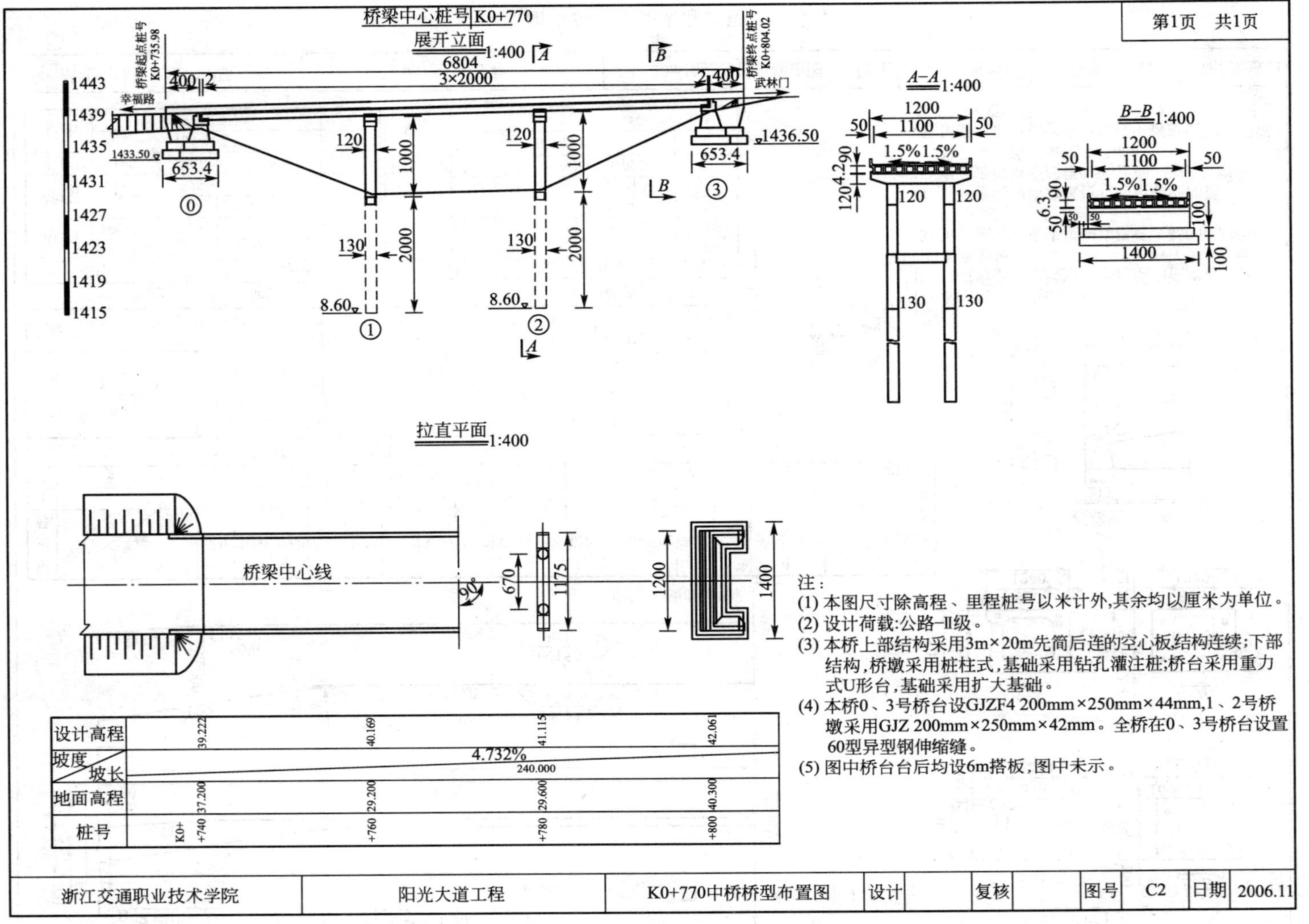

图 2.57 阳光大道工程(2)

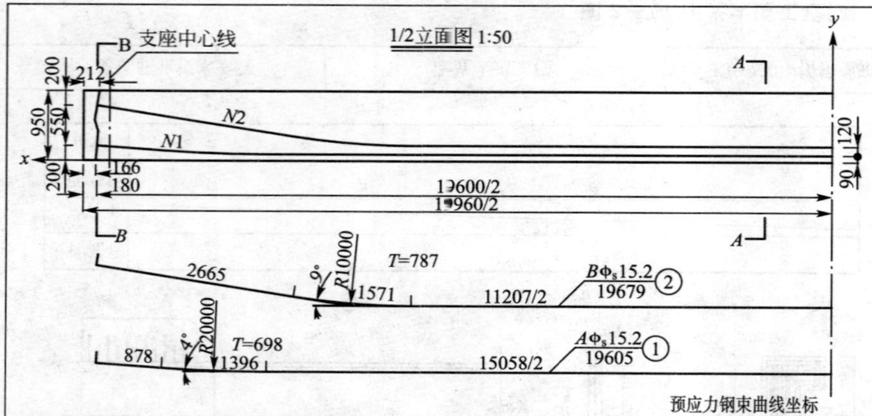

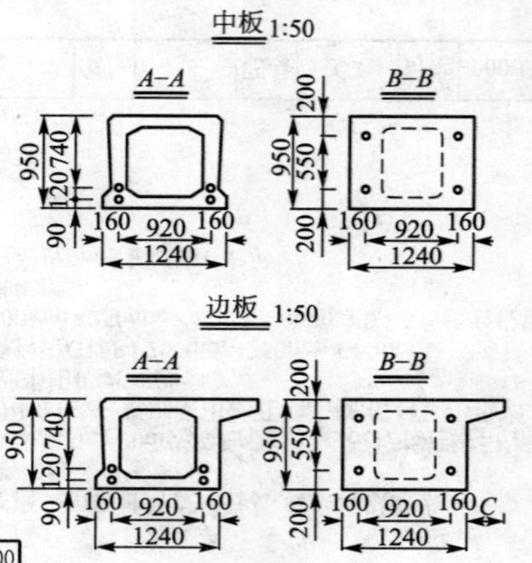

1/2立面图 1:50

中板 1:50

边板 1:50

预应力钢束曲线坐标

钢束号	竖直坐标y \ 水平坐标x	0 跨中截面	500	1000	1500	2000	2500	3000	3500	4000	4500	5000	5500	6000	6500	7000	7500	8000	8500	9000	9500	9800 锚固截面
1	y	90	90	90	90	90	90	9[illegible]	90	90	90	90	90	90	90	90	90	96	114	144	179	200
2	y	210	210	210	210	210	210	21[illegible]	210	210	210	210	210	218	250	308	386	465	544	623	702	750

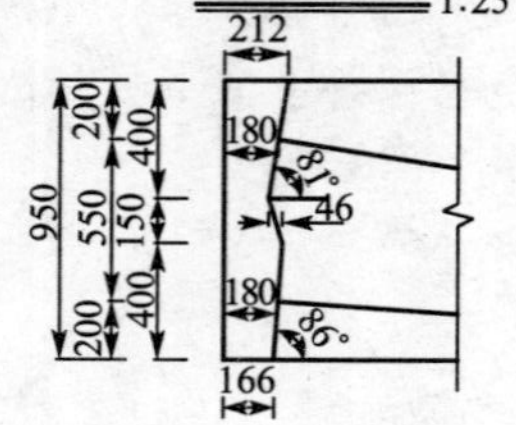

预应力钢束及锚具明细表

板位	钢否编号	参数	计算长度/mm	下料长度/mm	延伸量/mm	束数	预应力钢束共长/m	张拉端锚具/套	波纹管长/m
中板	1	A=5	19605	21305	6[illegible].2	2	42.6	4×15-5	38.6
	2	B=4	19679	21379	6[illegible].3	2	42.8	4×15-4	38.8
边板	1	A=5	19605	21305	6[illegible].2	2	42.6	4×15-5	38.6
	2	B=4	19679	21379	6[illegible].3	2	42.8	4×15-4	38.8

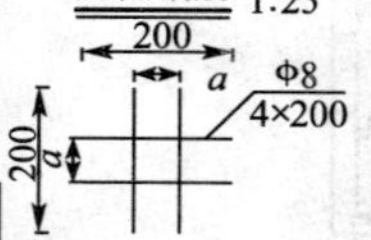

一块边板工程材料数量表

项目		共长/m	单位重/(kg/m)	共重/kg
钢绞线	4Φs15.2	42.8	4.404	188
	5Φs15.2	42.6	5.505	235
波纹管	D56	38.8	0.580	23
	D67	38.6	0.710	27
定位钢筋	Φ8	125.6	0.395	51
锚具	15-4(套)			4
	15-5(套)			4

一块中板工程材料数量表

项目		共长/m	单位重/kg/m	共重/kg
钢绞线	4Φs15.2	42.8	4.404	188
	5Φs15.2	42.6	5.505	235
波纹管	D56	38.8	0.580	23
	D67	38.6	0.710	27
定位钢筋	Φ8	128.0	0.395	51
锚具	15-4(套)			4
	15-5(套)			4

定位钢筋 1:25

板端锚口大样 1:25

注：

(1) 本图尺寸均以mm计。

(2) 预应力钢束曲线竖向坐标值为钢束重心至板底距离。

(3) 所有预应力束张拉端均已计入850mm的预留工作长度。

(4) 延伸量均为两端张拉时的单端延伸量。

(5) 束孔定位钢筋按每0.5m计列一道，a值根据波纹管外径确定：$a=D_{外}+5$mm。

(6) 预应力钢束锚垫板、垫板下螺旋筋均采用锚具工厂配套产品。

浙江交通职业技术学院	阳光大道工程	20m预应力钢束构造图	设计		复核		图号	11	日期	2006.11

图 2.58　阳光大道工程(3)

学习情境3

工料单价法施工图预算编制

情境目标

通过学习情境 3 的学习，培养学生以下能力。

1. 能计算材料预算价格、机械台班预算价格。

2. 能计算直接工程费、措施费。

3. 能计算规费、企业管理费、利润、税金。

4. 掌握工料单价法建设工程造价计算程序，能编制工料单价法施工图预算。

任务描述

工料单价法编制杭州市康拱路工程施工图预算。

教学要求

能力目标	知识要点	权重
能计算材料预算价格、机械台班预算价格	材料原价、运杂费、场外运输损耗、采购及保管费率、机械台班不变费用、可变费用等	10%
能计算直接工程费、措施费、间接费、利润、税金	直接工程费、施工组织措施费、施工技术措施费、规费、企业管理费、利润、税金	30%
能计算分部分项工程费	分部分项工程费等	30%
能计算总承包服务费、风险费、暂列金额	总承包服务费、风险费、暂列金额	10%
掌握工料单价法建设工程造价计算程序	工料单价法建设工程造价计算程序	20%

情境任务导读

施工图预算的编制分为工料单价法和综合单价法。工料单价法是目前施工图预算普遍采用的方法，它是根据建筑安装工程施工图设计文件资料和预算定额，按分部分项工程施工顺序，计算各分项工程工程量，然后套用定额计算人工费、材料费、施工机械使用费，得到分部分项工程直接工程费，施工组织措施费、企业管理费、利润、规费、税金、风险费用等按规定程序另行计算的一种计价方法。

$$项目合价=工程数量\times工料单价$$

$$工料单价=一个计量单位产品的：人工费+材料费+机械使用费$$

$$工程造价=\sum 项目合价+取费基数\times(施工组织措施费率+企业管理费率+利润率)+规费+税金+风险费用$$

知识点滴

全国造价员资格考试

根据《全国建设工程造价员管理办法》（中价协［2011］021号）规定，全国建设工程造价员资格考试原则上每年一次，实行全国统一考试大纲，统一通用专业和考试科目。报考专业有建筑工程、安装工程、市政工程、园林绿化及仿古建筑工程，考试科目为：《工程造价计价基础理论》（公共课）、《工程计价》（专业课）。

浙江省全国造价员资格考试《工程造价计价基础理论》科目为闭卷试题，全部为客观题，卷面满分100分。《工程计价》科目为闭卷试题，由客观题和主观题组成，卷面满分为100分。

凡遵纪守法，恪守职业道德者，无不良从业记录，年龄在60周岁(以本年度考试日期为准)以下，可按以下条件申请报考。

(1) 本省普通高等学校工程造价专业、工程或工程经济类专业应届毕业生。

(2) 工程造价专业、工程或工程经济类专业中专及以上学历。

(3) 其他专业，中专及以上学历，从事工程造价活动满1年。

符合下列条件之一者，可向管理机构申请免试《工程造价计价基础理论》。

(1) 普通高等学校工程造价专业的应届毕业生。

(2) 工程造价专业大专及其以上学历的考生，自毕业之日起两年内。

(3) 已取得造价员资格证书，申请其他专业考试(即增项专业)的考生。

(4) 已取得造价工程师执业资格证书或上年度造价工程师执业资格考试《工程造价管理相关知识》、《工程造价计价与控制》两科合格者。

全国建设工程造价员(以下简称造价员)是指按照本办法通过造价员资格考试，取得《全国建设工程造价员资格证书》(以下简称资格证书)，并经登记注册取得从业印章，从事工程造价活动的专业人员。

资格证书和从业印章是造价员从事工程造价活动的资格证明和工作经历证明，资格证书在全国有效。

任务3.1 建筑安装工程费计算

3.1.1 建筑安装工程费用组成

建筑安装工程费用是指建设项目的建筑工程和安装工程的花费，不包括被安装设备本身的价值，由直接费、间接费、利润和税金组成见表3-1。

表3-1 建筑安装工程费用组成表

<table>
<tr><td rowspan="26">建筑安装工程费用</td><td rowspan="18">直接费</td><td rowspan="3">直接工程费</td><td colspan="3">(1) 人工费</td></tr>
<tr><td colspan="3">(2) 材料费</td></tr>
<tr><td colspan="3">(3) 施工机械使用费</td></tr>
<tr><td rowspan="15">措施费</td><td rowspan="5">施工技术措施费</td><td colspan="2">(1) 大型机械设备进出场及安拆费</td></tr>
<tr><td colspan="2">(2) 施工排水、降水费</td></tr>
<tr><td colspan="2">(3) 地上、地下设施、建筑物的临时保护设施费</td></tr>
<tr><td colspan="2">(4) 专业工程施工技术措施费</td></tr>
<tr><td colspan="2">(5) 其他施工技术措施费</td></tr>
<tr><td rowspan="10">施工组织措施费</td><td colspan="2">(1) 安全文明施工费</td></tr>
<tr><td colspan="2">(2) 检验试验费</td></tr>
<tr><td colspan="2">(3) 冬雨季施工增加费</td></tr>
<tr><td colspan="2">(4) 夜间施工增加费</td></tr>
<tr><td colspan="2">(5) 已完工程及设备保护费</td></tr>
<tr><td colspan="2">(6) 二次搬运费</td></tr>
<tr><td colspan="2">(7) 行车、行人干扰增加费</td></tr>
<tr><td colspan="2">(8) 提前竣工增加费</td></tr>
<tr><td colspan="2">(9) 优质工程增加费</td></tr>
<tr><td colspan="2">(10) 其他施工组织措施费</td></tr>
<tr><td rowspan="8">间接费</td><td rowspan="8" colspan="2">规费</td><td colspan="2">(1) 工程排污费</td></tr>
<tr><td rowspan="4">(2) 社会保障费</td><td>(1) 养老保险费</td></tr>
<tr><td>(2) 失业保险费</td></tr>
<tr><td>(3) 医疗保险费</td></tr>
<tr><td>(4) 生育保险费</td></tr>
<tr><td colspan="2">(3) 住房公积金</td></tr>
<tr><td colspan="2">(4) 民工工伤保险费</td></tr>
<tr><td colspan="2">(5) 危险作业意外伤害保险费</td></tr>
</table>

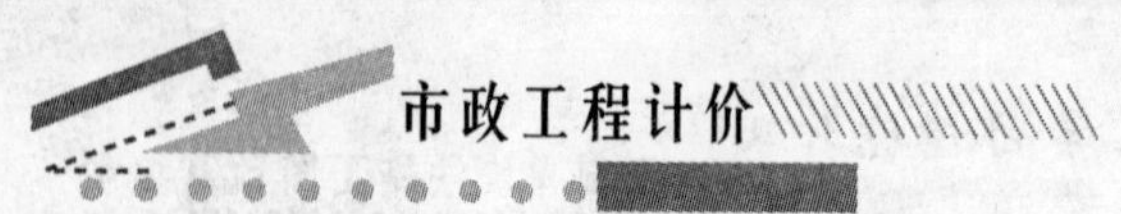

（续）

<table>
<tr><td rowspan="16">建筑安装工程费用</td><td rowspan="16">间接费</td><td rowspan="12">企业管理费</td><td>(1) 管理人员工资</td></tr>
<tr><td>(2) 办公费</td></tr>
<tr><td>(3) 差旅交通费</td></tr>
<tr><td>(4) 固定资产使用费</td></tr>
<tr><td>(5) 工具用具使用费</td></tr>
<tr><td>(6) 劳动保险费</td></tr>
<tr><td>(7) 工会经费</td></tr>
<tr><td>(8) 职工教育经费</td></tr>
<tr><td>(9) 财产保险费</td></tr>
<tr><td>(10) 财务费</td></tr>
<tr><td>(11) 税金</td></tr>
<tr><td>(12) 其他</td></tr>
<tr><td colspan="2">利润</td></tr>
<tr><td rowspan="3">税金</td><td>(1) 营业税</td></tr>
<tr><td>(2) 城市维护建设税</td></tr>
<tr><td>(3) 教育费附加</td></tr>
</table>

3.1.2 直接费

直接费由直接工程费和措施费组成。

1. 直接工程费

直接工程费是指工程施工过程中耗费的构成工程实体的各项费用，包括人工费、材料费、施工机械使用费。

$$直接工程费=人工费+材料费+施工机械使用费 \quad (3-1)$$

1）人工费

人工费是指直接从事建设工程施工的生产工人开支的各项费用，内容如下。

(1) 基本工资。是指发放给生产工人的基本工资。

(2) 工资性补贴。是指按规定标准发放的物价补贴，煤、燃气补贴，交通补贴，住房补贴，流动施工津贴等。

(3) 辅助工资。是指生产工人年有效施工天数以外非作业天数的工资，包括职工学习、培训期间的工资，调动工作、探亲、休假期间的工资，因气候影响的停工工资，女工哺乳期间的工资，病假在6个月以内的工资及产、婚、丧假期的工资。

(4) 福利费。是指按规定标准计提的职工福利费。

(5) 劳动保护费。是指按规定标准发放的生产工人劳动保护用品的购置费及修理费，服装补贴，防暑降温费，在有碍身体健康环境中施工的保健费用等。

$$人工费=\sum(各项目定额人工工日消耗量\times人工单价)$$

人工消耗量查定额得到，人工单价根据工程所在地造价管理部门发布的文件执行。

2）材料费

材料费是指施工过程中耗费的构成工程实体的原材料、辅助材料、构配件、零件、半成品的费用。

内容如下。

(1) 材料原价(或供应价格)。

(2) 材料运杂费：是指材料自来源地运至工地仓库或指定堆放地点所发生的全部费用，包括装卸费、运输费、运输损耗及其他附加费等费用。

(3) 运输损耗费：是指材料在运输装卸过程中不可避免的损耗。

(4) 采购及保管费：是指为组织采购、供应和保管材料过程所需要的各项费用，包括采购费、仓储费、工地保管费、仓储损耗。

(5) 包装回收价值：是指材料的包装物品回收、外卖的价值，如袋装水泥包装纸、桶装沥青铁皮桶废品回收价值，没有包装的材料包装回收价值为零，如碎石等。

材料预算价格＝(材料原价＋运杂费)×(1＋场外运输损耗率)
(1＋采购及保管费率)－包装回收价值　　(3－2)

【例3－1】 杭州某工地用碎石从富阳市采购，原价20元/m^3，运距35km，运率0.4元/km·t，装卸费2元/m^3，过磅费1元/m^3，装卸1次，碎石场外运输损耗率为1%，采购及保管费率为2.5%，碎石堆方密度1.5t/m^3，计算碎石预算价格。

【解】碎石预算价格＝(20＋35×0.4×1.5＋2＋1)×(1＋1%)×(1＋2.5%)
＝45.55(元/m^3)

若材料供应地点、原价、运输方式等不同，材料预算价格会不同，应采用加权平均的方法确定其材料预算价格。

【例3－2】 杭州某工地用32.5级水泥从瓶窑采购300吨，原价250元/t，运距35km，运率0.5元/km，装卸费5元/t，过磅费1元/t；从余姚采购400吨，原价220元/t，运距65km，运率0.4元/km，装卸费5元/t，过磅费1元/t，计算水泥预算价格。水泥毛重系数1.01，场外运输损耗率为1%，采购及保管费率为2.5%。

【解】 瓶窑水泥预算价格＝[250＋(35×0.5＋5＋1)×1.01]×(1＋1%)×(1＋2.5%)
＝283.38(元/t)

余姚水泥预算价格＝220＋(65×0.4＋5＋1)×1.01)×(1＋1%)×(1＋2.5%)
＝261.21(元/t)

水泥预算价格＝(283.38×300＋261.21×400)/(300＋400)＝270.71(元/t)

材料费 ＝ $\sum$(各项目定额材料消耗量×材料单价)

材料消耗量查定额得到，材料单价根据上式计算或采用当地造价管理部门发布的材料信息价格。如《浙江造价信息》、《杭州造价信息》、《湖州市建设工程造价信息》等。

3）施工机械使用费

施工机械使用费是指施工机械作业所发生的机械使用费以及机械安拆费和场外运输费。

施工机械台班单价应由下列7项费用组成。

(1) 折旧费。是指施工机械在规定的使用年限内，陆续收回其原值及购置资金的时间价值。

(2) 大修理费。是指施工机械按规定的大修理间隔台班进行必要的大修理，以恢复其正常功能所需的费用。

(3) 经常修理费。是指施工机械除大修理以外的各级保养和临时故障排除所需的费用。包括为保障机械正常运转所需替换设备与随机配备工具附具的摊销和维护费用，机械运转中日常保养所需润滑与擦拭的材料费用及机械停滞期间的维护和保养费用等。

(4) 安拆费及场外运费。安拆费是指一般施工机械(不包括大型机械)在现场进行安装与拆卸所需的人工、材料、机械和试运转费用以及机械辅助设施的折旧、搭设、拆除等费用；场外运费是指一般施工机械(不包括大型机械)整体或分件自停放场地运至施工场地或由一施工场地运至另一施工场地的运输、装卸、辅助材料及架线等费用。

(5) 人工费。是指机上司机(司炉)和其他操作人员的工作的人工费及上述人员在施工机械规定的年工作台班以外的人工费。

(6) 燃料动力费。是指施工机械在运转作业中所消耗的固体燃料(煤、木柴)、液体燃料(汽油、柴油)、水、电等。

(7) 其他费用。指施工机械按照国家和有关部门规定应缴纳的车船使用税、保险费(含交强险)及年检费等。

施工机械台班费用定额的费用项目划分为不变费用和可变费用。不变费用包括：折旧费、大修理费、经常修理费、安装拆卸及辅助设施费。可变费用包括：人工费、动力燃料费及车船使用税。

浙江省市政工程施工机械台班预算价格通过查阅《浙江省施工机械台班费用定额(2010 版)》，并对可变费用计算而得。编码 01001～01008 机械的机械台班费用见表 3-2。

表 3-2　编码 01001～01008 机械台班费用表

编码			01001	01002	01003	01004	01005	01006	01007	01008
机械名称			履带式推土机							
规格型号			功率/kW							
			60	75	90	105	135	165	240	320
机型			中	大	大	大	大	大	特	特
台班单价		元	384.36	576.52	705.64	871.22	886.05	1164.98	1463.47	1532.47
费用组成	折旧费	元	38.64	90.92	137.29	215.94	204.57	319.14	431.88	468.25
	大修理费	元	11.77	27.71	41.84	65.81	62.35	97.26	131.63	142.71
	经常修理费	元	30.60	72.05	108.79	171.12	162.11	252.89	264.57	264.01
	安拆费及场外运费	元								
	人工费	元	43.00	43.00	43.00	43.00	43.00	43.00	86.00	86.00
	燃料动力费	元	260.35	342.84	374.71	375.35	414.02	452.69	549.40	571.50
	其他费用	元								

（续）

人工及燃料动力用量	人工	工日	43.00	1.00	1.00	1.00	1.00	1.00	1.00	2.00	2.00
	汽油	kg	7.10								
	柴油	kg	6.35	41.00	53.99	59.01	59.11	65.20	71.29	86.52	90.00
	电	kW·h	0.854								
	煤	kg	0.75								
	木柴	kg	0.45								
	水	m^3	2.95								

【例3-3】 若市场柴油价格为7.5元/kg，计算135kW履带式推土机机械台班价格。

【解】 135kW履带式推土机机械台班价格＝886.05＋(7.5－6.35)×65.20

＝961.03(元/台班)

或：135kW履带式推土机机械台班价格＝204.57＋62.35＋162.11＋43.00×1＋65.20×7.5

＝961.03(元/台班)

施工机械使用费 ＝ $\sum$(各项目定额机械台班消耗量×机械台班单价)

【例3-4】 工、料、机预算价格见表3-3，计算桥涵工程C20现浇混凝土基础10m^3直接工程费。

定额编号：3-212。

人工费＝9.690×43＝416.67(元)

材料费＝10.150×226.02＋5.300×3.00＋3.760×2.00＝2317.52(元)

机械使用费＝0.530×103.08＋1.130×119.68＋0.390×153.47＋0.285×18.14＋0.570×5.41

＝257.98(元)

直接工程费＝人工费＋材料费＋机械使用费＝416.67＋2317.52＋257.98＝2992.17(元)

表3-3 工、料、机预算价格表

序号	名称	单位	定额单价	预算价	差价
1	二类人工	工日	43.00	43.00	0.00
2	水	m^3	2.95	2.00	－5.31
3	现浇现拌混凝土C20(40)	m^3	192.94	226.02	335.77
4	草袋	个	2.54	3.00	2.44
5	电(机械)	kW·h	0.85	1.00	7.28
6	柴油(机械)	kg	6.35	8.00	11.24
7	双锥反转出料混凝土搅拌机350L	台班	96.73	103.08	3.37
8	机动翻斗车1t	台班	109.73	119.68	11.24
9	履带式电动起重机5t	台班	144.71	153.47	3.42
10	混凝土振捣器平板式BLL	台班	17.56	18.14	0.17
11	混凝土振捣器插入式	台班	4.83	5.41	0.33

【例 3-5】 杭州市康拱路工程 6cmAC-20C 型中粒式沥青砼面层总计 12926m²，采用摊铺机摊铺，计算需购中粒式沥青商品混凝土数量，若杭州市中粒式沥青商品混凝土信息价为 1080 元/m³，计算直接工程费。

【解】 定额编号：2-185。

需购中粒式沥青商品混凝土数量＝6.060×12926/100＝783.32(m³)

直接工程费＝[4188＋(1080－648)×6.060]×12926/100＝879733.2(元)

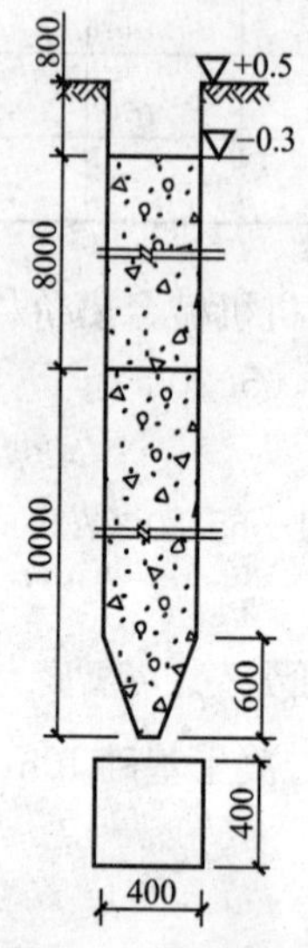

图 3.1　打入桩示意图(单位：mm)

【例 3-6】 如图 3.1 所示自然地坪标高 0.5m，桩顶标高 -0.3m，设计桩长 18m(包括桩尖)。桥台基础共有 20 根 C30 预制钢筋混凝土方桩，采用焊接接桩，试计算陆上打桩、接桩与送桩的直接工程费。

【解】 (1) 打桩：$V=0.4\times0.4\times18\times20=57.6(\text{m}^3)$。

定额编号：3-16。

直接工程费＝1607×57.6/10＝9256.32(元)

(2) 接桩：$n=20$ 个。

定额编号：3-55

直接工程费＝252×20＝5040(元)

(3) 送桩：$V=0.4\times0.4\times(1+0.5+0.3)\times20=5.76(\text{m}^3)$。

定额编号：3-74。

直接工程费＝4758×5.76/10＝2740.608(元)

2. 措施费

措施费是指为完成工程项目施工，发生于该工程施工准备和施工过程中的技术、生活、安全、环境保护等方面的非工程实体项目的费用，由施工技术措施费和施工组织措施费组成。

1) 施工技术措施费

内容包括以下方面。

(1) 通用施工技术措施项目费。

① 大型机械设备进出场及安拆费：是指大型机械整体或分体自停放场地运至施工现场或由一个施工地点运至另一个施工地点所发生的机械进出场运输转移费用及机械在施工现场进行安装、拆卸所需的人工费、材料费、机械费、试运转费和安装所需的辅助设施的费用。

② 施工排水、降水费：是指为确保工程在正常条件下施工，采取各种排水、降水措施所发生的各种费用。

③ 地上、地下设施、建筑物的临时保护设施费。

(2) 专业工程施工技术措施项目费。是指根据《建设工程工程量清单计价规范》GB 50500 和本省有关规定，列入各专业工程措施项目的属于施工技术措施项目的费用。

(3) 其他施工技术措施费。是指根据各专业、地区及工程特点补充的施工技术措施项目的费用。

2) 施工组织措施费

内容包括以下方面。

(1) 安全文明施工费。

安全文明施工费是指按照国家现行的建筑施工安全、施工现场环境与卫生标准和有关规定，购置和更新施工安全防护用具及设施、改善安全生产条件和资源环境所需要的费用。安全文明施工费内容如下。

① 环境保护费。是指施工现场为达到环保部门要求所需要的各项费用。

② 文明施工费。是指施工现场文明施工所需要的各项费用。一般包括施工现场的标牌设置，施工现场地面硬化，现场周边设立围护设施，现场安全保卫及保持场貌、场容整洁等发生的费用。

③ 安全施工费。是指施工现场安全施工所需要的各项费用。一般包括安全防护用具和服装，施工现场的安全警示、消防设施和灭火器材，安全教育培训，安全检查及编制安全措施方案等发生的费用。

④ 临时设施费。是指施工企业为进行建筑工程施工所必须搭设的生活和生产用的临时建筑物、构筑物和其他临时设施等发生的费用。

临时设施包括：临时宿舍、文化福利及公用事业房屋与构筑物、仓库、办公室、加工厂(场)以及在规定范围内道路、水、电、管线等临时设施和小型临时设施。

临时设施费用包括：临时设施的搭设、维修、拆除费或摊销费。

(2) 检验试验费。是指对建筑材料、构件和建筑安装物进行一般鉴定、检查所发生的费用，包括建设工程质量见证取样检测费、建筑施工企业配合检测及自设试验室进行试验所耗用的材料和化学药品等费用。不包括新结构、新材料的试验费和建设单位对具有出厂合格证明的材料进行检验，对构件做破坏性试验及其他有特殊要求需要检验试验的费用。

(3) 冬雨季施工增加费。是指按照施工及验收规范所规定的冬季施工要求和雨季施工期间，为保证工程质量和安全生产所需增加的费用。

(4) 夜间施工增加费。是指因夜间施工所发生的夜班补助费、夜间施工降效、夜间施工照明设备摊销及照明用电等费用。

(5) 已完工程及设备保护费。是指竣工验收前，对已完工程及设备进行保护所需的费用。

(6) 二次搬运费。是指因施工场地狭小等特殊情况，材料、设备等一次到不了施工现场而发生的二次搬运费用。未发生的项目不计。

(7) 行车、行人干扰增加费。是指边施工边维持通车的市政道路(包括道路绿化)、排水工程受行车、行人干扰影响而增加的费用。未发生的项目不计；已设置施工围栏及封闭施工的工程不计取行车行人干扰增加费；厂区、生活区、专用道路工程不计取行车行人干扰增加费。

(8) 提前竣工增加费。是指因缩短工期要求发生的施工增加费，包括夜间施工增加费、周转材料加大投入量所增加的费用等。提前竣工增加费以工期缩短的比例计取。

$$\text{工期缩短比例}=\frac{\text{定额工期}-\text{合同工期}}{\text{定额工期}}\times 100\% \tag{3-3}$$

① 缩短工期比例在30%以上者，应按审定的措施方案计算相应的提前竣工增加费。

② 计取缩短工期增加费的工程不应同时计取夜间施工增加费。

③ 实际工期比合同工期提前的，根据合同约定计算，合同没有约定的可参考本规定计算。

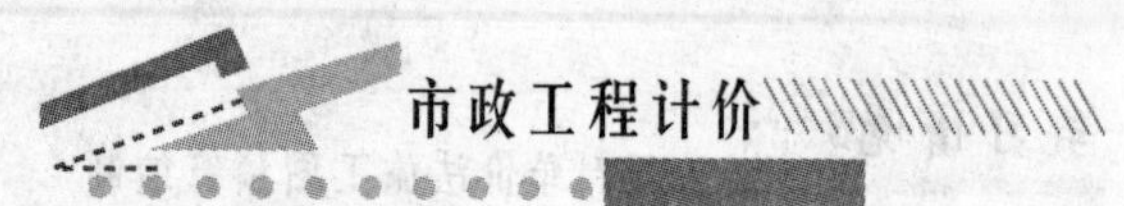

(9) 优质工程增加费。是指建筑施工企业在生产合格建筑产品的基础上，为生产优质工程而增加的费用。

(10) 其他施工组织措施费。是指根据各专业、地区及工程特点补充的施工组织措施项目的费用。

3.1.3 间接费

间接费由规费、企业管理费组成。

1. 规费

规费是指根据省级政府或省级有关权力部门规定必须缴纳的，应计入建筑安装工程造价的费用(简称规费)。主要内容如下。

(1) 工程排污费。是指施工现场按规定缴纳的工程排污费。

(2) 社会保障费。

① 养老保险费。是指企业按照规定标准为职工缴纳的基本养老保险费。

② 失业保险费。是指企业按照规定标准为职工缴纳的失业保险费。

③ 医疗保险费。是指企业按照规定标准为职工缴纳的基本医疗保险费。

④ 生育保险费。是指企业按照规定标准为职工缴纳的生育保险费。

(3) 住房公积金。是指企业按照规定标准为职工缴纳的住房公积金。

(4) 民工工伤保险费。是指企业按照规定标准为民工缴纳的工伤保险费。依据杭政办函［2007］148号《关于推进杭州市建筑施工企业农民工参加工伤保险的通知》，杭州市建筑施工企业农民工工伤保险缴费标准：建设工程项目农民工工伤保险的缴费数额，按照建设工程项目造价乘以1.1‰之积计算(缴费基数以建设工程造价的11%作为工资总额，按1%的工伤保险基准费率计算)。建设工程项目农民工工伤保险缴费费率可由市劳动保障行政部门会同有关部门根据工伤保险基金运行情况适时调整。

(5) 危险作业意外伤害保险费。是指按照《建筑法》规定，企业为从事危险作业的建筑安装施工人员支付的意外伤害保险费。依据杭政办函［2006］163号《关于杭州市建筑施工人身意外伤害保险实施办法(试行)的通知》，危险作业意外伤害保险费取费按以下规定执行：工程造价在2亿元以下，按照工程造价的1‰收取保险费；工程造价在2亿元以上，按照工程造价的0.8‰收取保险费；保费不足500元的按照500元收取。

工程排污费、社会保障费、住房公积金常称作“规费1”，危险作业意外伤害保险费称作“规费2”，民工工伤保险费称作“规费3”。

2. 企业管理费

企业管理费是指施工企业组织施工生产和经营管理所需的费用。内容如下。

(1) 管理人员工资。是指管理人员的基本工资、工资性补贴、职工福利费、劳动保护费等。

(2) 办公费。是指企业管理办公用的文具、纸张、账表、印刷、邮电、书报、会议、水、电、煤等费用。

(3) 差旅交通费。是指职工因公出差、调动工作的差旅费、住勤补助费，市内交通费和误餐补助费，职工探亲路费，劳动力招募费，职工离退休、退职一次性路费，工伤人员就医路费，工地转移费以及管理部门使用的交通工具的油料、燃料及牌照费等。

(4) 固定资产使用费。是指管理和试验部门及附属生产单位使用的属于固定资产的房屋、设备仪器等的折旧、大修、维修或租赁费。

(5) 工具用具使用费。是指管理使用的不属于固定资产的生产工具、器具、家具、交通工具和检验、试验、测绘、消防用具等的购置、维修和摊销费。

(6) 劳动保险费。是指由企业支付离退休职工的异地安家补助费、职工退职金、6个月以上的长病假人员工资、职工死亡丧葬补助费、抚恤费、按规定支付给离休干部的各项经费。

(7) 工会经费。是指企业按职工工资总额计提的工会经费。

(8) 职工教育经费。是指企业为职工学习先进技术和提高文化水平，按职工工资总额计提的费用(不包括生产工人的安全教育培训费用)。

(9) 财产保险费。是指施工管理用财产、车辆保险。

(10) 财务费。是指企业为筹集资金而发生的各种费用。

(11) 税金。是指企业按规定缴纳的房产税、车船使用税、土地使用税、印花税等。

(12) 其他。包括技术转让费、技术开发费、业务招待费、绿化费、广告费、公证费、法律顾问费、审计费、咨询费等。

3.1.4 利润

利润是指施工企业完成所承包工程获得的盈利。

3.1.5 税金

税金是指国家税法规定的应计入建筑工程造价内的营业税、城乡维护建设税、教育费附加、地方教育费附加及水利建设专项资金。

营业税税额＝应纳税营业额×适用税率，税率：3%；营业税是价内税，包含在营业收入之内，应纳税营业额为计入税金后的工程造价。

城市建设维护税＝营业税税额×适用税率，税率：纳税地点在市区7%、纳税地点在县镇5%、纳税地点在乡村1%。

教育费附加＝营业税税额×适用税率，税率：3%；

地方教育费附加＝营业税税额×适用税率，税率：2%。

以上费用折算成以不含税工程造价为计费基础，建设工程税金费率如下。

市区：1/(1－3%－3%×7%－3%×3%－3%×2%)－1＝3.477%。

县镇：1/(1－3%－3%×5%－3%×3%－3%×2%)－1＝3.413%。

乡村：1/(1－3%－3%×1%－3%×3%－3%×2%)－1＝3.284%。

水利建设专项资金＝不含税工程造价×0.100%。

任务3.2 工料单价法施工图预算编制

3.2.1 工料单价法计算程序

1. 施工图预算编制的依据

(1) 经有关部门批准的市政工程建设项目的审批文件和设计文件。

(2) 市政工程施工图纸是编制施工图预算编制的主要依据。

(3) 经批准的初步设计概算书，为工程投资的最高限价，不得任意突破。

(4) 经有关部门批准颁发执行的市政工程预算定额、机械台班费用定额、设备材料预算价格、施工取费定额以及有关费用规定的文件。

(5) 经批准的施工组织设计或施工方案及技术措施等。

(6) 有关标准定型图集、建筑材料手册及预算手册。

(7) 国务院有关颁发的专用定额和地区规定的其他各类建设费用取费标准。

(8) 有关市政工程的施工技术验收规范和操作规程等。

(9) 招投标文件和工程承包合同或协议书。

(10) 市政工程预算编制办法及动态管理办法。

2. 工料单价法计算程序

工料单价是指完成一个规定计量单位分部分项工程项目所需的人工费、材料费和施工机械使用费的合计费用。工料单价法是目前施工图预算普遍采用的方法，它是根据建筑安装工程施工图和预算定额，按分部分项工程施工顺序，计算各分项工程量，然后套用定额计算人工费、材料费、施工机械使用费，得到分部分项工程直接工程费，施工组织措施费、企业管理费、利润、规费、税金、风险费用等按规定程序另行计算的一种计价方法。其计算程序见表 3-4。

表 3-4　工料单价法计算程序表

<table>
<tr><th>序号</th><th colspan="2">费用项目</th><th>计算方法</th></tr>
<tr><td>一</td><td colspan="2">预算定额分部分项工程费</td><td>直接工程费+施工技术措施费</td></tr>
<tr><td></td><td>其中</td><td>(1) 人工费+机械费</td><td>∑(定额人工费+定额机械费)</td></tr>
<tr><td>二</td><td colspan="2">施工组织措施费</td><td rowspan="9">(1)×费率</td></tr>
<tr><td rowspan="9"></td><td rowspan="9">其中</td><td>(2) 安全文明施工费</td></tr>
<tr><td>(3) 检验试验费</td></tr>
<tr><td>(4) 冬雨季施工增加费</td></tr>
<tr><td>(5) 夜间施工增加费</td></tr>
<tr><td>(6) 已完工程及设备保护费</td></tr>
<tr><td>(7) 二次搬运费</td></tr>
<tr><td>(8) 行车、行人干扰增加费</td></tr>
<tr><td>(9) 提前竣工增加费</td></tr>
<tr><td>(10) 其他施工组织措施费</td><td>按相关规定计算</td></tr>
<tr><td>三</td><td colspan="2">企业管理费</td><td rowspan="2">(1)×费率</td></tr>
<tr><td>四</td><td colspan="2">利润</td></tr>
<tr><td>五</td><td colspan="2">规费</td><td>(11)+(12)+(13)</td></tr>
<tr><td rowspan="3"></td><td colspan="2">(11) 排污费、社保费、公积金</td><td>(1)×费率</td></tr>
<tr><td colspan="2">(12) 危险作业意外伤害保险费</td><td rowspan="2">按各市有关规定计算</td></tr>
<tr><td colspan="2">(13) 民工工伤保险费</td></tr>
</table>

（续）

序号	费用项目	计算方法
六	总承包服务费	(14)+(16)或(15)+(16)
	(14) 总承包管理和协调费	分包项目工程造价×费率
	(15) 总承包管理、协调和服务费	
	(16) 甲供材料设备管理服务费	甲供材料设备费×费率
七	风险费	(一+二+三+四+五+六)×费率
八	暂列金额	(一+二+三+四+五+六+七)×费率
九	税金	(一+二+三+四+五+六+七+八)×费率
十	建设工程造价	一+二+三+四+五+六+七+八+九

注：① 此处的“建设工程造价”应理解为建设项目总投资构成中的建筑安装工程费。建设项目预算总金额还应包括设备及工器具购置费、工程建设其他费用、预备费、建设期贷款利息等。

② 定额人工费、定额机械费是指按定额人工工日单价、定额机械台班单价计算的人工费、机械使用费，不随市场价变化而变化。

3. 施工图预算文件的组成

工料单价法施工图预算文件一般由封面、编制说明、工程项目预算汇总表、单位(专业)工程预算费用计算表、分部分项工程费计算表、主要材料价格表、主要机械台阶价格表等组成(参见任务3.3)。

3.2.2 费率摘取

1. 市政工程施工组织措施费费率

施工图预算市政工程施工组织措施费费率按表3-5中值摘取。

表3-5 市政工程施工组织措施费费率表

<table>
<tr><th rowspan="2">定额编号</th><th rowspan="2" colspan="2">项目名称</th><th rowspan="2">计算基数</th><th colspan="3">费率/(%)</th></tr>
<tr><th>下限</th><th>中值</th><th>上限</th></tr>
<tr><td>C1</td><td colspan="6">施工组织措施费</td></tr>
<tr><td>C1-1</td><td colspan="6">安全文明施工费</td></tr>
<tr><td>C1-11</td><td rowspan="2">其中</td><td>非市区工程</td><td rowspan="2">人工费+机械费</td><td>3.41</td><td>3.79</td><td>4.17</td></tr>
<tr><td>C1-12</td><td>市区一般工程</td><td>4.01</td><td>4.46</td><td>4.91</td></tr>
<tr><td>C1-2</td><td colspan="2">夜间施工增加费</td><td>人工费+机械费</td><td>0.01</td><td>0.03</td><td>0.06</td></tr>
<tr><td>C1-3</td><td colspan="6">提前竣工增加费</td></tr>
<tr><td>C1-31</td><td rowspan="3">其中</td><td>缩短工期10%以内</td><td rowspan="3">人工费+机械费</td><td>0.01</td><td>0.83</td><td>1.65</td></tr>
<tr><td>C1-32</td><td>缩短工期20%以内</td><td>1.65</td><td>2.04</td><td>2.44</td></tr>
<tr><td>C1-33</td><td>缩短工期30%以内</td><td>2.44</td><td>2.83</td><td>3.23</td></tr>
</table>

（续）

定额编号	项目名称	计算基数	费率/(%)		
			下限	中值	上限
C1-4	二次搬运费	人工费＋机械费	0.57	0.71	0.82
C1-5	已完工程及设备保护费		0.02	0.04	0.06
C1-6	检验试验费		0.97	1.23	1.49
C1-7	冬雨季施工增加费		0.10	0.19	0.29
C1-8	行车、行人干扰增加费		2.00	2.50	3.00
C1-9	优质工程增加费	优质工程增加费前造价	1.00	2.00	3.00

注：① 专业土石方安全文明施工费费率乘以系数0.6，检验试验费不计。
② 路灯及交通设施工程施工组织措施费按安装工程费率及相应规定计算。

安全文明施工费分市区一般工程(包括市区临街工程)、非市区工程。市区一般工程指进入居民生活区的城区内的一般工程；市区临街工程指进入居民生活区的城区内的临街、临道路的工程；非市区工程指非居民生活区的一般工程。

2. 市政工程企业管理费费率

施工图预算市政工程企业管理费费率按表3-6弹性区间中值摘取。

表3-6 市政工程企业管理费费率表

定额编号	项目名称	计算基数	费率/(%)		
			一类	二类	三类
C2	企业管理费				
C2-1	道路工程	人工费＋机械费	16～21	14～19	12～16
C2-2	桥梁工程		21～28	18～24	16～21
C2-3	隧道工程		10～13	8～11	6～9
C2-4	河道护岸工程		～	13～17	11～15
C2-5	给水、燃气及单独排水工程		14～18	12～16	10～14
C2-6	专业土石方工程		～	3～4	2～3
C2-7	路灯及交通设施工程		27～36	22～30	18～25

注：① 非单独承包的排水工程并入相应工程内计算。
② 专业土石方工程仅适用于单独承包的土石方工程。
③ 工程类别划分见3.2.3节。

3. 市政工程利润费率

施工图预算市政工程利润费率按表3-7弹性区间中值摘取。

表 3-7 市政工程利润费率表

定额编号	项目名称	计算基数	费率/(%)
C3	利润		
C3-1	道路工程	人工费+机械费	9～15
C3-2	桥梁工程		8～14
C3-3	隧道工程		4～8
C3-4	河道护岸工程		6～12
C3-5	给水、燃气及单独排水工程		8～13
C3-6	专业土石方工程		1～4
C3-7	路灯及交通设施工程		13～20

注：① 非单独承包的排水工程并入相应工程内计算。
② 专业土石方工程仅适用于单独承包的土石方工程。

4. 市政工程规费费率

施工图预算市政工程规费费率按表 3-8 摘取。

表 3-8 市政工程规费费率表

定额编号	项目名称	计算基数	费率/(%)
C4	规费		
C4-1	道路、桥梁、河道护岸、给排水及燃气工程	人工费+机械费	7.3
C4-2	隧道工程		4.05
C4-3	专业土石方工程		1.05
C4-4	路灯及交通设施工程		11.96

注：① 专业工程仅适用于单独承包的专项施工工程。
② 本定额规费费率包括工程排污费、养老保险费、失业保险费、医疗保险费、生育保险费及住房公积金，不包括民工工伤保险费及危险作业意外伤害保险费。
③ 民工工伤保险及意外伤害保险按各市的规定计算。

5. 市政工程税金费率

施工图预算市政工程税金费率按表 3-9 摘取。

表 3-9 市政工程税金费率表

定额编号	项目名称	计算基数	费率/(%)		
			市区	城(镇)	其他
C5	税金	直接费+管理费+利润+规费	3.577	3.513	3.384
C5-1	税费		3.477	3.413	3.284
C5-2	水利建设资金		0.100	0.100	0.100

注：税费包括营业税、城市建设维护税、教育费附加及地方教育费附加。

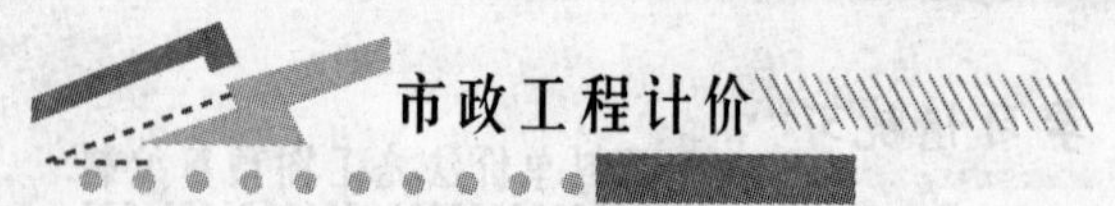

3.2.3 市政工程类别划分

1. 市政工程类别划分表

市政工程类别依据表 3-10 市政工程类别划分表进行划分。

表 3-10 市政工程类别划分表

类别	一类	二类	三类
道路工程	城市高速干道	(1) 城市主干道、次干道 (2) 10000m² 以上广场、5000m² 以上停车场 (3) 带 400m 标准跑道的运动场	(1) 支路、街道、居民(厂)区道路 (2) 单独的人行道工程、广场及路面维修 (3) 10000m² 以下广场、5000m² 以下停车场 (4) 运动场、跑道、操场
桥梁工程	(1) 层数 3 层以上的立交桥 (2) 单孔最大跨径 40m 以上的桥梁 (3) 拉索桥 (4) 箱涵顶进	(1) 3 层以下立交桥、人行地道 (2) 单孔最大跨度 20m 以上的桥梁 (3) 高架路	(1) 单孔最大跨径 20m 以下的桥梁 (2) 涵洞 (3) 人行天桥
隧道工程	(1) 水底隧道 (2) 垂直顶升隧道 (3) 截面宽度 9m 以上	截面宽度 6m 以上	截面宽度 6m 以下
河道护岸工程		单独排洪工程	单独护岸护坡及土堤
给水及燃气工程：给水、排水工程	(1) 日生产能力 20 万 t 以上的自来水厂 (2) 日处理能力 20 万 t 以上的污水处理厂 (3) 日处理能力 10 万 t 以上的单独排水泵站 (4) 直径 1200mm 以上的给水管道 (5) 管径 1800mm 以上的排水管道	(1) 日生产能力 8 万 t 以上的自来水厂 (2) 日处理能力 10 万 t 以上的污水处理厂 (3) 日处理能力 5 万 t 以上的单独排水泵站 (4) 直径 600mm 以上的给水管道 (5) 管径 1000mm 以上的排水管道 (6) 给排水构筑物 (7) 顶管、牵引管工程	(1) 日生产能力 8 万 t 以下的自来水厂 (2) 日处理能力 10 万 t 以下的污水处理厂 (3) 日处理能力 5 万 t 以下的单独排水泵站 (4) 直径 600mm 以内的给水管道 (5) 管径 1000mm 以内的排水管道
给水及燃气工程：燃气供热工程	管外径 900mm 以上的燃气供热管道	管外径 600mm 以上的燃气供热管道	管外径 600mm 以下的燃气供热管道

（续）

类别	一类	二类	三类
路灯及交通设施工程		路灯安装大于30根，且包含20m及以上的高杆灯安装大于4根的工程	二类工程以外的其他工程
土石方工程		深度4m以上的土石方开挖	深度4m以下的土石方开挖

2. 工程类别划分说明

1) 道路工程

道路工程按道路交通功能分类如下。

(1) 高速干道。城市道路设有中央分隔带，具有4条以上车道，全部或部分采用立体交叉与控制出入车辆高速行驶的道路。

(2) 主干道。在城市道路网中起骨架作用的道路。

(3) 次干道。在城市道路网中的区域性干路，与主干路相连接，构成完整的城市干路系统。

(4) 支路。在城市道路网中的干路以外联系次干路或供区域内部使用的道路。

(5) 街道。在城市范围全部或大部分地段两侧建有各式建筑物，设有人行道和各种市政公用设施的道路。

(6) 居民(厂)区道路。以住宅(厂房)建筑为主体的区域内道路。

2) 桥梁工程

(1) 单独桥涵工程按桥涵分类，附属于道路工程的桥涵，按道路工程分类。

(2) 单独立交桥工程按立交桥层数进行分类；与高架路相连的立交桥，执行立交桥类别。

3) 隧道工程

隧道工程按隧道类型及隧道截面宽度进行分类。

隧道截面宽度指隧道内截面的净宽度。

4) 河道护岸工程

河道排洪及护岸工程按单独排洪工程、单独护岸护坡及土堤工程分类。

(1) 单独排洪工程包括明渠、暗渠及截洪沟。

(2) 单独护岸护坡包括抛石、石笼、砌护底、护脚、台阶以及附属于本类别的土方附属工程等。

5) 给排水及燃气工程

(1) 给排水工程按管径大小分类。

(2) 顶管工程包括挤压顶进。

(3) 在一个给水或排水工程中有两种及其以上不同直径(管径)时，其最大直径(管径)的管道长度超过其管道总长(不包括支管长度)10%时，按其最大直径(管径)取定类别。

(4) 给、排水管道包括附属于本类别的挖土和管道附属构筑物及设备安装。

(5) 燃气、供热工程按燃气、供热管道管外径大小分类。

(6) 一个燃气或供热管道工程中，有两种及其以上不同管外径管道时，其最大管外径管道长度超其管道总长(不包括支管长度)10%时，按其最大管外径取定类别。

(7) 燃气、供热管道包括管道挖土和管道附属构筑物。

6) 其他有关说明

(1) 某专业工程有多种情况的，符合其中一种情况，即为该类工程。

(2) 除另有说明者外，多个专业工程一同发包时，按专业工程类别最高者作为该工程的类别。

(3) 道路或桥涵工程的排水及道路或桥涵附属的人行道、挡土墙，护坡、围墙等工程按道路或桥涵工程的类别及费率执行。

(4) 单独排水工程按其类别执行给水费率；单独附属工程按相应主体工程的三类取费标准计取；单独学校跑道、操场按道路的类别及费率执行。

(5) 交通设施工程包括交通标志、标线、护栏、信号灯、交通监控工程等。路灯或交通设施工程要单独列项，按其所属工程类别执行相应费率。

3.2.4 总承包服务费、风险费、暂列金额

(1) 总承包服务费。总承包人为配合协调由发包人进行的工程分包、自行采购的设备、材料等进行管理、服务以及施工现场管理、竣工资料汇总整理等服务所需的费用。

① 发包人仅要求对分包的专业工程进行总承包管理和协调时，总包单位可按分包的专业工程造价的1%～2%向发包方计取总承包管理和协调费。总承包单位完成其直接承包的工程范围内的临时道路、围墙、脚手架等措施项目，应无偿提供给分包单位使用，分包单位则不能重复计算相应费用。

② 发包人要求总承包单位对分包的专业工程进行总承包管理和协调，并同时要求提供配合服务时，总包单位可按分包的专业工程造价的1％～4%向发包方计取总承包管理、协调和服务费；分包单位则不能重复计算相应费用。

总承包单位事先没有与发包人约定提供配合服务的，分包单位又要求总承包单位提供垂直运输等配合服务时，分包单位支付给总包单位的配合服务费，由总分包单位根据实际的发生额自行约定。

③ 发包人自行提供材料、设备的，对材料、设备进行管理、服务的单位可按材料、设备价值的0.2%～1%向发包方计取材料、设备的管理、服务费。

(2) 风险费。预算编制期的价格与实际采购使用期发生的价差费用。

(3) 暂列金额。用于预算编制期尚未确定或者不可预见的所需材料、设备、服务的采购，施工中可能发生的工程变更等费用。暂列金额一般可按税前造价的5%计算。税前造价为除税金外的全部费用。暂列金额由招标人事先确定并填入招标文件中。

【案例一】 杭州市新建某高速干道施工图设计直接工程费21000万元，施工技术措施费700万元，定额人工费、定额机械费合计4000万元，民工工伤保险费取建设工程造价的0.11%，危险作业意外伤害保险费取建设工程造价的0.08%，根据施工方案拟分包项目工程造价800万元，总承包管理和协调费费率取1%，风险费费率取2%，暂列金额按税前造价的5%计算，试按工料单价法编制施工图预算。

【案例解析】

编制施工图预算时，施工组织措施费、企业管理费、利润，可按费率的中值或弹性区间费率的中值计取。二次搬运费、行车行人干扰增加费、提前竣工增加费本项目未发

生，均不计。查阅工程类别划分，高速干道属道路工程一类，工料单价法编制施工图预算见表3-11。

表3-11 工料单价法施工图预算编制

序号	费用名称	计算方法	金额(万元)
一	直接工程费＋施工技术措施费	人工、材料、机械按市场价计取	21700.00
	其中1. 定额人工费＋定额机械费	∑(定额人工费＋定额机械费)	4000.00
二	施工组织措施费		238.00
其中	2. 安全文明施工费	∑(定额人工费＋定额机械费)×4.46％	178.40
	3. 检验试验费	∑(定额人工费＋定额机械费)×1.23％	49.20
	4. 冬雨季施工增加费	∑(定额人工费＋定额机械费)×0.19％	7.60
	5. 夜间施工增加费	∑(定额人工费＋定额机械费)×0.03％	1.20
	6. 已完工程及设备保护费	∑(定额人工费＋定额机械费)×0.04％	1.60
	7. 二次搬运费	∑(定额人工费＋定额机械费)×	0.00
	8. 行车、行人干扰增加费	∑(定额人工费＋定额机械费)×	0.00
	9. 提前竣工增加费	∑(定额人工费＋定额机械费)×	0.00
	10. 其他施工组织措施费	按相关规定计算	0.00
三	企业管理费	∑(定额人工费＋定额机械费)×18.5％	840.00
四	利润	∑(定额人工费＋定额机械费)×12％	440.00
五	规费		341.57
	11. 排污费、社保费、公积金	∑(定额人工费＋定额机械费)×7.3％	292.00
	12. 民工工伤保险费	不含保险费建设工程造价×0.11％	28.70
	13. 危险作业意外伤害保险费	不含保险费建设工程造价×0.08％	20.87
六	总承包服务费		8.00
	14. 总承包管理和协调费	分包项目工程造价×1％	8.00
	15. 总承包管理、协调和服务费	分包项目工程造价×费率	0.00
	16. 甲供材料设备管理服务费	甲供材料设备费×费率	0.00
七	风险费	(一＋二＋三＋四＋五＋六)×2％	471.35
八	暂列金额	(一＋二＋三＋四＋五＋六＋七)×5％	1201.95
	计税不计费项目		
九	税金	(一＋二＋三＋四＋五＋六＋七＋八)×3.577％	902.87
	不计税费项目		
十	建设工程造价	一＋二＋三＋四＋五＋六＋七＋八＋九	26143.73

任务 3.3 工料单价法施工图预算编制实例

杭州市康拱路 工程

预算书

预算价(小写): 17519927 元

(大写): 壹仟柒佰伍拾壹万玖仟玖佰贰拾柒元整

发包人: ________ 承包人: ________ 工程造价咨询人: ________

(单位盖章) (单位盖章) (单位资质专用章)

法定代表人或其授权人: (略) 法定代表人或其授权人: (略)

(签字或盖章) (签字或盖章)

编制人: (略) 复核人: (略)

(造价人员签字盖专用章) (造价工程师签字盖专用章)

编制时间: 复核时间:

编制说明

工程名称：杭州市康拱路工程　　　　第1页　共1页

一、工程概况

工程西起杭州市康兴路，北至拱康路，起讫桩号K0＋015.502～K0＋762.037，道路全长746.535m，道路等级为城市次干路，设计车速40km/h，3块板断面形式，双向4车道，标准段路幅宽度30m，公交停靠站段路幅宽度33m。

车行道路面结构(总厚度73cm)：5cm AC－13C型细粒式沥青砼(SBS改性)＋6cm AC－20C型中粒式沥青砼＋7cm AC－25C型粗粒式沥青砼＋35cm 5%水泥稳定碎石基层＋20cm级配碎石垫层。非机动车道路面结构(总厚度56cm)：4cm AC－13C型细粒式沥青砼(SBS改性)：7cm AC－25C型粗粒式沥青砼＋30cm 5%水泥稳定碎石基层＋15cm级配碎石垫层。人行道路面结构(总厚度49cm)：6cm人行道板＋3cm M10砂浆卧底＋20cm C15素砼基层(每隔3m设置一道假缝)＋20cm塘渣垫层。

桥梁1座，跨径25m，起终里程：K0＋713.865～K0＋743.505，上部为后张法预应力砼简支梁，下部桥台采用重力式桥台，基础采用*D*100钻孔灌注桩。

雨水管管径为*D*200～*D*1200，全部采用钢筋混凝土承插管(Ⅱ级管)，橡胶圈接口(具体参见国标06MS201)。除*D*200和*D*300的雨水管采用级配砂回填，*D*400～*D*1200的雨水管均采用135°钢筋混凝土管基，100厚C10素混凝土垫层，详见结构图。

雨水检查井均采用砖砌井壁，C25钢筋混凝土顶底板结构，底板下采用100厚C10素混凝土垫层。

二、编制依据

1. 浙江省住房和城乡建设厅、浙江省发展和改革委员会、浙江省财政厅建发［2010］224号文件发布的《浙江省建设工程计价规则(2010版)》、《浙江省市政工程预算定额(2010版)》、《浙江省建设工程施工费用定额(2010版)》、《浙江省施工机械台班费用定额(2010版)》。

2.《浙江造价信息》(2011年4月份)；《杭州市建设工程造价信息》(2011年4月份)，并结合市场调查确定。

3. 某市政工程设计院有限责任公司设计的《杭州市康拱路施工图设计文件》。

4. 指导性施工组织设计文件。

三、取费标准

1. 人工费：一类人工单价为40元/工日，二类人工单价43元/工日。

2. 道路工程施工组织措施费按市区一般工程计取，企业管理费次干道按道路工程二类取16.5%，利润取12%，排污费、社保费、公积金取7.3%，农民工工伤保险费取0.11%，危险作业意外伤害保险费取0.1%，二次搬运费、行车行人干扰增加费、提前竣工增加费不计；桥涵工程附属于道路工程，取费同道路工程；排水工程为非单独承包的排水工程，企业管理费费率按道路工程二类计取。税金取3.577%。

3. 风险费未计，暂列金额按税前造价的5%计算。

四、主要材料用量

42.5级水泥3121t，52.5级水泥213t，黄砂(净砂)4227t，碎石21393t，钢筋148t，钢绞线23t。

五、预算总金额及技术经济指标。

杭州市康拱路工程预算总金额17519927元，技术经济指标23468326元/km。

工程项目预算汇总表

工程名称：杭州市康拱路工程

序号	单位工程名称	金额(元)
1	杭州市康拱路工程	17519927
1.1	杭州市康拱路工程	17519927
合计		17519927

单位(专业)工程预算费用计算表

单位工程名称：杭州市康拱路工程　　　　第1页共1页

序号	费用名称	计算方法	金额(元)
一	直接工程费＋施工技术措施费	人工、材料、机械按市场价计取	15054301
	其中1. 定额人工费＋定额机械费	$\sum$(定额人工费＋定额机械费)	2439270
二	施工组织措施费		145137
其中	2. 安全文明施工费	$\sum$(定额人工费＋定额机械费)×4.46%	108791
	3. 检验试验费	$\sum$(定额人工费＋定额机械费)×1.23%	30003
	4. 冬雨季施工增加费	$\sum$(定额人工费＋定额机械费)×0.19%	4635
	5. 夜间施工增加费	$\sum$(定额人工费＋定额机械费)×0.03%	732
	6. 已完工程及设备保护费	$\sum$(定额人工费＋定额机械费)×0.04%	976
	7. 二次搬运费	$\sum$(定额人工费＋定额机械费)×	
	8. 行车、行人干扰增加费	$\sum$(定额人工费＋定额机械费)×	
	9. 提前竣工增加费	$\sum$(定额人工费＋定额机械费)×	
	10. 其他施工组织措施费	按相关规定计算	
三	企业管理费	$\sum$(定额人工费＋定额机械费)×16.5%	402480
四	利润	$\sum$(定额人工费＋定额机械费)×12%	292712
五	规费		214781
	11. 排污费、社保费、公积金	$\sum$(定额人工费＋定额机械费)×7.3%	178067
	12. 民工工伤保险费	按各地市相关规定计算0.11%	19232
	13. 危险作业意外伤害保险费	按各地市相关规定计算0.1%	17483
六	总承包服务费		
	14. 总承包管理和协调费	分包项目工程造价×费率	
	15. 总承包管理、协调和服务费	分包项目工程造价×费率	
	16. 甲供材料设备管理服务费	甲供材料设备费×费率	
七	风险费	(一＋二＋三＋四＋五＋六)×	
八	暂列金额	(一＋二＋三＋四＋五＋六＋七)×5%	805471
	计税不计费项目		
九	税金	(一＋二＋三＋四＋五＋六＋七＋八)×3.577%	605045
	不计税费项目		
十	建设工程造价	一＋二＋三＋四＋五＋六＋七＋八＋九	17519927

分部分项工程费计算表

单位及专业工程名称：杭州市康拱路工程-道路工程　　　　第1页共2页

序号	项目编码	项目名称	单位	数量	单价	合价
		道路工程				
		机动车道				
1	2-191换	机械摊铺细粒式沥青混凝土路面厚5cm(SBS改性)	100m²	150.960	7041.39	1062968.23
2	2-150	沥青层乳化沥青黏层	100m²	150.960	475.66	71805.63
3	2-185	机械摊铺中粒式沥青混凝土路面厚度6cm	100m²	150.960	6960.15	1050704.24
4	2-150	沥青层乳化沥青黏层	100m²	150.960	475.66	71805.63
5	2-175换	机械摊铺粗粒式沥青混凝土路面厚7cm	100m²	152.380	8182.54	1246855.45
6	2-146	粒料基层乳化沥青透层	100m²	152.380	1426.79	217414.26
7	2-49换	沥青混凝土摊铺机摊铺厚15cm～5%水泥稳定碎石	100m²	156.530	1835.36	287288.90
8	2-49换	沥青混凝土摊铺机摊铺厚20cm 5%水泥稳定碎石	100m²	157.710	2409.67	380029.06
9	2-197	水泥稳定碎石基层模板	100m²	7.790	3192.42	24868.95
10	2-76	人机配合铺装碎石底层厚度20cm	100m²	160.670	2138.08	343525.31
11	2-1	路床碾压检验	100m²	164.820	129.59	21359.02
		非机动车道				
12	2-191换	机械摊铺细粒式沥青混凝土路面厚4cm(SBS改性)	100m²	49.330	5608.60	276672.24
13	2-150	沥青层乳化沥青黏层	100m²	49.330	475.66	23464.31
14	2-175换	机械摊铺粗粒式沥青混凝土路面厚7cm	100m²	49.330	8182.54	403644.70
15	2-146	粒料基层乳化沥青透层	100m²	49.330	1426.79	70383.55
16	2-49换	沥青混凝土摊铺机摊铺厚15cm 5%水泥稳定碎石	100m²	52.560	1835.36	96466.52
17	2-49换	沥青混凝土摊铺机摊铺厚15cm～5%水泥稳定碎石	100m²	59.300	1835.36	108836.85
18	2-197	水泥稳定碎石基层模板	100m²	8.080	3192.42	25794.75
19	2-75	人机配合铺装碎石底层厚度15cm	100m²	65.360	1633.84	106787.78
20	2-1	路床碾压检验	100m²	74.120	129.59	9605.21
		人行道				
21	2-215换	人行道板安砌 砂浆垫层厚度3cm	100m²	17.300	3652.90	63195.17
22	2-211换	人行道现拌混凝土基础厚20cm	100m²	21.080	5785.59	121960.24
23	2-197	水泥混凝土道路模板	100m²	5.290	3192.42	16887.90
24	2-100	人机配合铺装塘碴底层厚度20cm	100m²	24.860	1476.77	36712.50
25	2-228换	混凝土侧石安砌～水泥砂浆M10.0	100m	38.790	2880.04	111716.75
		本页小计				6250753

分部分项工程费计算表

单位及专业工程名称：杭州市康拱路工程-道路工程　　　　第2页共2页

序号	项目编码	项目名称	单位	数量	单价	合价
26	2-227换	人工铺装侧平石砂浆粘结层～M10.0	m^3	17.500	272.72	4772.60
27	2-228换	混凝土侧石安砌	100m	26.440	2165.08	57244.72
28	2-227换	人工铺装侧平石砂浆粘结层～M10.0	m^3	7.900	272.72	2154.49
29	2-230换	混凝土平石安砌～120×120×1000	100m	38.790	1964.64	76208.39
30	2-227换	人工铺装侧平石砂浆粘结层～M10.0	m^3	14.000	272.72	3818.08
31	2-225换	人工铺装侧平石混凝土垫层～现浇现拌混凝土C20(20)	m^3	108.000	321.65	34738.20
32	2-2	人行道整形碾压	$100m^2$	32.600	79.72	2598.87
		路基				
33	1-47	推土机推距40m以内一、二类土	$1000m^3$	12.215	3034.62	37067.88
34	1-62	装载机装松散土	$1000m^3$	12.215	1613.76	19712.08
35	1-68	自卸汽车运土方运距1km以内	$1000m^3$	12.215	5905.97	72141.42
36	1-80	内燃压路机15t以内原土碾压	$1000m^2$	24.430	108.96	2661.89
37	1-60	挖掘机挖土装车三类土	$1000m^3$	24.688	4207.98	103887.45
38	1-68换	自卸汽车运土方运距5km内	$1000m^3$	24.688	11563.70	285486.94
39	1-82	内燃压路机填土碾压	$1000m^3$	21.468	2665.96	57232.83
40	1-59	挖掘机挖土装车一、二类土	$1000m^3$	0.320	3577.80	1144.90
41	1-68换	自卸汽车运土方运距3km内	$1000m^3$	0.320	8734.84	2795.15
42	2-19	弹软土基处理平铺土工格栅	$100m^2$	218.080	1135.11	247544.79
43	3-207	碎石垫层	$10m^3$	464.900	1231.96	572738.20
44	1-74	淤泥、流砂深6m以内不装车	$1000m^3$	1.237	5409.53	6691.59
45	1-444换	单头深层水泥搅拌桩 喷粉～水泥42.5	$10m^3$	648.469	2028.07	1315140.27
46	3001	履带式挖掘机$1m^3$以内	台次	3.000	3157.38	9472.14
47	3010	压路机	台次	3.000	2763.13	8289.39
48	3003	履带式推土机90kW以内	台次	3.000	2451.20	7353.60
49	3028	单头搅拌桩机	台次	3.000	12829.64	38488.92
50	2-101	施工便道塘渣厚度25cm	$100m^2$	37.000	1842.99	68190.63
		挡土墙				
51	1-383换	现浇混凝土压顶～现浇现拌混凝土C30(20)	$10m^3$	11.336	3903.19	44246.56
52	1-386换	浆砌块石挡土墙～水泥砂浆M10.0	$10m^3$	112.268	7287.63	818167.64
53	1-385	现浇混凝土模板	$100m^2$	4.142	2623.40	10866.86
54	3-210换	C15毛石混凝土基础～现浇现拌C20(40)	$10m^3$	46.416	3926.76	182264.49
55	3-207	碎石垫层	$10m^3$	16.592	1231.96	20440.68
56	1-8	人工挖沟槽、基坑 三类土，深度在2m以内	$100m^3$	14.580	1356.80	19781.47
57	1-87	机械槽、坑填土夯实	$100m^3$	8.280	620.04	5133.93
本页小计						4138477
合计						10389230

分部分项工程费计算表

单位及专业工程名称：杭州市康拱路工程-桥涵工程　　　　第1页共2页

序号	项目编码	项目名称	单位	数量	单价	合价
		桥涵工程				
58	3-343换	C50预制混凝土空心板梁(预应力)	$10m^3$	43.220	4544.20	196400.32
59	3-332	预制混凝土空心板模板制作、安装	$10m^2$	449.519	287.65	129304.14
60	3-193	后张法群锚制作、安装束长40m以内7孔以内	t	22.361	7696.85	172107.72
61	主材	YM15-5锚具	套	312.000	150.00	46800.00
62	3-202换	波纹管压浆管道安装～波纹管 ϕ55	100m	38.558	1318.92	50854.92
63	3-203	压浆	$10m^3$	0.916	10941.95	10018.54
64	3-545	筑拆混凝土地模	$10m^3$	3.095	3530.42	10926.65
65	3-546	混凝土地模模板制作、安装	$10m^2$	5.240	271.99	1425.23
66	3-288换	C30板梁间灌缝～现浇现拌混凝土C50(20) 52.5级水泥	$10m^3$	4.982	5579.13	27795.23
67	3-439	起重机陆上安装板梁起重机 $L \leqslant 25m$	$10m^3$	44.153	487.37	21518.85
68	3-371	预制构件场内运输构件重40t以内运距100m	$10m^3$	44.153	404.29	17850.62
69	3-304	C25混凝土浇筑地梁、侧石、平石	$10m^3$	1.630	3935.80	6415.35
70	3-308	地梁、侧石、平石模板制作、安装	$10m^2$	7.766	304.79	2366.91
71	3-358	C25预制混凝土人行道、锚锭板	$10m^3$	0.854	4065.86	3472.24
72	3-330	预制混凝土矩形板模板制作、安装	$10m^2$	5.376	206.54	1110.36
73	3-369	预制构件场内运输构件重10t以内运距100m	$10m^3$	0.854	312.21	266.63
74	3-429	起重机安装矩形板	$10m^3$	0.854	453.28	387.10
75	2-215换	人行道板安砌砂浆垫层厚度2cm	$100m^2$	1.067	3409.60	3638.04
76	3-298	C25混凝土浇筑防撞护栏	$10m^3$	1.110	3809.35	4228.38
77	3-300	防撞护栏模板制作、安装	$10m^2$	7.129	393.71	2806.76
78	3-243换	C20混凝土浇筑台帽～现浇现拌混凝土C30(40)	$10m^3$	10.000	3758.31	37583.10
79	3-245	台帽模板制作、安装	$10m^2$	32.250	505.90	16315.28
80	3-228换	C20混凝土浇筑实体式桥台～现浇现拌混凝土C25(40)	$10m^3$	55.840	3311.28	184901.88
81	3-230	实体式桥台模板制作、安装	$10m^2$	138.204	403.65	55786.04
82	3-502	塑料管泄水孔安装	10m	6.000	220.02	1320.12
83	3-208	C15混凝土垫层	$10m^3$	3.053	2952.26	9013.25
84	3-214	混凝土基础模板	$10m^2$	1.532	291.53	446.62
85	6-267	块片石垫层	$10m^3$	10.089	7160.16	72238.85
86	3-215换	C20混凝土承台～现浇现拌混凝土C25(40)	$10m^3$	44.550	3455.66	153949.65
87	3-217	承台模板(无底模)	$10m^2$	22.500	248.24	5585.40
88	3-176	预制混凝土螺纹钢制作、安装	t	15.896	5492.08	87302.10
89	3-175	预制混凝土圆钢制作、安装	t	25.791	5650.60	145734.62
本页小计						1479871

分部分项工程费计算表

单位及专业工程名称：杭州市康拱路工程-桥涵工程　　　　第 2 页共 2 页

90	3-178	现浇混凝土螺纹钢制作、安装	t	43.325	5508.73	238665.73
91	3-177	现浇混凝土圆钢制作、安装	t	7.115	5607.21	39895.30
92	3-107	钻孔灌注桩陆上埋设钢护筒 $\phi\leqslant1000$	10m	4.200	1086.42	4562.96
93	3-516	搭、拆桩基础陆上支架平台 锤重 1800kg	$100m^2$	7.565	1765.68	13357.55
94	3-128	回旋钻孔机成孔桩径 ϕ1000mm 以内	$10m^3$	71.435	1398.71	99916.85
95	3-149	钻孔灌注混凝土回旋钻孔	$10m^3$	72.534	4406.14	319594.96
96	3-144	泥浆池建造、拆除	$10m^3$	71.435	35.24	2517.37
97	3-145	泥浆运输运距 5km 以内	$10m^3$	71.435	736.11	52584.02
98	3-548	凿除钻孔灌注桩顶钢筋混凝土	$10m^3$	1.099	678.96	746.18
99	3-179	钻孔桩钢筋笼制作、安装	t	47.681	5834.32	278185.05
100	3-204	声测管制作安装	t	13.143	6643.85	87321.45
101	3-314	C40 混凝土桥面基层铺装	$10m^3$	6.460	4047.16	26144.65
102	3-320	桥面铺装及桥头搭板模板	$10m^2$	1.117	330.60	369.28
103	3-177 换	现浇混凝土圆钢制作、安装～D8 钢筋网片	t	8.056	9159.87	73791.91
104	2-191 换	机械摊铺细粒式沥青混凝土路面厚 5cm	$100m^2$	5.928	7041.39	41741.36
105	2-191 换	机械摊铺细粒式沥青混凝土路面厚 4cm	$100m^2$	207.480	3231.25	670419.75
106	2-185	机械摊铺中粒式沥青混凝土路面厚度 6cm	$100m^2$	5.928	6960.15	41259.77
107	2-175 换	机械摊铺粗粒式沥青混凝土路面厚 7cm	$100m^2$	2.075	8182.54	16977.13
108	3-313 换	桥面防水层聚氨酯沥青防水涂料～YN 桥面防水涂料	$100m^2$	8.003	5183.28	41481.79
109	3-506	毛勒伸缩缝安装单组	10m	6.600	6567.77	43347.28
	3021021	毛勒伸缩缝	m	10.000	600.00	6000.00
110	3-491	板式橡胶支座安装	$100cm^3$	1092.000	5.26	5743.92
111	3-492	四氟板式橡胶支座安装	$100cm^3$	1092.000	17.78	19415.76
112	补	青石栏杆	m	57.200	1200.00	68640.00
113	3-318 换	C25 混凝土桥头搭板～现浇现拌 C30(40)	$10m^3$	7.200	3625.15	26101.08
114	3-320	桥面铺装及桥头搭板模板	$10m^2$	3.840	330.60	1269.50
115	3-207	碎石垫层	$10m^3$	4.720	1231.96	5814.85
116	3-208	C15 混凝土垫层	$10m^3$	2.320	2952.26	6849.24
117	3-214	混凝土基础模板	$10m^2$	1.264	291.53	368.49
118	1-386	浆砌块石挡土墙	$10m^3$	7.600	7249.46	55095.90
119	1-56	挖掘机挖土不装车 一、二类土	$1000m^3$	1.386	2314.82	3208.34
120	1-41	人工槽、坑填土夯实	$100m^3$	7.330	1272.86	9330.06
121	1-300	双排钢管脚手架 8m 内	$100m^2$	3.120	663.09	2068.84
122	3025	混凝土搅拌站	台次	1.000	8070.31	8070.31
		本页小计				2304857
		合计				3784728

分部分项工程费计算表

单位及专业工程名称：杭州市康拱路工程-排水工程　　　　　　　　　　　　　　　　　　第 1 页共 4 页

		排水工程				
123	6-210	管道闭水试验管径 300mm 以内	100m	2.050	103.99	213.18
124	6-266	砂垫层	$10m^3$	2.670	947.14	2529.31
125	6-23	承插式混凝土管道铺设人工下管管径 200mm 以内	100m	2.050	10799.03	22138.01
126	6-160	承插式排水管道水泥砂浆接口管径 200mm 以内	10 个口	5.125	18.70	95.84
127	6-210	管道闭水试验管径 300mm 以内	100m	4.700	103.99	488.75
128	6-266	砂垫层	$10m^3$	8.203	947.14	7768.99
129	6-25	承插式混凝土管道铺设人工下管管径 300mm 以内	100m	4.700	13633.53	64077.59
130	6-162	承插式排水管道水泥砂浆接口管径 300mm 以内	10 个口	11.750	29.90	351.33
131	6-211	管道闭水试验管径 400mm 以内	100m	1.850	147.60	273.06
132	6-268	C10 现浇现拌混凝土垫层	$10m^3$	1.739	2714.60	4720.69
133	6-282	C25 现浇现拌混凝土管座	$10m^3$	3.127	3861.91	12074.26
134	6-26	承插式混凝土管道铺设人工下管管径 400mm 以内	100m	1.850	7140.95	13210.76
135	6-164	承插式排水管道水泥砂浆接口管径 400mm 以内	10 个口	4.600	35.65	163.99
136	6-213	管道闭水试验管径 600mm 以内	100m	1.680	274.79	461.65
137	6-268	C10 现浇现拌混凝土垫层	$10m^3$	2.033	2714.60	5518.24
138	6-282	C25 现浇现拌混凝土管座	$10m^3$	4.738	3861.91	18296.18
139	6-28	承插式混凝土管道铺设人工下管管径 600mm 以内	100m	1.680	12711.45	21355.24
140	6-167	承插式排水管道水泥砂浆接口管径 600mm 以内	10 个口	4.200	49.55	208.11
141	6-214	管道闭水试验管径 800mm 以内	100m	2.590	424.18	1098.63
142	6-268	C10 现浇现拌混凝土垫层	$10m^3$	3.626	2714.60	9843.14
143	6-282	C25 现浇现拌混凝土管座	$10m^3$	9.220	3861.91	35608.35
144	6-34	承插式混凝土管道铺设人机配合下管管径 800mm 以内	100m	2.590	17950.42	46491.59
145	6-182	排水管道混凝土管胶圈(承插)接口管径 800mm 以内	10 只	8.600	392.02	3371.37
146	6-215	管道闭水试验管径 1000mm 以内	100m	1.360	622.84	847.06
147	6-268	C10 现浇现拌混凝土垫层	$10m^3$	2.244	2714.60	6091.56
148	6-282	C25 现浇现拌混凝土管座	$10m^3$	6.569	3861.91	25368.11
149	6-36	承插式混凝土管道铺设人机配合下管管径 1000mm 以内	100m	1.360	25570.28	34775.58
150	6-184	排水管道混凝土管胶圈(承插)接口管径 1000mm 以内	10 只	4.500	505.82	2276.19
151	6-216	管道闭水试验管径 1200mm 以内	100m	2.300	865.96	1991.71
152	6-268	C10 现浇现拌混凝土垫层	$10m^3$	4.416	2714.60	11987.67
153	6-282	C25 现浇现拌混凝土管座	$10m^3$	15.134	3861.91	58446.15
本页小计						412142.30

分部分项工程费计算表

单位及专业工程名称：杭州市康拱路工程-排水工程　　　　第2页共4页

154	6－38	承插式混凝土管道铺设人机配合下管管径1200mm以内	100m	2.300	38997.74	89694.80
155	6－186	排水管道混凝土管胶圈(承插)接口管径1200mm以内	10只	7.700	546.39	4207.20
156	6－268	C10现浇现拌混凝土垫层	10m^3	0.578	2714.60	1567.68
157	6－282	C25现浇现拌混凝土管座	10m^3	1.691	3861.91	6528.56
158	6－36	承插式混凝土管道铺设人机配合下管管径1000mm以内	100m	0.350	25570.28	8949.60
159	6－184	排水管道 混凝土管胶圈(承插)接口管径1000mm以内	10只	1.200	505.82	606.98
160	6－229换	C10混凝土井垫层	10m^3	0.702	2902.54	2037.58
161	6－229换	C25混凝土井垫层	10m^3	1.165	3525.10	4106.74
162	6－1125	现浇构件钢筋(螺纹钢)直径ϕ10mm以外	t	0.750	5418.76	4064.07
163	6－231换	矩形井砖砌	10m^3	5.802	2746.44	15934.84
164	6－237	砖墙井壁抹灰	100m^2	1.797	1744.93	3134.77
165	6－235换	石砌井底流槽砌筑	10m^3	0.455	7985.52	3633.41
166	6－239	砖墙流槽抹灰	100m^2	0.278	1585.14	440.99
167	6－337换	C20钢筋混凝土井室盖板预制	10m^3	0.298	4325.63	1289.04
168	6－348	钢筋混凝土井室矩形盖板安装每块体积在0.3m^{3}以内	10m^3	0.298	1215.98	362.36
169	6－1127	预制构件钢筋(螺纹钢)直径ϕ10mm以外	t	0.330	5421.87	1789.22
170	6－249换	C30钢筋混凝土井圈安装制作	10m^3	1.179	3897.64	4595.32
171	6－1126	预制构件钢筋(圆钢)直径ϕ10mm以内	t	0.390	5687.12	2217.98
172	6－252	铸铁检查井井盖安装	10套	1.400	6822.21	9551.09
173	6－229换	C10混凝土井垫层	10m^3	0.375	2902.54	1088.45
174	6－229换	C25混凝土井垫层	10m^3	0.626	3525.10	2206.71
175	6－1125	现浇构件钢筋(螺纹钢)直径ϕ10mm以外	t	0.408	5418.76	2210.85
176	6－231换	矩形井砖砌	10m^3	3.099	2746.44	8511.22
177	6－237	砖墙井壁抹灰	100m^2	0.917	1744.93	1600.45
178	6－235换	石砌井底流槽砌筑	10m^3	0.232	7985.52	1852.64
179	6－239	砖墙流槽抹灰	100m^2	0.110	1585.14	175.00
180	6－337换	C25钢筋混凝土井室盖板预制	10m^3	0.170	4325.63	735.36
181	6－348	钢筋混凝土井室矩形盖板安装每块体积在0.3m^{3}以内	10m^3	0.170	1215.98	206.72
182	6－1127	预制构件钢筋(螺纹钢)直径ϕ10mm以外	t	0.170	5421.87	921.72
183	6－249换	C30钢筋混凝土井圈安装制作	10m^3	0.589	3897.64	2295.71
184	6－1126	预制构件钢筋(圆钢)直径ϕ10mm以内	t	0.195	5687.12	1108.99
185	6－252	铸铁检查井井盖安装	10套	0.700	6822.21	4775.55
186	6－229换	C10混凝土井垫层	10m^3	0.296	2902.54	859.15
187	6－229换	C25混凝土井垫层	10m^3	0.498	3525.10	1755.50
188	6－1125	现浇构件钢筋(螺纹钢)直径ϕ10mm以外	t	0.320	5418.76	1734.00
		本页小计				196750.30

分部分项工程费计算表

单位及专业工程名称：杭州市康拱路工程-排水工程　　　　第3页共4页

189	6-231换	矩形井砖砌	$10m^3$	2.373	2746.44	6517.30
190	6-237	砖墙井壁抹灰	$100m^2$	0.791	1744.93	1380.59
191	6-235换	石砌井底流槽砌筑	$10m^3$	0.232	7985.52	1852.64
192	6-239	砖墙流槽抹灰	$100m^2$	0.110	1585.14	175.00
193	6-337换	C20钢筋混凝土井室盖板预制	$10m^3$	0.145	4325.63	627.22
194	6-348	钢筋混凝土井室矩形盖板安装每块体积在0.3m^3以内	$10m^3$	0.145	1215.98	176.32
195	6-1127	预制构件钢筋(螺纹钢)直径ϕ10mm以外	t	0.129	5421.87	699.42
196	6-249换	C30钢筋混凝土井圈安装制作	$10m^3$	0.421	3897.64	1640.91
197	6-1126	预制构件钢筋(圆钢)直径ϕ10mm以内	t	0.139	5687.12	790.51
198	6-252	铸铁检查井井盖安装	10套	0.500	6822.21	3411.11
199	6-229换	C10混凝土井垫层	$10m^3$	0.259	2902.54	751.76
200	6-229换	C25混凝土井垫层	$10m^3$	0.439	3525.10	1547.52
201	6-1125	现浇构件钢筋(螺纹钢)直径ϕ10mm以外	t	0.280	5418.76	1517.25
202	6-231换	矩形井砖砌	$10m^3$	2.093	2746.44	5748.30
203	6-237	砖墙井壁抹灰	$100m^2$	0.828	1744.93	1445.67
204	6-235换	石砌井底流槽砌筑	$10m^3$	0.226	7985.52	1804.73
205	6-239	砖墙流槽抹灰	$100m^2$	0.080	1585.14	126.81
206	6-337换	C20钢筋混凝土井室盖板预制	$10m^3$	0.148	4325.63	640.19
207	6-349	钢筋混凝土井室矩形盖板安装每块体积在0.5m^3以内	$10m^3$	0.148	1124.17	166.38
208	6-1127	预制构件钢筋(螺纹钢)直径ϕ10mm以外	t	0.116	5421.87	628.94
209	6-249换	C30钢筋混凝土井圈安装制作	$10m^3$	0.337	3897.64	1313.50
210	6-1126	预制构件钢筋(圆钢)直径ϕ10mm以内	t	0.112	5687.12	636.96
211	6-252	铸铁检查井井盖安装	10套	0.400	6822.21	2728.88
212	6-229换	C10混凝土井垫层	$10m^3$	0.251	2902.54	728.54
213	6-229换	C25混凝土井垫层	$10m^3$	0.480	3525.10	1692.05
214	6-1125	现浇构件钢筋(螺纹钢)直径ϕ10mm以外	t	0.276	5418.76	1495.58
215	6-231换	矩形井砖砌	$10m^3$	2.544	2746.44	6986.94
216	6-237	砖墙井壁抹灰	$100m^2$	0.780	1744.93	1361.39
217	6-235换	石砌井底流槽砌筑	$10m^3$	0.358	7985.52	2858.82
218	6-239	砖墙流槽抹灰	$100m^2$	0.127	1585.14	201.63
219	6-337换	C20钢筋混凝土井室盖板预制	$10m^3$	0.204	4325.63	882.43
220	6-349	钢筋混凝土井室矩形盖板安装每块体积在0.5m^3以内	$10m^3$	0.204	1124.17	229.33
221	6-1127	预制构件钢筋(螺纹钢) 直径ϕ10mm以外	t	0.141	5421.87	764.48
222	6-249换	C30钢筋混凝土井圈安装制作	$10m^3$	0.253	3897.64	986.10
223	6-1126	预制构件钢筋(圆钢)直径ϕ10mm以内	t	0.840	5687.12	4777.18
224	6-252	铸铁检查井井盖安装	10套	0.300	6822.21	2046.66
本页小计						61339.04

分部分项工程费计算表

单位及专业工程名称：杭州市康拱路工程-排水工程　　第4页共4页

225	6-225	井垫层(碎石)	$10m^3$	0.827	1340.21	1108.35
226	6-229	C15混凝土井垫层	$10m^3$	0.827	3073.75	2541.99
227	6-231换	矩形井砖砌	$10m^3$	5.164	2746.44	14182.62
228	6-238	砖墙井底抹灰	$100m^2$	0.155	1390.05	215.74
229	6-237	砖墙井壁抹灰	$100m^2$	1.404	1744.93	2449.88
230	6-258换	高强模塑料雨水井箅安装	10套	7.800	1771.50	13817.70
231	6-249换	C20钢筋混凝土井圈安装制作	$10m^3$	1.061	3897.64	4135.40
232	6-1126	预制构件钢筋(圆钢)直径ϕ10mm以内	t	0.434	5687.12	2468.21
233	6-225	井垫层(碎石)	$10m^3$	0.251	1340.21	336.39
234	6-229	C15混凝土井垫层	$10m^3$	0.251	3073.75	771.51
235	6-231换	矩形井砖砌	$10m^3$	1.438	2746.44	3949.38
236	6-238	砖墙井底抹灰	$100m^2$	0.070	1390.05	97.30
237	6-237	砖墙井壁抹灰	$100m^2$	0.454	1744.93	791.50
238	6-258换	高强模塑料雨水井箅安装	10套	2.800	3271.50	9160.20
239	6-249换	C20钢筋混凝土井圈安装制作	$10m^3$	0.456	3897.64	1777.32
240	6-1126	预制构件钢筋(圆钢)直径ϕ10mm以内	t	0.155	5687.12	881.50
241	1-276换	拆除砖砌其他构筑物～拆除石砌构筑物	$10m^3$	0.460	433.17	199.26
242	1-56	挖掘机挖土不装车 一、二类土	$1000m^3$	0.032	2314.82	74.07
243	1-370	浆砌块石护坡厚度30cm以内	$10m^3$	0.310	7188.24	2228.35
244	3-285换	C20混凝土浇筑挡墙	$10m^3$	0.141	3446.39	485.94
245	1-386换	浆砌块石挡土墙～水泥砂浆M10.0	$10m^3$	0.320	7287.63	2332.04
246	6-1126	预制构件钢筋(圆钢)直径ϕ10mm以内	t	0.023	5887.12	135.40
	主材	1：2水泥砂浆封口	m^3	0.200	1000.00	200.00
247	6-264换	垫层～塘渣	$10m^3$	0.300	937.16	281.15
248	1-56	挖掘机挖土不装车 一、二类土	$1000m^3$	0.005	2314.82	11.60
249	1-4换	人工挖沟槽、基坑一、二类土，深度在2m以内～人工辅助机械挖沟槽、基坑	$100m^3$	0.056	994.50	55.36
250	1-41	人工槽、坑填土夯实	$100m^3$	12.000	1272.86	15274.16
251	1-59	挖掘机挖土装车 一、二类土	$1000m^3$	4.186	3577.80	14976.67
252	1-68	自卸汽车运土方运距1km以内	$1000m^3$	4.186	5905.97	24722.39
253	6-1044	现浇混凝土基础垫层木模	$100m^2$	34.200	2392.94	81837.70
254	6-1120	预制混凝土井盖板木模	$10m^3$	0.965	1511.36	1458.46
255	1-182	编织袋围堰	$100m^3$	0.530	8753.61	4639.41
	0409481	黏土	m^3	93.000	20.50	1906.50
256	6-1138	钢管工程 井深4m以内	座	33.000	82.27	2714.91
		本页小计				210111.90
		合计				880343

组织措施项目费汇总计算表

工程名称：杭州市康拱路工程 第1页共1页

序号	名称及说明	单位	取费基数	费率	合价/元
1	2. 安全文明施工费	项	2439269.96	4.46%	108791.44
2	3. 检验试验费	项	2439269.92	1.23%	30003.02
3	4. 冬雨季施工增加费	项	2439268.42	0.19%	4634.61
4	5. 夜间施工增加费	项	2439266.67	0.03%	731.78
5	6. 已完工程及设备保护费	项	2439275.00	0.04%	975.71
6	7. 二次搬运费	项			
7	8. 行车、行人干扰增加费	项			
8	10. 其他施工组织措施费	项			
	合　计				145136.56

主要材料价格表

单位工程名称：杭州市康拱路工程 第1页共2页

序号	编码	材料名称	规格型号	单位	数量	单价/元
1	0433074	SBS改性沥青商品混凝土		m^3	995.21	1300.00
2	1201011	柴油		kg	2954.83	10.00
3	1155031	乳化沥青		kg	44195.19	10.00
4	0433072	中粒式沥青商品混凝土		m^3	950.74	1100.00
5	0433073	粗粒式沥青商品混凝土		m^3	1440.76	1100.00
6	0405081	石屑		t	86.74	32.00
7	z1	5%水泥稳定碎石		m^3	7323.65	110.00
8	3115001	水		m^3	11071.76	2.00
9	0405001	碎石	综合	t	21393.67	55.00
10	8001031	水泥砂浆	M10	m^3	572.14	208.73
11	0401031	水泥	42.5	kg	3121260.67	0.52
12	0403043	黄砂(净砂)	综合	t	4227.16	55.00
13	8021201	现浇现拌混凝土	C15(40)	m^3	524.87	221.84
14	0407001	塘渣		t	1040.29	32.00
15	3307011	道路侧石	150×370×1000	m	3937.19	24.00
16	8001081	水泥砂浆	1∶3	m^3	1.85	249.37
17	8021101	现浇现拌混凝土	C20(20)	m^3	109.62	257.45
18	8021121	现浇现拌混凝土	C30(20)	m^3	115.06	300.41

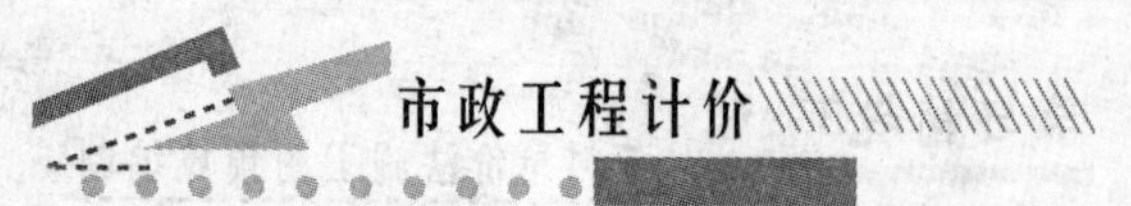

主要材料价格表

单位工程名称：杭州市康拱路工程　　　　第2页共2页

序号	编码	材料名称	规格型号	单位	数量	单价/元
19	0411001	块石		t	2670.63	320.00
20	3201021	木模板		m^3	115.66	1100.00
21	0351001	圆钉		kg	1013.52	10.00
22	8021211	现浇现拌混凝土	C20(40)	m^3	400.57	240.70
23	0401051	水泥	52.5	kg	212804.86	0.58
24	8021271	现浇现拌混凝土	C50(40)52.5级水泥	m^3	438.68	350.47
25	0107001	钢绞线		t	23.26	6720.00
26	主材	YM15-5锚具		套	312.00	150.00
27	8001121	纯水泥浆		m^3	9.61	656.84
28	8021221	现浇现拌混凝土	C25(40)	m^3	1428.38	266.09
29	8021181	现浇现拌混凝土	C50(20)52.5级水泥	m^3	50.57	374.60
30	8001021	水泥砂浆	M7.5	m^3	32.89	198.33
31	8021231	现浇现拌混凝土	C30(40)	m^3	218.18	283.28
32	0101001	螺纹钢	Ⅱ级综合	t	103.91	4917.00
33	0109001	圆钢	(综合)	t	44.00	4917.00
34	0361111	钢护筒		t	0.16	4500.00
35	8021561	钻孔桩混凝土(水下混凝土)	C25(40)	m^3	870.41	312.34
36	8005011	混合砂浆	M5.0	m^3	1.43	201.17
37	0129031	中厚钢板		kg	13.14	4.90
38	1401331	钢管		kg	13931.79	5.80
39	8021251	现浇现拌混凝土	C40(40)	m^3	65.57	330.25
40	1103661	YN桥面防水涂料		kg	2060.77	19.00
41	3021021	毛勒伸缩缝		m	66.00	600.00
42	0129349	中厚钢板	δ15以内	kg	1201.20	4.90
43	8001061	水泥砂浆	1∶2	m^3	24.69	306.73
44	1445001	钢筋混凝土承插管	ϕ200×4000	m	207.05	103.00
45	1445011	钢筋混凝土承插管	ϕ300×4000	m	474.70	130.00
46	8021191	现浇现拌混凝土	C10(40)	m^3	167.75	205.05
47	1103721	防水涂料	858	kg	41.65	19.00
48	主材	1∶2水泥砂浆封口		m^3	0.00	1000.00
49	0409481	黏土		m^3	49.29	20.50

主要机械台班价格表

单位工程名称：杭州市康拱路工程　　　　第1页共1页

序号	机械设备名称	单位	数量	单价(元)
1	内燃光轮压路机 8t	台班	161.06	300.99
2	柴油（机械）	kg	63105.86	8.00
3	内燃光轮压路机 15t	台班	172.41	549.69
4	沥青混凝土摊铺机 8t	台班	105.91	856.00
5	汽车式沥青喷洒机 4000L	台班	7.25	711.04
6	汽油（机械）	kg	4982.76	10.00
7	振动压路机 8t	台班	22.88	473.15
8	平地机 90kW	台班	16.49	518.02
9	内燃光轮压路机 12t	台班	126.24	435.62
10	履带式推土机 75kW	台班	29.92	665.60
11	灰浆搅拌机 200L	台班	94.42	58.87
	……			

注：限于篇幅，只编列了部分机械。

情境小结

本学习情境详细阐述了材料预算价格、机械台班预算价格的计算方法；直接工程费、措施费、间接费、利润、税金的计算方法；分部分项工程费、总承包服务费、风险费、暂列金额的计算方法及工料单价法施工图预算计算程序。

具体内容包括：建筑安装工程费用组成、直接费、间接费、利润、税金；工料单价法施工图预算计算程序、费率摘取、市政工程类别划分、其他项目费、施工图预算编制的依据、施工图预算文件的组成等。编列了杭州市康拱工料单价法施工图预算编制实例，提供了封面、编制说明、工程项目预算汇总表、单位(专业)工程预算费用计算表、分部分项工程费计算表、其他项目费预算表组成，供学生模仿、训练。

本学习情境的教学目标是培养学生能计算材料预算价格、机械台班预算价格；能计算直接工程费、措施费、间接费、利润、税金；能计算预算定额分部分项工程费；能计算总承包服务费、风险费、暂列金额；掌握工料单价法建设工程造价计算程序，能运用工料单价法编制施工图预算。

能力训练

【实训题1】

某城市市区主干道道路挡土墙延伸工程，总长500m。墙身采用M7.5浆砌块石，表面M7.5水泥砂浆勾凸缝，基础为C15(40)毛石混凝土(毛石掺量15%)厚40cm，下设

8cm 厚 C15(40)素混凝土垫层及 20cm 厚碎石垫层，挡土墙每隔 20m 设一道沉降缝，一毡二油填缝，墙身每间隔 3m 设直径 150mm 硬塑料管泄水孔，30cm 厚级配碎石反滤层，每处 0.1m³，具体如图 3.2 所示，其他有关说明如下。

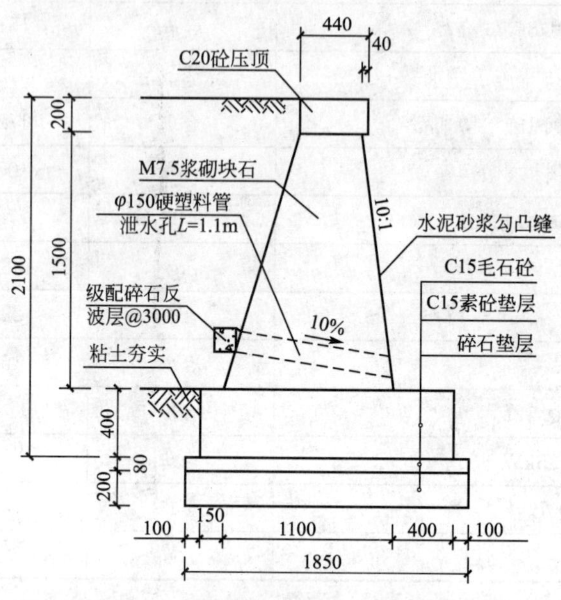

图 3.2　挡土墙断面图（单位：mm）

(1) 挡土墙土方开挖、墙后背回填不在本次预算范围内。

(2) 现浇混凝土按现场就近拌制，不考虑场内运输。

(3) 自挡墙起始位置 20m 及 3m 处分别设置第一道沉降缝及泄水孔。

试根据以上条件结合 2010 版浙江省市政工程计价依据，计算该挡土墙部分定额工程量、套用定额并计算直接工程费(不含施工技术措施费)。计算结果保留两位小数，合价保留整数。

【实训题 2】

某城镇(非市区)市政广场专业土石方工程，总面积为 6 万 m²，平均挖深 4.5m 如图 3.2 所示。工程建设合同工期为 4 个月(定额工期为 5 个月)，拟于 10 月份开工。考虑材料二次搬运及冬雨施工因素，建设方委托某咨询公司编制施工图预算，要求采用工料单价法编制，不考虑风险因素，其中直接工程费和施工技术措施费见表 3-12，规费 2“危险作业意外伤害保险”和规费 3“农民工工伤保险”根据该地规定，费率分别为 0.7%和 0.8%(取费基数同规费 1)。

试根据以上工程情况完成下列填表(不发生的施工组织措施费其费率、计算式及金额均填“0”，弹性费率取中值)。

表 3-12　工料单价法预算编制

序号	费用项目名称		费率(%)	计算式	金额/万元
一	直接工程费+施工技术措施费				6500.00
1	其中	定额人工费+定额机械费			1600.00
二	施工组织措施项目清单费				

（续）

序号	费用项目名称		费率(%)	计算式	金额/万元
2	其中	安全文明施工费			
3		检验试验费			
4		冬雨季施工增加费			
5		夜间施工增加费			
6		二次搬运费			
7		提前竣工增加费			
三	企业管理费				
四	利润				
五	规费				
8	其中	规费 1			
9		规费 2			
10		规费 3			
六	税金				
七	建设工程造价				

注：① 费率保留百分比后 3 位小数。

② 金额保留小数点后 2 位小数。

【实训题 3】

采用工料单价法编制杭州市阳光大道工程施工图预算，工程资料参见学习情境 2 实训题，材料单价采用现期杭州市材料信息价。

学习情境4

综合单价法施工图预算编制

情境目标

通过学习情境 4 的学习，培养学生以下能力。

1. 掌握工程量清单计价规范的基本精神和实施要求，能熟练按照规范要求设置清单项目、计算工程量，编制工程量清单；

2. 能编制分部分项工程量清单综合单价、分部分项工程量清单计价表、措施项目清单计价表等；

3. 能熟练掌握综合单价法施工图预算计算程序，编制综合单价法施工图预算。

任务描述

综合单价法编制杭州市康拱路工程施工图预算。

教学要求

教学目标	知识要点	权重
能运用《建设工程工程量清单计价规范 GB 50500—2008》，编制工程量清单	项目编码、项目特征、工程量计算规则、工程量清单等	30%
能编制分部分项工程量清单综合单价	人工费、材料费、机械费、管理费、利润、风险费等	30%
能编制措施项目清单计价	施工组织措施项目、施工技术措施项目等	20%
能编制其他项目清单计价	暂列金额、专业工程暂估价、总承包服务费、计日工等	20%

章节导读

工程量清单就是招标单位按照国家统一的工程量计算规则将拟招标工程进行合理分解，以明确工程的内容和范围，并将这些内容数量化的一套工程项目数量表。工程量清单是标准招标控制价、投标报价、计算工程量、支付工程款、调整合同价款、办理竣工结算以及工程索赔等工程计价活动的依据。

综合单价是指完成一个规定计量单位的分部分项工程量清单项目或措施清单项目所需的人工费、材料费、施工机械使用费和企业管理费与利润，以及一定范围内的风险费用。综合单价法编制施工图预算是先编制分部分项工程量清单、清单综合单价，然后用综合单价来计算工程量清单分部分项工程费，再按规定程序计算措施项目费、规费、税金的编制施工图预算的方法。

综合单价＝规定计量单位项目的人工费、材料费、机械使用费
＋企业管理费＋利润＋风险费用

项目合价＝工程数量×综合单价

工程造价＝分部分项项目合价＋措施项目金额合计＋其他项目金额合计＋规费＋税金

知识点滴

我国工程量清单计价模式的建立与发展

工程量清单(Bill of Quantity，BOQ)是在19世纪30年代产生的，西方国家把计算工程量、提供工程量清单专业化为业主估价师的职责，所有的投标都要以业主提供的工程量清单为基础，从而使得最后的投标结果具有可比性。工程量清单报价是建设工程招投标工作中，由招标人按国家统一的工程量计算规则提供工程数量，由投标人自主报价，并按照经评审低价中标的工程造价计价模式进行评标。按统一的工程量计算规则计算工程量，也避免了投标人计算方法的不一致而带来的纠纷。

中华人民共和国建设部于2003年2月17日以第119号公告的形式，发布了《建设工程工程量清单计价规范》，编号(GB 50500—2003)，自2003年7月1日起执行。中华人民共和国住房和城乡建设部于2008年7月29号以63号公告的形式，发布《中华人民共和国国家标准建设工程工程量清单计价规范》(GB 50500—2008)，施行日期：2008年12月1日，原《建设工程工程量清单计价规范》(GB 50500—2003)同时废止。工程量清单的实施，在建设工程计价领域，彻底改变了我国实施多年的以定额为根据的计价管理模式，从而走上了“政府宏观调控、企业自主报价、市场形成价格、社会全面监督”一个全新的阶段。

任务4.1 《建设工程工程量清单计价规范》(GB 50500—2008)运用

工程量清单是建设工程的分部分项工程项目、措施项目、其他项目、规费项目和税金项目的名称和相应数量等的明细清单，包括分部分项工程量清单、措施项目清单、其他项目清单、规费项目清单、税金项目清单。工程量清单是工程量清单计价的基础，应作为标准招标控制价、投标报价、计算工程量、支付工程款、调整合同价款、办理竣工结算以及工程索赔等的依据。工程量清单编制应依据《建设工程工程量清单计价规范》

(GB 50500—2008)；国家或省级、行业建设主管部门颁发的计价依据和办法；建设工程设计文件；与建设工程项目有关的标准、规范、技术资料；招标文件及其补充通知、答疑纪要；施工现场情况、工程特点及常规施工方案；其他相关资料。

措施项目是指为完成工程项目施工，发生于该工程施工前和施工过程中技术、生活、安全、环境保护等方面的非工程实体项目，分为施工技术措施项目和施工组织措施项目。

其他项目是指除分部分项工程项目、措施项目外，因招标人的要求而发生的一拟建工程有关的费用项目，包括暂列金额、暂估价、计日工、总承包服务费等。暂估价是指发包人在工程量清单中给定的用于支付必然发生但暂时不能确定价格的材料、设备以及专业工程的金额，即材料暂估价、设备暂估价、专业工程暂估价。暂估价由招标人事先确定并填入招标文件中，在工程实施过程中据实调整。计日工：俗称“点工”，在施工过程中，完成发包人提出的工程量清单以外的零星项目或工作，按合同中约定的综合单价计价的一种计价方式。计日工包括计日工劳务、计日工材料、计日工施工机械。计日工单价由投标人自行报价。

4.1.1 分部分项工程量清单

分部分项工程量清单应包括项目编码、项目名称、项目特征、计量单位和工程量。市政工程量清单应根据 GB 50500—2008 附录 D 市政工程工程量清单项目及计算规则进行编制，实行 5 个统一：统一项目编码、统一项目名称、统一项目特征、统一计量单位、统一工程量计算规则。

项目编码是分部分项工程量清单项目名称的数字标识，应采用 12 位阿拉伯数字表示。一至九位应按附录 D 的规定设置，十至十二位应根据拟建工程的工程量清单项目名称设置，同一招标工程的项目编码不得有重码。01 表示建筑工程，02 表示装饰装修工程，03 表示安装工程，04 表示市政工程，05 表示园林绿化工程，06 表示矿山工程。

0401 表示土石方工程，0402 表示道路工程，0403 表示桥涵护岸工程，0404 表示隧道工程，0405 表示市政管网工程，0406 表示地铁工程，0407 表示钢筋工程，0408 表示拆除工程。040101 表示挖土方，040101001 表示挖一般土方，再根据拟建工程的土壤类别、挖土深度等项目特征自行编制第十至十二位编码，比如挖一般土方图纸工程量有挖 2m 深一类土 3600m^3，挖 4m 深一类土 900m^3，挖 4m 深三类土 1500m^3，工程量清单项目编码分别编为：040101001001、040101001002、040101001003。以 040203004001 为例，项目编码划分、含义如图 4.1 所示。

浙江省统一补充的分部分项工程项目项目编码前冠以字母“Z”。

编制清单时遇 GB 50500—2008 和浙江省清单计价依据依次为 DB001、DB002、…

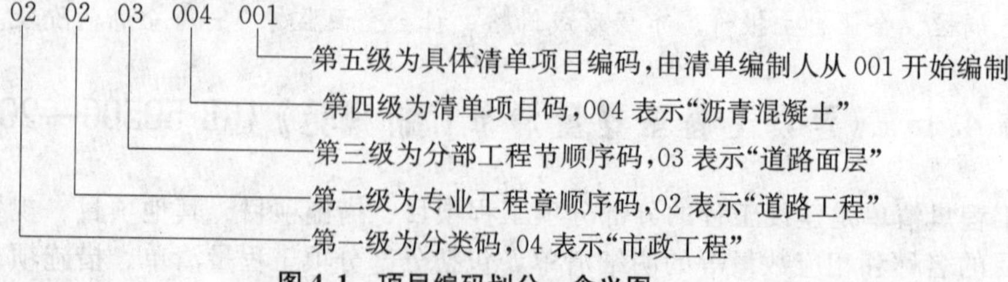

图 4.1 项目编码划分、含义图

项目名称应按附录 D 的项目名称结合拟建工程的实际确定，项目特征应按附录 D 规定的项目特征，结合拟建工程项目的实际予以描述，计量单位应按附录 D 规定的计量单位确定，工程量应按附录D规定的工程量计算规则计算。

1. 土石方工程

(1) 挖土方。工程量清单项目设置及工程量计算规则，应按表4－1的规定执行。

表4－1 挖土方(编码：040101)

<table>
<tr><th>项目编码</th><th>项目名称</th><th>项目特征</th><th>计量单位</th><th>工程量计算规则</th><th>工程内容</th></tr>
<tr><td>040101001</td><td>挖一般土方</td><td rowspan="4">(1) 土壤类别
(2) 挖土深度</td><td rowspan="6">m³</td><td>按设计图示开挖线以体积计算</td><td rowspan="3">(1) 土方开挖
(2) 场地找平
(3) 场内运输
(4) 平整夯实</td></tr>
<tr><td>040101002</td><td>挖沟槽土方</td><td>原地面线以下按构筑物最大水平投影面积乘以挖土深度(原地面平均标高至槽坑底高度)以体积计算</td></tr>
<tr><td>040101003</td><td>挖基坑土方</td><td>原地面线以下按构筑物最大水平投影面积乘以挖土深度(原地面平均标高至坑底高度)以体积计算</td></tr>
<tr><td>040101004</td><td>竖井挖土方</td><td>按设计图示尺寸以体积计算</td><td>(1) 土方开挖
(2) 围护、支撑
(3) 场内运输</td></tr>
<tr><td>040101005</td><td>暗挖土方</td><td>土壤类别</td><td>按设计图示断面乘以长度以体积计算</td><td>(1) 土方开挖
(2) 围护、支撑
(3) 洞内运输
(4) 场内运输</td></tr>
<tr><td>040101006</td><td>挖淤泥</td><td>挖淤泥深度</td><td>按设计图示的位置及界限以体积计算</td><td>(1) 挖淤泥
(2) 场内运输</td></tr>
</table>

构筑物最大水平投影面积若设计有垫层，包括垫层面积。

【例4－1】 某排水工程沟槽开挖，采用机械开挖(沿沟槽方向)。土壤类别为三类，原地面平均标高4.50m，设计槽坑底平均标高为2.30m，开挖深度2.2m；设计槽坑底宽(含工作面)为1.8m，基础垫层宽0.8m，平基宽0.6m，沟槽全长2km。请编制工程量清单。

【解】 根据《建设工程工程量清单计价规范》(GB 50500—2008)，挖沟槽土方项目编码编为040101002001。

根据工程量计算规则：原地面线以下按构筑物最大水平投影面积乘以挖土深度(原地面平均标高至槽坑底高度)以体积计算，如图4.2所示阴影部分。

挖沟槽土方工程量 $V=0.8\times2000\times2.2=3520(m^3)$

工程量清单编制见表4－2。

表4－2 工程量清单

项目编码	项目名称	项目特征	计量单位	工程量
040101002001	挖沟槽土方	(1) 土壤类别：三类土 (2) 挖土深度：2.2m	m^3	3520

定额工程量计算：实际施工需放坡开挖，三类土沿沟槽方向机械开挖放坡系数为0.25。

挖沟槽土方工程量 $V=(1.8+0.25\times2.2)\times2.2\times2000=10340(m^3)$

这就是清单工程量与定额工程量的区别，套用定额时采用定额工程量，希望同学们能够理解。

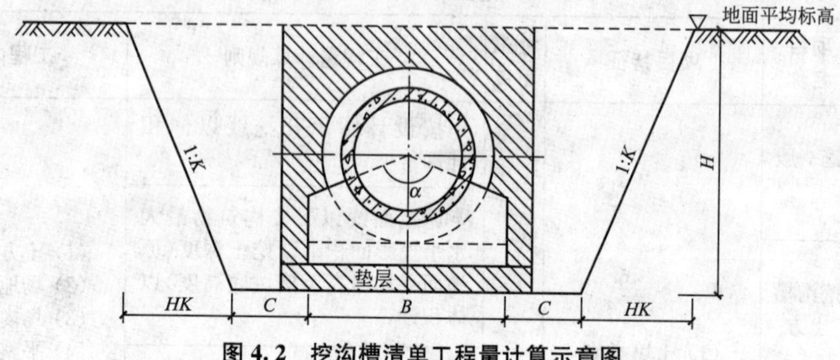

图 4.2　挖沟槽清单工程量计算示意图

(2) 挖石方。工程量清单项目设置及工程量计算规则，应按表4-3的规定执行。

表 4-3　挖石方(编码：040102)

项目编码	项目名称	项目特征	计量单位	工程量计算规则	工程内容
040102001	挖一般石方	(1) 岩石类别 (2) 单孔深度	m^3	按设计图示开挖线以体积计算	(1) 石方开凿 (2) 围护、支撑 (3) 场内运输 (4) 修整底、边
040102002	挖沟槽石方			原地面线以下按构筑物最大水平投影面积乘以挖石深度(原地面平均标高至槽底高度)以体积计算	
040102003	挖基坑石方			按设计图示尺寸以体积计算	

(3) 填方及土石方运输。工程量清单项目设置及工程量计算规则，应按表4-4的规定执行。

表 4-4　填方及土石方运输(编码：040103)

项目编码	项目名称	项目特征	计量单位	工程量计算规则	工程内容
040103001	填方	(1) 填方材料品种 (2) 密实度	m^3	(1) 按设计图示尺寸以体积计算 (2) 或按挖方清单项目工程量减基础、构筑物埋入体积加原地面线至设计要求标高间的体积计算	(1) 填方 (2) 压实
040103002	余方弃置	(1) 废弃料品种 (2) 运距		按挖方清单项目工程量减利用回填方体积(正数)计算	余方点装料运输至缺方点
040103003	缺方内运	(1) 填方材料品种 (2) 运距		按挖方清单项目工程量减利用回填方体积(负数)计算	取料点装料运输至缺方点

(4) 其他相关问题应按下列规定处理。

① 挖方应按天然密实度体积计算，填方应按压实后体积计算。

② 沟槽、基坑、一般土石方的划分应符合下列规定。

a. 底宽 7m 以内，底长大于底宽 3 倍以上应按沟槽计算。

b. 底长小于宽 3 倍以下，底面积在 $150m^2$ 以内应按基坑计算。

c. 超过上述范围，应按一般土石方计算。

2. 道路工程

(1) 路基处理。工程量清单项目设置及工程量计算规则，应按表 4-5 的规定执行。

表 4-5 路基处理(编码：040201)

项目编码	项目名称	项目特征	计量单位	工程量计算规则	工程内容
040201001	强夯土方	密实度	m^2	按设计图示尺寸以面积计算	土方强夯
040201002	掺石灰	含灰量	m^3	按设计图示尺寸以体积计算	掺石灰
040201003	掺干土	(1) 密实度 (2) 掺土率			掺石灰
040201004	掺石	(1) 材料 (2) 规格 (3) 掺石率			掺石
040201005	抛石挤淤	规格			抛石挤淤
040201006	袋装砂井	(1) 直径 (2) 填充料品种	m	按设计图示以长度计算	成孔、装袋砂
040201007	塑料排水板	(1) 材料 (2) 规格			成孔、打塑料排水板
040201008	石灰砂桩	(1) 材料配合比 (2) 桩径			成孔、石灰、砂填充
040201009	碎石桩	(1) 材料规格 (2) 桩径			(1) 振冲器安装、拆除 (2) 碎石填充、振实
040201010	喷粉桩				成孔、喷粉固化
040201011	深层搅拌桩	(1) 桩径 (2) 水泥含量			(1) 成孔 (2) 水泥浆搅拌 (3) 压浆、搅拌
040201012	土工布	(1) 材料品种 (2) 规格	m^2	按设计图示尺寸以面积计算	土工布铺设

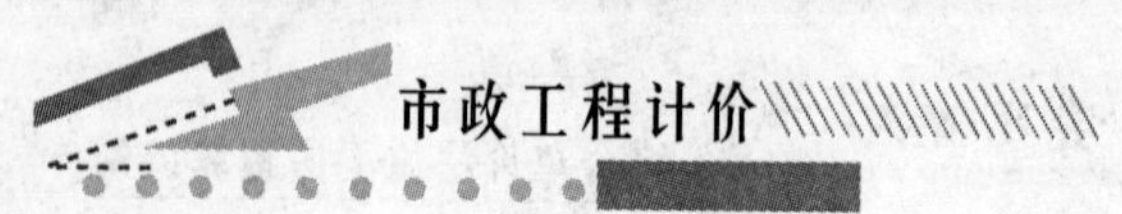

（续）

项目编码	项目名称	项目特征	计量单位	工程量计算规则	工程内容
040201013	排水沟、截水沟	(1) 材料品种 (2) 断面 (3) 混凝土强度等级 (4) 砂浆强度等级	m	按设计图示以长度计算	(1) 垫层铺筑 (2) 混凝土浇筑 (3) 砌筑 (4) 勾缝 (5) 抹面 (6) 盖板
040201014	盲沟	(1) 材料品种 (2) 断面 (3) 材料规格			
Z040201015	路床(槽)整形	断面	m^2	按设计图示以面积计算	(1) 放样 (2) 碾压 (3) 检验

(2) 道路基层。工程量清单项目设置及工程量计算规则，应按表 4－6 的规定执行。

表 4－6　道路基层(编码：040202)

项目编码	项目名称	项目特征	计量单位	工程量计算规则	工程内容
040202001	垫层	(1) 厚度 (2) 材料品种 (3) 材料规格	m^2	按设计图示尺寸以面积计算，不扣除各种井所占面积	(1) 拌和 (2) 铺筑 (3) 找平 (4) 碾压 (5) 养护
040202002	石灰稳定土	(1) 厚度 (2) 含灰量			
040202003	水泥稳定土	(1) 水泥含量 (2) 厚度			
040202004	石灰、粉煤灰、土	(1) 厚度 (2) 配合比			
040202005	石灰、碎石、土	(1) 厚度 (2) 配合比 (3) 碎石规格			
040202006	石灰、粉煤灰、碎(砾)石	(1) 材料品种 (2) 厚度 (3) 碎(砾)石规格 (4) 配合比			

（续）

项目编码	项目名称	项目特征	计量单位	工程量计算规则	工程内容
040202007	粉煤灰	厚度	m^2	按设计图示尺寸以面积计算，不扣除各种井所占面积	(1) 拌和 (2) 铺筑 (3) 找平 (4) 碾压 (5) 养护
040202008	砂砾石				
040202009	卵石				
040202010	碎石				
040202011	块石				
040202012	炉渣				
040202013	粉煤灰三渣	(1) 厚度 (2) 配合比 (3) 石料规格			
040202014	水泥稳定碎(砾)石	(1) 厚度 (2) 水泥剂量 (3) 石料规格			
040202015	沥青稳定碎石	(1) 厚度 (2) 沥青品种 (3) 石料粒径			
Z040202016	矿渣	厚度			
Z040202017	塘渣				
Z040202018	砂				

【例 4-2】 某道路工程机动车道 5%水泥稳定碎石基层为梯形断面，顶宽 14m，底宽 14.3m，厚 0.15m，长 1000m(图 4.3)，请编制工程量清单。

图 4.3 某机动车道基层设计图

【解】 浙江省计价实用手册 P56(3)规定对于道路基层清单项目，如设计截面为梯形时，应按其截面最大宽度计算面积，并在项目特征中对截面形状加以描述。

$$\text{水泥稳定碎石基层最大宽度面积 } A=14.3\times1000=14300(m^2)$$

工程量清单编制见表 4-7。

表 4-7 工程量清单

项目编码	项目名称	项目特征	计量单位	工程量
040202014001	水泥稳定碎(砾)石	厚度：15cm 水泥剂量：5% 断面：梯形断面，顶宽 14m，厚 15cm，1∶1 放坡	m^2	14300

但定额工程量应按设计道路基层图示尺寸(平均宽)计算面积，水泥稳定碎石基层面积计算如下：

$$水泥稳定碎石基层面积 A=(14+14.3)/2\times1000=14150(m^2)$$

清单工程量一定要按清单工程量计算规则进行计算，但套用定额仍采用定额工程量。

(3) 道路面层。工程量清单项目设置及工程量计算规则，应按表 4-8 的规定执行。

表 4-8 道路面层(编码：040203)

项目编码	项目名称	项目特征	计量单位	工程量计算规则	工程内容
040203001	沥青表面处治	(1) 沥青品种 (2) 层数	m^2	按设计图示尺寸以面积计算，不扣除各种井所占面积	(1) 洒油 (2) 碾压
040203002	沥青贯入式	(1) 沥青品种 (2) 厚度			
040203003	黑色碎石	(1) 沥青品种 (2) 厚度 (3) 石料最大粒径			(1) 洒铺底油 (2) 铺筑 (3) 碾压
040203004	沥青混凝土	(1) 沥青品种 (2) 石料最大粒径 (3) 厚度			
040203005	水泥混凝土	(1) 混凝土强度等级、石料最大粒径 (2) 厚度 (3) 掺和料 (4) 配合比			(1) 传力杆及套筒制作、安装 (2) 混凝土浇筑 (3) 拉毛或压痕 (4) 伸缝 (5) 缩缝 (6) 锯缝 (7) 嵌缝 (8) 路面养生
040203006	块料面层	(1) 材质 (2) 规格 (3) 垫层厚度 (4) 强度			(1) 铺筑垫层 (2) 铺砌块料 (3) 嵌缝、勾缝
040203007	橡胶、塑料弹性面层	(1) 材料名称 (2) 厚度			(1) 配料 (2) 铺贴

(4) 人行道及其他。工程量清单项目设置及工程量计算规则，应按表 4-9 的规定执行。

表4-9 人行道及其他(编码：040204)

项目编码	项目名称	项目特征	计量单位	工程量计算规则	工程内容
040204001	人行道块料铺设	(1) 材质 (2) 尺寸 (3) 垫层材料品种、厚度、强度 (4) 图形	m^2	按设计图示尺寸以面积计算，不扣除各种井所占面积	(1) 整形碾压 (2) 垫层、基础铺筑 (3) 块料铺设
040204002	现浇混凝土人行道及进口坡	(1) 混凝土强度等级、石料最大粒径 (2) 厚度 (3) 垫层、基础：材料品种、厚度、强度			(1) 整形碾压 (2) 垫层、基础铺筑 (3) 混凝土浇筑 (4) 养生
040204003	安砌侧(平缘)石	(1) 材料 (2) 尺寸 (3) 形状 (4) 垫层、基础：材料品种、厚度、强度	m	按设计图示中心线长度计算	(1) 垫层、基础铺筑 (2) 侧(平、缘)石安砌
040204004	现浇侧(平缘)石	(1) 材料品种 (2) 尺寸 (3) 形状 (4) 混凝土强度等级、石料最大粒径 (5) 垫层、基础：材料品种、厚度、强度			(1) 垫层铺筑 (2) 混凝土浇筑 (3) 养生
040204005	检查井升降	(1) 材料品种 (2) 规格 (3) 平均升降高度	座	按设计图示路面标高与原有的检查井发生正负高差的检查井的数量计算	升降检查井
040204006	树池砌筑	(1) 材料品种、规格 (2) 树池尺寸 (3) 树池盖材料品种	个	按设计图示数量计算	(1) 树池砌筑 (2) 树池盖制作、安装

(5) 交通管理设施。工程量清单项目设置及工程量计算规则，应按表4-10的规定执行。

表 4－10　交通管理设施(编码：040205)

项目编码	项目名称	项目特征	计量单位	工程量计算规则	工程内容
040205001	接线工作井	(1) 混凝土强度等级、石料最大粒径 (2) 规格	座	按设计图示数量计算	浇筑
040205002	电缆保护管铺设	(1) 材料品种 (2) 规格 (3) 基础材料品种、厚度、强度	m	按设计图示以长度计算	电缆保护管制作、安装
040205003	标杆		套	按设计图示数量计算	(1) 基础浇捣 (2) 标杆制作、安装
040205004	标志板		块		标志板制作、安装
040205005	视线诱导器	类型	只		安装
040205006	标线	(1) 油漆品种 (2) 工艺 (3) 线形	km	按设计图示长度计算	画线
040205007	标记	(1) 油漆品种 (2) 规格 (3) 形式	个		
040205008	横道线	形式	m^2	按设计图示尺寸以面积计算	
040205009	清除标线	清除方法			清除
040205010	交通信号灯安装	型号	套	按设计图示数量计算	(1) 基础浇捣 (2) 安装
040205011	环形检测线安装	(1) 类型 (2) 垫层、基础：材料品种、厚度、强度	m	按设计图示长度计算	
040205012	值警亭安装		座	按设计图示数量计算	
040205013	隔离护栏安装	(1) 部位 (2) 形式 (3) 规格 (4) 类型 (5) 材料品种 (6) 基础材料品种、强度	m	按设计图示长度计算	(1) 基础浇筑 (2) 安装
040205014	立电杆	(1) 类型 (2) 规格 (3) 基础材料品种、强度	根	按设计图示数量计算	(1) 基础浇筑 (2) 安装
040205015	信号灯架空走线	规格	km	按设计图示以长度计算	架线

（续）

项目编码	项目名称	项目特征	计量单位	工程量计算规则	工程内容
040205016	信号机箱	(1) 形式 (2) 规格 (3) 基础材料品种、强度	只	按设计图示数量计算	(1) 基础浇筑或砌筑 (2) 安装 (3) 系统调试、标志板制作、安装
040205017	信号灯架		组		
040205018	管内穿线	(1) 规格 (2) 型号	km	按设计图示以长度计算	穿线

(6) 道路工程厚度均应以压实后为准。

3. 桥涵护岸工程

(1) 桩基。工程量清单项目设置及工程量计算规则，应按表 4-11 的规定执行。

表 4-11　桩基（编码：040301）

项目编码	项目名称	项目特征	计量单位	工程量计算规则	工程内容
040301001	圆木桩	(1) 材质 (2) 尾径 (3) 斜率	m	按设计图示以桩长(包括桩尖)计算	(1) 工作平台搭拆 (2) 桩机竖拆 (3) 运桩 (4) 桩靴安装 (5) 沉桩 (6) 截桩头 (7) 废料弃置
040301002	钢筋混凝土板板桩	(1) 凝土强度等级、石料最大粒径 (2) 部位	m^3	按设计图示桩长(包括桩尖)乘以桩的断面积以体积计算	(1) 工作平台搭拆 (2) 桩机竖拆 (3) 场内外运桩 (4) 沉桩 (5) 送桩 (6) 凿除桩头 (7) 废料弃置 (8) 混凝土浇筑 (9) 废料弃置
040301003	钢筋混凝土方桩(管桩)	(1) 形式 (2) 混凝土强度等级、石料最大粒径 (3) 断面 (4) 斜率 (5) 部位	m	按设计图示以桩长(包括桩尖)计算	(1) 工作平台搭拆 (2) 桩机竖拆 (3) 混凝土浇筑 (4) 运桩 (5) 沉桩 (6) 接桩 (7) 送桩 (8) 凿除桩头 (9) 桩芯混凝土充填

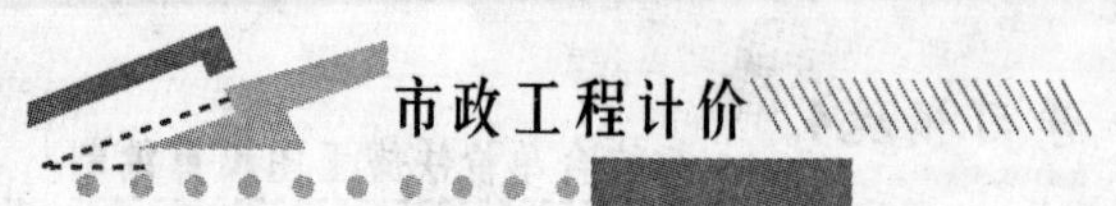

（续）

<table>
<tr><th>项目编码</th><th>项目名称</th><th>项目特征</th><th>计量单位</th><th>工程量计算规则</th><th>工程内容</th></tr>
<tr><td>040301004</td><td>钢管桩</td><td>(1) 材质
(2) 加工工艺
(3) 管径、壁厚
(4) 斜率
(5) 强度</td><td rowspan="4">m</td><td rowspan="2">按设计图示以桩长(包括桩尖)计算</td><td>(1) 工作平台搭拆
(2) 桩机竖拆
(3) 钢管制作
(4) 场内外运桩
(5) 沉桩
(6) 接桩
(7) 送桩
(8) 切割钢管
(9) 精割盖帽
(10) 管内取土
(11) 余土弃置
(12) 管内填心
(13) 废料弃置</td></tr>
<tr><td>040301005</td><td>钢管成孔灌注桩</td><td>(1) 桩径
(2) 深度
(3) 材料品种
(4) 混凝土强度等级、石料最大粒径</td><td>(1) 工作平台搭拆
(2) 桩机竖拆
(3) 沉桩及灌注、拔管
(4) 凿除桩头
(5) 废料弃置</td></tr>
<tr><td>040301006</td><td>挖孔灌注桩</td><td rowspan="2">(1) 桩径
(2) 深度
(3) 岩土类别
(4) 混凝土强度等级、石料最大粒径</td><td rowspan="2">按设计图示以长度计算</td><td>(1) 挖桩成孔
(2) 护壁制作、安装、浇捣
(3) 土方运输
(4) 灌注混凝土
(5) 凿除桩头
(6) 废料弃置
(7) 余方弃置</td></tr>
<tr><td>040301007</td><td>机械成孔灌注桩</td><td>(1) 工作平台搭拆
(2) 成孔机械竖拆
(3) 护筒埋设
(4) 泥浆制作
(5) 钻、冲成孔
(6) 余方弃置
(7) 灌注混凝土
(8) 凿除桩头
(9) 废料弃置</td></tr>
</table>

(2) 现浇混凝土。工程量清单项目设置及工程量计算规则，应按表 4－12 的规定执行。

表 4－12 现浇混凝土(编码：040302)

项目编码	项目名称	项目特征	计量单位	工程量计算规则	工程内容
040302001	1. 混凝土基础	(1) 混凝土强度等级、石料最大粒径 (2) 嵌料(毛石比例) (3) 垫层厚度、材料品种、强度	m³	按设计图示尺寸以体积计算	(1) 垫层铺筑 (2) 混凝土浇筑 (3) 养生
040302002	混凝土承台	(1) 部位 (2) 混凝土强度等级、石料最大粒径			(1) 混凝土浇筑 (2) 养生
040302003	墩(台)帽				
040302004	墩(台)身				
040302005	支撑梁及横梁				
040302006	墩(台)盖梁				
040302007	拱桥拱座	混凝土强度等级、石料最大限度粒径			
040302008	拱桥拱肋				
040302009	拱上构件	(1) 部位 (2) 混凝土强度等级、石料最大粒径			
040302010	混凝土箱梁				
040302011	混凝土连续板	(1) 部位 (2) 强度 (3) 形式			
040302012	混凝土板梁	(1) 部位 (2) 形式 (3) 混凝土强度等级、石料最大粒径			
040302013	拱板	(1) 部位 (2) 混凝土强度等级、石料最大粒径			
040302014	混凝土楼梯	(1) 形式 (2) 混凝土强度等级、石料最大粒径	m³	按设计图示尺寸以体积计算	
040302015	混凝土防撞护栏	(1) 断面 (2) 混凝土强度等级、石料最大粒径	m	按设计图示尺寸以长度计算	
040302016	混凝土小型构件	(1) 部位 (2) 混凝土强度等级、石料最大粒径	m³	按设计图示尺寸以体积计算	

（续）

项目编码	项目名称	项目特征	计量单位	工程量计算规则	工程内容
040302017	桥面铺装	(1) 部位 (2) 混凝土强度等级、石料最大粒径 (3) 沥青品种 (4) 硬度 (5) 配合比	m^2	按设计图示尺寸以面积计算	(1) 混凝土浇筑 (2) 养生 (3) 沥青混凝土铺装 (4) 碾压
040302018	桥头搭板	混凝土强度等级、石料最大粒径	m^3	按设计图示尺寸以实体积计算	(1) 混凝土浇筑 (2) 养生
040302019	桥塔身	(1) 形状 (2) 混凝土强度等级、石料最大粒径		按设计图示尺寸以体积计算	
040302020	连系梁				

(3) 预制混凝土。工程量清单项目设置及工程量计算规则，应按表 4－13 的规定执行。

表 4－13　预制混凝土(编码：040303)

项目编码	项目名称	项目特征	计量单位	工程量计算规则	工程内容
040303001	预制混凝土立柱	(1) 形状，尺寸 (2) 混凝土强度等级、石料最大粒径 (3) 预应力、非预应力 (4) 张拉方式	m^3	按设计图示尺寸以体积计算积计算	(1) 混凝土浇筑 (2) 养生 (3) 构件运输 (4) 立柱安装 (5) 构件连接
040303002	预制混凝土板				
040303003	预制混凝土梁				
040303004	预制混凝土桁架拱构件	(1) 部件 (2) 混凝土强度等级、石料最大粒径			(1) 混凝土浇筑 (2) 养生 (3) 构件运输 (4) 安装 (5) 构件连接
040303005	预制混凝土小型构件				
Z040303006	预制混凝土拱肋	(1) 部位 (2) 混凝土强度等级、石料最大粒径			
Z040303007	预制混凝土板拱				

(4) 砌筑。工程量清单项目设置及工程量计算规则，应按表 4－14 的规定执行。

表 4-14　砌筑(编码：040304)

<table>
<tr><th>项目编码</th><th>项目名称</th><th>项目特征</th><th>计量单位</th><th>工程量计算规则</th><th>工程内容</th></tr>
<tr><td>040304001</td><td>干砌块料</td><td>(1) 部位
(2) 材料品种
(3) 规格</td><td rowspan="4">m^3</td><td rowspan="4">按设计图示尺寸以体积计算</td><td>(1) 砌筑
(2) 勾缝</td></tr>
<tr><td>040304002</td><td>浆砌块料</td><td>(1) 部位
(2) 材料品种
(3) 规格
(4) 砂浆强度等级</td><td>(1) 砌筑
(2) 砌体勾缝
(3) 砌体抹面
(4) 泄水孔制作、安装
(5) 滤层铺设
(6) 沉降缝</td></tr>
<tr><td>040304003</td><td>浆砌拱圈</td><td>(1) 材料品种
(2) 规格
(3) 砂浆强度</td><td>(1) 砌筑
(2) 砌体勾缝
(3) 砌体抹面</td></tr>
<tr><td>040304004</td><td>抛石</td><td>(1) 要求
(2) 品种规格</td><td>抛石</td></tr>
</table>

(5) 挡墙、护坡。工程量清单项目设置及工程量计算规则，应按表 4-15 的规定执行。

表 4-15　砖散水、地坪、地沟(编码：040305)

<table>
<tr><th>项目编码</th><th>项目名称</th><th>项目特征</th><th>计量单位</th><th>工程量计算规则</th><th>工程内容</th></tr>
<tr><td>040305001</td><td>挡墙基础</td><td>(1) 材料品种
(2) 混凝土强度等级、石料最大粒径
(3) 形式
(4) 垫层厚度、材料品种、强度</td><td rowspan="4">m^3</td><td rowspan="4">按设计图示尺寸以体积计算</td><td>(1) 垫层铺筑
(2) 混凝土浇筑</td></tr>
<tr><td>040305002</td><td>现浇混凝土挡墙墙身</td><td rowspan="2">(1) 混凝土强度等级、石料最大粒径
(2) 泄水孔材料品种、规格
(3) 滤水层要求</td><td>(1) 混凝土浇筑
(2) 养生
(3) 抹灰
(4) 泄水孔制作、安装
(5) 滤水层铺筑</td></tr>
<tr><td>040305003</td><td>预制混凝土挡墙墙身</td><td>(1) 混凝土浇筑
(2) 养生
(3) 构件运输
(4) 安装
(5) 泄水孔制作、安装
(6) 滤水层铺筑</td></tr>
<tr><td>040305004</td><td>挡墙混凝土压顶</td><td>混凝土强度等级、石料最大粒径</td><td>(1) 混凝土浇筑
(2) 养生</td></tr>
<tr><td>040305005</td><td>护坡</td><td>(1) 材料品种
(2) 结构形式
(3) 厚度</td><td>m^2</td><td>按设计图示尺寸以面积计算</td><td>(1) 修整边坡
(2) 砌筑</td></tr>
</table>

(6) 立交箱涵，工程量清单项目设置及工程量计算规则，应按表 4－16 的规定执行。

表 4－16　立交箱涵(编码：040306)

项目编码	项目名称	项目特征	计量单位	工程量计算规则	工程内容
040306001	滑板	(1) 透水管材料品种、规格 (2) 垫层厚度、材料品种、强度 (3) 混凝土强度等级、石料最大粒径	m^3	按设计图示尺寸以体积计算	(1) 透水管铺设 (2) 垫层铺筑 (3) 混凝土浇筑 (4) 养生
040306002	箱涵底板	(1) 管材料品种、规格 (2) 垫层厚度、材料品种、强度 (3) 混凝土强度等级、石料最大粒径 (4) 石蜡层要求 (5) 塑料薄膜品种、规格			(1) 石蜡层 (2) 塑料薄膜 (3) 混凝土浇筑 (4) 养生
040306003	箱涵侧墙、	(1) 混凝土强度等级、石料最大粒径 (2) 防水层工艺要求			(1) 混凝土浇筑 (2) 养生 (3) 防水砂浆 (4) 防水层铺涂
040306004	箱涵顶板				
040306005	箱涵顶进	(1) 断面 (2) 长度	kt·m	按设计图示尺寸以被顶箱涵的质量乘以箱涵的位移距离分节累计计算	(1) 顶进设备安装、拆除 (2) 气垫安装、拆除 (3) 气垫使用 (4) 钢刃角制作、安装、拆除 (5) 挖土实项 (6) 场内外运输 (7) 中继间安装、拆除
040306006	箱涵接缝	(1) 材质 (2) 工艺要求	m	按设计图示止水带长度计算	接缝

(7) 钢结构。工程量清单项目设置及工程量计算规则，应按表 4－17 的规定执行。

表 4-17 钢结构(编码：040307)

项目编码	项目名称	项目特征	计量单位	工程量计算规则	工程内容
040307001	钢箱梁	(1) 材质 (2) 部位 (3) 油漆品种、色彩、工艺要求	t	按设计图示尺寸以质量计算(不包括螺栓、焊缝质量)	(1) 制作 (2) 运输 (3) 试拼 (4) 安装 (5) 连接 (6) 除锈、油漆
040307002	钢板梁				
040307003	钢桁梁				
040307004	钢拱				
040307005	钢构件				
040307006	劲性钢结构				
040307007	钢结构叠合梁				
040307008	钢拉索	(1) 材质 (2) 直径 (3) 防护方式		按设计图示尺寸以质量计算	(1) 拉索安装 (2) 张拉 (3) 锚具 (4) 防护壳制作、安装
040307009	钢拉杆				(1) 连接、紧锁件安装 (2) 钢拉杆安装 (3) 钢拉杆防腐 (4) 钢拉杆防护壳制作、安装

(8) 装饰。工程量清单项目设置及工程量计算规则，应按表 4-18 的规定执行。

表 4-18 装饰(编码：040308)

项目编码	项目名称	项目特征	计量单位	工程量计算规则	工程内容
040308001	水泥砂浆	(1) 砂浆配合比 (2) 部位 (3) 硬度	m^2	按设计图示尺寸以面积计算	(1) 制作 (2) 运输 (3) 试拼 (4) 安装 (5) 连接
040308002	水刷石饰面	(1) 材料 (2) 部位 (3) 砂浆配合比 (4) 形式、厚度			饰面
040308003	剁斧石饰面	(1) 材料 (2) 部位 (3) 形式 (4) 厚度			

(续)

项目编码	项目名称	项目特征	计量单位	工程量计算规则	工程内容
040308004	拉毛	(1) 材料 (2) 砂浆配合比 (3) 形式 (4) 厚度	m²	按设计图示尺寸以面积计算	砂浆、水泥浆拉毛
040308005	水磨石饰面	(1) 规格 (2) 砂浆配合比 (3) 材料品种 (4) 部位			饰面
040308006	镶贴面层	(1) 材质 (2) 规格 (3) 厚度 (4) 部位			镶贴面层
040308007	水质涂料	(1) 材料品种 (2) 部位			涂料涂刷
040308008	油漆	(1) 材料品种 (2) 部位 (3) 工艺要求			(1) 除锈 (2) 刷油漆

(9) 其他。工程量清单项目设置及工程量计算规则，应按表 4－19 的规定执行。

表 4－19　其他(编码：040309)

项目编码	项目名称	项目特征	计量单位	工程量计算规则	工程内容
040309001	金属栏杆	(1) 材质 (2) 规格 (3) 油漆品种、工艺要求	t	按设计图示尺寸以质量计算	(1) 制作、运输、安装 (2) 除锈、刷油漆
040309002	橡胶支座	(1) 材质 (2) 规格	个	按设计图示数量计算	支座安装
040309003	钢支座	(1) 材质 (2) 规格 (3) 形式			
040309004	盆式支座	(1) 材质 (2) 承载力			
040309005	油毛毡支座	(1) 材质 (2) 规格	m²	按设计图示尺寸以面积计算	制作、安装

（续）

项目编码	项目名称	项目特征	计量单位	工程量计算规则	工程内容
040309006	桥梁伸缩装置	(1) 材料品种 (2) 规格	m	按设计图示尺寸以延长米计算	(1) 制作、安装 (2) 嵌缝
040309007	隔音屏障	(1) 材料品种 (2) 结构形式 (3) 油漆品种、工艺要求	m^2	按设计图示尺寸以面积计算	(1) 制作、安装 (2) 除锈、刷油漆
040309008	桥面泄水管	(1) 材料 (2) 管径	m	按设计图示以长度计算	(1) 进水口、泄水管制作、安装 (2) 滤层铺设防水层铺涂
040309009	防水层	(1) 材料品种 (2) 规格 (3) 部位 (4) 工艺要求	m^2	按设计图示尺寸以面积计算	
040309010	钢桥维修设备	按设计图要求	套	按设计图示数量计算	(1) 制作 (2) 运输 (3) 安装 (4) 除锈、刷油漆

(10) 其他相关问题，应按下列规定处理。

① 除箱涵顶进土方、桩土方以外，其他(包括顶进工作坑)土方，应按 1. 土石方工程中相关项目编码列项。

② 台帽、台盖梁均应包括耳墙、背墙。

4. 市政管网工程

(1) 管道铺设。工程量清单项目设置及工程量计算规则，应按表 4-20 的规定执行。

表 4-20 管道铺设(编码：040501)

项目编码	项目名称	项目特征	计量单位	工程量计算规则	工程内容
040501001	陶土管铺设	(1) 管材规格 (2) 埋设深度 (3) 垫层厚度、材料品种、强度 (4) 基础断面形式、混凝土强度等级、石料最大粒径	m	按设计图示中心线长度以延长米计算，不扣除井所占的长度	(1) 垫层铺筑 (2) 混凝土基础浇筑 (3) 管道防腐 (4) 管道铺设 (5) 管道接口 (6) 混凝土管座浇筑 (7) 预制管枕安装 (8) 井壁(墙)凿洞 (9) 检测及试验

（续）

项目编码	项目名称	项目特征	计量单位	工程量计算规则	工程内容
040501002	混凝土管道铺设	(1) 管有筋无筋 (2) 规格 (3) 埋设深度 (4) 接口形式 (5) 垫层厚度、材料品种、强度 (6) 基础断面形式、混凝土强度等级、石料最大粒径	m	按设计图示管道中心线长度以延长米计算，不扣除中间井及管件、阀门所占的长度	(1) 垫层铺筑 (2) 混凝土基础浇筑 (3) 管道防腐 (4) 管道铺设 (5) 管道接口 (6) 混凝土管座安装 (7) 预制管枕安装 (8) 井壁(墙)凿洞 (9) 检测及试验 (10) 冲洗消毒或吹扫
040501003	镀锌钢管铺设	(1) 公称直径 (2) 接口形式 (3) 防腐、保温要求 (4) 埋设深度 (5) 基础材料品种、厚度	m	按设计图示管道中心线长度以延长米计算，不扣除管件、阀门、法兰所占的长度	(1) 基础铺筑 (2) 管道防腐、保温 (3) 管道铺设 (4) 接口 (5) 检测及试验 (6) 冲洗消毒或吹扫
040501004	铸铁管铺设	(1) 管材材质 (2) 管材规格 (3) 埋设深度 (4) 接口形式 (5) 防腐、保温要求 (6) 垫层厚度、材料品种、强度 (7) 基础断面形式、混凝土强度、石料最大粒径	m	按设计图示管道中心线长度以延长米计算，不扣除中间井及管件、阀门所占的长度	(1) 垫层铺筑 (2) 混凝土基础浇筑 (3) 管道防腐 (4) 管道铺设 (5) 管道接口 (6) 混凝土管座浇筑 (7) 井壁(墙)凿洞 (8) 检测及试验 (9) 冲洗消毒或吹扫
040501005	钢管铺设	(1) 管材材质 (2) 管材规格 (3) 埋设深度 (4) 防腐、保温要求 (5) 压力等级 (6) 垫层厚度、材料品种、强度 (7) 基础断面形式、混凝土强度、石料最大粒径	m	按设计图示管道中心线长度以延长米计算(支管长度从主管中心到支管末端交接处的中心)，不扣除中间井及管件、阀门所占的长度新旧管连接时，计算到碰头的阀门中心处	(1) 垫层铺筑 (2) 混凝土基础浇筑 (3) 混凝土管座浇筑 (4) 管道防腐、保温铺设 (5) 管道铺设 (6) 管道接口 (7) 检测及试验 (8) 冲洗消毒或吹扫
040501006	塑料管道铺设	(1) 管道材料名称 (2) 管材规格 (3) 埋设深度 (4) 接口形式 (5) 垫层厚度、材料品种、强度 (6) 基础断面形式、混凝土强度等级、石料最大粒径 (7) 探测线要求			(1) 垫层铺筑 (2) 混凝土基础浇筑 (3) 管道防腐 (4) 管道铺设 (5) 探测线铺设 (6) 管道接口 (7) 混凝土管座浇筑 (8) 井壁(墙)凿洞 (9) 检测及试验 (10) 冲洗消毒或吹扫

（续）

项目编码	项目名称	项目特征	计量单位	工程量计算规则	工程内容
040501007	砌筑渠道	(1) 渠道断面 (2) 渠道材料 (3) 砂浆强度等级 (4) 埋设深度 (5) 垫层厚度、材料品种、强度 (6) 基础断面形式、混凝土强度等级、石料最大粒径	m	按设计图示尺寸以长度计算	(1) 垫层铺筑 (2) 渠道基础 (3) 墙身砌筑 (4) 止水带安装 (5) 拱盖砌筑或盖板预制、安装 (6) 勾缝 (7) 抹面 (8) 防腐 (9) 渠道渗漏试验
040501008	混凝土渠道	(1) 渠道断面 (2) 埋设深度 (3) 垫层厚度、材料品种、强度 (4) 基础断面形式、混凝土强度、石料最大粒径			(1) 垫层铺筑 (2) 渠道基础 (3) 墙身砌筑 (4) 止水带安装 (5) 拱盖砌筑或盖板预制、安装 (6) 抹面 (7) 防腐 (8) 渠道渗漏试验
040501009	套管内铺设管道	(1) 管材材质 (2) 管径、壁厚 (3) 接口形式 (4) 防腐要求 (5) 保温要求 (6) 压力等级		按设计图示管道中心线长度计算	(1) 基础铺筑(支架制作、安装) (2) 管道防腐 (3) 穿管铺设 (4) 接口 (5) 检测及试验 (6) 冲洗消毒或吹扫 (7) 管道保温 (8) 防护
040501010	管道架空跨越	(1) 管材材质 (2) 管径、壁厚 (3) 跨越跨度 (4) 支承形式 (5) 防腐、保温要求 (6) 压力等级		按设计图示管道中心线长度计算，不扣除管件、阀门、法兰所占的长度	(1) 支承结构制作、安装 (2) 防腐 (3) 管道铺设 (4) 接口 (5) 检测及试验 (6) 冲洗消毒或吹扫 (7) 管道保温 (8) 防护
040501011	管道沉管跨越	(1) 管材材质 (2) 管径、壁厚 (3) 跨越跨度 (4) 支承形式 (5) 防腐要求 (6) 压力等级 (7) 标志牌灯要求 (8) 基础厚度、材料品种、规格			(1) 管沟开挖 (2) 管沟基础铺筑 (3) 防腐 (4) 跨越拖管头制作 (5) 沉管铺设 (6) 检测及试验 (7) 冲洗消毒或吹扫 (8) 标志牌灯制作、安装
040501012	管道焊口无损探伤	(1) 管材外径、壁厚 (2) 探伤要求	口	按设计图示要求探伤的数量计算	(1) 焊口无损探伤 (2) 编写报告

（2）管件、钢支架制作、安装及新旧管连接(略)。

（3）阀门、水表、消火栓安装(略)。

（4）井类、设备基础及出水口。工程量清单项目设置及工程量计算规则，应按表4－21的规定执行。

表4－21　井类、设备基础及出水口(编码：040504)

项目编码	项目名称	项目特征	计量单位	工程量计算规则	工程内容
040504001	砌筑检查井	（1）材料 （2）井深、尺寸 （3）定型井名称、定型图号、尺寸及井深 （4）垫层、基础、厚度	座	按设计图示数量计算	（1）垫层铺筑 （2）混凝土浇筑 （3）养生 （4）砌筑 （5）爬梯制作、安装 （6）勾缝 （7）抹面 （8）防腐 （9）盖板、过梁制作、安装 （10）井盖及井座制作、安装
040504002	混凝土检查井	（1）井深、尺寸 （2）混凝土强度等级、石料最大粒径 （3）垫层厚度、材料品种、强度			（1）垫层铺筑 （2）混凝土浇筑 （3）养生 （4）爬梯制作、安装 （5）盖板、过梁制作、安装 （6）防腐涂刷 （7）井盖及井座制作、安装
040504003	雨水进水井	（1）混凝土强度等级、石料最大粒径 （2）雨水井型号 （3）井深 （4）垫层厚度、材料品种、强度 （5）定型井名称、图号、尺寸及井深			（1）垫层铺筑 （2）混凝土浇筑 （3）养生 （4）砌筑 （5）勾缝 （6）抹面 （7）预制构件制作、安装 （8）井箅安装
040504004	其他砌筑井	（1）阀门井 （2）水表井 （3）消火栓井 （4）摊泥湿井 （5）井的尺寸、深度 （6）井身材料 （7）垫层、基础；厚度、材料品种、强度 （8）定型井名称、图号、尺寸及井深			（1）垫层铺筑 （2）混凝土浇筑 （3）养生 （4）砌支墩 （5）砌筑井身 （6）爬梯制作、安装 （7）盖板、过梁制作、安装 （8）勾缝(抹面) （9）井盖及井座制作、安装

（续）

项目编码	项目名称	项目特征	计量单位	工程量计算规则	工程内容
040504005	设备基础	（1）混凝土强度等级、石料最大粒径 （2）垫层厚度、材料品种、强度	m^3	按设计图示尺寸以体积计算	（1）垫层铺筑 （2）混凝土浇筑 （3）养生 （4）地脚螺栓灌浆 （5）设备底座与基础间灌浆
040504006	出水口	（1）出水口材料 （2）出水口形式 （3）出水口尺寸 （4）出水口深度 （5）出水口砌体强度 （6）混凝土强度等级、石料最大粒径 （7）砂浆配合比 （8）垫层厚度、材料品种、强度	处	按设计图示数量计算	（1）垫层铺筑 （2）混凝土浇筑 （3）养生 （4）砌筑 （5）勾缝 （6）抹面
040504007	支(挡)墩	（1）混凝土强度等级 （2）石料最大粒径 （3）垫层厚度、材料品种、强度	m^3	按设计图示尺寸以体积计算	（1）垫层铺筑 （2）混凝土浇筑 （3）养生 （4）砌筑 （5）勾缝 （6）抹面 （7）预制构件制作、安装 （8）井箅安装
040504008	混凝土工作井	（1）土壤类别 （2）断面 （3）深度 （4）垫层、基础：厚度、材料品种、强度	座	按设计图示数量计算	（1）混凝土工作井制作 （2）挖土下沉定位 （3）土方场内运输 （4）垫层铺设 （5）混凝土浇筑 （6）养生 （7）回填夯实 （8）余方弃置 （9）缺方内运

（5）顶管。工程量清单项目设置及工程量计算规则，应按表4－22的规定执行。

表 4-22 顶管(编码：040505)

<table>
<tr><th>项目编码</th><th>项目名称</th><th>项目特征</th><th>计量单位</th><th>工程量计算规则</th><th>工程内容</th></tr>
<tr><td>040505001</td><td>混凝土管道顶进</td><td>(1) 土壤
(2) 管径
(3) 深度
(4) 规格</td><td rowspan="5">m</td><td rowspan="5">按设计图示尺寸以长度计算</td><td rowspan="2">(1) 顶进后座及坑内工作平台搭拆
(2) 顶进设备安装、拆除
(3) 中继间安装、拆除
(4) 触变泥浆减阻
(5) 套环安装
(6) 防腐涂刷
(7) 挖土、管道顶进
(8) 洞口止水处理
(9) 余方弃置</td></tr>
<tr><td>040505002</td><td>钢管顶进</td><td>(1) 土壤类别
(2) 材质
(3) 管径
(4) 深度</td></tr>
<tr><td>040505003</td><td>铸铁管顶进</td><td rowspan="2">(1) 土壤类别
(2) 管径
(3) 深度</td><td rowspan="2">(1) 顶进后座及坑内工作平台搭拆
(2) 顶进设备安装、拆除
(3) 套环安装
(4) 管道顶进
(5) 洞口止水处理
(6) 余方弃置</td></tr>
<tr><td>040505004</td><td>硬塑料管顶进</td></tr>
<tr><td>040505005</td><td>水平导向钻进</td><td>(1) 土壤类别
(2) 管径
(3) 管材材质</td><td>(1) 钻进
(2) 泥浆制作
(3) 扩孔
(4) 穿管
(5) 余方弃置</td></tr>
</table>

(6) 构筑物。工程量清单项目设置及工程量计算规则，应按表 4-23 的规定执行。

表 4-23 构筑物(编号：040506)

项目编码	项目名称	项目特征	计量单位	工程量计算规则	工程内容
040506001	管道方沟	(1) 断面 (2) 材料品种 (3) 混凝土强度等级、石料最大粒径 (4) 深度 (5) 垫层、基础；厚度、材料品种、强度	m	按设计图示尺寸以长度计算	(1) 垫层铺筑 (2) 方沟基础 (3) 墙身砌筑 (4) 拱盖砌筑或盖板预制、安装 (5) 勾缝 (6) 抹面 (7) 混凝土浇筑

（续）

<table>
<tr><th>项目编码</th><th>项目名称</th><th>项目特征</th><th>计量单位</th><th>工程量计算规则</th><th>工程内容</th></tr>
<tr><td>040506002</td><td>现浇混凝土沉井井壁及隔墙</td><td>(1) 混凝土强度等级
(2) 混凝土抗渗需求
(3) 石料最大粒径</td><td rowspan="11">m^3</td><td>按设计图示尺寸以体积计算</td><td>(1) 垫层铺筑、垫木铺设
(2) 混凝土浇筑
(3) 养生
(4) 余方弃置</td></tr>
<tr><td>040506003</td><td>沉井下沉</td><td>(1) 土壤类别
(2) 管径
(3) 深度</td><td>按自然地坪至设计底板垫层底的高度乘以沉井外壁最大断面面积以体积计算</td><td>(1) 垫木拆除
(2) 沉井挖土地下沉
(3) 填充
(4) 余方弃置</td></tr>
<tr><td>040506004</td><td>沉井混凝土底板</td><td>(1) 混凝土强度等级
(2) 混凝土抗渗需求
(3) 石料最大粒径
(4) 地梁截面
(5) 垫层厚度、材料品种、强度</td><td rowspan="9">按设计图示尺寸以体积计算</td><td>(1) 垫层铺筑
(2) 混凝土浇筑
(3) 养生</td></tr>
<tr><td>040506005</td><td>沉井内地下混凝土结构</td><td>(1) 所在部位
(2) 混凝土强度等级、石料最大粒径</td><td rowspan="2">(1) 混凝土浇筑
(2) 养生</td></tr>
<tr><td>040506006</td><td>沉井混凝土顶板</td><td>(1) 混凝土强度等级、石料最大粒径
(2) 混凝土抗渗需求</td></tr>
<tr><td>040506007</td><td>现浇混凝土池底</td><td>(1) 混凝土强度等级、石料最大粒径
(2) 混凝土抗渗需求
(3) 池底形式
(4) 垫层厚度、材料品种、强度</td><td>(1) 垫层铺筑
(2) 混凝土浇筑
(3) 养生</td></tr>
<tr><td>040506008</td><td>现浇混凝土池壁（隔墙）</td><td>(1) 混凝土强度等级、石料最大粒径
(2) 混凝土抗渗需求</td><td>(1) 混凝土浇筑
(2) 养生</td></tr>
<tr><td>040506009</td><td>现浇混凝土池柱</td><td rowspan="3">(1) 混凝土强度等级、石料最大粒径
(2) 规格</td><td rowspan="4">(1) 混凝土浇筑
(2) 养生</td></tr>
<tr><td>040506010</td><td>现浇混凝土池梁</td></tr>
<tr><td>040506011</td><td>现浇混凝土池盖</td></tr>
<tr><td>040506012</td><td>现浇混凝土土板</td><td>(1) 混凝土抗渗需求、石料最大粒径
(2) 池槽断面</td></tr>
</table>

（续）

项目编码	项目名称	项目特征	计量单位	工程量计算规则	工程内容
040506013	池槽	（1）混凝土抗渗需求、石料最大粒径 （2）池槽断面	m	按设计图示尺寸以长度计算	（1）混凝土浇筑 （2）养生 （3）盖板 （4）其他材料铺设
040506014	砌筑导流壁、筒	（1）块体材料 （2）断面 （3）砂浆强度等级			（1）砌筑 （2）抹面
040506015	混凝土导流壁、筒	（1）断面 （2）混凝土强度等级、石料最大粒径	m³	按设计图示尺寸以体积计算	（1）混凝土浇筑 （2）养生
040506016	混凝土扶梯	（1）混凝土强度等级、石料最大粒径 （2）混凝土抗渗需求			（1）混凝土浇筑或预制 （2）养生 （3）扶梯安装
040506017	金属扶梯、栏杆	（1）材质 （2）规格 （3）油漆品种、工艺要求	t	按设计图示尺寸以质量计算	（1）钢扶梯制作、安装 （2）除锈、刷油漆
040506018	其他现浇混凝土构件	（1）规格 （2）混凝土强度等级石料最大粗径	m³	按设计图示尺寸以体积计算	（1）混凝土浇筑 （2）养生
040506019	预制混凝凝土板	（1）混凝土强度等级、石料最大粒径 （2）名称、部位、规格			（1）混凝土浇筑 （2）养生 （3）构件移动及堆放 （4）构件安装
040506020	预制混凝土槽	（1）规格 （2）混凝土抗渗需求、石料最大粒径	m³	按设计图示尺寸以体积计算	
040506021	预制混凝土支墩				
040506022	预制混凝土异型构件				
040506023	滤板	（1）滤板材质 （2）滤板规格 （3）滤板厚度 （4）滤板部位	m²	按设计图示尺寸以体积计算	（1）制作 （2）安装
040506024	折板	（1）折板材料 （2）折板形式 （3）折板部位			
040506025	壁板	（1）壁板材料 （2）壁板部位			

（续）

项目编码	项目名称	项目特征	计量单位	工程量计算规则	工程内容
040506026	滤料铺设	(1) 滤料品种 (2) 滤料规格	m^2	按设计图示尺寸以体积计算	铺设
040506027	尼龙网板	(1) 材料品种 (2) 材料规格		按设计图示尺寸以面积计算	(1) 制作 (2) 安装
040506028	刚性防水	(1) 工艺要求 (2) 材料规格	m^2		(1) 配料 (2) 铺筑
040506029	柔性防水	(1) 工艺要求 (2) 材料品种			涂、贴、粘、刷防水材料
040506030	沉降缝	(1) 材料品种 (2) 沉降缝规格 (3) 沉降缝部位	m	按设计图示以长度计算	铺、嵌沉降缝
040506031	井、池渗漏试验	构筑物名称	m^3	按设计图示储水尺寸以体积计算	渗漏试验

(7) 设备安装(略)。

(8) 其他相关问题，应按下列规定处理。

① 顶管工作坑的土石方开挖、回填夯实等，应按附录A(建筑工程)中相关项目编码列项。

② “市政管网工程”设备安装工程只列市政管网专用设备的项目，标准、定型设备应按GB 50500—2008附录C(安装工程)中相关项目编码列项。

5. 钢筋工程

(1) 钢筋工程。工程量清单项目设置及工程量计算规则，应按表4-24的规定执行。

表4-24　钢筋工程(编码：040701)

项目编码	项目名称	项目特征	计量单位	工程量计算规则	工程内容
040701001	预埋铁件	(1) 材质 (2) 规格	kg	按设计图示尺寸以质量计算	制作、安装
040701002	非预应力钢筋	(1) 材质 (2) 部位	t		(1) 张拉台座制作、安装、拆除 (2) 钢筋及钢丝束制作、张拉
040701003	先张法预应力钢筋	(1) 材质 (2) 直径 (3) 部位			(1) 钢丝束孔道制作、安装 (2) 锚具安装 (3) 钢筋、钢丝束制作、张拉 (4) 孔道压浆
040701004	后张法预应力钢筋				
040701005	型钢	(1) 材质 (2) 规格 (3) 部位			悬挂安装

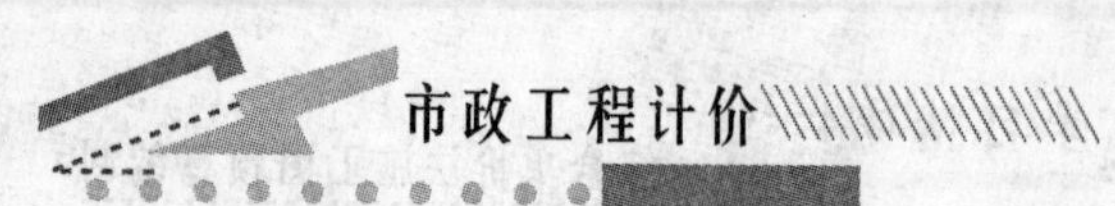

(2) 其他相关问题，应按下列规定处理。

①“钢筋工程”所列型钢项目是指劲性骨架的型钢部分。

② 凡型钢与钢筋组合(除预埋铁件外)的钢格栅，应分别列项。

③ 钢筋、型钢工程量计算中，设计注明搭接时，应计算搭接长度；设计未注明搭接时，不计算搭接长度。

6. 拆除工程

工程量清单项目设置及工程量计算规则，应按表4-25的规定执行。

表4-25　拆除工程(编码：040801)

项目编码	项目名称	项目特征	计量单位	工程量计算规则	工程内容
040801001	拆除路面	(1) 材质 (2) 厚度	m^2	按施工组织设计或设计图示尺寸以面积计算	(1) 拆除 (2) 运输
040801002	拆除基层				
040801003	拆除人行道				
040801004	拆除侧缘石	材质	m	按施工组织设计或设计图示尺寸以延长米计算	
040801005	拆除管道	(1) 材质 (2) 管径			
040801006	拆除砖石结构	(1) 结构形式 (2) 强度	m^3	按施工组织设计或设计图示尺寸以体积计算	
040801007	拆除混凝土结构				
040801008	伐树、挖树蔸	胸径	棵	按施工组织设计或设计图示数量计算	(1) 伐树 (2) 挖树蔸 (3) 运输

4.1.2　技术措施项目清单

市政工程技术措施项目要根据施工组织设计确定，一般包括围堰、筑岛等，见表4-26。

表4-26　市政工程技术措施项目表

序号	项目名称
4.1	围堰
4.2	筑岛
4.3	施工排水、降水
4.4	便道
4.5	便桥
4.6	脚手架
4.7	模板及支架
4.8	洞内施工的通风、供水、供气、供电、照明及通信设施
4.9	驳岸块石清理

（续）

序号	项目名称
4.10	地下管线交叉处理
4.11	轨道交通工程路桥、市政基础设施施工监测、监控、保护
4.12	大型机械设备进出场及安拆

浙江省建设工程中常用的施工技术措施清单项目设置、项目特征描述、计量单位确定及工程量计算规则应按《浙江省建设工程工程量清单计价指引》。

1. 通用措施清单项目

1）施工排水、降水

（1）施工排水、降水。工程量清单项目设置，应按表4－27的规定执行。

表4－27 施工排水、降水(编码：000001)

项目编码	项目名称	计量单位	工程内容
000001001	施工排水	项	抽水机具的安装、移动、拆除
000001002	施工降水		（1）安装井管、装拆水泵、钻孔沉管、灌砂封口，试抽 （2）抽水、井管堵漏 （3）拔管，拆管、灌砂，清洗整理、堆放

（2）其他相关问题应按下列规定处理。

① 若设计图纸中有井点降水(含轻型井点、喷射井点和深井井点等)专项设计方案时，编制工程量清单时应按“施工降水”设置工程量清单项目；沟槽排水按“施工排水”设置工程量清单项目。

② 采用施工降水后的土方，应按干土考虑。

2）特、大型机械进出场及安拆费

大型机械设备进出场及安拆费。工程量清单项目设置，应按表4－28的规定执行。

表4－28 大型机械设备进出场及安拆费(编码：000002)

项目编码	项目名称	计量单位	工程内容
000002001	塔式起重机基础费用	项	（1）基础打桩 （2）基础浇捣 （3）预埋件制作、埋设 （4）轨道铺设 （5）基础拆除、运输
000002002	施工电梯固定基础费用		（1）基础浇捣 （2）预埋件制作、埋设 （3）基础拆除、运输
000002003	特、大型机械安拆费		（1）安装 （2）试车 （3）拆除
000002004	特、大型机械进出场费		（1）装、卸 （2）场外运输 （3）场内转移

2. 专业工程措施清单项目

1) 混凝土、钢筋混凝土模板及支架工程

(1) 现浇混凝土模板。工程量清单项目设置及工程量计算规则，应按表 4－29 的规定执行。

表 4－29　混凝土、钢筋混凝土模板(编码：040901)

项目编码	项目名称	项目特征	计量单位	工程量计算规则	工程内容
040901001	现浇混凝土模板	(1) 构件类型 (2) 部位	m^2	按混凝土与模板接触面的面积计算	(1) 模板制作、安装、拆除、维护、整理、堆放 (2) 模板粘接物及模内杂物清理、刷隔离剂
040901002	预制混凝土模板		m^2/m^3	按混凝土与模板接触面的面积或预制构件的实体积计算	

(2) 支架搭拆。工程量清单项目设置及工程量计算规则，应按表 4－30 的规定执行。

表 4－30　支架搭拆(编码：040902)

项目编码	项目名称	项目特征	计量单位	工程量计算规则	工程内容
040902001	支架搭拆	(1) 部位 (2) 支架类型 (3) 支架种类	项/m^3/m	按支架搭设的空间体积或长度计算	支架的搭设、使用及拆除

(3) 其他相关问题应按下列规定处理。

若设计图纸中有关于支架搭设专项设计方案，编制工程量清单时应按专项设计方案项目内容描述其项目特征，并根据计算规则计算工程量；若无相关设计方案，由投标人根据施工组织设计方案自行进行投标报价时，可仅以“项”为计量单位。

2) 围堰、筑岛

(1) 围堰。工程量清单项目设置及工程量计算规则，应按表 4－31 的规定执行。

表 4－31　围堰(编码：041001)

项目编码	项目名称	项目特征	计量单位	工程量计算规则	工程内容
041001001	围堰	(1) 围堰类型 (2) 围堰顶宽及底宽 (3) 围堰高度 (4) 填心材料	项/m^3/m	按设计围堰的体积或中心线长度计算	(1) 清理基底 (2) 堆筑、填心、夯实 (3) 拆除清理

(2) 筑岛。工程量清单项目设置，应按表 4－32 的规定执行。

表 4-32　筑岛(编码：041002)

项目编码	项目名称	计量单位	工程内容
041002001	筑岛	项	(1) 清理基底 (2) 堆筑、填心、夯实 (3) 拆除清理

(3) 其他相关问题应按下列规定处理。

若设计图纸中有关于围堰专项设计方案，编制工程量清单时应按专项设计方案项目内容描述其项目特征，并根据计算规则计算工程量；若无相关设计方案，由投标人根据施工组织设计方案自行进行投标报价时，可仅以“项”为计量单位。

3) 便道、便桥

工程量清单项目设置，应按表 4-33 的规定执行。

表 4-33　便道、便桥(编码：041101)

项目编码	项目名称	计量单位	工程内容
041101001	便道	项	(1) 平整场地 (2) 材料运输、铺设、夯实 (3) 拆除清理
041101002	便桥		(1) 清理基底 (2) 材料运输、便桥搭设 (3) 拆除清理

4) 脚手架工程

(1) 脚手架。工程量清单项目设置及工程量计算规则，应按表 4-34 的规定执行。

表 4-34　脚手架(编码：041201)

项目编码	项目名称	项目特征	计量单位	工程量计算规则	工程内容
041201001	墙面脚手架	墙高	m^2	按墙面水平边线长度乘以墙面砌筑高度计算	(1) 清理场地 (2) 搭设、拆除脚手架、安全网 (3) 材料场内运输
041201002	柱面脚手架	(1) 柱高 (2) 柱结构外围周长		按柱结构外围周长乘以柱砌筑高度计算	
041201003	仓面脚手架	支架高度		按仓面水平面积计算	
041201004	沉井脚手架	沉井高度		按井壁中心线周长乘以井高计算	

(2) 混凝土喷射平台。工程量清单项目设置及工程量计算规则，应按表 4-35 的规定执行。

表 4－35　混凝土喷射平台(编码：041202)

项目编码	项目名称	项目特征	计量单位	工程量计算规则	工程内容
041202001	混凝土喷射平台	平台高度	座/m^2	按设计图示数量或平台水平投影面积计算	(1) 清理场地 (2) 搭、拆平台 (3) 材料场内运输

(3) 井字架。工程量清单项目设置及工程量计算规则，应按表 4－36 的规定执行。

表 4－36　井字架(编码：041203)

项目编码	项目名称	项目特征	计量单位	工程量计算规则	工程内容
041203001	井字架	设计井深	座	按设计图示数量计算。	(1) 清理场地 (2) 搭、拆井字架 (3) 材料场内运输

(4) 其他相关问题应按下列规定处理。

① 若设计图纸中有关于混凝土喷射平台专项设计方案，编制工程量清单时应按规定描述其项目特征，并根据计算规则计算工程量；若无相关设计方案，由投标人根据施工组织设计方案自行进行投标报价时，可仅以“座”为计量单位。

② 井深指井底基础以上至井盖顶的高度。当井深大于 1.5m 时，应计算井字架费用。

5) 周转材料回库维修费和场外运费

(1) 周转材料回库维修费。工程量清单项目设置，应按表 4－37 的规定执行。

表 4－37　周转材料回库维修费(编码：041301)

项目编码	项目名称	计量单位	工程内容
041301001	周转材料回库维修费	项	(1) 清理 (2) 调直 (3) 刷油

(2) 周转材料场外运费。工程量清单项目设置，应按表 4－38 的规定执行。

表 4－38　周转材料场外运费(编码：041302)

项目编码	项目名称	计量单位	工程内容
041301002	周转材料场外运费	项	(1) 装车 (2) 运输 (3) 卸车

6) 洞内施工的通风、供水、供电、照明及通信工程

工程量清单项目设置，应按表 4－39 的规定执行。

表 4－39　洞内施工的通风、供水、供电、照明及通讯(编码：041401)

项目编码	项目名称	计量单位	工程内容
041401001	洞内施工的通风、供水、供电、照明及通信	项	(1) 洞内铺设管道、阀门、清扫污物、维修保养、拆除及材料运输 (2) 线路沿壁架设、安装、随用随移、安全检查、维修保养、拆除及材料运输

任务 4.2 工程量清单编制

4.2.1 工程量清单编制

1. 工程量清单内容

工程量清单应由下列内容组成。

(1) 封面。

(2) 总说明。

(3) 分部分项工程量清单。

(4) 措施项目清单。

(5) 其他项目清单。

2. 工程量清单编制

1) 封面的填写

应按规定的内容填写、签字、盖章。

2) 总说明的编制

总说明应包括下列内容。

(1) 工程概况：包括建设规模、工程特征(结构形式、基础类型、地基处理方式等)、招标要求工期、施工现场实际情况、交通运输情况、自然地理条件和环境保护要求等。

(2) 工程招标和分包范围，招标人就分包工程要求总承包人提供的服务内容。

(3) 工程量清单编制依据。

(4) 工程质量、材料、施工等的特殊要求。

(5) 暂列金额、材料暂估单价、专业工程暂估价、计日工等其他项目清单计取说明。

(6) 其他需要说明的问题。

3) 分部分项工程量清单的编制

分部分项工程量清单应根据《建设工程工程量清单计价规范》(GB 50500—2008)规定的统一项目编码、项目名称、计量单位和工程量计算规则进行编制。

工程数量的有效位数应遵守下列规定。以“吨”为单位，应保留小数点后3位数字，第4位四舍五入；以“米”、“平方米”、“立方米”为单位，应保留小数点后两位数字，第3位四舍五入；以“个”、“项”等为单位，应取整数。

4) 措施项目清单的编制

措施项目清单按GB 50500—2008、浙江省建设工程工程量清单计价指引进行编制。

5) 其他项目清单的编制

其他项目清单中的项目名称，应根据发包人要求，并结合拟建工程实际情况，编制暂列金额明细表、材料暂估单价表、专业工程暂估价表、计日工表、总承包服务费计价表等。

4.2.2 工程量清单编制实例

杭州市康拱路 工程

工程量清单

招标人：(略)（单位盖章）

工程造价咨询人：(略)（单位资质专用章）

法定代表人或其授权人：(略)（签字或盖章）

法定代表人或其授权人：(略)（签字或盖章）

编制人：(略)（造价人员签字盖专用章）

复核人：(略)（造价工程师签字盖专用章）

编制时间：2011 年 9 月 9 日

复核时间：2011 年 9 月 16 日

总 说 明

工程名称：杭州市康拱路工程　　　　　　　　　　　　　　第1页　共1页

一、工程概况

工程西起杭州市康兴路，北至拱康路，起讫桩号K0+015.502～K0+762.037，道路全长746.535m，道路等级为城市次干路，设计车速40km/h，3块板断面形式，双向4车道，标准段路幅宽度30m，公交停靠站段路幅宽度33m。

车行道路面结构(总厚度73cm)：5cmAC-13C型细粒式沥青砼(SBS改性)+6cmAC-20C型中粒式沥青砼+7cmAC-25C型粗粒式沥青砼+35cm5%水泥稳定碎石基层+20cm级配碎石垫层。非机动车道路面结构(总厚度56cm)：4cmAC-13C型细粒式沥青砼(SBS改性)+7cmAC-25C型粗粒式沥青砼+30cm5%水泥稳定碎石基层+15cm级配碎石垫层。人行道路面结构(总厚度49cm)：6cm人行道板+3cmM10砂浆卧底+20cmC15素砼基层(每隔3m设置一道假缝)+20cm塘渣垫层。

桥梁1座，跨径25m，起终里程：K0+713.865～K0+743.505，上部为后张法预应力砼简支梁，下部桥台采用重力式桥台，基础采用D100钻孔灌注桩。

雨水管管径为D200～D1200，全部采用钢筋混凝土承插管(Ⅱ级管)，橡胶圈接口(具体参见国标06MS201)。除D200和D300的雨水管采用级配砂回填，D400～D1200的雨水管均采用135°钢筋混凝土管基，100厚C10素混凝土垫层，详见结构图。

雨水检查井均采用砖砌井壁，C25钢筋混凝土顶底板结构，底板下采用100厚C10素混凝土垫层。

二、招标范围：本工程含道路、桥梁、排水3个专业工程，具体范围按设计图示。

三、清单编制依据

1. ××市政工程设计院有限责任公司设计的《杭州市康拱路施工图设计文件》。

2. ××工程造价咨询公司编制的《杭州市康拱路施工招标文件》。

3. 工程量清单按《建设工程工程量清单计价规范》(GB 50500—2008)及浙江省有关补充规定编制。

四、其他有关问题的说明

1. 本工程工程质量为合格，按正常的施工组织、施工工期考虑。

2. 本工程暂列金额按税前造价的5%考虑，无材料暂估项目、专业工程暂估项目及总承包服务项目。

3. 本工程钢筋接头按绑扎考虑，其搭接长度已按8m一个接头计入清单工程量。

4. 工程量清单项目名称和项目特征中，未特别注明的单位均为mm。

分部分项工程量清单

单位及专业工程名称：杭州市康拱路工程　　　　第1页　共6页

序号	项目编码	项目名称	项目特征	计量单位	工程量
		道路工程			
		机动车道			
1	040201015001	路床(槽)整形	部位：机动车道；放样、碾压、检验	m^2	16482
2	040202001001	垫层	厚度：20cm 材料：级配碎石	m^2	16186
3	040202014001	水泥稳定碎(砾)石	部位：机动车道上基层 厚度：15cm 水泥含量：5%	m^2	15653
4	040202014002	水泥稳定碎(砾)石	部位：机动车道下基层 厚度：20cm 水泥含量：5%	m^2	15771
5	040203004001	沥青混凝土	沥青品种：SBS改性沥青 石料最大粒径：AC-13C型细粒式 厚度：5cm	m^2	15096
6	040203004002	沥青混凝土	沥青品种：石油沥青；石料最大粒径：AC-20C型中粒式；厚度：6cm	m^2	15096
7	040203004003	沥青混凝土	沥青品种：石油沥青；石料最大粒径：AC-25C粗粒式；厚度：7cm	m^2	15238
		非机动车道			
8	040201015002	路床(槽)整形	部位：非机动车道；放样、碾压、检验	m^2	7412
9	040202001002	垫层	厚度：15cm；材料：级配碎石	m^2	6738
10	040202014003	水泥稳定碎(砾)石	部位：非机动车道上基层；水泥含量：5%厚度：15cm	m^2	5256
11	040202014004	水泥稳定碎(砾)石	部位：非机动车道下基层；水泥含量：5%厚度：15cm	m^2	5930
12	040203004004	沥青混凝土	沥青品种：SBS改性沥青；石料最大粒径：AC-13C型细粒式；厚度：4cm	m^2	4933
13	040203004005	沥青混凝土	沥青品种：石油沥青；石料最大粒径：AC-25C粗粒式；厚度：7cm	m^2	4933
		人行道			
14	Z04020101501	路床(槽)整形	部位：人行道 放样、碾压、检验	m^2	3260
15	Z04020201701	塘渣	部位：人行道 厚度：20cm 拌和、铺筑、找平、碾压、养护	m^2	2599

第2页　共6页

序号	项目编码	项目名称	项目特征	计量单位	工程量
16	040204001001	人行道块料铺设	6cm人行道板(仿石条纹砖)；3cmM10砂浆卧底；20cmC15素砼基层；20cm塘渣垫层	m^2	1730
17	040204003001	安砌侧(平、缘)石	材料：15cm×37cm×100cm混凝土侧石；粘结层：3cmM10水泥砂浆；C20细石砼坞塝	m	3879
18	040204003002	安砌侧(平、缘)石	材料：10cm×20cm×100cm混凝土侧石；粘结层：3cmM10水泥砂浆；C20细石砼坞塝	m	2644
19	040204003003	安砌侧(平、缘)石	材料：12cm×12cm×100cm混凝土平石；粘结层：3cmM10水泥砂浆	m	3879
		路基			
20	040101001001	挖一般土方	土壤类别：各类土石方(含清表)；场内运输	m^3	12535
21	040101006001	挖淤泥	深6m以内	m^3	1237
22	040103001001	填方	填方材料品种：素土；密实度：按设计要求	m^3	21468
23	040103002001	余方弃置	废弃料品种：清表、挖方废弃方；运距：1km	m^3	12535
24	040103003001	缺方内运	填方材料品种：素土；运距：5km	m^3	24688
25	040201011001	深层搅拌桩	桩径：ϕ500mm；水泥含量：15%，42.5级硅酸盐水泥	m	33043
26	040201012001	土工布	部位：水泥搅拌桩顶；材料：双向塑料土工格栅GSZ240，纵向抗拉强度≥40kN/m，横向拉强度≥40kN/m，伸长率≤12%	m^2	21808
27	040202010001	碎石	部位：水泥搅拌桩顶；材质：级配碎石厚度：30cm	m^2	4649
		挡土墙			
28	040101003001	挖基坑土方	人工挖沟槽、基坑三类土；深度：2m以内	m^3	875
29	040103001002	填方	填方材料品种：土方 密实度：按设计要求	m^3	828
30	040304002001	浆砌块料	材质：M10浆砌块石挡墙身砌筑、勾缝；ϕ10PVC泄水孔制作、安装、滤层铺设、沉降缝	m^3	1122.68
31	040305001001	挡墙基础	材料品种：C20毛石砼；垫层：10cm碎石垫层	m^3	464.16
32	040305004001	挡墙混凝土压顶	混凝土强度等级、石料最大粒径：C30(40)砼	m^3	113.36
		桥涵工程			
33	040101003002	挖基坑土方	土壤类别：各类土石方土方开挖、围护、支撑；场内运输、平整、夯实	m^3	743
34	040103001003	填方	部位：台背；填方材料品种：级配碎石；密实度：详见设计；填方、压实	m^3	872.69

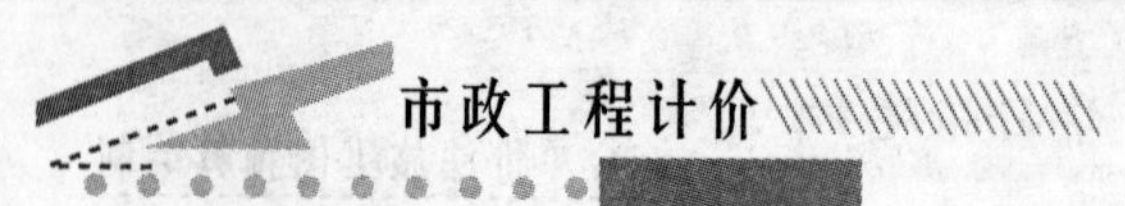

第3页　共6页

序号	项目编码	项目名称	项目特征	计量单位	工程量
35	040103001004	填方	部位：基坑；原土夯实	m^3	733
36	040301007001	机械成孔灌注桩	桩径：ϕ1000mm钻孔灌注桩；混凝土强度等级、石料最大粒径：C25水下砼；工作平台搭拆、成孔机械竖拆；护筒埋设、泥浆制作；钻、冲成孔、余方弃置；灌注混凝土、凿除桩头、废料弃置	m	910
37	040302002001	混凝土承台	部位：承台；混凝土强度等级、石料最大粒径：C25砼；垫层：10cm厚C15素砼垫层＋30cm块石垫层；垫层铺筑、混凝土浇筑、养生	m^3	445.5
38	040302004001	墩(台)身	部位：台身及侧墙；混凝土强度等级、石料最大粒径：C25片石砼(片石掺量不大于20%)；混凝土浇筑、养生	m^3	558.40
39	040302003001	墩(台)帽	部位：台帽、三角垫块及挡块；混凝土强度等级、石料最大粒径：C30砼；混凝土浇筑、养生	m^3	100.04
40	040309002001	橡胶支座	GJZ200×250×42	个	52
41	040309002002	橡胶支座	GJZF4200×250×42	个	52
42	040303003001	预制混凝土梁	尺寸：25米空心板梁；混凝土强度等级、石料最大粒径：C50砼(含C50梁底三角垫块、C50铰缝及C25封端)；预应力、非应力：预应力；张拉方式：后张法；混凝土浇筑、养生；构件运输、安装、构件连接	m^3	491.3
43	040302017001	桥面铺装	部位：桥面铺装；混凝土强度等级、石料最大粒径：8cm C40防水砼＋6cm中粒式沥青混凝土＋沥青粘层油＋5cm细粒式沥青混凝土SBS改性	m^2	800.3
44	040309009001	防水层	YN桥面防水涂料	m^2	800.30
45	040309008001	桥面泄水管	ϕ10PVC管，长3m制作、安装；反滤层	m	60
46	040309006001	桥梁伸缩装置	40异型钢伸缩缝购置、安装	m	66.0
47	010305006001	石栏杆	石料种类、规格：青灰色花岗岩栏杆(详见结构图)；砂浆制作、运输、砌石；石表面加工、勾缝、材料运输	m	57.20
48	040302015001	混凝土防撞护栏	绿化带C25混凝土浇筑防撞护栏	m	59.28
49	040302018001	桥头搭板	混凝土强度等级、石料最大粒径：C30砼；垫层：10cm厚C15素砼垫层＋20cm碎石垫层；垫层铺筑、混凝土浇筑、养生	m^3	72

序号	项目编码	项目名称	项目特征	计量单位	工程量
50	040304002002	浆砌块料	M10浆砌块石挡墙身	m^3	76.0
51	040303005002	预制混凝土小型构件	部位：人行道板；混凝土强度等级、石料最大粒径：C30砼；混凝土浇筑、养生；构件运输、安装、构件连接	m^3	8.54
52	040302016001	混凝土小型构件	部位：人行道纵梁及栏杆基座；混凝土强度等级、石料最大粒径：C25砼；混凝土浇筑、养生	m^3	16.3
53	040204001002	人行道块料铺设	材质：3cm彩色人行道砖；垫层材料品种、厚度、强度：2cm厚M10水泥砂浆；垫层、基础铺筑、块料铺设	m^2	106.7
54	040701002001	非预应力钢筋	预制；HRB335	t	15.896
55	040701002002	非预应力钢筋	预制；R235	t	25.791
56	040701002003	非预应力钢筋	部位：除钻孔桩外；现浇；R235	t	7.115
57	040701002004	非预应力钢筋	部位：除钻孔桩外；现浇；HRB335	t	43.325
58	040701002005	非预应力钢筋	部位：桥面铺装；材质：D8带肋钢筋网片；制作、安装	t	8.056
59	040701002006	非预应力钢筋	钻孔桩钢筋笼；HRB335	t	43.002
60	040701002007	非预应力钢筋	钻孔桩钢筋笼：R235	t	4.679
61	040701004001	后张法预应力钢筋	材质：ϕs15.2钢绞线；锚具：YM15-5锚具，ϕ55mm波纹管，水泥浆灌浆；钢丝束孔道制作、安装、锚具安装；钢筋、钢丝束制作、张拉；孔道压浆、养护	t	22.361
62	DB001	声测管	材质：ϕ57×3声测管(含端头板及连接件)制作、安装	t	13.143
		排水工程			
63	040101002002	挖沟槽土方	土壤类别：挖各类土石方；土方开挖、围护、支撑；场内运输、平整、夯实	m^3	3446
64	040103001004	填方	人工槽、坑填土	m^3	1200
65	040103002003	余方弃置	一、二类土	m^3	4186
66	040501002001	混凝土管道铺设	管有筋无筋：D200钢筋砼Ⅱ级管(雨水口连接管)接口形式：水泥砂浆接口垫层：15cm级配砂垫层基础：180°级配砂基础	m	205
67	040501002002	混凝土管道铺设	管有筋无筋：D300钢筋砼Ⅱ级管(雨水口连接管)接口形式：水泥砂浆接口垫层：15cm级配砂垫层基础：180°级配砂基础	m	470

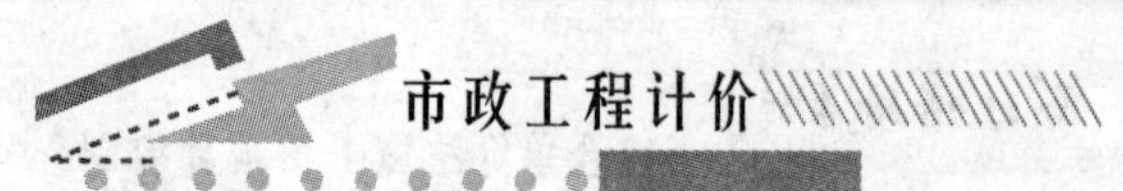

序号	项目编码	项目名称	项目特征	计量单位	工程量
68	040501002003	混凝土管道铺设	管有筋无筋：D400 钢筋砼Ⅱ级管接口形式：水泥砂浆接口垫层：10cmC10 素砼垫层基础：135°C25 砼管座	m	185
69	040501002004	混凝土管道铺设	管有筋无筋：D600 钢筋砼Ⅱ级管接口形式：水泥砂浆接口垫层：10cmC10 素砼垫层基础：135°C25 砼管座	m	168
70	040501002005	混凝土管道铺设	管有筋无筋：D800 钢筋砼Ⅱ级管接口形式：O 型橡胶圈接口垫层：10cmC10 素砼垫层基础：135°C25 砼管座	m	259
71	040501002006	混凝土管道铺设	管有筋无筋：D1000 钢筋砼Ⅱ级管接口形式：O 型橡胶圈接口垫层：10cmC10 素砼垫层基础：135°C25 砼管座	m	136
72	040501002007	混凝土管道铺设	管有筋无筋：D1200 钢筋砼Ⅱ级管接口形式：O 型橡胶圈接口垫层：10cmC10 素砼垫层基础：135°C25 砼管座	m	230
73	040501002008	混凝土管道铺设	部位：临时连通管涵管；有筋无筋：D1000 钢筋砼Ⅱ级管接口形式：O 型橡胶圈接口垫层：10cmC10 素砼垫层基础：135°C25 砼管座	m	35
74	040504001001	砌筑检查井	尺寸：1100mm×1100mm 砖砌雨水检查井井深：均深 2.50m，材料：井室 M10 水泥砂浆砌筑 MU10 机砖，内外表面及抹三角灰用 1：2 水泥砂浆抹面，厚 20mm，垫层：10cm 厚 C10 素砼 C25 钢筋砼底板，顶板，C30 钢筋砼井圈井座加固井盖：ϕ700 铸铁检查井井盖	座	14
75	040504001002	砌筑检查井	尺寸：1100mm×1250mm 砖砌雨水检查井井深：均深 1.56m，材料：井室 M10 水泥砂浆砌筑 MU10 机砖，内外表面及抹三角灰用 1：2 水泥砂浆抹面，厚 20mm 垫层：10cm 厚 C10 素砼 C25 钢筋砼底板、顶板，C30 钢筋砼井圈井座加固井盖：ϕ700 铸铁检查井井盖	座	7
76	040504001003	砌筑检查井	尺寸：1100mm×1500mm 砖砌雨水检查井井深：均深 2.98m，材料：井室 M10 水泥砂浆砌筑 MU10 机砖，内外表面及抹三角灰用 1：2 水泥砂浆抹面，厚 20mm 垫层：10cm 厚 C10 素砼 C25 钢筋砼底板、顶板，C30 钢筋砼井圈井座加固井盖：ϕ700 铸铁检查井井盖	座	5

第6页 共6页

序号	项目编码	项目名称	项目特征	计量单位	工程量
77	040504001004	砌筑检查井	尺寸：1100mm×1750mm砖砌雨水检查井井深：均深3.60m材料：井室M10水泥砂浆砌筑MU10机砖，内外表面及抹三角灰用1：2水泥砂浆抹面，厚20mm垫层：10cm厚C10素砼C25钢筋砼底板、顶板，C30钢筋砼井圈井座加固井盖：ϕ700铸铁检查井井盖	座	4
78	040504001005	砌筑检查井	尺寸：1750mm×1750mm砖砌雨水检查井井深：均深4.67m材料：井室M10水泥砂浆砌筑MU10机砖，内外表面及抹三角灰用1：2水泥砂浆抹面，厚20mm垫层：10cm厚C10素砼C25钢筋砼底板、顶板，C30钢筋砼井圈井座加固井盖：ϕ700铸铁检查井井盖	座	3
79	040504003001	雨水进水井	尺寸：390mm×510mm偏沟式单篦井身：井壁砖砌体采用M10水泥砂浆砌筑MU10机砖，井内壁均抹面厚20mm，勾缝、座浆和抹面均用1：2水泥砂浆垫层及基础：10cm厚碎石＋10cmC15素砼钢纤维材料平算	座	78
80	040504003002	雨水进水井	尺寸：390mm×1270mm偏沟式双篦井身：井壁砖砌体采用M10水泥砂浆砌筑MU10机砖，井内壁均抹面厚20mm，勾缝、座浆和抹面均用1：2水泥砂浆垫层及基础：10cm厚碎石＋10cmC15素砼钢纤维材料平算	座	14
81	040504006001	出水口	八字式浆砌块石雨水排出口D1200	处	1

施工技术措施项目清单

单位及专业工程名称：杭州市康拱路工程

序号	项目编码	项目名称	项目特征	计量单位	工程量
		技术措施			
		道路工程技术措施			
1	000002004001	特、大型机械进出场费	履带式挖掘机、压路机、履带式推土机、单头搅拌桩机	项	1
2	040901001001	现浇混凝土模板		m^2	2530
3	041101001001	便道		项	1
		桥梁工程技术措施			
4	000002004002	特、大型机械进出场费	混凝土拌和站	项	1

第6页　共6页

序号	项目编码	项目名称	项目特征	计量单位	工程量
5	040901001002	现浇混凝土模板		m²	2208
6	040901002001	预制混凝土模板		m²	4549
7	041201001002	墙面脚手架	部位：桥台 材料：双排钢管脚手架	m²	312
		排水工程技术措施			
8	040901001003	现浇混凝土模板		m²	3420
9	040901002002	预制混凝土模板		m²	41.7
10	041001001001	围堰	编织袋围堰；堰顶宽1.5m；堰高3m	m³	53
11	041203001001	井字架		座	33

施工组织措施项目清单

单位及专业工程名称：杭州市康拱路工程　　第1页　共1页

序号	项目名称	计算基础	费率/(%)	金额/元
1	安全文明施工费	定额人工费＋定额机械费		
2	检验试验费	定额人工费＋定额机械费		
3	其他组织措施费			
4	冬雨季施工增加费	定额人工费＋定额机械费		
5	夜间施工增加费	定额人工费＋定额机械费		
6	已完成工程及设备保护费	定额人工费＋定额机械费		
7	二次搬运费	定额人工费＋定额机械费		
8	行车、行人干扰增加费	定额人工费＋定额机械费		
9	提前竣工增加费	定额人工费＋定额机械费		
合计				

其他项目清单与计价汇总表

单位及专业工程名称：杭州市康拱路工程　　第1页　共1页

序号	项目名称	计量单位	金额/元	备注
1	暂列金额			
2	暂估价			
2.1	材料暂估价			
2.2	专业工程暂估价			
3	计日工			
4	总承包服务费			
合计				

任务 4.3 综合单价法施工图预算和编制

4.3.1 综合单价法计算程序

1. 建筑安装工程费用组成

采用工程量清单计价，建筑安装工程费用由分部分项工程费、措施项目费、其他项目费、规费和税金组成，见表 4－40。

表 4－40 建筑安装工程费用组成表

<table>
<tr><td rowspan="21">建筑安装工程费用</td><td rowspan="6">分部分项工程费</td><td colspan="4">1）人工费</td></tr>
<tr><td colspan="4">2）材料费</td></tr>
<tr><td colspan="4">3）施工机械使用费</td></tr>
<tr><td colspan="2">4）企业管理费</td><td>（1）管理人员工资
（2）办公费
（3）差旅交通费
（4）固定资产使用费
（5）工具用具使用费
（6）劳动保险费</td><td>（7）工会经费
（8）职工教育经费
（9）财产保险费
（10）财务费
（11）税金
（12）其他</td></tr>
<tr><td colspan="4">5）风险费</td></tr>
<tr><td colspan="4">6）利润</td></tr>
<tr><td rowspan="15">措施项目费</td><td colspan="2" rowspan="6">施工组织措施费</td><td colspan="2">（1）安全文明施工费（含环境保护、文明施工、安全施工、临时设施）</td></tr>
<tr><td colspan="2">（2）夜间施工费</td></tr>
<tr><td colspan="2">（3）二次搬运费</td></tr>
<tr><td colspan="2">（4）冬雨季施工费</td></tr>
<tr><td colspan="2">（5）已完工程及设备保护费</td></tr>
<tr><td colspan="2">……</td></tr>
<tr><td rowspan="9">施工技术措施费</td><td rowspan="5">通用措施项目</td><td colspan="2">（1）大型机械设备进出场及安拆费</td></tr>
<tr><td colspan="2">（2）施工排水费</td></tr>
<tr><td colspan="2">（3）施工降水费</td></tr>
<tr><td colspan="2">（4）地上、地下设施，建筑物的临时保护设施费</td></tr>
<tr><td colspan="2">……</td></tr>
<tr><td rowspan="4">专业工程措施项目</td><td colspan="2">（1）混凝土、钢筋混凝土模板及支架工程</td></tr>
<tr><td colspan="2">（2）围堰、筑岛</td></tr>
<tr><td colspan="2">（3）便道、便桥</td></tr>
<tr><td colspan="2">……</td></tr>
</table>

（续）

建筑安装工程费用	其他项目费	1）暂列金额	
		2）暂估价（包括材料暂估价、专业工程暂估价）	
		3）计日工	
		4）总承包服务费	
		5）其他：索赔、现场签证	
	规费	1）工程排污费	
		2）社会保障费	（1）养老保险费
			（2）失业保险费
			（3）医疗保险费
			（4）生育保险费
		（3）住房公积金	
		（4）民工工伤保险费	
		（5）危险作业意外伤害保险费	
	税金	（1）营业税	
		（2）城市维护建设税	
		（3）教育费附加	

2. 综合单价法计算程序

综合单价是指完成一个规定计量单位的分部分项工程量清单项目或措施清单项目所需的人工费、材料费、施工机械使用费和企业管理费与利润，以及一定范围内的风险费用。综合单价法编制施工图预算是先编制分部分项工程量清单、清单综合单价，然后用综合单价来计算工程量清单分部分项工程费，再按规定程序计算措施项目费、规费、税金的编制施工图预算的方法。其计算程序见表 4－41。

表 4－41　综合单价法计算程序表

序号	费用项目		计算方法
一	工程量清单分部分项工程费		$\sum$（分部分项工程量×综合单价）
	其中	1. 人工费＋机械费	$\sum$（分部分项人工费＋分部分项机械费）
二	措施项目费		（一）＋（二）
	（一）施工技术措施项目费		按综合单价计算
	其中	2. 人工费＋机械费	$\sum$（技措项目人工费＋技措项目机械费）
	（二）施工组织措施项目费		按项计算
	其中	3. 安全文明施工费	（1＋2）×费率
		4. 检验试验费	
		5. 冬雨季施工增加费	

（续）

序号	费用项目		计算方法
	其中	6. 夜间施工增加费	(1+2)×费率
		7. 已完工程及设备保护费	
		8. 二次搬运费	
		9. 行车、行人干扰增加费	
		10. 提前竣工增加费	
		11. 其他施工组织措施费	按相关规定计算
三	其他项目费		按工程量清单计价要求计算
四	规费		12+13+14
	12. 排污费、社保费、公积金		(1+2)×费率
	13. 民工工伤保险费		按各市有关规定计算
	14. 危险作业意外伤害保险费		
五	税金		(一+二+三+四)×费率
六	建设工程造价		一+二+三+四+五

注：① 此处的“建设工程造价”应理解为建设项目总投资构成中的建筑安装工程费。建设项目预算总金额还应包括设备及施工器具购置费、工程建设其他费用、预备费、建设期贷款利息等。

② 计算费用基数 $\sum$（人工费+机械费），当编制招标控制价时，为 $\sum$（定额人工费+定额机械费）；编制投标报价时，其人工、机械台班消耗量可根据企业定额确定，人工单价、机械台班单价可按当时当地的市场价格确定，以此计算的人工费和机械费作为取费基数。

3. 综合单价计算

综合单价是指完成一个规定计量单位的分部分项工程量清单项目或措施清单项目所需的人工费、材料费、施工机械使用费和企业管理费与利润，以及一定范围内的风险费用。即

$$综合单价=一个计量单位：人工费+材料费+机械费+管理费+利润+风险费 \quad (4-1)$$

编制施工图预算，管理费、利润取费基数为定额人工费与定额机械费之和。

$$管理费=\sum(定额人工费+定额机械费)\times 费率 \quad (4-2)$$

$$利润=\sum(定额人工费+定额机械费)\times 费率 \quad (4-3)$$

风险费根据风险内容自行考虑风险费率和计算基数，计算基数可以是人工费、材料费、机械费，也可以是人工费+机械费或直接工程费。

综合单价包括完成《建设工程工程量清单计价规范》(GB 50500—2008)一个规定计量单位的分部分项工程量清单项目或措施清单项目的所有工程内容的费用。比如：钻孔灌注桩的综合单价包含完成钻孔灌注桩工作平台搭拆、护筒埋设、泥浆制作、回旋钻机成孔、余方弃置、灌注混凝土、凿除桩头、废料弃置的费用；后张法预应力钢筋的综合单价包括钢丝束孔道制作安装、锚具安装(包括锚具费用)、钢筋钢丝束制作张拉、孔道压浆的费用。工程量为分部分项工程量清单项目一个计量单位的摊销工程量。

【例4-3】 某道路工程人工挖一般土方一、二类土，企业管理费率取18.5%，利润

率取12%，风险费用不计，计算人工挖一般土方一、二类土综合单价。

【解】 查表4-1挖土方，项目编码为040101001001，人工挖一般土方一、二类土定额编号：1-1。

人工费=定额人工费=371.20/100=3.71(元)

材料费=0元

机械费=定额机械费=0元

编制施工图预算，$\sum$(人工费+机械费)取定额人工费+定额机械费。

管理费=$\sum$(定额人工费+定额机械费)×18.5%=3.71×18.5%=0.69(元)

利润=$\sum$(定额人工费+定额机械费)×12%=3.71×12%=0.45(元)

风险费=$\sum$(直接工程费+管理费+利润)×0%=0(元)

综合单价=人工费+材料费+机械费+管理费+利润+风险费用=3.71+0.69+0.45=4.85(元/m^3)，详细计算见表4-42。

表4-42 工程量清单综合单价计算表

编码	名称	计量单位	数量	综合单价/元						
				人工费	材料费	机械费	管理费	利润	风险费用	小计
040101001001	挖一般土方	m^3	1	3.71	0	0	0.69	0.45		4.85
1-1	人工挖一、二类土	m^3	1	3.71	0	0	0.69	0.45		4.85

【例4-4】 某浆砌块石挡土墙76m^3，人工43元/工日，块石320元/t，M10水泥砂浆208.73元/m^3，水2元/m^3，200L灰浆搅拌机58.87元/台班，企业管理费率取16.5%，利润率取12%，风险费用不计，计算浆砌块石挡土墙综合单价。

【解】 定额编号：1-386。

定额人工费=511.70/10=51.17(元)，人工费=511.70/10=51.17(元)

材料费=(18.66×320+3.67×208.73+1.4×2)/10=674.00(元)

定额机械费=35.73/10=3.57(元)

机械费=0.061×58.87=3.59(元)

管理费=(51.17+3.571)×16.5%=9.03(元)

利润=(51.17+3.571)×12%=6.57(元)

风险费=0元

综合单价=51.17+674.00+3.59+9.03+6.57+0=744.36(元/m^3)

详细计算见表4-43。

表4-43 工程量清单综合单价计算表

编码	名称	计量单位	数量	综合单价/元							合计/元
				人工费	材料费	机械费	管理费	利润	风险费用	小计	
040304002001	浆砌块料	m^3	76	51.17	674.00	3.59	9.03	6.57		744.36	56571
1-386	浆砌块石挡土墙	m^3	76	51.17	674.00	3.59	9.03	6.57		744.36	56571

【例4-5】 杭州市康拱路蒋家河桥桩基设计桩径为ϕ1000mm，桩长32.5m，混凝土标号水下C25，桩基总计28根。回旋钻孔机成孔，经计算ϕ1000mm桩基工程量、工料机预算价格见表4-44和表4-45，风险费用不计，计算ϕ1000mm桩基综合单价(施工图预算)。

表4-44 ϕ1000mm桩基工程量表

序号	工程内容	单位	数量
1	机械成孔灌注桩	m	910
2	钻孔灌注桩陆上埋设钢护筒$\phi\leqslant$1000	m	42
3	搭、拆桩基础陆上支架平台锤重1800kg	m^2	756.51
4	回旋钻孔机成孔桩径ϕ1000mm以内	m^3	714.35
5	钻孔灌注混凝土回旋钻孔	m^3	725.34
6	泥浆池建造、拆除	m^3	714.35
7	泥浆运输运距5km以内	m^3	714.35
8	凿除钻孔灌注桩顶钢筋混凝土	m^3	10.99

表4-45 主要工料机预算价格表

名称及规格	单位	单价/元
二类人工	工日	43.00
水泥42.5	kg	0.52
石灰膏	m^3	278.00
混凝土实心砖240×115×53	千块	310.00
黄砂(净砂)综合	t	55.00
水	m^3	2.00
风镐凿子	根	4.16
导管	kg	2.30
其他材料费	元	1.00
六角带帽螺栓	kg	6.34
碎石综合	t	55.00
黏土	m^3	20.50
垫木	m^3	1200.00
钢护筒	t	4500.00
机动翻斗车1t	台班	119.68
电动空气压缩机1m^3/min	台班	51.37
灰浆搅拌机200L	台班	58.87
双锥反转出料混凝土搅拌机350L	台班	98.21
履带式电动起重机5t	台班	146.75
泥浆泵ϕ100	台班	218.50
转盘钻孔机ϕ1500	台班	430.08

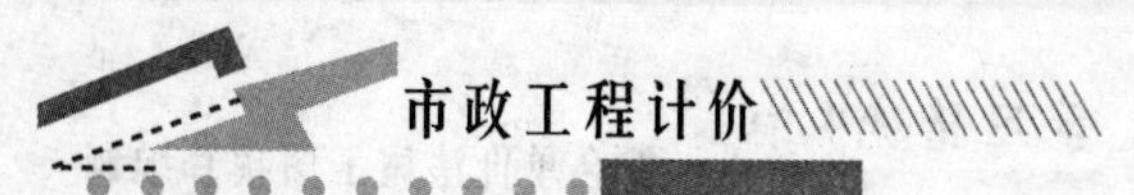

【解】 杭州市康拱路蒋家河桥附属于道路工程，按道路工程分类，企业管理费、利润率按道路工程二类弹性区间中值计取，分别取16.5%、12%。编制施工图预算，$\sum$（人工费＋机械费）取定额人工费＋定额机械费。

$$管理费 = \sum（定额人工费 + 定额机械费）\times 16.5\%$$

$$利润 = \sum（定额人工费 + 定额机械费）\times 12\%$$

$$风险费 = \sum（直接工程费 + 管理费 + 利润）\times 0\%$$

ϕ1000mm 桩基综合单价＝603.11元/m，详细计算见表4－46。

表4－46 工程量清单综合单价计算表

编码	名称	计量单位	数量	综合单价/元							合计/元
				人工费	材料费	机械费	管理费	利润	风险费用	小计	
040301007001	机械成孔灌注桩	m	910	92.44	317.01	132.62	35.34	25.70		603.11	548830
3－107	钻孔灌注桩陆上埋设钢护筒 $\phi \leqslant 1000$	10m	4.2	841.94	179.91	64.57	149.43	108.67		1344.52	5647
3－516	搭、拆桩基础陆上支架平台锤重1800kg	$100m^2$	7.565	1349.34	416.34		222.64	161.92		2150.24	16268
3－128	回旋钻孔机成孔桩径 ϕ1000mm以内	$10m^3$	71.435	442.04	123.24	833.43	207.39	150.83		1756.93	125506
3－149	钻孔灌注混凝土回旋钻孔	$10m^3$	72.534	322.50	3782.53	301.11	100.49	73.08		4579.71	332185
3－144	泥浆池建造、拆除	$10m^3$	71.435	15.48	19.52	0.24	2.59	1.89		39.72	2837
3－145	泥浆运输运距5km以内	$10m^3$	71.435	191.78		544.33	104.16	75.75		916.02	65436
3－548	凿除钻孔灌注桩顶钢筋混凝土	$10m^3$	1.099	547.82	12.48	118.66	109.45	79.60		868.01	954

4. 综合单价法施工图预算计算

综合单价确定后，计算工程量清单分部分项工程费，再按表 4－44 综合单价法计算程序规定计算措施项目费、规费、税金。

【案例一】 杭州市城市高架路施工图设计工程量清单分部分项工程费为 22754 万元(其中定额人工费、定额机械费合计 3860 万元)，施工技术措施项目费 700 万元(其中定额人工费、定额机械费合计 140 万元)，其他项目费 1216.7 万元，民工工伤保险费取建设工程造价的 0.11%，危险作业意外伤害保险费取建设工程造价的 0.08%，试按综合单价法编制施工图预算。

【案例解析】 编制施工图预算，施工组织措施费、企业管理费、利润，可按费率的中值或弹性区间费率的中值计取；编制施工图预算，“1. 人工费＋机械费”、“2. 人工费＋机械费”取“定额人工费＋定额机械费”。通过工程类别划分，城市高架路属桥梁工程二类，综合单价法编制施工图预算见表 4－47。

表 4－47 施工图预算计算表

序号	费用项目		计算方法		金额/万元
一	工程量清单分部分项工程费		$\sum$(分部分项工程量×综合单价)		22754.00
	其中	1. 人工费＋机械费			3860.00
二	措施项目费		(一)＋(二)		1066.40
	(一) 施工技术措施项目费		按综合单价计算		700.00
	其中	2. 人工费＋机械费			140.00
	(二) 施工组织措施项目费		按项计算		366.40
	其中	3. 安全文明施工费	(1＋2)×费率	4.46%	178.40
		4. 检验试验费		1.23%	49.20
		5. 冬雨季施工增加费		0.19%	7.60
		6. 夜间施工增加费		0.03%	1.20
		7. 已完工程及设备保护费		0.04%	1.60
		8. 二次搬运费		0.00%	28.40
		9. 行车、行人干扰增加费		2.50%	100.00
		10. 提前竣工增加费		0.00%	0.00
		11. 其他施工组织措施费	0.00		0.00
三	其他项目费		按清单计价要求计算		1216.78
四	规费		12＋13＋14		341.85
	12. 排污费、社保费、公积金		(1＋2)×7.3%		292.00
	13. 民工工伤保险费		不含保险费建设工程造价×0.11%		28.86
	14. 危险作业意外伤害保险费		不含保险费建设工程造价×0.08%		20.99

（续）

序号	费用项目	计算方法	金额/万元
五	税金	(一+二+三+四)×3.577%	907.81
六	建设工程造价	一+二+三+四+五	26286.83

4.3.2 综合单价法预算编制实例

杭州市康拱路　　　　工程

预　算　书

预算价(小写)：　17509776 元

(大写)：　壹仟柒佰伍拾万玖仟柒佰柒拾陆元整

发 包 人：(单位盖章)　承 包 人：(单位盖章)　工程造价咨 询 人：(单位资质专用章)

法定代表人或其授权人：(签字或盖章)　　法定代表人或其授权人：(签字或盖章)

编 制 人：(造价人员签字盖专用章)　复 核 人：(造价工程师签字盖专用章)

编制时间：　　　　复核时间：

编制说明

单位工程名称：杭州市康拱路工程　　　　第1页　共1页

一、工程概况

工程西起杭州市康兴路，北至拱康路，起讫桩号K0＋015.502～K0＋762.037，道路全长746.535m，道路等级为城市次干路，设计车速40km/h，3块板断面形式，双向4车道，标准段路幅宽度30m，公交停靠站段路幅宽度33m。

车行道路面结构(总厚度73cm)：5cmAC-13C型细粒式沥青砼(SBS改性)＋6cmAC-20C型中粒式沥青砼＋7cmAC-25C型粗粒式沥青砼＋35cm5%水泥稳定碎石基层＋20cm级配碎石垫层。非机动车道路面结构(总厚度56cm)：4cmAC-13C型细粒式沥青砼(SBS改性)：7cmAC-25C型粗粒式沥青砼＋30cm5%水泥稳定碎石基层＋15cm级配碎石垫层。人行道路面结构(总厚度49cm)：6cm人行道板＋3cmM10砂浆卧底＋20cmC15素砼基层(每隔3m设置一道假缝)＋20cm塘渣垫层。

桥梁1座，跨径25m，起终里程：K0＋713.865～K0＋743.505，上部为后张法预应力砼简支梁，下部桥台采用重力式桥台，基础采用D100钻孔灌注桩。

雨水管管径为D200～D1200，全部采用钢筋混凝土承插管(Ⅱ级管)，橡胶圈接口(具体参见国标06MS201)。除D200和D300的雨水管采用级配砂回填，D400～D1200的雨水管均采用135°钢筋混凝土管基，100厚C10素混凝土垫层，详见结构图。

二、编制依据

1. 浙江省住房和城乡建设厅、浙江省发展和改革委员会、浙江省财政厅建发［2010］224号文件发布的《浙江省建设工程计价规则(2010版)》、《浙江省市政工程预算定额(2010版)》、《浙江省建设工程施工费用定额(2010版)》、《浙江省施工机械台班费用定额(2010版)》。

2. 建设工程工程量清单计价规范(GB 50500—2008)。

3.《浙江造价信息》(2011年4月份)；《杭州市建设工程造价信息》(2011年4月份)，并结合市场调查确定。

4. 某市政工程设计院有限责任公司设计的《杭州市康拱路施工图设计文件》。

5. 指导性施工组织设计文件。

三、取费标准

1. 人工费一类人工单价为40元/工日，二类人工单价43元/工日。

2. 道路工程施工组织措施费按市区一般工程计取，企业管理费次干道按道路工程二类取16.5%，利润取12%，排污费、社保费、公积金取7.3%，农民工工伤保险费取0.11%，危险作业意外伤害保险费取0.1%，二次搬运费、行车行人干扰增加费、提前竣工增加费不计；桥涵工程附属于道路工程，取费同道路工程；排水工程为非单独承包的排水工程，企业管理费费率按道路工程二类计取。税金取3.577%。

3. 风险费未计，暂列金额按税前造价的5%计算。

4. 本工程不考虑业主指定分包。

四、主要材料用量

42.5级水泥3121t，52.5级水泥213t，黄砂(净砂)4227t，碎石21393t，钢筋148t，钢绞线23t。

五、预算总金额及技术经济指标。

杭州市康拱路工程预算总金额17509776元，技术经济指标2345万元/km。

工程项目预算汇总表

工程名称：杭州市康拱路工程

序号	单位工程名称	金额(元)
1	杭州市康拱路工程	17509776
1.1	杭州市康拱路工程	17509776
合计	17509776	

单位工程预算费用汇总表

单位工程名称：杭州市康拱路工程　　　　第1页　共1页

序号	汇总内容	计算公式	金额(元)
1	分部分项工程	∑(分部分项工程量×综合单价)	15102788
2	措施项目费	2.1+2.2	754446
2.1	施工技术措施项目	∑(技术措施工程量×综合单价)	609502
2.2	施工组织措施项目	∑(定额人工费＋定额机械费)×费率	144944
其中	安全文明施工费	(定额人工费＋定额机械费)×费率	108647
	建设工程检验试验费	(定额人工费＋定额机械费)×费率	29963
	其他措施项目费	(定额人工费＋定额机械费)×费率	6334
3	其他项目	3.1+3.2+3.3+3.4	834591
3.1	暂列金额		834591
3.2	暂估价		
3.3	计日工		
3.4	总承包服务费		
4	规费		213257
5	税金	(1+2+3+4)×费率	604695
	合计	1+2+3+4+5	17509776

分部分项工程量清单与计价表

单位及专业工程名称：杭州市康拱路工程-杭州市康拱路工程　　　　第1页　共9页

序号	项目编码	项目名称	项目特征	计量单位	工程量	综合单价/元	合价/元	其中/元	
								人工费	机械费
		道路工程					10585194.91	576278.24	963384.23
		机动车道					4819271.78	68105.38	180364.47
1	040201015001	路床(槽)整形	部位：机动车道；放样、碾压、检验	m^2	16482	1.63	26865.66	2307.48	19119.12
2	040202001001	垫层	厚度：20cm；材料：级配碎石	m^2	16186	21.63	350103.18	12625.08	11330.20
3	040202014001	水泥稳定碎(砾)石	部位：机动车道上；基层厚度：15cm；水泥含量：5%	m^2	15653	18.73	293180.69	14713.82	6887.32
4	040202014002	水泥稳定碎(砾)石	部位：机动车道下；基层水泥含量：5%；厚度：20cm	m^2	15771	24.51	386547.21	15140.16	8358.63
5	040203004001	沥青混凝土	沥青品种：SBS；石料最大粒径：AC-13C型细粒式；厚度：5cm	m^2	15096	76.21	1150466.16	8906.64	51779.28
6	040203004002	沥青混凝土	沥青品种：石油沥青；石料最大粒径：AC-20C型中粒式；厚度：6cm	m^2	15096	75.04	1132803.84	6793.20	32909.28
7	040203004003	沥青混凝土	沥青品种：石油沥青；石料最大粒径：AC-25C粗粒式；厚度：7cm	m^2	15238	97.08	1479305.04	7619	49980.64
		非机动车道					1113716.70	21036.08	47058.31
8	040201015002	路床(槽)整形	部位：非机动车道；放样、碾压、检验	m^2	7412	1.63	12081.56	1037.68	8597.92
9	040202001002	垫层	厚度：15cm材料：级配碎石	m^2	6738	16.20	109155.60	4649.22	4581.84
10	040202014003	水泥稳定碎(砾)石	部位：非机动车道上；基层水泥含量：5%；厚度：15cm	m^2	5256	18.73	98444.88	4940.64	2312.64
11	040202014004	水泥稳定碎(砾)石	部位：非机动车道下；基层水泥含量：5%；厚度：15cm	m^2	5930	18.73	111068.90	5574.20	2609.20

分部分项工程量清单与计价表

单位及专业工程名称：杭州市康拱路工程-杭州市康拱路工程　　　　第2页　共9页

序号	项目编码	项目名称	项目特征	计量单位	工程量	综合单价/元	合价/元	其中/元	
								人工费	机械费
12	040203004004	沥青混凝土	沥青品种：SBS；石料最大粒径：AC－13C型细粒式；厚度：4cm	m^2	4933	61.64	304070.12	2367.84	12776.47
13	040203004005	沥青混凝土	沥青品种：石油沥青；石料最大粒径：AC－25C粗粒式；厚度：7cm	m^2	4933	97.08	478895.64	2466.50	16180.24
		人行道					513370.20	80861.99	9545.62
14	DB001	路床(槽)整形	部位：人行道；放样、碾压、检验	m^2	3260	1.02	3325.20	2184.20	423.80
15	DB002	塘渣	部位：人行道；厚度：20cm；拌和、铺筑、找平、碾压、养护	m^2	2599	14.53	37763.47	935.64	3066.82
16	040204001001	人行道块料铺设	6cm人行道板(仿石条纹砖)；3cmM10砂浆卧底；20cmC15素砼基层；20cm塘渣垫层	m^2	1730	113.47	196303.10	33371.70	6055
17	040204003001	安砌侧(平、缘)石	材料：15mm×37mm×100cm混凝土侧石；粘结层：3cmM10水泥砂浆、C20细石砼坞塝	m	3879	32.64	126610.56	22886.10	0
18	040204003002	安砌侧(平、缘)石	材料：10cm×20cm×100cm砼侧石；粘结层：3cmM10砂浆、C20细石砼坞塝	m	2644	25.20	66628.80	12135.96	0
19	040204003003	安砌侧(平、缘)石	材料：12cm×12cm×100cm混凝土平石；粘结层：3cmM10水泥砂浆	m	3879	21.33	82739.07	9348.39	0
		路基					3009913.89	294057.53	710393.53
20	040101001001	挖一般土方	土壤类别：各类土石方(含清表)场内运输	m^3	12535	5.78	72452.30	4763.30	53148.40
21	040101006001	挖淤泥	深5m以内	m^3	1237	6.83	8448.71	494.80	6197.37
22	040103001001	填方	1. 填方材料品种：素土 2. 密实度：按设计要求	m^3	21468	3.48	74708.64	4937.64	54743.40

分部分项工程量清单与计价表

单位及专业工程名称：杭州市康拱路工程-杭州市康拱路工程　　　　第 3 页　共 9 页

序号	项目编码	项目名称	项目特征	计量单位	工程量	综合单价/元	合价/元	其中/元	
23	040103002001	余方弃置	废弃料品种：清表、挖方废弃方运距：1km	m^3	12535	7.39	92633.65		73705.80
24	040103003001	缺方内运	1. 填方材料品种：素土 2. 运距：5km	m^3	24688.20	19.79	488579.48	4690.76	384148.39
25	040201011001	深层搅拌桩	桩径：ϕ500mm；水泥含量：15%，42.5级硅酸盐水泥	m	33043	42.69	1410605.67	131180.71	138450.17
26	040201012001	土工布	部位：水泥搅拌桩顶；材料：双向塑料土工格栅 GSZ240，纵向抗拉强度≥40kN/m，横向拉强度≥40kN/m，伸长率≤12%	m^2	21808	11.58	252536.64	17446.40	0
27	040202010001	碎石	部位：水泥搅拌桩顶；材质：级配碎石；厚度：30cm	m^2	4649	131.20	609948.80	130543.92	0
		挡土墙					1128922.34	112217.26	16022.30
28	040101003001	挖基坑土方	人工挖沟槽、基坑三类土，深度在 2m 以内	m^3	874.77	29.05	25412.07	19778.55	0
29	040103001002	填方	填方材料品种：土方；密实度：按设计要求	m^3	828	7.96	6590.88	3659.76	1473.84
30	040304002001	浆砌块料	材质：M10 浆砌块石挡墙身砌筑、勾缝、ϕ10PVC 泄水孔制作、安装、滤层铺设、沉降缝	m^3	1122.68	753.68	846141.46	58828.43	4030.42
31	040305001001	挡墙基础	材料品种：C20 毛石砼垫层厚度、材料品种、强度：10cm 碎石垫层	m^3	464.16	439.65	204067.94	22024.39	9789.13
32	040305004001	挡墙混凝土压顶	混凝土强度等级、石料最大粒径：C30 砼	m^3	113.36	412.05	46709.99	7926.13	728.90

分部分项工程量清单与计价表

单位及专业工程名称：杭州市康拱路工程-杭州市康拱路工程　　　　第 4 页　共 9 页

序号	项目编码	项目名称	项目特征	计量单位	工程量	综合单价/元	合价/元	其中/元	
		桥涵工程					3680773.01	320785.89	274292.81
33	040101003002	挖基坑土方	土壤类别：各类土石方土方开挖、围护、支撑场内运输、平整、夯实	m^3	743	5.45	4049.35	267.48	2942.28
34	040103001003	填方	部位：台背；填方材料品种：级配碎石；密实度：详见设计；填方压实	m^3	872.69	131.20	114496.93	24505.14	0
35	040103001004	填方	部位：基坑；原土夯实	m^3	733	16.35	11984.55	9309.10	0
36	040301007001	机械成孔灌注桩	桩径：ϕ1000mm 钻孔灌注桩；混凝土强度等级、石料最大粒径：C25 水下砼；工作平台搭拆、成孔机械竖拆；护筒埋设、泥浆制作；钻、冲成孔、余方弃置；灌注混凝土、凿除桩头、废料弃置	m	910	603.11	548830.10	84120.40	120684.20
37	040302002001	混凝土承台	部位：承台；混凝土强度等级、石料最大粒径：C25 砼；垫层：10cm 厚 C15 素砼垫层＋30cm 块石垫层；垫层铺筑、混凝土浇筑、养生	m^3	44.55	2226.09	99172.31	6775.16	2190.08
38	040302004001	墩(台)身	部位：台身及侧墙；混凝土强度等级、石料最大粒径：C25 片石砼(片石掺量不大于 20%)；混凝土浇筑、养生	m^3	558.40	357.38	199560.99	30745.50	16813.42
39	040302003001	墩(台)帽	部位：台帽、三角垫块及挡块；混凝土强度等级、石料最大粒径：C30 砼；混凝土浇筑、养生	m^3	100.04	399.48	39963.98	5474.19	3014.21
40	040309002001	橡胶支座	GJZ200×250×42	个	52	115.61	6011.72	939.12	0
41	040309002002	橡胶支座	GJZF4200×250×42	个	52	378.53	19683.56	939.12	0

分部分项工程量清单与计价表

单位及专业工程名称：杭州市康拱路工程-杭州市康拱路工程　　　　第 5 页　共 9 页

序号	项目编码	项目名称	项目特征	计量单位	工程量	综合单价/元	合价/元	其中/元	
42	040303003001	预制混凝土梁	尺寸：25m空心板梁；混凝土强度等级、石料最大粒径：C50砼(含C50梁底三角垫块、C50铰缝及C25封端)；预应力、非应力：预应力；张拉方式：后张法；混凝土浇筑、养生；构件运输、安装、构件连接	m^3	491.30	578.09	284015.62	37682.71	35226.21
43	040302017001	桥面铺装	部位：桥面铺装；混凝土强度等级、石料最大粒径：8cmC40防水砼＋6cm中粒式沥青混凝土＋沥青粘层油＋5cm细粒式沥青混凝土SBS改性	m^2	8	101794.3	814660.02	12721.41	56866.20
44	040309009001	防水层	YN桥面防水涂料	m^2	800.30	52.67	42151.80	2216.83	112.04
45	040309008001	桥面泄水管	ϕ10PVC管，长3m制作、安装；反滤层	m	6	228.60	1371.60	180.60	0
46	040309006001	桥梁伸缩装置	40异型钢伸缩缝	m	66	670.41	44247.06	1209.12	2267.10
47	010305006001	石栏杆	石料种类、规格：青灰色花岗岩栏杆(详见结构图)；砂浆制作、运输、砌石；石表面加工、勾缝、材料运输	m	57.20	1200	68640		0
48	040302015001	混凝土防撞护栏	绿化带C25混凝土浇筑防撞护栏	m	59.28	77.08	4569.30	988.79	222.30
49	040302018001	桥头搭板	混凝土强度等级、石料最大粒径：C30砼；垫层：10cm厚C15素砼垫层＋20cm碎石垫层；垫层铺筑、混凝土浇筑、养生	m^3	72	570.26	41058.72	6191.28	1962.72

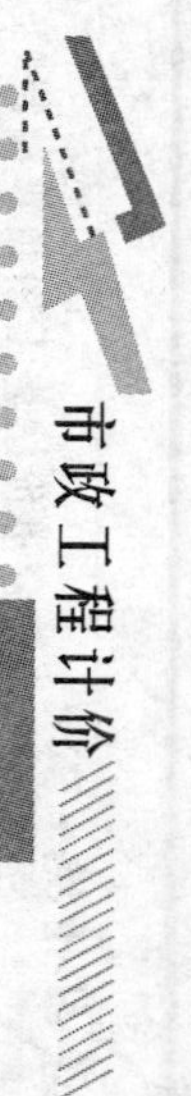

分部分项工程量清单与计价表

单位及专业工程名称：杭州市康拱路工程-杭州市辰拱路工程　　　　第6页　共9页

序号	项目编码	项目名称	项目特征	计量单位	工程量	综合单价/元	合价/元	其中/元	
50	040304002002	浆砌块料挡土墙	M7.5	m^3	7.60	7405.48	56281.65	3888.92	272.92
51	040303005001	预制混凝土小型构件	部位：人行道板；混凝土强度等级、石料最大粒径：C30砼；混凝土浇筑、养生；构件运输、安装、构件连接	m^3	8.54	530.99	4534.65	1131.38	324.69
52	040302016001	混凝土小型构件	部位：人行道纵梁及栏杆基座；混凝土强度等级、石料最大粒径：C25砼；混凝土浇筑、养生	m^3	16.30	426.25	6947.88	1550.46	338.06
53	040204001002	人行道块料铺设	3cm彩色人行道砖；2cm砂浆座浆；8cm人行道板	m^2	1.07	3671.57	3917.57	958.91	21.98
54	040701002001	非预应力钢筋	预制；HRB335	t	15.896	5611.71	89203.74	5372.53	1339.56
55	040701002002	非预应力钢筋	预制；R235	t	25.791	5818.32	150060.29	13718.49	1484.53
56	040701002003	非预应力钢筋	部位：除钻孔桩外现浇；R235	t	7.115	5763.56	41007.73	3567.32	341.24
57	040701002004	非预应力钢筋	部位：除钻孔桩外现浇；HRB335	t	43.325	5632.20	244015.07	15108.73	3768.84
58	040701002005	非预应力钢筋	部位：桥面铺装材质：D8带肋钢筋网片制作、安装	t	8.056	9316.22	75051.47	4039.12	386.37
59	040701002006	非预应力钢筋	钻孔桩钢筋笼；HRB335	t	432	6043.50	259882.59	17936.13	14067.67
60	040701002007	非预应力钢筋	钻孔桩钢筋笼：R235	t	4.679	6043.50	28277.54	1951.61	1530.69
61	040701004001	后张法预应力钢筋	ϕ_s15.2钢铰线；YM15-5锚具；波纹管ϕ55制安、压浆；	t	22.361	12888.47	288196.50	23193.29	6526.89
62	DB003	声测管	材质：ϕ57×3声测管（含端头板及连接件）制作、安装	t	13.143	6766.14	88928.73	4103.04	1588.62

分部分项工程量清单与计价表

单位及专业工程名称：杭州市康拱路工程-杭州市康拱路工程　　　　第7页　共9页

序号	项目编码	项目名称	项目特征	计量单位	工程量	综合单价/元	合价/元	其中/元	
		排水工程					836819.96	112624.17	58523.89
63	040101002001	挖沟槽土方	一、二类土	m^3	3446	0.02	68.92	68.92	0
64	040103001005	填方	人工槽、坑填土	m^3	1200	16.35	19620	15240	0
65	040103002002	余方弃置	一、二类土	m^3	4186	11.90	49813.40	795.34	38804.22
66	040501002001	混凝土管道铺设	管有筋无筋：D200钢筋砼Ⅱ级管(雨水口连接管)；接口形式：水泥砂浆接口；垫层：15cm级配砂垫层；基础：180°级配砂基础	m	205	124.04	25428.20	1543.65	47.15
67	040501002002	混凝土管道铺设	管有筋无筋：D300钢筋砼Ⅱ级管(雨水口连接管)；接口形式：水泥砂浆接口；垫层：15cm级配砂垫层；基础：180°级配砂基础	m	470	157.50	74025	4568.40	145.70
68	040501002003	混凝土管道铺设	管有筋无筋：D400钢筋砼Ⅱ级管；接口形式：水泥砂浆接口；垫层：10cmC10素砼垫层；基础：135°C25砼管座	m	185	172.94	31993.90	4867.35	599.40
69	040501002004	混凝土管道铺设	管有筋无筋：D600钢筋砼Ⅱ级管；接口形式：水泥砂浆接口；垫层：10cmC10素砼垫层；基础：135°C25砼管座	m	168	286.15	48073.20	7017.36	860.16
70	040501002005	混凝土管道铺设	管有筋无筋：D800钢筋砼Ⅱ级管；接口形式：O型橡胶圈接口；垫层：10cmC10素砼垫层；基础：135°C25砼管座	m	259	389.77	100950.43	13102.81	3172.75

分部分项工程量清单与计价表

单位及专业工程名称：杭州市康拱路工程-杭州市康拱路工程　　　　第 8 页　共 9 页

序号	项目编码	项目名称	项目特征	计量单位	工程量	综合单价/元	合价/元	其中/元	
71	040501002006	混凝土管道铺设	管有筋无筋：D1000 钢筋砼Ⅱ级管；接口形式：O 型橡胶圈接口；垫层：10cmC10 素砼垫层；基础：135°C25 砼管座	m	136	534.48	72689.28	9079.36	2809.76
72	040501002007	混凝土管道铺设	管有筋无筋：D1200 钢筋砼Ⅱ级管；接口形式：O 型橡胶圈接口；垫层：10cmC10 素砼垫层；基础：135°C25 砼管座	m	230	754.91	173629.30	19428.10	6656.20
73	040501002008	混凝土管道铺设	部位：临时连通管涵管；有筋无筋：D1000 钢筋砼Ⅱ级管；接口形式：O 型橡胶圈接口；垫层：10cmC10 素砼垫层；基础：135°C25 砼管座	m	35	528.22	18487.70	2257.50	723.10
74	040504001001	砌筑检查井	尺寸：1100mm×1100mm 砖砌雨水检查井；井深：均深 2.50m；材料：井室 M10 水泥砂浆砌筑 MU10 机砖，内外表面及抹三角灰用 1∶2 水泥砂浆抹面，厚 20mm；垫层：10cm 厚 C10 素砼 C25 钢筋砼底板、顶板，C30 钢筋砼井圈井座加固；井盖：ϕ700 铸铁检查井井盖	座	14	3998.42	55977.88	8716.54	1256.36
75	040504001002	砌筑检查井	尺寸：1100mm×1250mm 砖砌雨水检查井井深：均深 1.56m 材料：井室 M10 水泥砂浆砌筑 MU10 机砖，内外表面及抹三角灰用 1∶2 水泥砂浆抹面，厚 20mm；垫层：10cm 厚 C10 素砼 C25 钢筋砼底板、顶板，C30 钢筋砼井圈井座加固；井盖：ϕ700 铸铁检查井井盖	座	7	4165.89	29161.23	4543.42	661.43

分部分项工程量清单与计价表

单位及专业工程名称：杭州市康拱路工程-杭州市康拱路工程　　　　第9页　共9页

序号	项目编码	项目名称	项目特征	计量单位	工程量	综合单价/元	合价/元	其中/元	
76	040504001003	砌筑检查井	尺寸：1100mm×1500mm砖砌雨水检查井；井深：均深2.98m；材料：井室M10水泥砂浆砌筑MU10机砖，内外表面及抹三角灰用1：2水泥砂浆抹面，厚20mm；垫层：10cm厚C10素砼C25钢筋砼底板、顶板，C30钢筋砼井圈井座加固；井盖：ϕ700铸铁检查井井盖	座	5	4560.08	22800.40	3652.60	522.75
77	040504001004	砌筑检查井	尺寸：1100mm×1750mm砖砌雨水检查井；井深：均深3.60m材料：井室M10水泥砂浆砌筑MU10机砖，内外表面及抹三角灰用1：2水泥砂浆抹面，厚20mm；垫层：10cm厚C10素砼C25钢筋砼底板、顶板，C30钢筋砼井圈井座加固；井盖：ϕ700铸铁检查井井盖	座	4	5033.92	20135.68	3345.20	469.64
78	040504001005	砌筑检查井	尺寸：1750mm×1750mm砖砌雨水检查井；井深：均深4.67m材料：井室M10水泥砂浆砌筑MU10机砖，内外表面及抹三角灰用1：2水泥砂浆抹面，厚20mm；垫层：10cm厚C10素砼C25钢筋砼底板、顶板，C30钢筋砼井圈井座加固；井盖：ϕ700铸铁检查井井盖	座	3	8781.33	26343.99	4087.02	626.88
79	040504003001	雨水进水井	尺寸：390mm×510mm偏沟式单篦；井身：井壁砖砌体采用M10水泥砂浆砌筑MU10机砖，井内壁均抹面厚20mm，勾缝、座浆和抹面均用1：2水泥砂浆；垫层及基础：10cm厚碎石＋10cmC15素砼钢纤维材料平算	座	78	553.92	43205.76	7292.22	775.32
80	040504003002	雨水进水井	尺寸：390mm×1270mm偏沟式双篦；井身：井壁砖砌体采用M10水泥砂浆砌筑MU10机砖，井内壁均抹面厚20mm，勾缝、座浆和抹面均用1：2水泥砂浆；垫层及基础：10cm厚碎石＋10cmC15素砼钢纤维材料平算	座	14	1322.49	18514.86	2388.96	255.78
81	040504006001	出水口	八字式浆砌块石雨水排出口D1200	处	1	5900.83	5900.83	629.42	137.29
合计							15102788.89	1009688.30	1296200.93

工程量清单综合单价计算表

单位工程名称：杭州市康拱路工程　　　　　　　　第1页　共9页

序号	编码	名称	计量单位	数量	综合单价/元							合计/元
					人工费	材料费	机械费	管理费	利润	风险费用	小计	
		道路工程										
		机动车道										
1	040201015001	路床（槽）整形部位：机动车道；放样、碾压、检验	m^2	16482	0.14		1.16	0.19	0.14		1.63	26866
	2-1	路床碾压检验	$100m^2$	164.82	13.93		115.66	18.94	13.78		162.31	26752
2	040202001001	垫层厚度：20cm，材料：级配碎石	m^2	16186	0.78	19.75	0.70	0.23	0.17		21.63	350103
	2-76	人机配合铺装碎石底层厚度20cm	$100m^2$	160.67	78.26	1989.56	70.26	23.12	16.82		2178.02	349942
3	040202014001	水泥稳定碎（砾）石部位：机动车道上基层厚度：15cm水泥含量：5%	m^2	15653	0.94	16.97	0.44	0.22	0.16		18.73	293181
	2-49换	沥青混凝土摊铺机摊铺厚15cm～5%水泥稳定碎石	$100m^2$	156.53	93.74	1697.42	44.20	22.07	16.05		1873.48	293256
4	040203004001	沥青混凝土沥青品种：SBS；石料最大粒径：AC-13C型细粒式；厚度：5cm	m^2	15096	0.59	71.15	3.43	0.60	0.44		76.21	1150466
	2-191换	机械摊铺细粒式沥青混凝土路面厚5cm	$100m^2$	150.96	53.84	6654.25	333.30	58	42.18		7141.57	1078091
	2-150	沥青层乳化沥青黏层	$100m^2$	150.96	5.16	461.21	9.29	2.26	1.65		479.57	72396
		非机动车道										
5	040202001002	垫层厚度：15cm，材料：级配碎石	m^2	6738	0.69	14.47	0.68	0.21	0.15		16.20	109156
	2-75	人机配合铺装碎石底层厚度15cm	$100m^2$	65.36	71.38	1492.20	70.26	21.99	15.99		1671.82	109270
		人行道										
6	DB001	路床（槽）整形部位：人行道，放样、碾压、检验	m^2	3260	0.67		0.13	0.13	0.09		1.02	3325
	2-2	人行道整形碾压	$100m^2$	32.6	66.65		13.07	12.89	9.38		101.99	3325
7	DB002	塘渣部位：人行道，厚度：20cm，拌和、铺筑、找平、碾压、养护	m^2	2599	0.36	12.59	1.18	0.23	0.17		14.53	37763
	2-100	人机配合铺装塘碴底层厚度20cm	$100m^2$	24.86	37.20	1316.49	123.08	24.01	17.46		1518.24	37743

注：限于篇幅，只编列了部分项目。

工程量清单综合单价计算表

单位工程名称：杭州市康拱路工程　　　　第 2 页　共 9 页

序号	编码	名称	计量单位	数量	综合单价/元							合计/元
					人工费	材料费	机械费	管理费	利润	风险费用	小计	
8	040204001001	人行道块料铺设 6cm 人行道板(仿石条纹砖)；3cmM10 砂浆卧底；20cmC15 素砼基层；20cm 塘渣垫层	m^2	1730	19.29	84.24	3.50	3.73	2.71		113.47	196303
	2-215 换	人行道板安砌砂浆垫层厚度 3cm	$100m^2$	17.3	898.70	2733.60	20.60	151.67	110.30		3914.87	67727
	2-211 换	人行道现拌混凝土基础厚 20cm	$100m^2$	21.08	845.38	4669.85	270.36	181.27	131.83		6098.69	128560
9	040204003001	安砌侧(平、缘)石材料：15cm×37cm×100cm 混凝土侧石，粘结层：3cmM10 水泥砂浆、C20 细石砼坞塝	m	3879	5.90	25.06		0.97	0.71		32.64	126611
	2-228 换	混凝土侧石安砌～水泥砂浆 M10.0	100m	38.79	415.81	1753.73		68.61	49.90		2288.05	88753
	2-225 换	人工铺装侧平石混凝土垫层～现浇现拌混凝土 C20(20)	m^3	96.975	59.21	262.44		9.77	7.11		338.53	32829
	2-227 换	人工铺装侧平石砂浆粘结层～水泥砂浆 M10.0	m^3	17.5	58.82	213.90		9.71	7.06		289.49	5066
		路基										
10	040101001001	挖一般土方土壤类别：各类土石方(含清表)场内运输	m^3	12535	0.38		4.24	0.67	0.49		5.78	72452
	1-47	推土机推距 40m 以内一、二类土	$1000m^3$	12.215	192		2842.62	443.84	322.79		3801.25	46432
	1-62	装载机装松散土	$1000m^3$	12.215	192		1421.76	228.52	166.20		2008.48	24534
	1-59	挖掘机挖土装车一、二类土	$1000m^3$	0.32	192		3385.80	535.21	389.25		4502.26	1441

工程量清单综合单价计算表

单位工程名称：杭州市康拱路工程　　　　第3页　共9页

序号	编码	名称	计量单位	数量	综合单价/元							合计/元
					人工费	材料费	机械费	管理费	利润	风险费用	小计	
11	040103002001	余方弃置废弃料品种：清表、挖方废弃方，运距：1km	m^3	12535		0.02	5.88	0.86	0.63		7.39	92634
	1-68	自卸汽车运土方运距1km以内	$1000m^3$	12.535		24	5881.97	863.49	628		7397.46	92727
12	040201011001	深层搅拌桩桩径：ϕ500mm，水泥含量：15%，42.5级硅酸盐水泥	m	33043	3.97	32.23	4.19	1.33	0.97		42.69	1410606
	1-444换	单头深层水泥搅拌桩喷粉～水泥42.5	$10m^3$	648.47	202.10	1423.33	213.36	68	49.45		1956.24	1268563
	1-445换	深层水泥搅拌桩水泥掺量每增减1%～水泥42.5	$10m^3$	1296.94		109.45					109.45	141950
		挡土墙										
13	040101003001	挖基坑土方人工挖沟槽、基坑三类土，深度在2m以内	m^3	874.77	22.61			3.73	2.71		29.05	25412
	1-8	人工挖沟槽、基坑三类土，深度在2m以内	$100m^3$	14.58	1356.80			223.87	162.82		1743.49	25420
14	040103001002	填方材料品种：土方，密实度：按设计要求	m^3	828	4.42		1.78	1.02	0.74		7.96	6591
	1-87	机械槽、坑填土夯实	$100m^3$	8.28	441.60		178.44	101.56	73.86		795.46	6586
15	040304002001	浆砌块料材质：M10浆砌块石挡墙身砌筑、勾缝、ϕ10PVC泄水孔制作、安装、滤层铺设、沉降缝	m^3	1122.68	52.40	681.73	3.59	9.24	6.72		753.68	846141

工程量清单综合单价计算表

单位工程名称：杭州市康拱路工程　　　　第 4 页　共 9 页

序号	编码	名称	计量单位	数量	综合单价/元							合计/元
					人工费	材料费	机械费	管理费	利润	风险费用	小计	
	1-386 换	浆砌块石挡土墙～水泥砂浆 M10.0	$10m^3$	112.268	511.70	6740.02	35.91	90.33	65.69		7443.65	835684
	3-502	塑料管泄水孔安装	10m	45.7	30.10	189.92		4.97	3.61		228.60	10447
		桥涵工程										
16	040101003002	挖基坑土方土壤类别：各类土石方土方开挖、围护、支撑场内运输、平整、夯实	m^3	743	0.36		3.96	0.65	0.48		5.45	4049
	1-56	挖掘机挖土不装车一、二类土	$1000m^3$	1.386	192		2122.82	350.40	254.84		2920.06	4047
17	040301007001	机械成孔灌注桩桩径：ϕ1000mm 钻孔灌注桩；混凝土强度等级、石料最大粒径：C25 水下砼；工作平台搭拆、成孔机械竖拆；护筒埋设、泥浆制作；钻、冲成孔、余方弃置；灌注混凝土、凿除桩头、废料弃置	m	910	92.44	317.01	132.62	35.34	25.70		603.11	548830
	3-107	钻孔灌注桩陆上埋设钢护筒 ϕ≤1000	10m	4.2	841.94	179.91	64.57	149.43	108.67		1344.52	5647
	3-516	搭、拆桩基础陆上支架平台锤重 1800kg	$100m^2$	7.5651	1349.34	416.34		222.64	161.92		2150.24	16267
	3-128	回旋钻孔机成孔桩径 ϕ1000mm 以内	$10m^3$	71.435	442.04	123.24	833.43	207.39	150.83		1756.93	125506
	3-149	钻孔灌注混凝土回旋钻孔	$10m^3$	72.534	322.50	3782.53	301.11	100.49	73.08		4579.71	332185
	3-144	泥浆池建造、拆除	$10m^3$	71.435	15.48	19.52	0.24	2.59	1.89		39.72	2837
	3-145	泥浆运输运距 5km 以内	$10m^3$	71.435	191.78		544.33	104.16	75.75		916.02	65436
	3-548	凿除钻孔灌注桩顶钢筋混凝土	$10m^3$	1.099	547.82	12.48	118.66	109.45	79.60		868.01	954

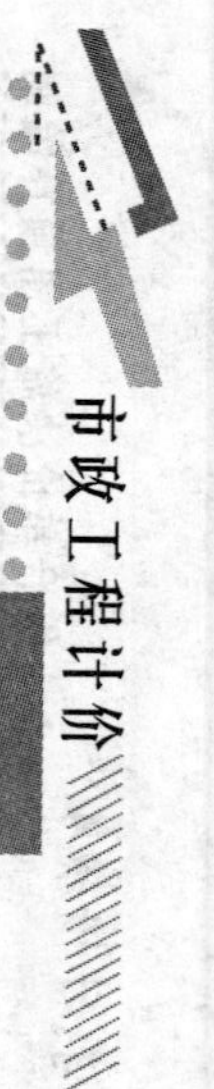

工程量清单综合单价计算表

单位工程名称：杭州市康拱路工程　　　　第 5 页　共 9 页

序号	编码	名称	计量单位	数量	综合单价/元							合计/元
					人工费	材料费	机械费	管理费	利润	风险费用	小计	
18	040303003001	预制混凝土梁尺寸：25米空心板梁；混凝土强度等级、石料最大粒径：C50砼(含C50梁底三角垫块、C50铰缝及C25封端)；预应力、非应力：预应力；张拉方式：后张法；混凝土浇筑、养生；构件运输、安装、构件连接	m^3	491.30	76.70	388.07	71.70	24.10	17.52		578.09	284016
	3-343换	C50预制混凝土空心板梁(预应力)	$10m^3$	43.22	578.35	3648.65	317.20	145.46	105.79		4795.45	207259
	3-371	预制构件场内运输构件重40t以内运距100m	$10m^3$	44.153	168.13	221.78	14.38	30.08	21.87		456.24	20144
	3-439	起重机陆上安装板梁起重机 $L \leqslant 25m$	$10m^3$	44.153	36.12		451.25	78.61	57.17		623.15	27514
	3-288换	板梁间灌缝～现浇现拌混凝土C50(20)52.5级水泥	$10m^3$	4.982	736.16	4650.77	192.20	151.18	109.95		5840.26	29096
19	040302017001	桥面铺装部位：桥面铺装　混凝土强度等级、石料最大粒径：8cmC40防水砼+6cm中粒式沥青混凝土+沥青粘层油+5cm细粒式沥青混凝土SBS改性	m^2	8	1589.58	90835.31	7105.61	1310.64	953.19		101794.33	814660
	3-314	C40混凝土桥面基层铺装	$10m^3$	6.46	478.59	3384.49	184.08	107.54	78.21		4232.91	27345
	2-191换	机械摊铺细粒式沥青混凝土路面厚5cm	$100m^2$	5.928	53.84	6654.25	333.30	58	42.18		7141.57	42335
	2-191换	机械摊铺细粒式沥青混凝土路面厚4cm	$100m^2$	207.48	43.26	2938.22	249.77	43.94	31.96		3307.15	686167

工程量清单综合单价计算表

单位工程名称：杭州市康拱路工程　　　　第 6 页　共 9 页

序号	编码	名称	计量单位	数量	综合单价/元							合计/元
					人工费	材料费	机械费	管理费	利润	风险费用	小计	
	2-185	机械摊铺中粒式沥青混凝土路面厚度 6cm	$100m^2$	5.928	40.03	6711.27	208.85	37.39	27.19		7024.73	41643
	2-175 换	机械摊铺粗粒式沥青混凝土路面厚 7cm	$100m^2$	2.0748	47.09	7826.54	308.91	53.68	39.04		8275.26	17170
20	040302018001	桥头搭板混凝土强度等级、石料最大粒径：C30 砼；垫层：10cm 厚 C15 素砼垫层＋20cm 碎石垫层；垫层铺筑、混凝土浇筑、养生	m^3	72	85.99	425.16	27.26	18.44	13.41		570.26	41059
	3-318 换	C25 混凝土桥头搭板～现浇现拌混凝土 C30(40)	$10m^3$	7.2	538.36	2899.79	187	117.87	85.72		3828.74	27567
	3-207	碎石垫层	$10m^3$	4.72	280.79	951.17		46.33	33.69		1311.98	6193
	3-208	C15 混凝土垫层	$10m^3$	2.32	426.56	2260.03	265.67	112.06	81.50		3145.82	7298
21	040701002002	非预应力钢筋预制；R235	t	25.791	531.91	5061.13	57.56	97.10	70.62		5818.32	150060
	3-175	预制混凝土圆钢制作、安装	t	25.791	531.91	5061.13	57.56	97.10	70.62		5818.32	150060
22	040701002006	非预应力钢筋钻孔桩钢筋笼；HRB335	t	432	417.10	5090.08	327.14	121.10	88.08		6043.50	259883
	3-179	钻孔桩钢筋笼制作、安装	t	432	417.10	5090.08	327.14	121.10	88.08		6043.50	259883
23	040701004001	后张法预应力钢筋 $\phi s15.2$ 钢铰线；YM15-5 锚具；波纹管 $\phi55$ 制安、压浆；	t	22.361	1037.23	11183.01	291.89	217.88	158.46		12888.47	288196
	3-193	后张法群锚制作、安装束长 40m 以内 7 孔以内	t	22.3608	482.89	6993.83	220.13	115.06	83.68		7895.59	176552
	主材	YM15-5 锚具	套	312		150					150	46800

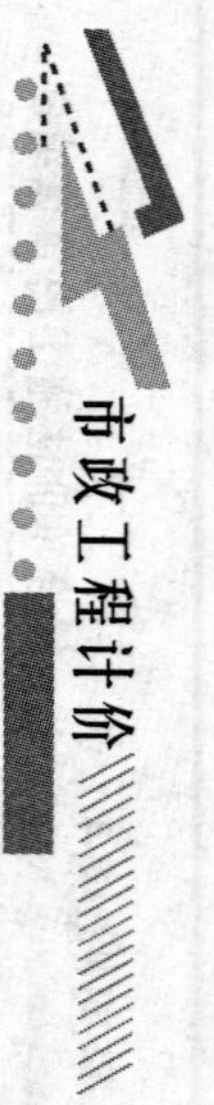

工程量清单综合单价计算表

单位工程名称：杭州市康拱路工程　　　　第 7 页　共 9 页

序号	编码	名称	计量单位	数量	综合单价/元							合计/元
					人工费	材料费	机械费	管理费	利润	风险费用	小计	
	3-202换	波纹管压浆管道安装～波纹管 $\phi55$	100m	38.558	267.46	1051.46		44.13	32.10		1395.15	53794
	3-203	压浆	$10m^3$	0.9156079075	2274.70	6914.82	1752.43	652.50	474.54		12068.99	11050
		排水工程										
24	040101002001	挖沟槽土方一、二类土	m^3	3446	0.02						0.02	69
	1-56	挖掘机挖土不装车一、二类土	$1000m^3$	05009535	192		2122.82	350.40	254.84		2920.06	15
	1-4换	人工挖沟槽、基坑一、二类土，深度在2m以内～人工辅助机械挖沟槽、基坑	$100m^3$	0.0556615	994.50			164.09	119.34		1277.93	71
25	040501002001	混凝土管道铺设管有筋无筋：D200钢筋砼Ⅱ级管(雨水口连接管)，接口形式：水泥砂浆接口，垫层：15cm级配砂垫层，基础：180°级配砂基础	m	205	7.53	114.07	0.23	1.28	0.93		124.04	25428
	6-210	管道闭水试验管径300mm以内	100m	2.05	53.75	50.24		8.87	6.45		119.31	245
	6-266	砂垫层	$10m^3$	2.6704735	202.10	727.15	17.89	36.22	26.34		1009.70	2696
	6-23	承插式混凝土管道铺设人工下管管径200mm以内	100m	2.05	396.03	10403		65.34	47.52		10911.89	22369
	6-160	承插式排水管道水泥砂浆接口管径200mm以内	10个口	5.125	15.91	2.79		2.63	1.91		23.24	119
26	040501002007	混凝土管道铺设管有筋无筋：D1200钢筋砼Ⅱ级管；接口形式：O型橡胶圈接口；垫层：10cmC10素砼垫层，基础：135°C25砼管座	m	230	84.47	609.75	28.94	18.38	13.37		754.91	173629

工程量清单综合单价计算表

单位工程名称：杭州市康拱路工程 第8页 共9页

序号	编码	名称	计量单位	数量	综合单价/元							合计/元
					人工费	材料费	机械费	管理费	利润	风险费用	小计	
	6-216	管道闭水试验管径1200mm以内	100m	2.3	312.61	553.35		51.58	37.51		955.05	2197
	6-268	C10现浇现拌混凝土垫层	$10m^3$	4.416	517.72	2118.20	78.68	98.24	71.44		2884.28	12737
	6-282	C25现浇现拌混凝土管座	$10m^3$	15.134	836.78	2877.27	147.86	161.13	117.18		4140.22	62658
	6-38	承插式混凝土管道铺设人机配合下管管径1200mm以内	100m	2.3	1271.51	35956	1770.23	477.65	347.38		39822.77	91592
	6-186	排水管道混凝土管胶圈(承插)接口管径1200mm以内	10只	7.7	108.36	438.03		17.88	13		577.27	4445
27	040504001001	砌筑检查井尺寸：1100mm×1100mm砖砌雨水检查井，井深：均深2.50m，材料：井室M10水泥砂浆砌筑MU10机砖，内外表面及抹三角灰用1∶2水泥砂浆抹面，厚20mm，垫层：10cm厚C10素砼C25钢筋砼底板、顶板，C30钢筋砼井圈井座加固，井盖：ϕ700铸铁检查井井盖	座	14	622.61	3084.60	89.74	116.64	84.83		3998.42	55978
	6-229换	C10混凝土井垫层	$10m^3$	0.702	597.70	2140.48	164.36	124.27	90.38		3117.19	2188
	6-229换	C25混凝土井垫层	$10m^3$	1.165	597.70	2763.04	164.36	124.27	90.38		3739.75	4357
	6-1125	现浇构件钢筋(螺纹钢)直径ϕ10mm以外	t	0.75	275.63	5070.58	72.55	57.12	41.54		5517.42	4138
	6-231换	矩形井砖砌	$10m^3$	5.802	489.73	2197.71	59	89.92	65.40		2901.76	16836
	6-237	砖墙井壁抹灰	$100m^2$	1.7965	1013.64	675.86	55.43	175.81	127.86		2048.60	3680
	6-235换	石砌井底流槽砌筑	$10m^3$	0.455	961.95	6915.64	107.93	175.35	127.52		8288.39	3771
	6-239	砖墙流槽抹灰	$100m^2$	0.2782	853.85	675.86	55.43	149.45	108.69		1843.28	513

工程量清单综合单价计算表

单位工程名称：杭州市康拱路工程　　　　第 9 页　共 9 页

序号	编码	名称	计量单位	数量	综合单价/元							合计/元
					人工费	材料费	机械费	管理费	利润	风险费用	小计	
	6－337 换	C20 钢筋混凝土井室盖板预制	$10m^3$	0.298	1196.26	2966.18	163.19	222.83	162.06		4710.52	1404
	6－348	钢筋混凝土井室矩形盖板安装每块体积在 $0.3m^3$ 以内	$10m^3$	0.298	649.04	361.47	205.47	135.32	98.41		1449.71	432
	6－1127	预制构件钢筋(螺纹钢)直径 ϕ10mm 以外	t	0.33	260.15	5068.54	93.18	57.86	42.08		5521.81	1822
	6－249 换	C30 钢筋混凝土井圈安装制作	$10m^3$	1.179	784.75	2948.88	164.01	155.08	112.78		4165.50	4911
	6－1126	预制构件钢筋(圆钢)直径 ϕ10mm 以内	t	0.39	501.38	5045.46	140.28	105.22	76.52		5868.86	2289
	6－252	铸铁检查井井盖安装	10 套	1.4	214.14	6608.07		35.33	25.70		6883.24	9637
28	040504003002	雨水进水井尺寸：390mm×1270mm，偏沟式双篦井身：井壁砖砌体采用 M10 水泥砂浆砌筑 MU10 机砖，井内壁均抹面厚 20mm；勾缝、座浆和抹面均用 1∶2 水泥砂浆，垫层及基础：10cm 厚碎石＋10cmC15 素砼钢纤维材料平算	座	14	170.64	1080.03	18.27	31	22.55		1322.49	18515
	6－225	井垫层(碎石)	$10m^3$	0.251	319.92	1003.74	16.55	55.45	40.33		1435.99	360
	6－229	C15 混凝土井垫层	$10m^3$	0.251	597.70	2311.69	164.36	124.27	90.38		3288.40	825
	6－231 换	矩形井砖砌	$10m^3$	1.438	489.73	2197.71	59	89.92	65.40		2901.76	4173
	6－238	砖墙井底抹灰	$100m^2$	0.07	658.76	675.86	55.43	117.26	85.28		1592.59	111
	6－237	砖墙井壁抹灰	$100m^2$	0.4536	1013.64	675.86	55.43	175.81	127.86		2048.60	929
	6－258 换	高强模塑料雨水井箅安装	10 套	2.8	183.18	3088.32		30.22	21.98		3323.70	9306
	6－249 换	C20 钢筋混凝土井圈安装制作	$10m^3$	0.456	784.75	2948.88	164.01	155.08	112.78		4165.50	1899
	6－1126	预制构件钢筋(圆钢)直径 ϕ10mm 以内	t	0.155	501.38	5045.46	140.28	105.22	76.52		5868.86	910
合计：												15102788

工程量清单综合单价工料机分析表

单位及专业工程名称：杭州市康拱路工程　　　　第1页　共1页

项目编号		040301007001	项目名称	机械成孔灌注桩	计量单位	m
清单综合单价组成明细						
序号	名称及规格		单位	数量	金额/元	
					单价	合价
1	人工	二类人工	工日	2.1498	43.00	92.44
	人工费小计					92.44
2	材料	六角带帽螺栓	kg	0.0327	6.34	0.21
		其他材料费	元	1.8672	1.00	1.87
		混凝土实心砖 240×115×53	千块	0.0039	310.00	1.21
		导管	kg	0.3029	2.30	0.70
		碎石综合	t	1.1956	55.00	65.76
		风镐凿子	根	0.0036	4.16	0.01
		水泥 42.5	kg	379.9849	0.52	197.59
		石灰膏	m^3	0.0002	278.00	0.06
		黄砂(净砂)综合	t	0.6404	55.00	35.22
		水	m^3	2.3164	2.00	4.63
		黏土	m^3	0.0377	20.50	0.77
		钢护筒	t	0.0002	4500.00	0.9
		枋木	m^3	0.0037	900.00	3.33
		扒钉	kg	0.0333	3.96	0.13
		垫木	m^3	0.0039	1200.00	4.68
	材料小计					317.07
3	机械	泥浆泵 ϕ100	台班	0.1307	218.50	28.56
		转盘钻孔机 ϕ1500	台班	0.1009	430.08	43.40
		机动翻斗车 1t	台班	0.0990	119.68	11.85
		泥浆运输车 5t	台班	0.0879	411.87	36.21
		灰浆搅拌机 200L	台班	0.0003	58.87	0.02
		履带式电动起重机 5t	台班	0.0440	146.75	6.46
		双锥反转出料混凝土搅拌机 350L	台班	0.0610	98.21	5.99
		电动空气压缩机 $1m^3$/min	台班	0.0028	51.37	0.14
	机械费小计					132.63
4	直接工程费(1+2+3)					542.14
5	管理费					35.34
6	利润					25.70
7	风险费用					
8	综合单价(4+5+6+7)					603.18

注：限于篇幅，只编列了部分项目。

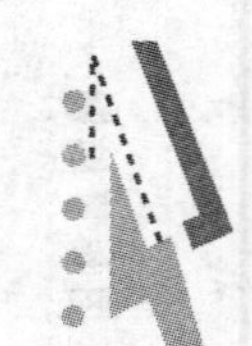

施工技术措施项目清单与计价表

单位工程名称：杭州市康拱路工程　　　　第 1 页　共 1 页

序号	项目编码	项目名称	项目特征	计量单位	工程量	综合单价/元	合价/元	其中/元		备注
								人工费	机械费	
		技术措施					609502	169722.20	85301.36	
		道路工程技术措施					235203	39507.71	53482.74	
1	000002004001	特、大型机械进出场费		项	1	75845.13	75845	5547	41356.23	
2	040901001001	现浇混凝土模板		m^2	2530	35.29	89284	32409.30	6375.60	
3	041101001001	便道		项	1	70073.76	70074	1551.41	5750.91	
		桥梁工程技术措施					276635	107059.24	30135.53	
4	040901001002	现浇混凝土模板		m^2	2208	51.05	112718	38617.92	15478.08	
5	040901002001	预制混凝土模板		m^2	4549	33.41	151982	66415.40	9916.82	
6	041201001001	墙面脚手架	部位：桥台，材料：双排钢管脚手架	m^2	312	7.56	2359	907.92	143.52	
7	000002004002	特、大型机械进出场费		项	1	9576.25	9576	1118	4597.11	
		排水工程技术措施					97664	23155.25	1683.09	
8	040901001003	现浇混凝土模板		m^2	3420	25.55	87381	18057.60	1539	
9	040901002002	预制混凝土模板		m^2	41.70	38.85	1620	562.12	4.17	
10	041001001001	围堰	编织袋围堰；堰顶宽 1.5m；堰高 3m	m^3	53	98.66	5229	2014	139.92	
11	041203001001	井字架		座	33	104.05	3434	2521.53	0	
本页小计							609502	169722.20	85301.36	
合计							609502	169722.20	85301.36	

措施项目清单综合单价计算表

单位工程名称：杭州市康拱路工程　　　　第1页　共2页

序号	编码	名称	计量单位	数量	综合单价/元							合计/元
					人工费	材料费	机械费	管理费	利润	风险费用	小计	
		技术措施										
		道路工程技术措施										
1	000002004001	特、大型机械进出场费	项	1	5547	16700.82	41356.23	7086.94	5154.14		75845.13	75845
	3001	履带式挖掘机 $1m^3$ 以内	台次	3	516	1155.88	1485.50	303.48	220.71		3681.57	11045
	3010	压路机	台次	3	215	1062.63	1485.50	253.81	184.59		3201.53	9605
	3003	履带式推土机 90kW 以内	台次	3	258	707.70	1485.50	260.91	189.75		2901.86	8706
	3028	单头搅拌桩机	台次	3	860	2640.73	9328.91	1544.11	1122.99		15496.74	46490
2	040901001001	现浇混凝土模板	m^2	2530	12.81	15.66	2.52	2.49	1.81		35.29	89284
	2－197	水泥稳定碎石基层模板	$100m^2$	15.87	1367.40	1538.51	286.51	268.85	195.53		3656.80	58033
	2－197	人行道砼基础模板	$100m^2$	5.29	1367.40	1538.51	286.51	268.85	195.53		3656.80	19344
	1－385	现浇混凝土模板挡墙基础、压顶	$100m^2$	4.142	840.65	1705.78	76.97	148.77	108.20		2880.37	11930
3	041101001001	便道	项	1	1551.41	60888.31	5750.91	1090.23	792.90		70073.76	70074
	2－101	人机配合铺装塘碴底层厚度 25cm	$100m^2$	37	41.93	1645.63	155.43	29.47	21.43		1893.89	70074
		桥梁工程技术措施										
4	040901001002	现浇混凝土模板	m^2	2208	17.49	19.73	7.01	3.95	2.87		51.05	112718
	3－545	筑拆混凝土地模	$10m^3$	3.095	845.81	2383.25	301.36	186.97	135.98		3853.37	11926
	3－546	混凝土地模模板制作、安装	$10m^2$	5.24	177.59	86.83	7.57	30.43	22.13		324.55	1701
	3－308	地梁、侧石、平石模板制作、安装	$10m^2$	7.7657	129.43	164.83	10.53	22.83	16.61		344.23	2673
	3－300	防撞护栏模板制作、安装	$10m^2$	7.129	188.77	65.07	139.87	50.21	36.52		480.44	3425

注：限于篇幅，只编列了部分项目。

措施项目清单综合单价计算表

单位工程名称：杭州市康拱路工程　　　　第 2 页　共 2 页

序号	编码	名称	计量单位	数量	综合单价/元							合计/元
					人工费	材料费	机械费	管理费	利润	风险费用	小计	
	3-245	台帽模板制作、安装	$10m^2$	32.25	170.71	268.73	66.46	38.58	28.06		572.54	18464
	3-230	实体式桥台模板制作、安装	$10m^2$	138.204	170.71	156.68	76.26	39.86	28.99		472.50	65301
	3-214	混凝土基础模板	$10m^2$	1.532	86.86	168.75	35.92	19.09	13.88		324.50	497
	3-217	承台模板(无底模)	$10m^2$	22.5	107.93	116.88	23.43	20.91	15.21		284.36	6398
	3-320	桥面铺装及桥头搭板模板	$10m^2$	1.117	193.50	115.42	21.68	34.82	25.32		390.74	436
	3-320	桥面铺装及桥头搭板模板	$10m^2$	3.84	193.50	115.42	21.68	34.82	25.32		390.74	1500
	3-214	混凝土基础模板	$10m^2$	1.264	86.86	168.75	35.92	19.09	13.88		324.50	410
5	040901002001	预制混凝土模板	m^2	4549	14.60	11.89	2.18	2.74	2		33.41	151982
	3-332	预制混凝土空心板模板制作、安装	$10m^2$	449.519	146.63	119.20	21.82	27.55	20.04		335.24	150697
	3-330	预制混凝土矩形板模板制作、安装	$10m^2$	5.376	95.46	94.65	16.43	17.96	13.06		237.56	1277
6	041201001001	墙面脚手架部位：桥台，材料：双排钢管脚手架	m^2	312	2.91	3.26	0.46	0.54	0.39		7.56	2359
	1-300	双排钢管脚手架 8m 内	$100m^2$	3.12	290.68	326.09	46.32	54.02	39.29		756.40	2360
7	000002004002	特、大型机械进出场费	项	1	1118	2355.20	4597.11	871.86	634.08		9576.25	9576
	3025	混凝土搅拌站	台次	1	1118	2355.20	4597.11	871.86	634.08		9576.25	9576
		排水工程技术措施										
8	040901001003	现浇混凝土模板	m^2	3420	5.28	18.20	0.45	0.94	0.68		25.55	87381
	6-1044	现浇混凝土基础垫层木模	$100m^2$	34.2	528.38	1819.64	44.92	93.61	68.08		2554.63	87368
合计												609502

措施项目清单综合单价工料机分析表

单位工程名称：杭州市康拱路工程 第1页 共1页

项目编号	041101001001		项目名称	便道	计量单位	项
清单综合单价组成明细						
序号	名称及规格		单位	数量	金额/元	
					单价	合价
1	人工	二类人工	工日	36.0750	43	1551.23
	人工费小计					1551.23
2	材料	塘渣	t	1888.8870	32	60444.38
		水	m^3	152.0700	2	304.14
		其他材料费	元	139.8600	1	139.86
	材料小计					60888.38
3	机械	内燃光轮压路机 8t	台班	1.2210	300.99	367.51
		内燃光轮压路机 15t	台班	5.3650	549.69	2949.09
		平地机 90kW	台班	4.6990	518.02	2434.18
	机械费小计					5750.77
4	直接工程费(1+2+3)					68190.38
5	管理费					1090.23
6	利润					792.90
7	风险费用					
8	综合单价(4+5+6+7)					70073.51

注：限于篇幅，只编列了部分项目。

施工组织措施项目清单与计价表

单位工程名称：杭州市康拱路工程 第1页 共1页

序号	项目名称	计算基础	费率/%	金额/元
1	安全文明施工费	定额人工费+定额机械费	4.46	108647.04
2	检验试验费	定额人工费+定额机械费	1.23	29963.20
3	其他组织措施费			6333.68
4	冬雨季施工增加费	定额人工费+定额机械费	0.19	4628.46
5	夜间施工增加费	定额人工费+定额机械费	0.03	730.81
6	已完成工程及设备保护费	定额人工费+定额机械费	0.04	974.41
7	二次搬运费	定额人工费+定额机械费		
8	行车、行人干扰增加费	定额人工费+定额机械费		
9	提前竣工增加费	定额人工费+定额机械费		
合计				151277.6

其他项目清单汇总表

单位工程名称：杭州市康拱路工程　　　　第1页　共1页

序号	项目名称	计量单位	金额/元	备注
1	暂列金额		834591.27	
2	暂估价			
2.1	材料暂估价			
2.2	专业工程暂估价			
3	计日工			
4	总承包服务费			
		合计		834591.27

暂列金额明细表

单位工程名称：杭州市康拱路工程　　　　第1页　共1页

序号	项目名称	计量单位	暂定金额/元	备注
1	暂列金额		834591.27	
2				
	合计		834591.27	

材料暂估单价表

单位工程名称：杭州市康拱路工程　　　　第1页　共1页

序号	材料名称、规格、型号	计量单位	单价/元	备注
1				

专业工程暂估价表

单位工程名称：杭州市康拱路工程　　　　标段：　　　　第1页　共1页

序号	工程名称	工程内容	金额/元	备注
1				
2				
3				
4				
5				
	合计		0	

计日工表

单位工程名称：杭州市康拱路工程　　　　第1页　共1页

编号	项目名称	单位	暂定数量	综合单价/元	合价/元
一	人工				
1					
2					
人工小计					
二	材料				
1					
2					
材料小计					
三	施工机械				
1					
2					
施工机械小计					
总计					

主要材料价格表(略，参见学习情境3)。

主要机械台班价格表(略，参见学习情境3)。

情境小结

本学习情境详细阐述了《建设工程工程量清单计价规范》(GB 50500—2008)项目编码、项目特征、工程量计算规则、分部分项工程量清单、措施项目清单的运用；工程量清单编制方法；综合单价法施工图预算计算程序及综合单价法施工图预算编制方法。

具体内容包括：分部分项工程量清单、技术措施项目清单、工程量清单编制。综合单价法计算程序、综合单价计算、综合单价法施工图预算编制。

本情境小结的教学目标是培养学生：掌握工程量清单计价规范的基本精神和实施要求，能熟练按照规范要求设置清单项目、计算工程量，编制工程量清单；能编制分部分项工程量清单综合单价、分部分项工程量清单计价表、措施项目清单计价表等；能熟练掌握综合单价法施工图预算计算程序，编制综合单价法施工图预算。

能力训练

【实训题1】

某市政雨水管道工程，设计资料见学习情境2【实训题1】。

已知：

(1) 本工程现浇混凝土采用非泵送商品混凝土，检查井盖板及井圈现场集中预制，不考虑场内运输费；

(2) 沟槽土方为三类干土，清单土方开挖工程量为642.22m³，清单土方回填工程量为500.49m³(回填土方密实度97%)，弃土外运工程量为66.66m³，运距及堆场费用等由投标人自行考虑；

(3) π取3.1416。

试根据以上条件，完成下列内容。

(1) 根据清单计价规范编制该雨水管道(含土方)工程的分部分项工程量清单。

(2) 结合2010版浙江省市政工程计价依据，完成ϕ500钢筋混凝土管道铺设清单综合单价计算表。本工程为单独排水工程，人、材、机市场价按定额单价考虑，管理费和利润分别按相应费率的中值计取，不计风险费用。

注：计算结果保留两位小数，合价保留整数。

【实训题2】

学习情境3【实训题1】工程资料。

由于该工程将进行工程量清单招标，需编制工程量清单及清单标底。

(1) 试提供该工程挡土墙部分分部分项工程量清单表；

(2) 出于编制标底需要，请完成分部分项工程量清单综合单价计算表；

(3) 已知该工程按正常的施工组织设计、正常的施工工期(不考虑夜间施工及二次搬运因素)并结合市场价格计算出分部分项工程量清单表项目费为650000元(其中人工费加机械费为110000元)，施工技术措施项目费为350000元(其中人工费加机械费为80000元)，其他项目清单费20000元，试按照综合单价法计算该工程施工图预算造价。

【实训题3】

某市城市高架路施工图设计工程量清单分部分项工程费为25000万元(其中定额人工费、定额机械费合计4000万元)，施工技术措施项目费700万元(其中定额人工费、定额机械费合计140万元)，其他项目费1200万元，该市民工工伤保险和危险作业意外伤害保险费率分别为2.8%和1.5%(取费基数为“人工费+机械费”)，试按综合单价法编制施工图预算。

【实训题4】

编制杭州市阳光大道工程量清单和综合单价法施工图预算。

学习情境5

招标控制价与投标价编制

情境目标

通过学习情境5的学习，培养学生以下能力。

(1) 掌握招标控制价编制方法，熟悉招标控制价与施工图预算的区别。

(2) 掌握投标报价编制方法，价格调整方法，熟悉投标价与招标控制价的区别。

任务描述

根据杭州市康拱路招标文件资料，编制招标控制价；模拟施工企业投标活动编制投标价。

教学要求

能力目标	知识要点	权重
能编制招标控制价	招标控制价、分部分项工程费、措施项目费、其他项目费、暂列金额、暂估价、计日工、总承包服务费等	40%
能编制投标价	招标文件、工程现场调查、工程量复核、投标价编制	40%
能进行投标价调整	投标价的策略、不平衡报价法、经评审的最低投标价法、综合评估法、投标价调整	20%

情境任务导读

招标控制价是指招标人根据国家、省级以及工程所在地建设行政主管部门颁发的有关计价依据和办法，按照设计施工图纸计算的，对招标工程限定的最高工程造价，也是招标工程的最高交易价格。

投标价是指投标人向招标人出示的愿意完成工程内容的价位。施工单位为了获取中标，需要编制一个既符合招标文件要求又具有竞争力的完成合同规定义务的价格。

知识点滴

一举三得

宋代科学家沈括在《梦溪笔谈》中曾记载这样一个故事：在我国古代的北宋真宗年间(公元960～1127年)，京城汴梁(即今开封)发生大火，皇宫被烧为灰烬。为了重建宫殿，皇帝诏令大臣丁渭组织工匠限期完工。当时，既无汽车运输，又无吊车、升降机等起重工具，一切工作都只能人挑肩扛。加之皇宫的建设不同于寻常民房建筑，它高大宽敞、富丽堂皇、雕梁画栋、十分考究，免不了费时费工，耗费大量的砖、砂、石、瓦和木材等。当时摆在丁渭面前的三大问题是：第一是取土困难，即找不到适当的地方取土烧制大量的砖瓦；第二是运输困难，因为除砖瓦外还有大量的建筑材料需要运到皇宫建筑工地，运输量很大，当时最好的运输方式是水路船运，可惜皇宫不位于汴水河岸，材料通过汴水运到汴京后还得卸货上岸，改由陆路用车马运到皇宫工地，既劳神费力又可能延误工期；第三是清墟虚渣排放的困难，即大量的皇宫废墟垃圾及修建完皇宫后的建筑垃圾排放何处。如何在规定时间内按圣旨完成皇宫修复任务，做到又快又好呢？丁渭经过反复思考，终于想出了一个巧妙的施工方案：沿着皇宫前门大道至最近的汴水河岸的方向挖道取土，并将大道挖成小河道直通汴水。挖出的土即用来烧砖瓦，解决“取土困难”，挖成河道接通汴水后，建筑材料可由汴水通过挖出的小河道直运工地，解决“运输困难”；皇宫修复后，将建筑垃圾及废料充填到小河道中，恢复原来的大道，解决了“清墟排放”的困难。两边两条河不但不填，反而挖深，解决了“街两边排水”的困难，而且还可以行船，成为一道亮丽的风景线。

丁渭千年前组织的皇宫修复方案，解决了建筑材料、运输、排水、建筑废弃物堆放等困难，提前了工期，节省了大量费用，在竞争日益激烈的今天，仍然不失为优化施工方案一个经典的启示。

任务5.1 招标控制价编制

5.1.1 招标控制价编制

招标控制价是指招标人根据国家、省级以及工程所在地建设行政主管部门颁发的有关计价依据和办法，按照设计施工图纸计算的，对招标工程限定的最高工程造价，也是招标工程的最高交易价格。也可称其为拦标价、预算控制价或最高报价等。

1. 招标控制价的计价依据

编制招标控制价的依据，包括但不限于下列内容。

(1)《建设工程工程量清单计价规范》(GB 50500—2008)。

(2) 浙江省建设工程计价规则。

(3) 浙江省建设工程计价依据。

(4) 招标文件中的工程量清单及有关要求。

(5) 建设工程设计文件及相关资料。

(6) 与建设项目相关的标准、规范、技术资料。

(7) 常规的施工组织设计或施工方案。

(8) 工程造价管理机构发布的人工、材料、施工机械台班价格信息。无信息价格的，参照市场价格。

招标控制价采用综合单价法编制，可根据招标项目的具体条件和当时当地的建设市场行情，按照本省的有关规定确定合理的浮动比例。

2. 招标控制价的编制内容

招标控制价的编制内容包括分部分项工程费、措施项目费、其他项目费、规费和税金。招标控制价计算程序同表4-41综合单价法计算程序表，各个部分有不同的计价要求。

1) 分部分项工程费的编制要求

(1) 分部分项工程费应根据招标文件中的分部分项工程量清单及有关要求，按《建设工程工程量清单计价规范》有关规定确定综合单价计价。人工、机械台班单价，按照工程所在地工程造价管理机械相应时期发布的市场信息价计算；材料、设备价格遵循下列优先顺序及其规定计算：按照招标文件提供的材料暂估单价；按照工程所在地工程造价管理机构相应时期发布的市场信息价格；参照上一级工程造价管理机构相应时期发布的市场信息价格；参照当地市场价。企业管理费、利润的取费基数应以定额人工费、定额机械费作为计算费用的基数，费率按费率的中值或弹性区间中值计取。

(2) 工程量依据招标文件中提供的分部分项工程量清单确定。

(3) 招标文件提供了暂估单价的材料，应按暂估的单价计入综合单价。

(4) 为使招标控制价与投标价所包含的内容一致，综合单价中应包括招标文件中要求投标人承担的风险内容及其范围(幅度)产生的风险费用。

2) 措施项目费的编制要求

(1) 措施项目费中的安全文明施工费应当按照国家或省级、行业建设主管部门的规定标准计价。施工组织措施费的取费基数应以定额人工费、定额机械费作为计算费用的基数，费率按费率的中值或弹性区间中值计取，提前竣工增加费以工期缩短的比例计取。

(2) 措施项目应按招标文件中提供的措施项目清单确定，措施项目采用分部分项工程综合单价形式进行计价的工程量，应按措施项目清单中的工程量，并按与分部分项工程工程量清单单价相同的方式确定综合单价；以“项”为单位的方式计价的，依有关规定按综合价格计算，包括除规费、税金以外的全部费用。

3) 其他项目费的编制要求

(1) 暂列金额。暂列金额应根据招标文件规定的金额计算，不得变动。编制招标文件时暂列金额可根据工程的复杂程度、设计深度、工程环境条件(包括地质、水文、气候条件等)进行估算，一般可以分部分项工程费的10%～15%为参考，亦可按税前造价的5%计算，并在招标文件中载明。

(2) 暂估价。暂估价中的材料单价应按照工程造价管理机构发布的工程造价信息中的材料单价计算，工程造价信息未发布的材料单价，其单价参考市场价格估算；暂估价中的专业工程暂估价应分不同专业，按有关计价规定估算，并在招标文件中载明。

(3) 计日工。在编制招标控制价时，对计日工中的人工单价和施工机械台班单价应按省级、行业建设主管部门或其授权的工程造价管理机构发布的市场信息价确定，无市场信息价的参照市场价格确定；材料应按工程造价管理机构发布的工程造价信息中的材料单价计算，工程造价信息未发布材料单价的材料，其价格应按市场调查确定的单价计算。

(4) 总承包服务费。总承包服务费应按照省级或行业建设主管部门的规定计算，在计算时可参考以下标准。

① 发包人仅要求对分包的专业工程进行总承包管理和协调时，总包单位可按分包的专业工程造价的1%～2%向发包方计取总承包管理和协调费。

② 发包人要求总承包单位对分包的专业工程进行总承包管理和协调，并同时要求提供配合服务时，总包单位可按分包的专业工程造价的1%～4%向发包方计取总承包管理、协调和服务费。

③ 发包人自行提供材料、设备的，对材料、设备进行管理、服务的单位可按材料、设备价值的0.2%～1%向发包方计取材料、设备的管理、服务费。

4) 规费和税金的编制要求

规费和税金必须按国家或省级、行业建设主管部门的规定计算，不得作为竞争性费用。

5.1.2 招标控制价编制实例

杭州市康拱路工程＿＿＿＿＿＿工程

招标控制价

招标控制价(小写)：16310875元

(大写)：壹仟陆佰叁拾壹万零捌佰柒拾伍元整

招标人：＿＿＿＿＿＿ 工程造价咨询人：＿＿＿＿＿＿

(单位盖章) (单位资质专用章)

法定代表人或其授权人：＿＿＿＿＿＿ 法定代表人或其授权人：＿＿＿＿＿＿

(签字或盖章) (签字或盖章)

编制人：＿＿＿＿＿＿ 复核人：＿＿＿＿＿＿

(造价人员签字盖专用章) (造价工程师签字盖专用章)

编制时间： 复核时间：

总 说 明

工程名称：杭州市康拱路工程 第1页 共1页

一、工程概况

工程西起杭州市康兴路，北至拱康路，起讫桩号K0＋015.502～K0＋762.037，道路全长746.535m，道路等级为城市次干路，设计车速40km/h，3块板断面形式，双向4车道，标准段路幅宽度30m，公交停靠站段路幅宽度33m。

车行道路面结构(总厚度73cm)：5cmAC-13C型细粒式沥青砼(SBS改性)＋6cmAC-20C型中粒式沥青砼＋7cmAC-25C型粗粒式沥青砼＋35cm 5%水泥稳定碎石基层＋20cm级配碎石垫层。非机动车道路面结构(总厚度56cm)：4cmAC-13C型细粒式沥青砼(SBS改性)＋7cmAC-25C型粗粒式沥青砼＋30cm 5%水泥稳定碎石基层＋15cm级配碎石垫层。人行道路面结构(总厚度49cm)：6cm人行道板＋3cmM10砂浆卧底＋20cmC15素砼基层(每隔3m设置一道假缝)＋20cm塘渣垫层。

桥梁1座，跨径25m，起终里程：K0＋713.865～K0＋743.505，上部为后张法预应力砼简支梁，下部桥台采用重力式桥台，基础采用D100钻孔灌注桩。

雨水管管径为D200～D1200，全部采用钢筋混凝土承插管(Ⅱ级管)，橡胶圈接口(具体参见国标06MS201)。除D200和D300的雨水管采用级配砂回填，D400～D1200的雨水管均采用135°钢筋混凝土管基，100厚C10素混凝土垫层。

二、编制依据

1. 浙江省住房和城乡建设厅、浙江省发展和改革委员会、浙江省财政厅建发［2010］224号文件发布的《浙江省建设工程计价规则(2010版)》、《浙江省市政工程预算定额(2010版)》、《浙江省建设工程施工费用定额(2010版)》、《浙江省施工机械台班费用定额(2010版)》。

2. 建设工程工程量清单计价规范(GB 50500—2008)。

3.《浙江造价信息》(2011年4月份)；《杭州市建设工程造价信息》(2011年4月份)，并结合市场调查确定。

4. 某市政工程设计院有限责任公司设计的《杭州市康拱路施工图设计文件》。

5. 指导性施工组织设计文件。

三、取费标准

1. 人工费：一类人工单价为40元/工日；二类人工单价43元/工日。

2. 道路工程施工组织措施费按市区一般工程计取，企业管理费次干道按道路工程二类取16.5%，利润取12%，排污费、社保费、公积金取7.3%，农民工工伤保险费取0.11%，危险作业意外伤害保险费取0.1%；二次搬运费、行车行人干扰增加费、提前竣工增加费不计；桥涵工程附属于道路工程，取费同道路工程；排水工程为非单独承包的排水工程，企业管理费费率按道路工程二类计取。税金取3.577%。

3. 风险费未计，暂列金额取77万元，40异型钢伸缩缝按800元/m暂估价，计日工：一类人工100工日；二类人工200工日，HPB235钢筋15000kg，HRB335钢筋10000kg，90kW平地机50台班，1m^{3}履带式单斗挖掘机(液压)35台班。

4. 本工程业主打算将蒋家河桥伸缩缝安装进行专业分包。

四、主要材料用量

42.5级水泥3121t，52.5级水泥213t，黄砂(净砂)4318t，碎石20742t，钢筋156t，钢绞线23t。

五、招标控制价总金额及技术经济指标

杭州市康拱路工程招标控制价总金额16310875元，技术经济指标21405348元/km。

工程项目招标控制价汇总表

工程名称：杭州市康拱路工程

序号	单位工程名称	金额/元
一	杭州市康拱路工程	16310875
1	杭州市康拱路工程	16310875
合计		16310875

单位工程招标控制价计算表

单位工程名称：杭州市康拱路工程　　　　第1页　共1页

序号	汇总内容	计算公式	金额/元
1	分部分项工程	$\sum$(分部分项工程量×综合单价)	13946034
2	措施项目费	2.1+2.2	557023
2.1	施工技术措施项目	$\sum$(技术措施工程量×综合单价)	414836
2.2	施工组织措施项目	$\sum$(人工费+机械费)×费率	142187
其中	安全文明施工费	(人工费+机械费)×费率	106580
	建设工程检验试验费	(人工费+机械费)×费率	29393
	其他措施项目费	(人工费+机械费)×费率	6213
3	其他项目	3.1+3.2+3.3+3.4	1037079
3.1	暂列金额		770000
3.2	暂估价		53600
3.3	计日工		212600
3.4	总承包服务费		879
4	规费		207448
5	税金	(1+2+3+4)×费率	563291
	合计	1+2+3+4+5	16310875

工程量清单综合单价计算表(略，参见学习情境4)。

工程量清单综合单价工料机分析表(略，参见学习情境4)。

措施项目清单综合单价计算表(略，参见学习情境4)。

措施项目清单综合单价工料机分析表(略，参见学习情境4)。

施工组织措施项目清单与计价表(略，参见学习情境4)。

分部分项工程量清单与计价表

单位工程名称：杭州市康拱路工程　　　　第 1 页　共 4 页

序号	项目编码	项目名称	项目特征	计量单位	工程量	综合单价/元	合价/元	其中/元		备注
								人工费	机械费	
		道路工程					10299972.75	573888.72	1119064.82	
		机动车道					4414528.02	62553.60	165478.36	
1	040201015001	路床(槽)整形	部位：机动车道	m^2	15285.00	1.63	24914.55	2139.90	17730.60	
2	040202001001	垫层	厚度：20cm 材料：级配碎石	m^2	14970.00	21.61	323501.70	11676.60	10479.00	
3	040202014001	水泥稳定碎(砾)石	部位：机动车道上，基层水泥含量：5%，厚度：15cm	m^2	14303.00	18.73	267895.19	13444.82	6293.32	
5	040203004001	沥青混凝土	沥青品种：SBS；石料最大粒径：AC-13C 型细粒式；厚度：5cm	m^2	13811.00	76.21	1052536.31	8148.49	47371.73	
7	040203004003	沥青混凝土	沥青品种：石油沥青；石料最大粒径：AC-25C 粗粒式；厚度：7cm	m^2	13962.00	96.92	1353197.04	6981.00	45795.36	
		非机动车道					980550.60	18592.48	41524.65	
11	040202014004	水泥稳定碎(砾)石	部位：非机动车道下；基层水泥含量：5%；厚度：15cm	m^2	5249.00	18.73	98313.77	4934.06	2309.56	
13	040203004005	沥青混凝土	沥青品种：石油沥青；石料最大粒径：AC-25C 粗粒式；厚度：7cm	m^2	4333.00	97.08	420647.64	2166.50	14212.24	
		人行道					550997.60	84273.78	9836.64	
14	040204001001	人行道块料铺设	6cm 人行道板(仿石条纹砖)；3cmM10 砂浆卧底；20cmC15 素砼基层；20cm 塘渣垫层	m^2	1782.00	136.87	243902.34	37154.70	9836.64	
		路基					3235422.99	297626.66	886202.87	
16	040204003002	安砌侧(平、缘)石	材料：10cm×20cm×100cm 混凝土侧石粘结层：3cmM10 水泥砂浆、C20 细石砼坞塝	m	1676.00	29.75	49861.00	9016.88	0.00	

注：① 招标控制价应按招标文件所列工程量清单进行编制，所以本章工程量清单与学习情境 4 有所不同，若无招标单位书面通知，不得调整工程量清单。

② 限于篇幅，仅选列部分项目。

分部分项工程量清单与计价表

单位工程名称：杭州市康拱路工程 第2页 共4页

序号	项目编码	项目名称	项目特征	计量单位	工程量	综合单价/元	合价/元	其中/元		备注
								人工费	机械费	
18	040101001001	挖一般土方	土壤类别：各类土石方(含清表)场内运输	m^3	12535.00	5.78	72452.30	4763.30	53148.40	
20	040103001001	填方	1. 填方材料品种：素土 2. 密实度：按设计要求	m^3	30097.00	3.45	103834.65	6621.34	76145.41	
22	040103003001	缺方内运	1. 填方材料品种：素土 2. 运距：5km	m^3	34611.55	19.79	684962.57	6576.19	538555.72	
23	040201011001	深层搅拌桩	桩径：ϕ500mm，水泥含量：15%，42.5级硅酸盐水泥	m	33043.00	42.69	1410605.67	131180.71	138450.17	
25	040202010001	碎石	部位：水泥搅拌桩顶，材质：级配碎石，厚度：30cm	m^2	4649.00	131.20	609948.80	130543.92	0.00	
		挡土墙					1118473.54	110842.20	16022.30	
28	040304002001	浆砌块料	材质：M10浆砌块石挡墙身砌筑、勾缝、ϕ10PVC泄水孔制作、安装、滤层铺设、沉降缝	m^3	1122.68	744.36	835678.08	57447.54	4030.42	
30	040305004001	挡墙混凝土压顶	混凝土强度等级、石料最大粒径：C30砼	m^3	113.36	412.05	46709.99	7926.13	728.90	
		桥涵工程					2799658.32	266858.05	180738.46	
31	040101003002	挖基坑土方	土壤类别：各类土石方土方开挖、围护、支撑场内运输、平整、夯实	m^3	1.39	2920.06	4058.88	266.11	2942.23	
33	040301007001	机械成孔灌注桩	桩径ϕ1000mm，水下C25(40)	m	910.00	517.26	470706.60	60788.00	82072.90	
35	040302003001	墩(台)帽	C30(40)	m^3	10.00	3996.31	39963.10	5473.90	3014.00	
36	040302004001	墩(台)身	C25(40)	m^3	55.54	3549.21	197123.12	30402.04	16724.76	
38	040302017001	桥面铺装	5cm细粒式沥青混凝土SBS改性；6cm中粒式沥青混凝土；8cmC40混凝土	m^2	8.00	18355.30	146842.4	4541.70	5796.73	

分部分项工程量清单与计价表

单位工程名称：杭州市康拱路工程　　　　第 3 页　共 4 页

序号	项目编码	项目名称	项目特征	计量单位	工程量	综合单价/元	合价/元	其中/元		备注
								人工费	机械费	
39	040302018001	桥头搭板	C30(40)；10cm 厚 C15 砼垫层；20cm 厚碎石垫层	m^3	4.14	5720.96	23684.77	3569.88	1135.48	
40	040303003001	预制混凝土梁	C50(40)；封端：C25(40)9.3m^3	m^3	432.20	588.62	254401.56	33525.75	21091.36	
43	040309002001	橡胶支座	GJZ200×250×42	个	52	115.61	6011.72	939.12	0.00	
45	040309006002	桥梁伸缩装置	40 异型钢伸缩缝	m	6.70	704.06	4717.20	1227.31	2301.65	
47	040309009001	防水层	YN 桥面防水涂料	m^2	800.30	52.67	42151.80	2216.83	112.04	
50	040701002003	非预应力钢筋	部位：除钻孔桩外 现浇；R235	t	7.596	5763.56	43780.00	3808.48	364.30	
51	040701002004	非预应力钢筋	部位：除钻孔桩外 现浇；HRB335	t	41.385	5632.20	233088.60	14432.19	3600.08	
52	040701002005	非预应力钢筋	钻孔桩钢筋笼；HRB335	t	43.002	6043.50	259882.59	17936.13	14067.67	
54	040701004001	后张法预应力钢筋	ϕs15.2 钢铰线；YM15－5 锚具；波纹管 ϕ55	t	22.361	12888.47	288199.08	23193.29	6526.89	
		排水工程					846402.82	118025.49	60590.64	
56	040101002002	挖沟槽土方	一、二类土	m^3	4799.95	3.91	18767.80	5615.94	9167.90	
57	040103001004	填方	人工槽、坑填土	m^3	1199.99	16.35	19619.80	15239.84	0.00	
58	040103002003	余方弃置	一、二类土	m^3	3419.96	11.90	40697.58	649.79	31703.07	
60	040501002002	混凝土管道铺设	管有筋无筋：D300 钢筋砼Ⅱ级管(雨水口连接管)，接口形式：水泥砂浆接口，垫层：15cm 级配砂垫层，基础：180°级配砂基础	m	470.00	157.50	74025.00	4568.40	145.70	

分部分项工程量清单与计价表

单位工程名称：杭州市康拱路工程　　　　第4页　共4页

序号	项目编码	项目名称	项目特征	计量单位	工程量	综合单价/元	合价/元	其中/元		备注
								人工费	机械费	
62	040501002004	混凝土管道铺设	管有筋无筋：D600钢筋砼Ⅱ级管，接口形式：水泥砂浆接口，垫层：10cmC10素砼垫层，基础：135°C25砼管座	m	168.00	286.15	48073.20	7017.36	860.16	
68	040504001002	砌筑检查井	尺寸：1100mm×1250mm，砖砌雨水检查井井深：均深1.56m，材料：井室M10水泥砂浆砌筑MU10机砖，内外表面及抹三角灰用1∶2水泥砂浆抹面，厚20mm，垫层：10cm厚C10素砼C25钢筋砼底板、顶板，C30钢筋砼井圈井座加固，井盖：ϕ700铸铁检查井井盖	座	7	4165.89	29161.23	4543.42	661.43	
71	040504001005	砌筑检查井	尺寸：1750mm×1750mm，砖砌雨水检查井井深：均深4.67m，材料：井室M10水泥砂浆砌筑MU10机砖，内外表面及抹三角灰用1∶2水泥砂浆抹面，厚20mm，垫层：10cm厚C10素砼C25钢筋砼底板、顶板，C30钢筋砼井圈井座加固，井盖：ϕ700铸铁检查井井盖	座	3	8781.33	26343.99	4087.02	626.88	
73	040504003002	雨水进水井	尺寸：390mm×1270mm偏沟式双篦井身：井壁砖砌体采用M10水泥砂浆砌筑MU10机砖，井内壁均抹面厚20mm，勾缝、座浆和抹面均用1∶2水泥砂浆垫层及基础：10cm厚碎石+10cmC15素砼钢纤维材料平算	座	14	1322.49	18514.86	2388.96	255.78	
合计							13946039.82	958772.26	1360393.92	

施工技术措施项目清单与计价表

单位工程名称：杭州市康拱路工程　　　　第 1 页　共 1 页

序号	项目编码	项目名称	项目特征	计量单位	工程量	综合单价/元	合价/元	其中/元		备注
								人工费	机械费	
		技术措施					414836	128436.94	70319.88	
		道路工程					193915	49860.29	50493.75	
1	000002004001	特、大型机械进出场费		项	1	75845.13	75845	5547.00	41356.23	
2	040901001001	现浇混凝土模板		m^2	2936.00	36.46	107047	39929.60	8338.24	
3	041101001001	便道		项	1	700.73	701	15.51	57.51	
4	041201001001	墙面脚手架	部位：挡土墙 材料：单排钢管脚手架	m^2	2060.46	5.01	10323	4368.18	741.77	
		桥梁工程					166232	64302.36	18899.94	
5	040901001002	现浇混凝土模板		m^2	2077.87	46.38	96372	34097.85	14378.86	
6	040901002001	预制混凝土模板		m^2	1890.31	33.50	63325	27693.04	4120.88	
7	041201001002	墙面脚手架	部位：桥台材料：双排钢管脚手架	m^2	8.64	756.40	6535	2511.48	400.20	
		排水工程					54689	14274.29	926.19	
8	040901001003	现浇混凝土模板		m^2	1738.00	25.55	44406	9176.64	782.10	
9	040901002002	预制混凝土模板		m^2	41.70	38.85	1620	562.12	4.17	
10	041001001001	围堰	编织袋围堰；堰顶宽 1.5m；堰高 3m	m^3	53.00	98.66	5229	2014.00	139.92	
11	041203001001	井字架		座	33	104.05	3434	2521.53	0.00	
本页小计							414836	128436.93	70319.88	
合计							414836	128436.93	70319.88	

其他项目清单汇总表

单位工程名称：杭州市康拱路工程　　　　第1页　共1页

序号	项目名称	计量单位	金额/元	备注
1	暂列金额		770000.00	
2	暂估价		53600.00	
2.1	材料暂估价			
2.2	专业工程暂估价		53600.00	
3	计日工		212600.00	
4	总承包服务费		879.00	
	合计		1037079	

暂列金额明细表

单位工程名称：杭州市康拱路工程　　　　第1页　共1页

序号	项目名称	计量单位	暂定金额/元	备注
1	暂列金额		770000.00	
2				
3				
	合计		770000.00	

材料暂估单价表

单位工程名称：杭州市康拱路工程　　　　第1页　共1页

序号	材料名称、规格、型号	计量单位	单价/元	备注
1	40异型钢伸缩缝	m	800.00	
2				

专业工程暂估价表

单位工程名称：杭州市康拱路工程　　　　标段：　　　　第1页　共1页

序号	工程名称	工程内容	金额/元	备注
1	40异型钢伸缩缝	材料费	53600.00	
2				
3				
	合计		53600.00	

计日工表

单位工程名称：杭州市康拱路工程　　　　第1页　共2页

编号	项目名称	单位	暂定数量	综合单价/元	合价/元
一	人工				12600.00
1	一类人工	工日	100.00	40.00	4000.00

计日工表

单位工程名称：杭州市康拱路工程　　第2页　共2页

编号	项目名称	单位	暂定数量	综合单价/元	合价/元
2	二类人工	工日	200.00	43.00	8600.00
3					
4					
人工小计					12600.00
二	材料				128000.00
1	HPB235	kg	15000.00	5.20	78000.00
2	HRB335	kg	10000.00	5.00	50000.00
3					
4					
材料小计					128000.00
三	施工机械				72000.00
1	平地机 90kW	台班	50.00	600.00	30000.00
2	履带式单斗挖掘机(液压)$1m^3$	台班	35.00	1200.00	42000.00
3					
4					
施工机械小计					72000.00
总计					72000.00

总承包服务费计价表

单位工程名称：杭州市康拱路工程　　第1页　共1页

序号	项目名称	项目价值/元	服务内容	费率/%	金额/元
1	伸缩缝安装	58600.00	伸缩缝安装	1.50	879.00
2					
3					
合计					879.00

主要工日价格表(略，参见学习情境4)。

主要材料价格表(略，参见学习情境4)。

主要机械台班价格表(略，参见学习情境4)。

任务5.2　投标价编制

5.2.1　编制投标价的准备工作

1. 研究招标文件

投标人取得招标文件后，为保证工程量清单报价的合理性，应对投标人须知、合同条件、技术规范、图纸和工程量清单等重点内容进行分析，深刻而正确地理解招标文件和业主的意图。

(1) 投标人须知。它反映了招标人对投标的要求，特别要注意项目的资金来源、评标方法、投标书的编制和递交、投标保证金等。

(2) 合同分析。合同背景分析：投标人有必要了解与自己承包的工程内容有关的合同背景，了解监理方式，了解合同的法律依据，为报价和合同实施及索赔提供依据；合同形式分析主要分析承包方式(如分项承包、施工承包、设计与施工总承包和管理承包等)；计价方式(如固定合同价格、可调合同价格和成本加酬金确定的合同价格等)。

(3) 合同条款分析。主要如下。

① 承包商的任务、工作范围和责任。

② 工程变更及相应的合同价款调整。

③ 付款方式、时间。应注意合同条款中关于工程预付款、材料预付款的规定。根据这些规定和预计的施工进度计划，计算出占用资金的数额和时间，从而计算出需要支付的利息数额并计入投标价。

④ 施工工期。合同条款中关于合同工期、竣工日期、部分工程分期交付工期等规定，是投标人制定施工进度计划的依据，也是报价的重要依据。要注意合同条款中有无工期奖罚的规定，尽可能做到在工期符合要求的前提下报价有竞争力，或在报价合理的前提下工期有竞争力。

⑤ 业主责任。投标人所制定的施工进度计划和做出的报价，都是以业主履行责任为前提的。所以应注意合同条款中关于业主责任措辞的严密性，以及关于索赔的有关规定。

(4) 技术标准和要求分析。工程技术标准是按工程类型来描述工程技术和工艺内容特点，对设备、材料、施工和安装方法等所规定的技术要求，有的是对工程质量进行检验、试验和验收所规定的方法和要求。它们与工程量清单中各子项工作密不可分，报价人员应在准确理解招标人要求的基础上对有关工程内容进行报价。任何忽视技术标准的报价都是不完整、不可靠的，有时可能导致工程承包重大失误和亏损。

(5) 图纸分析。图纸是确定工程范围、内容和技术要求的重要文件，也是投标者确定施工方法等施工计划的主要依据。图纸的详细程度取决于招标人提供的施工图设计所达到的深度和所采用的合同形式。详细的设计图纸可使投标人比较准确地估价，而不够详细的图纸则需要估价人员采用综合估价方法，其结果一般不很精确。

2. 工程现场调查

招标人在招标文件中一般会明确进行工程现场踏勘的时间和地点，或告知投标人自行进行工程现场踏勘。投标人对一般区域调查重点注意以下几个方面。

(1) 自然条件调查，如气象资料，水文资料，地震、洪水及其他自然灾害情况，地质情况等。

(2) 施工条件调查，主要包括：工程现场的用地范围、地形、地貌、地物、高程，地上或地下障碍物，现场的三通一平情况；工程现场周围的道路、进出场条件、有无特殊交通限制；工程现场施工临时设施、大型施工机具、材料堆放场地安排的可能性，是否需要二次搬运；工程现场邻近建筑物与招标工程的间距、结构形式、基础埋深、新旧程度、高度；市政给水及污水、雨水排放管线位置、高程、管径、压力、废水、污水处理方式，市政、消防供水管道管径、压力、位置等；当地供电方式、方位、距离、电压等；地下管线位置、高程等；工程现场通信线路的连接和铺设；当地政府有关部门对施工现场管理的一般要求、特殊要求及规定，是否允许节假日和夜间施工等。

(3) 其他条件调查。主要包括各种构件、半成品及商品混凝土的供应能力和价格，以及现场附近的生活设施、治安情况等等。

3. 调查询价

投标价之前，投标人必须通过各种渠道，采用各种手段对工程所需各种材料、设备等的价格、质量、供应时间、供应数量等进行系统全面的调查，同时还要了解分包项目的分包形式、分包范围、分包人报价、分包人履约能力及信誉等。询价是投标价的基础，它为投标价提供可靠的依据。询价时要特别注意两个问题：一是产品质量必须可靠，并满足招标文件的有关规定；二是供货方式、时间、地点，有无附加条件和费用。

(1) 询价的渠道。

① 直接与生产厂商联系。

② 向生产厂商的代理人或从事该项业务的经纪人了解。

③ 向经营该项产品的销售商了解。

④ 向咨询公司进行询价，通过咨询公司所得到的询价资料比较可靠，但需要支付一定的咨询费用，也可向同行了解。

⑤ 通过互联网查询。

⑥ 自行进行市场调查或信函询价。

(2) 生产要素询价如下。

① 材料询价。材料询价的内容包括调查对比材料价格、供应数量、运输方式、保险和有效期、不同买卖条件下的支付方式等。询价人员在施工方案初步确定后，立即发出材料询价单，并催促材料供应商及时报价。收到询价单后，询价人员应将从各种渠道所询得的材料报价及其他有关资料汇总整理。对同种材料从不同经销部门所得到的所有资料进行比较分析，选择合适、可靠的材料供应商的报价，提供给工程报价人员使用。

② 施工机械设备询价。在外地施工需用的机械设备，有时在当地租赁或采购可能更为有利。因此，事前有必要进行施工机械设备的询价。必须采购的机械设备，可向供应厂商询价。对于租赁的机械设备，可向专门从事租赁业务的机构询价，并应详细了解其计价方法。

③ 劳务询价。劳务询价主要有两种情况：一是成建制的劳务公司，相当于劳务分包，一般费用较高，但素质较可靠，工效较高，承包商的管理工作较轻；另一种是劳务市场招募零散劳动力，根据需要进行选择，这种方式虽然劳务价格低廉，但有时素质达不到要求或工效降低，且承包商的管理工作较繁重。投标人应在对劳务市场充分了解的基础上决定采用哪种方式，并以此为依据进行投标价。

(3) 分包询价。总承包商在确定了分包工作内容后，就将分包专业的工程施工图纸和技术说明送交预先选定的分包单位，请他们在约定的时间内报价，以便进行比较选择，最终选择合适的分包人。对分包人询价应注意以下几点：分包标函是否完整；分包工程单价所包含的内容；分包人的工程质量、信誉及可信赖程度；质量保证措施；分包报价。

4. 复核工程量

在实行工程量清单计价的施工工程中，工程量清单为招标文件的重要组成部分，由招标人提供。工程量的多少是投标价最直接的依据。复核工程量的准确程度，将影响承包商的经营行为：一是根据复核后的工程量与招标文件提供的工程量之间的差距，而考虑相应的投标策略，决定报价尺度；二是根据工程量的大小采取合适的施工方法，选择适用、经济的施工机具设备，确定投入使用的劳动力数量等，从而影响到投标人的询价过程。复核工程量，要与招标文件中所给的工程量进行对比，注意以下几方面。

① 投标人应认真根据招标说明、图纸、地质资料等招标文件资料，计算主要清单工程量，复核工程量清单。其中特别注意，按一定顺序进行，避免漏算或重算；正确划分分部分项工程项目，与“清单计价规范”保持一致。

② 复核工程量的目的不是修改工程量清单，即使有误，投标人也不能修改工程量清单中的工程量，因为修改了清单就等于擅自修改了合同，招标人就会作废标处理。对工程量清单存在的错误，可以向招标人提出，由招标人以补遗书的形式统一修改，并把补遗书通知所有投标人。

③ 针对工程量清单中工程量的遗漏或错误，是否向招标人提出修改意见取决于投标策略。投标人可以运用一些报价的技巧提高报价的质量，争取在中标后能获得更大的收益。

④ 通过工程量计算复核还能准确地确定订货及采购物资的数量，防止由于超量或少购等带来的浪费、积压或停工待料。在核算完全部工程量清单中的细目后，投标人应按大项分类汇总主要工程总量，以便获得对整个工程施工规模的整体概念，并据此研究采用合适的施工方法，选择适用的施工设备等。

5.2.2 投标价的编制

1. 投标价的编制原则

投标价的编制主要是投标人对承建工程所要发生的各种费用的计算。《建设工程工程量清单计价规范》规定，“投标价是投标人投标时报出的工程造价”。具体讲，投标价是在工程招标发包过程中，由投标人按照招标文件的要求，根据工程特点，并结合自身的施工技术、装备和管理水平，依据有关计价规定自主确定的工程造价，是投标人希望达成工程承包交易的期望价格，它不能高于招标人设定的招标控制价。作为投标计算的必要条件，应预先确定施工方案和施工进度。报价是投标的关键性工作，报价是否合理直接关系到投标的成败。投标价编制原则如下。

(1) 投标价由投标人自主确定，但必须执行《建设工程工程量清单计价规范》、《浙江省建设工程计价规则》、《浙江省建设工程施工费用定额》的强制性规定及招标文件、地方法规文件等。投标价由投标人自主确定体现在企业自行制定工程施工方法、施工措施；企业根据自身的施工技术管理水平自主确定人工、材料、施工机械台班消耗量，根据自己调查的价格信息自主确定人工、材料、施工机械台班单价。企业自主确定各项管理费、利润等。

(2) 投标人的投标价不得低于成本。《中华人民共和国反不正当竞争法》第十一条规定：“经营者不得以排挤竞争对手为目的，以低于成本的价格销售商品。”《中华人民共和国招标投标法》第四十一条规定：“中标人的投标应当符合下列条件……(二)能够满足招标文件的实质性要求，并且经评审的投标价格最低；但是投标价格低于成本的除外。”《评标委员会和评标方法暂行规定》(国家计委等七部委第 12 号令)第二十一条规定：“在评标过程中，评标委员会发现投标人的报价明显低于其他投标价或者在设有标底时明显低于标底的，使得其投标价可能低于其个别成本的，应当要求该投标人做出书面说明并提供相关证明材料。投标人不能合理说明或者不能提供相关证明材料的，由评标委员会认定该投标人以低于成本报价竞标，其投标应作为废标处理。”根据上述法律、规章的规定，特别要求投标人的投标价不得低于成本。

(3) 投标价要以招标文件中设定的承发包双方责任划分，作为考虑投标价费用项目和费用计算的基础，承发包双方的责任划分不同，会导致合同风险不同的分摊，从而导致投标人选择不同的报价；根据工程承发包模式考虑投标价的费用内容和计算深度。

(4) 以施工方案、技术措施等作为投标价计算的基本条件；以反映企业技术和管理水平的企业定额作为计算人工、材料和机械台班消耗量的基本依据；充分利用现场考察、调研成果、市场价格信息和行情资料，编制基础标价。

(5) 报价计算方法要科学严谨，简明适用。

2. 投标价的编制依据

《建设工程工程量清单计价规范》规定，投标价应根据下列依据编制。

(1) 工程量清单计价规范。

(2) 国家或省级、行业建设主管部门颁发的计价办法。

(3) 企业定额，国家或省级、行业建设主管部门颁发的计价定额。

(4) 招标文件、工程量清单及其补充通知、答疑纪要。

(5) 建设工程设计文件及相关资料。

(6) 施工现场情况、工程特点及拟定的投标施工组织设计或施工方案。

(7) 与建设项目相关的标准、规范等技术资料。

(8) 市场价格信息或工程造价管理机构发布的工程造价信息。

(9) 其他的相关资料。

3. 确定投标价的策略

投标策略是指投标人在投标竞争中的系统工作部署及其参与投标竞争的方式和手段。投标策略作为投标取胜的方式、手段和艺术，贯穿于投标竞争的始终，内容十分丰富。常用的投标策略主要如下。

1) 根据招标项目的不同特点采用不同报价

投标价时，既要考虑自身的优势和劣势，也要分析招标项目的特点。按照工程项目的不同特点、类别、施工条件等来选择报价策略。

① 遇到如下情况报价可高一些：施工条件差的工程，专业要求高的技术密集型工程，而投标人在这方面又有专长，声望也较高；总价低的小工程，以及自己不愿做又不方便不投标的工程；特殊的工程，如港口码头、地下开挖工程等；工期要求急的工程；投标对手少的工程；支付条件不理想的工程。

② 遇到如下情况报价可低一些：施工条件好的工程；工作简单、工程量大而其他投标人都可以做的工程；投标人目前急于打入某一市场、某一地区，或在该地区面临工程结束，机械设备等无工地转移时；投标人在附近有工程，而本项目又可利用该工程的设备、劳务，或有条件短期内突击完成的工程；投标对手多，竞争激烈的工程；非急需工程；支付条件好的工程。

2）不平衡报价法

不平衡报价法是指一个工程项目总报价基本确定后，通过调整内部各个项目的报价，以势既不提高总报价、不影响中标，又能在结算时得到更理想的经济效益。一般可以考虑在以下几个方面采用不平衡报价：

① 能够早日结算的项目(如前期措施费、基础工程、土石方工程等)可以适当提高报价，以利资金周转，提高资金时间价值。后期工程项目如设备安装、装饰工程等的报价可适当降低。

② 经过工程量复核，预计今后工程量会增加的项目，单价适当提高，这样在最终结算时可多盈利，而将来工程量有可能减少的项目单价降低，工程结算时损失不大。但是，上述两种情况要统筹考虑，具体分析后再定。

③ 设计图纸不明确、估计修改后工程量要增加的，可以提高单价，而工程内容说明不清楚的，则可以降低一些单价，在工程实施阶段通过索赔再寻求提高单价的机会。

④ 暂定项目又叫任意项目或选择项目，对这类项目要作具体分析。因这一类项目要开工后由发包人研究决定是否实施，以及由哪一家投标人实施。如果工程不分标，不会另由一家投标人施工，则其中肯定要施工的单价可高些，不一定要施工的则应该低些。如果工程分标，该暂定项目也可能由其他投标人施工时，则不宜报高价，以免抬高总报价。

⑤ 单价与包干混合制合同中，招标人要求有些项目采用包干报价时，宜报高价。一则这类项目多半有风险，二则这类项目在完成后可全部按报价结算，即可以全部结算回来。其余单价项目则可适当降低。

⑥ 有时招标文件要求投标人对工程量大的项目报“综合单价分析表”，投标时可将单价分析表中的人工费及机械设备费报得较高，而材料费报得较低。这主要是为了在今后补充项目报价时，可以参考选用“综合单价分析表”中较高的人工费和机械费，而材料则往往采用市场价，因而可获得较高的收益。

3）计日工单价的报价

如果是单纯报计日工单价，而且不计入总价中，可以报高些，以便在招标人额外用工或使用施工机械时可多盈利。但如果计日工单价要计入总报价时，则需具体分析是否报高价，以免抬高总报价。总之，要分析招标人在开工后可能使用的计日工数量，再来确定报价方针。

4）可供选择的项目的报价

有些工程项目的分项工程，招标人可能要求按某一方案报价，而后再提供几种可供选择方案的比较报价。投标时，应对不同规格情况下的价格都进行调查，对于将来有可能被选择使用的规格应适当提高其报价；对于技术难度大或其他原因导致的难以实现的规格，可将价格有意抬得更高一些，以阻挠招标人选用。但是，所谓“可供选择项目”并非由投标人任意选择，而是只有招标人才有权进行选择。因此，虽然适当提高了可供选择项目的报价，并不意味着肯定可以取得较好的利润，只是提供了一种可能性，一旦招标人今后选用，投标人即可得到额外价的利益。

5）暂列金额的报价

暂列金额有3种。①招标人规定了暂列金额的分项内容和暂定总价款，并规定所有投标人都必须在总报价中加入这笔固定金额，但由于分项工程量不很准确，允许将来按投标人所报单价和实际完成的工程量付款。这种情况下，由于暂定总价款是固定的，对各投标人的总报价水平竞争力没有任何影响，因此，投标时应当对暂列金额的单价适当提高。②招标人列出了暂列金额的项目的数量，但并没有限制这些工程量的估价总价款，要求投标人既列出单价，也应按暂定项目的数量计算总价，当将来结算付款时可按实际完成的工程量和所报单价支付。这种情况下，投标人必须慎重考虑。如果单价定得高了，同其他工程量计价一样，将会增大总报价，影响投标价的竞争力；如果单价定得低了，将来这类工程量增大，将会影响收益。一般来说，这类工程量可以采用正常价格。如果投标人估计今后实际工程量肯定会增大，则可适当提高单价，使将来可增加额外收益。③只有暂列金额的一笔固定总金额，将来这笔金额做什么用，由招标人确定。这种情况对投标竞争没有实际意义，按招标文件要求将规定的暂列金额列入总报价即可。

6）多方案报价法

对于一些招标文件，如果发现工程范围不很明确，条款不清楚或很不公正，或技术规范要求过于苛刻时，则要在充分估计投标风险的基础上，按多方案报价法处理，即是按原招标文件报一个价，然后再提出如某某条款做某些变动，报价可降低多少，由此可报出一个较低的价。这样可以降低总价，吸引招标人。招标文件投标人须知一般明确是否允许多方案报价，若不允许则不能采用多方案报价。

7）增加建议方案

有时招标文件中规定，可以提一个建议方案，即可以修改原设计方案，提出投标者的方案。投标人这时应抓住机会，组织一批有经验的设计和施工工程师，对原招标文件的设计和施工方案仔细研究，提出更为合理的方案以吸引招标人，促成自己的方案中标。这种新建议方案可以降低总造价或是缩短工期，或使工程运用更为合理。但要注意，对原招标方案一定也要报价。建议方案不要写得太具体，要保留方案的技术关键，防止招标人将此方案交给其他投标人。同时要强调的是，建议方案一定要比较成熟，有很好的可操作性。

8）分包商报价的采用

总承包商通常应在投标前先取得分包商的报价，并增加总承包商摊人的一定的管理费，而后作为自己投标总价的一个组成部分一并列入报价单中。应当注意，分包商在投标前可能同意接受总承包商压低其报价的要求，但等到总承包商得标后，他们常以种种理由要求提高分包价格，这将使总承包商处于十分被动的地位。解决的办法是，总承包商在投标前找两三家分包商分别报价，而后选择其中一家信誉较好、实力较强和报价合理的分包商签订协议，同意该分包商作为本分包工程的唯一合作者，并将分包商的姓名列到投标文件中，但要求该分包商相应地提交投标保函。如果该分包商认为总承包商确实有可能得标，也许愿意接受这一条件。这种把分包商的利益同投标人捆在一起的做法，不但可以防止分包商事后反悔和涨价，还可能迫使分包时报出较合理的价格，以便共同争取得标。

9）许诺优惠条件

投标价附带优惠条件是一种行之有效的手段。招标人评标时，除了主要考虑报价和技术方案外，还要分析别的条件，如工期、支付条件等。所以在投标时主动提出提前竣工、低息贷款、赠给交通工具、免费转让新技术或某种技术专利、免费技术协作、代为培训人员等，均是吸引招标人、利于中标的辅助手段。

10）无利润报价

缺乏竞争优势的承包商，在不得已的情况下，只好在报价时根本不考虑利润而去夺标。这种办法一般是处于以下条件时采用：①有可能在得标后，将大部分工程分包给索价较低的一些分包商；②对于分期建设的项目，先以低价获得首期工程，而后赢得机会创造第二期工程中的竞争优势，并在以后的实施中盈利；③较长时期内，投标人没有在建的工程项目，如果再不得标，就难以维持生存。因此，虽然本工程无利可图，但只要能有一定的管理费维持公司的日常运转，就可设法渡过暂时的困难，以图将来东山再起。

4. 评标方法对投标价的影响

为了获取中标，评标方法就是投标价的“指挥棒”，投标价应具有竞争力。经初步评审合格的投标文件，评标委员会将根据招标文件确定的评标标准和方法，对其技术部分和商务部分做进一步评审、比较。详细评审的方法包括经评审的最低投标价法和综合评估法两种。

1) 经评审的最低投标价法

经评审的最低投标价法是指评标委员会对满足招标文件实质要求的投标文件，根据详细评审标准规定的量化因素及量化标准进行价格折算，按照经评审的投标价由低到高的顺序推荐中标候选人，但投标价低于其成本的除外。

2) 综合评估法

不宜采用经评审的最低投标价法的招标项目，一般应当采取综合评估法进行评审。综合评估法是指评标委员会对满足招标文件实质性要求的投标文件，按照规定的评分标准进行打分，并按得分由高到低顺序推荐中标候选人，但投标价低于其成本的除外。综合评分相等时，以投标价低的优先；投标价也相等的，由招标人自行确定。

(1) 详细评审中的分值构成与评分标准。综合评估法下评标分值构成一般分为 4 个方面，即：施工组织设计；项目管理机构；投标价；其他评分因素，总计分值为 100 分。各方面所占比例和具体分值由招标人自行确定，并在招标文件中明确。

(2) 投标价偏差率的计算。在评标过程中，可以对各个投标文件按下式计算投标价偏差率：

$$偏差率=(投标人报价-评标基准价)/评标基准价\times 100\% \qquad (5-1)$$

评标基准价的计算方法应在投标人须知前附表中予以明确。招标人可依据招标项目的特点、行业管理规定给出评标基准价的计算方法，确定时也可适当考虑投标人的投标价。

(3) 详细评审过程。评标委员会按分值构成与评分标准规定的量化因素和分值进行打分，并计算出各投标书综合评估得分。由评委对各投标人的标书进行评分后加以比较，最后以总得分最高的投标人为中标候选人。根据综合评估法完成评标后，评标委员会应当拟定一份《综合评估比较表》，连同书面评标报告提交招标人。《综合评估比较表》应当载明投标人的投标价、所做的任何修正、对商务偏差的调整、对技术偏差的调整、对各评审因素的评估以及对每一投标的最终评审结果。

5. 投标价的编制方法和内容

投标价的编制过程，应首先根据招标人提供的工程量清单编制分部分项工程量清单计价表、措施项目清单计价表、其他项目清单计价表、规费、税金项目清单计价表，计算完毕之后，汇总而得到单位工程投标价汇总表，再层层汇总，分别得出单项工程投标价汇总表和工程项目投标总价汇总表，全部过程如图 5.1 所示。在编制过程中，投标人应按招标人提供的工程量清单填报价格。填写的项目编码、项目名称、项目特征、计量单位、工程量必须与招标人提供的一致。

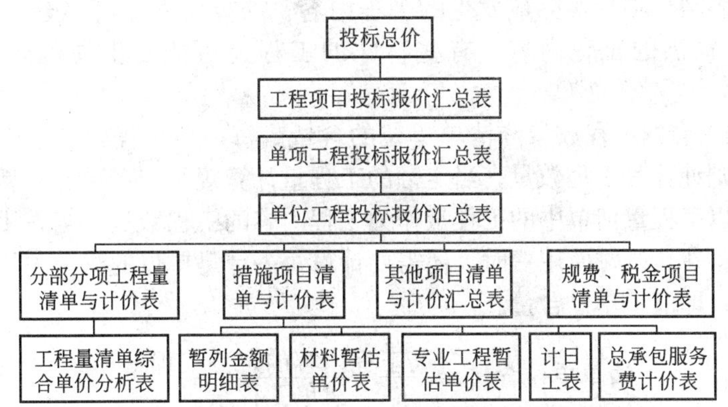

图 5.1　建设项目施工投标工程量清单报价流程简图

1）分部分项工程量清单与计价表的编制

承包人投标价中的分部分项工程费应按招标文件中分部分项工程量清单项目的特征描述确定综合单价计算。因此，确定综合单价是分部分项工程工程量清单与计价表编制过程中最主要的内容。分部分项工程量清单综合单价，包括完成单位分部分项工程所需的人工费、材料费、机械使用费、管理费、利润，并考虑风险费用的分摊。

分部分项工程综合单价＝一个计量单位：人工费＋材料费＋机械使用费＋管理费＋利润＋风险费用

（1）确定分部分项工程综合单价时的注意事项如下。

① 以项目特征描述为依据。投标人投标价时应依据招标文件中分部分项工程量清单项目的特征描述确定清单项目的综合单价。在招投标过程中，当出现招标文件中分部分项工程量清单特征描述与设计图纸不符时，投标人应以分部分项工程量清单的项目特征描述为准，确定投标价的综合单价。当施工中施工图纸或设计变更与工程量清单项目特征描述不一致时，发、承包双方应按实际施工的项目特征，依据合同约定重新确定综合单价。

② 材料暂估价的处理。招标文件中在其他项目清单中提供了暂估单价的材料，应按其暂估的单价计入分部分项工程量清单项目的综合单价中。

③ 应包括承包人承担的合理风险。招标文件中要求投标人承担的风险费用，投标人应考虑进入综合单价。在施工过程中，当出现的风险内容及其范围(幅度)在招标文件规定的范围(幅度)内时，综合单价不得变动，工程价款不做调整。

（2）分部分项工程单价确定的步骤和方法。

① 确定计算基础。计算基础主要包括消耗量的指标和生产要素的单价。应根据本企业的企业实际消耗量水平，并结合拟定的施工方案确定完成清单项目需要消耗的各种人工、材料、机械台班的数量。计算时应采用企业定额，在没有企业定额或企业定额缺项时，可参照与本企业实际水平相近的国家、地区、行业定额，并通过调整来确定清单项目的人工、材料、机械台班单位用量。各种人工、材料、机械台班的单价，则应根据询价的结果和市场行情综合确定。

② 分析每一清单项目的工程内容。在招标文件提供的工程量清单中，招标人已对项目特征进行了准确、详细的描述，投标人根据这一描述，再结合施工现场情况和拟定的施工方案确定完成各清单项目实际应发生的工程内容。必要时可参照《建设工程工程量清单计价规范》中提供的工程内容，有些特殊的工程也可能发生规范列表之外的工程内容。

③ 计算工程内容的工程数量与清单单位的含量。每一项工程内容都应根据所选定额的工程量计算规则计算其工程数量，当定额的工程量计算规则与清单的工程量计算规则相一致时，可直接以工程量清单中的工程量作为工程内容的工程数量。当采用清单单位含量计算人工费、材料费、机械使用费时，还需要计算每一计量单位的清单项目所分摊的工程内容的工程数量，即清单单位含量。

$$清单单位含量=\frac{某工程内容的定额工程量}{清单工程量} \tag{5-2}$$

④ 分部分项工程人工、材料、机械费用的计算。当招标人提供的其他项目清单中列示了材料暂估价时，应根据招标提供的价格计算材料费，并在分部分项工程量清单与计价表中表现出来。

⑤ 计算综合单价。根据计算出的综合单价，可编制分部分项工程量清单与计价分析表。

(3) 工程量清单综合单价分析表的编制。由于我国目前主要采用经评审的合理低标价法进行评标，为表明分部分项工程量综合单价的合理性，投标人应对其进行单价分析，以作为评标时判断综合单价合理性的主要依据。综合单价分析表的编制应反映出上述综合单价的编制过程，并按照规定的格式进行。

2) 措施项目清单与计价表的编制

编制内容主要是计算各项措施项目费，措施项目费应根据招标文件中的措施项目清单及投标时拟定的施工组织设计或施工方案按不同报价方式自主报价。计算时应遵循以下原则。

(1) 投标人可根据工程实际情况结合施工组织设计，自主确定措施项目费。对招标人所列的措施项目可以进行增补。这是由于各投标人拥有的施工装备、技术水平和采用的施工方法有所差异，招标人提出的措施项目清单是根据一般情况确定的，没有考虑不同投标人的"个性"，投标人投标时应根据自身编制的投标施工组织设计或施工方案确定措施项目，对招标人提供的措施项目进行调整。

(2) 措施项目清单计价应根据拟建工程的施工组织设计，可以计算工程量适宜采用分部分项工程量清单方式的措施项目应采用综合单价计价；其余的措施项目可以"项"为单位的方式计价，应包括除规费、税金外的全部费用。也就是说，可以计算工程量的措施项目，宜采用分部分项工程量清单的方式编制，与之相对应，应采用综合单价计价；以"项"为计量单位的，按项计价，其价格组成与综合单价相同，应包括除规费、税金以外的全部费用。

(3) 措施项目清单中的安全文明施工费应按照国家或省级、行业建设主管部门的规定计价，不得作为竞争性费用。

3) 其他项目清单与计价表的编制

其他项目费主要包括暂列金额、暂估价、计日工以及总承包服务费，见表5-1。投标人对其他项目费投标价时应遵循以下原则。

表5-1 其他项目清单与计价汇总表

工程名称：××市政工程　　　　第1页　共1页

序号	项目名称	计量单位	金额/元	备注
1	暂列金额	项	300000	详见表5-3
2	暂估价		100000	
2.1	材料暂估价			详见表5-4
2.2	专业工程暂估价	项	100000	详见表5-5
3	计日工		20210	详见表5-6
4	总承包服务费		15000	详见表5-7
合计			435210	

(1) 暂列金额应按照招标文件其他项目清单中列出的金额填写，不得变动，见表5-2。

表5-2 暂列金额明细表

工程名称：××市政工程　　　　第1页　共1页

序号	项目名称	计量单位	暂列金额/元	备注
1	工程量清单中工程量偏差和设计变更	项	100000	
2	DN300给水管保护	项	100000	
3	其他	项	100000	
合计			300000	

注：表5-2～表5-6中数据仅为示意。

(2) 暂估价不得变动和更改。暂估价中的材料暂估价必须按照招标人提供的暂估单价计入分部分项工程费的综合单价中见表5-3；专业工程暂估价必须按照招标人提供的其他项目清单中列出的金额填写见表5-4。材料暂估单价和专业工程暂估价均由招标人提供，为暂估价格，在工程实施过程中，对于不同类型的材料与专业工程采用不同的计价方法。

表5-3 材料暂估单价表

工程名称：××市政工程　　　　第1页　共1页

序号	材料名称、规格、型号	计量单位	单价/元	备注
1	钢筋(规格、型号综合)	t	5000	用在所有现浇混凝土钢筋清单项目

① 招标人在工程量清单中提供了暂估价的材料和专业工程属于依法必须招标的，由承包人和招标人共同通过招标确定材料单价与专业工程中标价。

② 若材料不属于依法必须招标的，经发、承包双方协商确认单价后计价。

③ 若专业工程不属于依法必须招标的，由发包人、总承包人与分包人按有关计价依据进行计价。

表 5－4　专业工程暂估价表

工程名称：××市政工程　　　　第 1 页　共 1 页

序号	工程名称	工程内容	金额/元	备注
1	碎石垫层	70 元/m^3×220m^3	15400	
2	C35 砼路面	95 元/m^2×500m^2	47500	
3	绿化		37100	
合计			100000	

注：此表由招标文件工程量清单明确，投标人不得变动，但须计入投标总价中。

(3) 计日工应按照其他项目清单列出的项目和估算的数量，自主确定各项综合单价并计算费用见表 5－5。

表 5－5　计 日 工 表

工程名称：××市政工程　　　　第 1 页　共 2 页

序号	项目名称	单位	暂定数量	综合单价/元	合价/元
	人工				
1	普工	工日	200	35	7000
2	技工(综合)	工日	50	50	2500
人工小计					9500
	材料				
1	钢筋(规格、型号综合)	t	1	5500	5500
2	水泥 42.5	t	2	571	1142
3	中砂	m^3	10	83	830
4	砾石(5～40mm)	m^3	5	46	230
5	砖(240mm×115mm×53mm)	千块	1	340	340
材料小计					8042
	施工机械				
1	75kW 履带式推土机	台班	5	526.20	2631

表 5－6　计 日 工 表

工程名称：××市政工程　　　　第 2 页　共 2 页

序号	项目名称	单位	暂定数量	综合单价/元	合价/元
2	灰浆搅拌机(400L)	台班	2	18.38	37
施工机械小计					2668
总计					20210

(4) 总承包服务费应根据招标人在招标文件中列出的分包专业工程内容和供应材料、设备情况，按照招标人提出的协调、配合与服务要求和施工现场管理需要自主确定见表5-7。

表5-7 总承包服务费计价表

工程名称：××市政工程　　　　第1页　共1页

序号	项目名称	项目价值/元	服务内容	费率/%	金额/元
1	发包人发包专业工程	100000	(1) 按专业工程承包人的要求提供施工工作面并对施工现场进行统一管理，对竣工资料进行统一整理汇总 (2) 为专业工程承包人提供路面混凝土运输机械、砼拌和机械和施工用电，并承担运输费和电费	5	5000
2	发包人供应材料	1000000	对发包人供应的材料进行验收及保管和使用发放	1	10000
合计					15000

4) 规费、税金项目清单与计价表的编制

规费和税金应按国家或省级、行业建设主管部门的规定计算，不得作为竞争性费用。

5) 投标价的汇总

投标人的投标总价应当与组成工程量清单的分部分项工程费、措施项目费、其他项目费和规费、税金的合计金额相一致，即投标人在进行工程量清单招标的投标价时，不能进行投标总价优惠(或降价、让利)，投标人对投标价的任何优惠(或侔价、让利)均应反映在相应清单项目的综合单价中。

6. 投标价调整

经上述方法汇总后得到的投标价高于投标控制价或经分析不具有竞争力，为了获取中标，需对投标价进行适当调整，或采用不平衡报价，通过对综合单价的调整提高工程获利。

调整方法：①将人工、材料、机械台班的单价做适当的调整；②将综合单价中的管理费、利润及其费率做适当调整；③将施工方案中的临时工程工程量、措施项目工程量或其费率做适当的调整；④将项目的损耗量如人工、材料、机械等的损耗做适当调整。但调整后的综合单价不得低于工程成本。

以下几方面不得进行调整：①招标文件中明确规定的部分；②定额中材料必须的消耗量；③暂列金额、材料暂估价、专业工程暂估价，④取费文件中的不可竞争费用，如规费、税金等，检测试验费用、安全文明施工费不得低于《浙江省建设工程施工费用定额》规定的下限值。

5.2.3 投标价编制实例

投标总价

招标人：杭州市××工程建设处

工程名称：杭州市康拱路工程

投标总价(小写)：13424411元

(大写)：壹仟叁佰肆拾贰万肆仟肆佰壹拾壹元整

投标人：(略)

(单位盖章)

法定代表人或其授权人：(略)

(签字或盖章)

编制人：(略)

(造价人员签字盖专用章)

编制时间：(略)

总 说 明

工程名称：杭州市康拱路工程 第1页 共2页

一、工程概况

杭州市康拱路工程西起康兴路，北至拱康路，道路全长约746.535m，主要包括道路工程、桥梁工程、涵洞工程、排水工程。为新建城市次干路，设计车速40km/h，3块板断面形式，双向4车道，标准段路幅宽度30m。

道路沿线主要分布着农田、鱼塘、河流、农房等。工程起点康兴路为现状道路，终点处拱康路正在建设。

二、编制依据

1. 浙江省住房和城乡建设厅、浙江省发展和改革委员会、浙江省财政厅建发［2010］224号文件发布的《浙江省建设工程计价规则(2010版)》、《浙江省市政工程预算定额(2010版)》、《浙江省建设工程施工费用定额(2010版)》、《浙江省施工机械台班费用定额(2010版)》。

2. 建设工程工程量清单计价规范(GB 50500—2008)。

3.《浙江造价信息》(2011年4月份)；《杭州市建设工程造价信息》(2011年4月份)，并结合市场调查确定。

4. 某市政工程设计院有限责任公司设计的《杭州市康拱路施工图设计文件》。

5. 本公司编制的指导性施工组织设计文件。

总 说 明

工程名称：杭州市康拱路工程　　　　第2页　共2页

三、取费标准

1. 人工费：一类人工单价为40元/工日；二类人工单价43元/工日。

2. 道路工程施工组织措施费按市区一般工程计取，安全文明施工费、检验试验费取下限费率；冬雨季施工增加费、夜间施工增加费、已完成工程及设备保护费取中值费率；企业管理费次干道按道路工程二类取8%，利润取4%，排污费、社保费、公积金取7.3%，农民工工伤保险费取0.11%，危险作业意外伤害保险费取0.1%；二次搬运费、行车行人干扰增加费、提前竣工增加费不计；桥涵工程附属于道路工程，取费同道路工程；排水工程为非单独承包的排水工程，按道路工程二类计取。税金取3.577%。施工机械多采用自有机械，只考虑施工机械可变费用部分。

3. 风险费不计，暂列金额按招标文件其他项目清单取77万元。

四、施工技术措施项目依据现场踏勘和本公司编制的指导性施工组织设计文件进行编列。

工程项目投标价汇总表

工程名称：杭州市康拱路工程

序号	单位工程名称	金额/元
一	杭州市康拱路工程	13424411
1	杭州市康拱路工程	13424411
合计		13424411

单位工程投标价计算表

单位工程名称：杭州市康拱路工程　　　　第1页　共1页

序号	费用名称	计算公式	金额/元
1	分部分项工程费	$\sum$(分部分项工程量×综合单价)	11281031
2	措施项目费	2.1+2.2	454427
2.1	施工技术措施项目	$\sum$(技术措施工程量×综合单价)	338785
2.2	施工组织措施项目	$\sum$(人工费+机械费)×费率	115643
其中	安全文明施工费	(人工费+机械费)×费率	88497
	建设工程检验试验费	(人工费+机械费)×费率	21407
	其他措施项目费	(人工费+机械费)×费率	5738
3	其他项目	3.1+3.2+3.3+3.4	1037079
3.1	暂列金额		770000
3.2	暂估价		53600
3.3	计日工		212600
3.4	总承包服务费		879
4	规费		188266
5	税金	(1+2+3+4)×费率	463608
	合计	1+2+3+4+5	13424411

分部分项工程量清单与计价表

单位工程名称：杭州市康拱路工程　　　　第1页　共4页

序号	项目编码	项目名称	项目特征	计量单位	工程量	综合单价/元	合价/元	其中/元		备注
								人工费	机械费	
		道路工程					8144013.75	527971.32	642494.92	
		机动车道					3575483.71	57382.93	94019.80	
1	040201015001	路床(槽)整形		m^2	15285.00	1.00	15285.00	1987.05	11463.75	
2	040202001001	垫层	厚度：20cm，材料：级配碎石	m^2	14970.00	17.44	261076.80	10628.70	6437.10	
3	040202014001	水泥稳定碎(砾)石	部位：机动车道上，基层水泥含量：5%，厚度：15cm	m^2	14303.00	18.21	260457.63	12300.58	3289.69	
5	040203004001	沥青混凝土	沥青品种：SBS；石料最大粒径：AC-13C型细粒式；厚度：5cm	m^2	13811.00	61.38	847719.18	7457.94	27069.56	
7	040203004003	沥青混凝土	沥青品种：石油沥青；石料最大粒径：AC-25C粗粒式；厚度：7cm	m^2	13962.00	73.55	1026905.10	6422.52	24573.12	
		非机动车道					800216.05	17133.15	23785.90	
9	040202001002	垫层	厚度：15cm，材料：级配碎石	m^2	5991.80	13.05	78192.99	3834.75	2516.56	
11	040202014004	水泥稳定碎(砾)石	部位：非机动车道下，基层水泥含量：5%，厚度：15cm	m^2	5249.00	18.21	95584.29	4514.14	1207.27	
		人行道					504184.38	77566.58	6575.58	
		路基					2348359.63	273922.96	506793.78	
23	040201011001	深层搅拌桩	桩径：φ500mm 水泥含量：15%，42.5级硅酸盐水泥	m	33043.00	32.68	1079845.24	120606.95	76659.76	
24	040201012001	土工布	部位：水泥搅拌桩顶，材料：双向塑料土工格栅 GSZ240，纵向抗拉强度≥40kN/m，横向拉强度≥40kN/m，伸长率≤12%	m^2	21808.00	11.38	248175.04	16137.92	0.00	

注：为节省篇幅，仅列出部分项目

分部分项工程量清单与计价表

单位工程名称：杭州市康拱路工程　　　　第 2 页　共 4 页

序号	项目编码	项目名称	项目特征	计量单位	工程量	综合单价/元	合价/元	其中/元		备注
								人工费	机械费	
25	040202010001	碎石	部位：水泥搅拌桩顶，材质：级配碎石厚度：30cm	m^2	4649.00	106.75	496280.75	120083.67	0.00	
		挡土墙					915769.98	101965.70	11319.86	
28	040304002001	浆砌块料	材质：M10 浆砌块石挡墙身砌筑、勾缝、ϕ10PVC 泄水孔制作、安装、滤层铺设、沉降缝	m^3	1122.68	610.21	685070.56	52855.77	3188.41	
29	040305001001	挡墙基础	材料品种：C20 毛石砼垫层厚度、材料品种、强度：10cm 碎石垫层	m^3	464.16	360.53	167343.60	20260.58	6688.55	
		桥涵工程					2398252.30	245500.47	122554.75	
31	040101003002	挖基坑土方	土壤类别：各类土石方土方开挖、围护、支撑场内运输、平整、夯实	m^3	1.39	1337.09	1853.21	244.82	1283.44	
33	040301007001	机械成孔灌注桩	桩径 ϕ1000mm，水下 C25(40)	m	910.00	399.93	363936.30	55919.50	54718.30	
34	040302002001	混凝土承台	C25（40）；10cmC15 混凝土垫层；30cm 块石垫层	m^3	44.56	4568.38	203567.01	23217.99	8986.86	
36	040302004001	墩（台）身	C25(40)	m^3	55.54	2876.04	159735.26	27969.94	11311.83	
38	040302017001	桥面铺装	5cm 细粒式沥青混凝土 SBS 改性；6cm 中粒式沥青混凝土；8cmC40 混凝土	m^2	8.00	14461.98	115739.23	4178.29	3496.83	
39	040302018001	桥头搭板	C30(40)；10cm 厚 C15 砼垫层；20cm 厚碎石垫层	m^3	4.14	4648.50	19244.79	3284.30	788.79	
40	040303003001	预制混凝土梁	C50(40)；封端：C25(40)9.3m^3	m^3	432.20	465.91	201366.30	30841.79	12758.54	

分部分项工程量清单与计价表

单位工程名称：杭州市康拱路工程　　　　第3页　共4页

序号	项目编码	项目名称	项目特征	计量单位	工程量	综合单价/元	合价/元	其中/元		备注
								人工费	机械费	
42	010305006001	石栏杆	雕花青石栏杆	m	57.20	1200.00	68640.00		0.00	
44	040309002002	橡胶支座	GJZF420×250×42	个	52	366.97	19082.44	862.68	0.00	
45	040309006002	桥梁伸缩装置	40 异型钢伸缩缝	m	6.70	496.57	3327.02	1129.15	1569.01	
46	040309008001	桥面泄水管		m	12.00	220.94	2651.28	332.28	0.00	
47	040309009001	防水层	YN 桥面防水涂料	m^2	800.30	51.93	41559.58	2040.77	104.04	
48	040701002001	非预应力钢筋	预制；HRB335	t	14.794	5016.78	74218.24	4600.05	976.40	
49	040701002002	非预应力钢筋	预制；R235	t	25.310	5226.21	132275.38	12385.70	913.44	
54	040701004001	后张法预应力钢筋	ϕS15.2 钢铰线；YM15－5 锚具；波纹管 ϕ55	t	22.361	12742.71	284937.19	21337.79	5223.04	
		排水工程					738765.12	108572.30	33719.29	
56	040101002002	挖沟槽土方	一、二类土	m^3	4799.95	2.22	10655.89	5135.95	3983.96	
59	040501002001	混凝土管道铺设	管有筋无筋：D200 钢筋砼Ⅱ级管(雨水口连接管)，接口形式：水泥砂浆接口，垫层：15cm 级配砂垫层，基础：180°级配砂基础	m	205.00	117.79	24146.95	1420.65	28.70	
62	040501002004	混凝土管道铺设	管有筋无筋：D600 钢筋砼Ⅱ级管，接口形式：水泥砂浆接口，垫层：10cmC10 素砼垫层，基础：135°C25 砼管座	m	168.00	256.90	43159.20	6456.24	591.36	

分部分项工程量清单与计价表

单位工程名称：杭州市康拱路工程　　　　第 4 页　共 4 页

序号	项目编码	项目名称	项目特征	计量单位	工程量	综合单价/元	合价/元	其中/元		备注
								人工费	机械费	
64	040501002006	混凝土管道铺设	管有筋无筋：D1000 钢筋砼Ⅱ级管，接口形式：O 型橡胶圈接口，垫层：10cmC10 素砼垫层，基础：135°C25 砼管座	m	136.00	479.40	65198.40	8353.12	1679.60	
67	040504001001	砌筑检查井	尺寸：1100mm×1100mm，砖砌雨水检查井井深：均深 2.50m，材料：井室 M10 水泥砂浆砌筑 MU10 机砖，内外表面及抹三角灰用 1：2 水泥砂浆抹面，厚 20mm，垫层：10cm 厚 C10 素砼 C25 钢筋砼底板、顶板，C30 钢筋砼井圈井座加固，井盖：ϕ700 铸铁检查井井盖	座	14	3568.14	49953.96	8019.20	887.04	
72	040504003001	雨水进水井	尺寸：390mm×510mm，偏沟式单篦井身：井壁砖砌体采用 M10 水泥砂浆砌筑 MU10 机砖，井内壁均抹面厚 20mm，勾缝、座浆和抹面均用 1：2 水泥砂浆，垫层及基础：10cm 厚碎石＋10cmC15 素砼钢纤维材料平算	座	78	504.23	39329.94	6708.78	547.56	
74	040504006001	出水口	八字式浆砌块石雨水排出口 D1200	处	1	4839.54	4839.54	579.07	78.64	
合计							11281031.17	882044.09	798768.95	

工程量清单综合单价计算表

单位工程名称：杭州市康拱路工程　　　　第 1 页　共 2 页

序号	编码	名称	计量单位	数量	综合单价/元							合计/元
					人工费	材料费	机械费	管理费	利润	风险费用	小计	
		道路工程										
1	040201015001	路床(槽)整形	m²	15285	0.13		0.75	0.08	0.04		1.00	15285
	2-1 换	路床碾压检验	100m²	152.85	12.82		74.62	8.45	4.22		100.11	15302
3	040202014001	水泥稳定碎(砾)石部位：机动车道上，基层水泥含量：5%，厚度：15cm	m²	14303	0.86	16.97	0.23	0.10	0.05		18.21	260458
	2-49 换	沥青混凝土摊铺机摊铺厚 15cm，5%水泥稳定碎石	100m²	143.03	86.24	1697.42	22.67	9.84	4.92		1821.09	260471
4	040202014002	水泥稳定碎(砾)石部位：机动车道下，基层水泥含量：5%，厚度：20cm	m²	14529.00	0.88	22.61	0.27	0.11	0.05		23.92	347534
	2-49 换	沥青混凝土摊铺机摊铺厚 20cm	100m²	145.29	88.22	2260.57	27.28	10.60	5.30		2391.97	347529
14	040204001001	人行道块料铺设 6cm 人行道板(仿石条纹砖)；3cmM10 砂浆卧底；20cmC15 素砼基层；20cm 塘渣垫层	m²	1782	19.19	95.32	3.69	1.91	0.95		121.06	215729
	2-215 换	人行道板安砌砂浆垫层厚度 3cm	100m²	17.82	826.80	2666.10	16.31	67.65	33.83		3610.69	64342
	2-211 换	人行道现拌混凝土基础厚 20cm	100m²	21.38	777.75	4026.04	187.70	80.86	40.43		5112.78	109311
	2-100 换	人机配合铺装塘碴底层厚度 20cm	100m²	26.73	34.22	1357.33	75.60	10.71	5.35		1483.21	39646
	2-2 换	人行道整形碾压	100m²	31.19	61.32		8.27	5.75	2.88		78.22	2440
15	040204003001	安砌侧(平、缘)石材料：15cm×37cm×100cm 混凝土侧石黏结层：3cmM10 水泥砂浆、C20 细石砼坞塝	m	4106	5.43	23.90		0.43	0.22		29.98	123098
	2-228 换	混凝土侧石安砌～水泥砂浆 M10.0	100m	41.06	382.55	1751.50		30.60	15.30		2179.95	89509
	2-225 换	人工铺装侧平石混凝土垫层～现浇现拌混凝土 C20(20)	m³	102.65	54.47	220.69		4.36	2.18		281.70	28917
	2-227 换	人工铺装侧平石砂浆黏结层～水泥砂浆 M10.0	m³	18.5	54.12	192.25		4.33	2.16		252.86	4678

注：限于篇幅，仅选列部分项目。

工程量清单综合单价计算表

单位工程名称：杭州市康拱路工程　　　　第2页　共2页

序号	编码	名称	计量单位	数量	综合单价/元							合计/元
					人工费	材料费	机械费	管理费	利润	风险费用	小计	
33	040301007001	机械成孔灌注桩桩径 ϕ1000mm，水下C25(40)	m	910.00	61.45	261.31	60.13	11.36	5.68		399.93	363936
	3-107 换	钻孔灌注桩陆上埋设钢护筒 $\phi\leqslant$1000	10m	4.2	774.58	152.61	38.97	66.65	33.33		1066.14	4478
	3-128 换	回旋钻孔机成孔 桩径 ϕ1000mm 以内	$10m^3$	71.435	406.68	123.24	548.17	92.51	46.25		1216.85	86926
	3-149 换	钻孔灌注混凝土回旋钻孔	$10m^3$	73.19	296.70	3100.87	208.40	44.83	22.41		3673.21	268842
	3-144 换	泥浆池建造、拆除	$10m^3$	71.435	14.24	19.28	0.19	1.16	0.58		35.45	2532
	3-548 换	凿除钻孔灌注桩顶钢筋混凝土	$10m^3$	1.7584	503.99	12.48	76.05	48.82	24.41		665.75	1171
40	040303003001	预制混凝土梁 C50(40)；封端：C25(40)9.3m^3	m^3	432.20	71.36	351.38	29.52	9.10	4.55		465.91	201366
	3-343 换	C50 预制混凝土空心板梁(预应力)	$10m^3$	43.22	532.08	2984.25	210.90	64.89	32.44		3824.56	165297
	3-431 换	起重机安装空心板	$10m^3$	44.15	101.27	75.00	66.87	17.99	9.00		270.13	11926
	3-288 换	板梁间灌缝～现浇现拌混凝土 C50(20) 52.5 级水泥	$10m^3$	4.982	677.27	3929.71	138.42	67.44	33.72		4846.56	24146
65	040501002007	混凝土管道铺设管有筋无筋：D1200 钢筋砼Ⅱ级管，接口形式：O 型橡胶圈接口，垫层：10cmC10 素砼垫层，基础：135°C25 砼管座	m	230.00	77.71	574.62	16.18	8.20	4.10		680.81	156586
	6-216 换	管道闭水试验 管径 1200mm 以内	100m	2.3	287.60	545.46		23.01	11.50		867.57	1995
	6-268 换	C10 现浇现拌混凝土垫层	$10m^3$	4.416	476.30	1849.17	48.09	43.82	21.91		2439.29	10772
	6-282 换	C25 现浇现拌混凝土管座	$10m^3$	15.134	769.84	2423.10	104.12	71.87	35.94		3404.87	51529
	6-38 换	承插式混凝土管道铺设人机配合下管管径 1200mm 以内	100m	2.3	1169.79	35956.00	840.33	213.06	106.53		38285.71	88057
	6-186 换	排水管道混凝土管胶圈(承插)接口管径 1200mm 以内	10 只	7.7	99.69	438.03		7.98	3.99		549.69	4233
合计：												11281031

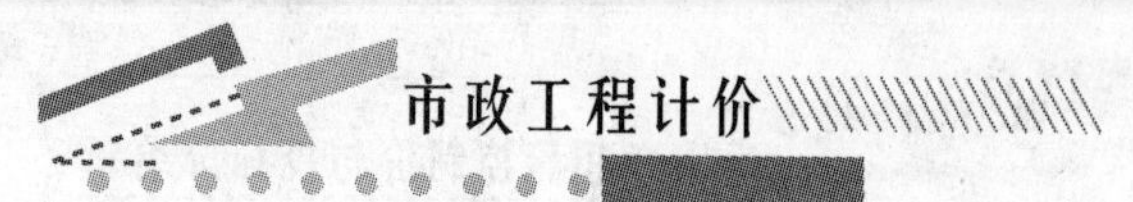

工程量清单综合单价工料机分析表

单位工程名称：杭州市康拱路工程　　　　第1页　共1页

项目编号	040301007001	项目名称	机械成孔灌注桩	计量单位	m

清单综合单价组成明细

序号	名称及规格		单位	数量	金额/元 单价	金额/元 合价
1	人工	二类人工	工日	1.4292	43.00	61.45
	人工费小计					61.45
2	材料	水泥 42.5	kg	383.4192	0.40	153.37
		石灰膏	m^3	0.0002	278.00	0.05
		混凝土实心砖 240×115×53	千块	0.0039	310.00	1.22
		其他材料费	元	1.8839	1.00	1.88
		黄砂(净砂)综合	t	0.6461	60.00	38.77
		水	m^3	2.3184	2.00	4.64
		风镐凿子	根	0.0058	4.16	0.02
		六角带帽螺栓	kg	0.0330	6.34	0.21
		导管	kg	0.3056	2.30	0.70
		碎石综合	t	1.2064	45.00	54.29
		黏土	m^3	0.0377	20.50	0.77
		垫木	m^3	0.0039	1200.00	4.71
		钢护筒	t	0.0002	3800.00	0.68
	材料小计					261.31
3	机械	机动翻斗车 1t	台班	0.0919	91.24	8.39
		履带式电动起重机 5t	台班	0.0409	96.28	3.93
		灰浆搅拌机 200L	台班	0.0003	50.65	0.01
		电动空气压缩机 $1m^3/min$	台班	0.0041	35.79	0.15
		双锥反转出料混凝土搅拌机 350L	台班	0.0566	81.65	4.62
		泥浆泵 ϕ100	台班	0.0928	208.32	19.33
		转盘钻孔机 ϕ1500	台班	0.0928	255.36	23.70
	机械费小计					60.13
4	直接工程费(1+2+3)					382.90
5	管理费					11.36
6	利润					5.68
7	风险费用					
8	综合单价(4+5+6+7)					399.93

注：限于篇幅，仅选列1项。

施工技术措施项目清单与计价表

单位工程名称：杭州市康拱路工程　　　　第1页　共1页

序号	项目编码	项目名称	项目特征	计量单位	工程量	综合单价/元	合价/元	其中/元		备注
								人工费	机械费	
		技术措施					338785	117528.33	45436	
		道路工程技术措施					154448	47076.86	32482.72	
1	000002004001	特、大型机械进出场费		项	1	52689.71	52690	6329.60	26171.84	
2	040901001001	现浇混凝土模板		m^2	2936	31.62	92836	36729.36	5754.56	
3	041201001001	墙面脚手架	部位：挡土墙，材料：单排钢管脚手架	m^2	2060	4.33	8922	4017.90	556.32	
		桥梁工程技术措施					139709	59167.81	12359.44	
4	040901001002	现浇混凝土模板		m^2	2078	38.57	80143	31375.84	9329.64	
5	040901002001	预制混凝土模板		m^2	1890	28.47	53817	25481.38	2722.05	
6	041201001002	墙面脚手架	部位：桥台材料：双排钢管脚手架	m^2	8.64	665.29	5748	2310.60	307.76	
		排水工程技术措施					44628	11283.66	593.84	
7	040901001003	现浇混凝土模板		m^2	1738	23.23	40374	8446.68	590.92	
8	040901002002	预制混凝土模板		m^2	41.70	35.09	1463	517.08	2.92	
9	041203001001	井字架		座	33	84.59	2791	2319.90	0	
本页小计							338785	117528.33	45436	
合计							338785	117528.33	45436	

措施项目清单综合单价计算表(略)。

措施项目清单综合单价工料机分析表(略)。

施工组织措施项目清单与计价表(略)。

其他项目清单汇总表

单位工程名称：杭州市康拱路工程 第1页 共1页

序号	项目名称	计量单位	金额/元	备注
1	暂列金额		770000.00	
2	暂估价		53600.00	
2.1	材料暂估价			
2.2	专业工程暂估价		53600.00	
3	计日工		212600.00	
4	总承包服务费		879.00	
合计			1037079	

暂列金额明细表

单位工程名称：杭州市康拱路工程 第1页 共1页

序号	项目名称	计量单位	暂定金额/元	备注
1	暂列金额		770000.00	
2				
3				
4				
5				
合计			770000.00	

材料暂估单价表

单位工程名称：杭州市康拱路工程 第1页 共1页

序号	材料名称、规格、型号	计量单位	单价/元	备注
1	40异型钢伸缩缝	m	800.00	
2				

专业工程暂估价表

单位工程名称：杭州市康拱路工程 标段： 第1页 共1页

序号	工程名称	工程内容	金额/元	备注
1	40异型钢伸缩缝	材料费	53600.00	
2				
3				
4				
5				
合计			53600.00	

计日工表

单位工程名称：杭州市康拱路工程 第1页 共1页

编号	项目名称	单位	暂定数量	综合单价/元	合价/元
一	人工				12600.00
1	一类人工	工日	100.00	40.00	4000.00
2	二类人工	工日	200.00	43.00	8600.00
3					
4					
人工小计					12600.00
二	材料				128000.00
1	HPB235	kg	15000.00	5.20	78000.00
2	HRB335	kg	10000.00	5.00	50000.00
3					
4					
材料小计					128000.00
三	施工机械				72000.00
1	平地机 90kW	台班	50.00	600.00	30000.00
2	履带式单斗挖掘机(液压)1m^3	台班	35.00	1200.00	42000.00
3					
4					
施工机械小计					72000.00
总计					72000.00

主要材料价格表

单位工程名称：杭州市康拱路工程 第1页 共2页

序号	编码	材料名称	规格型号	单位	数量	单价/元	备注
1	1201011	柴油		kg	1945.96	10.00	
2	1155031	乳化沥青		kg	39919.46	10.00	
3	0405081	石屑		t	78.02	32.00	
4	Z1	5%水泥稳定碎石		m^3	6663.76	110.00	
5	3115001	水		m^3	12095.53	2.00	
6	0423071	木质素磺酸钙		kg	3534.16	10.00	
7	0409321	石膏粉		kg	35393.49	1.00	
8	3201021	木模板		m^3	59.74	1100.00	
9	1103661	YN桥面防水涂料		kg	2060.77	19.00	
10	主材	YM15-5锚具		套	312.00	150.00	
11	1401331	钢管		kg	13931.79	5.80	
12	1103721	防水涂料	858	kg	41.65	19.00	
13	主材	1:2水泥砂浆封口		m^3	0.00	1000.00	

主要材料价格表

单位工程名称：杭州市康拱路工程　　　　第2页　共2页

序号	编码	材料名称	规格型号	单位	数量	单价/元	备注
14	0101001	螺纹钢	Ⅱ级综合	t	100.81	4450.00	
15	0107001	钢绞线		t	23.26	7000.00	
16	0109001	圆钢	（综合）	t	44.00	4500.00	
17	0129031	中厚钢板		kg	13.14	4.60	
18	0129349	中厚钢板	δ15以内	kg	1201.20	4.60	
19	0351001	圆钉		kg	532.05	6.00	
20	0403043	黄砂(净砂)	综合	t	4318.32	60.00	
21	0405001	碎石	综合	t	20741.90	45.00	
22	0407001	塘渣		t	1097.29	33.00	
23	0411001	块石		t	2684.44	260.00	
24	1445001	钢筋混凝土承插管	ϕ200×4000	m	207.05	100.00	
25	1445011	钢筋混凝土承插管	ϕ300×4000	m	474.70	120.00	
26	0433072	中粒式沥青商品混凝土		m^3	885.44	860.00	
27	0433073	粗粒式沥青商品混凝土		m^3	1293.46	800.00	
28	0433074	SBS改性沥青商品混凝土		m^3	916.28	1050.00	
29	8001061	水泥砂浆	1∶2	m^3	24.49	257.28	
30	8001021	水泥砂浆	M7.5	m^3	32.89	179.50	
31	8021221	现浇现拌混凝土	C25(40)	m^3	1469.20	221.34	
32	8001031	水泥砂浆	M10.0	m^3	599.99	187.50	
33	8021201	现浇现拌混凝土	C15(40)	m^3	892.68	190.12	
34	8021231	现浇现拌混凝土	C30(40)	m^3	187.13	233.53	
35	8021191	现浇现拌混凝土	C10(40)	m^3	167.75	178.55	
36	8001121	纯水泥浆		m^3	9.61	505.40	
37	8021251	现浇现拌混凝土	C40(40)	m^3	80.39	268.02	
38	8021561	钻孔桩混凝土(水下混凝土)	C25(40)	m^3	878.28	255.53	
39	8005011	混合砂浆	M5.0	m^3	1.43	189.07	
40	8021121	现浇现拌混凝土	C30(20)	m^3	115.06	246.24	
41	8021101	现浇现拌混凝土	C20(20)	m^3	134.39	216.32	
42	0401031	水泥	42.5	kg	3121320.03	0.40	
43	8021271	现浇现拌混凝土	C50(40)52.5级水泥	m^3	438.68	285.32	
44	8021181	现浇现拌混凝土	C50(20)52.5级水泥	m^3	50.57	303.56	
45	0401051	水泥	52.5	kg	212804.86	0.45	
46	0361111	钢护筒		t	0.16	3800.00	

主要机械台班价格表

单位工程名称：杭州市康拱路工程　　　　第1页　共2页

序号	机械设备名称	单位	数量	单价/元
1	柴油(机械)	kg	64113.84	8.00
2	汽油(机械)	kg	2585.49	10.00
3	电(机械)	kW·h	150413.44	0.89
4	木工压刨床单面 600	台班	0.06	25.40
5	履带式电动起重机 5t	台班	201.46	96.28
6	内燃光轮压路机 8t	台班	101.54	201.32
7	内燃光轮压路机 15t	台班	111.59	386.60
8	平地机 90kW	台班	14.22	326.52
9	履带式单斗挖掘机(液压)1m^3	台班	93.92	547.00
10	履带式推土机 90kW	台班	96.31	515.08
11	混凝土振捣器平板式 BLL	台班	87.41	3.55
12	混凝土振捣器插入式	台班	285.64	3.55
13	叉式起重机 3t	台班	0.54	307.60
14	沥青混凝土摊铺机 8t	台班	71.91	406.24
15	转盘钻孔机 ϕ1500	台班	84.45	255.36
16	单头搅拌桩机喷粉	台班	280.40	170.36
17	偏心式振动筛 12～16m^3/h	台班	77.56	25.40
18	内燃光轮压路机 12t	台班	148.76	299.72
19	履带式推土机 75kW	台班	28.98	474.92
20	汽车式沥青喷洒机 4000L	台班	6.02	355.30
21	振动压路机 8t	台班	19.14	297.80
22	木工圆锯机 ϕ500	台班	194.57	21.31
23	木工平刨床 500	台班	60.77	11.46
24	灰浆搅拌机 200L	台班	87.03	50.65
25	双锥反转出料混凝土搅拌机 350L	台班	218.88	81.65
26	机动翻斗车 1t	台班	397.42	91.24
27	电动卷扬机单筒慢速 50kN	台班	38.34	72.84
28	钢筋切断机 ϕ40	台班	29.66	28.50
29	钢筋弯曲机 ϕ40	台班	55.94	11.37
30	点焊机长臂 75kVA	台班	1.63	137.31
31	电动夯实机 20～62N·m	台班	76.95	14.74

主要机械台班价格表

单位工程名称：杭州市康拱路工程　　　　第2页　共2页

序号	机械设备名称	单位	数量	单价/元
32	直流弧焊机32kW	台班	1.12	83.12
33	对焊机75kV・A	台班	5.36	109.14
34	交流弧焊机32kV・A	台班	167.63	85.72
35	高压油泵80MPa	台班	16.05	189.99
36	液压注浆泵HYB50/50－1型	台班	5.68	13.88

情境小结

本学习情境详细阐述了招标控制价、分部分项工程费、措施项目费、其他项目费、暂列金额、暂估价、计日工、总承包服务费等编制方法；阐述了投标准备工作、投标价编制及投标价调整。

具体内容包括：招标控制价的计价依据、招标控制价的编制内容、招标控制价编制实例、编制投标价的准备工作、投标价的编制原则、投标价的编制依据、确定投标价的策略、评标方法对投标价的影响、投标价的编制方法和内容、投标价调整、投标价编制实例等。

本学习情况的教学目标是培养学生掌握招标控制价编制方法，熟悉招标文件、招标控制价与施工图预算的区别；掌握投标报价编制方法，价格调整方法，熟悉投标价与招标控制价的区别。

能力训练

【实训题1】

请编制杭州市阳光大道工程招标控制价.

【实训题2】

以寝室为单位，模拟对杭州市光阳大道工程进行投标报价。评标办法及工程量清单附表如下。杭州市光阳大道工程商务标评标办法。

第一条：开标截止时间：××年×月×日，北京时间9：00。

第二条：提供投标文件打印稿一份并密封，密封纸上不得留任何标记。提供电子报价，电子报价与打印稿应一致。

第三条　按以下规定确定评审区间。

(一) 通过资格审查的投标单位少于或等于5家的，所有投标单位按投标价从低到高的顺序全部进行评审。

(二) 通过资格审查的投标单位多于5家的，评标委员会应先计算评标基准价。即对所有投标价在去掉一个最高投标价和一个最低投标价后进行一次算术平均；再对第一次平均值以下(不含平均值)的所有报价进行第二次算术平均。以第二次算术平均值为基准价(小数点后保留两位，该基准价在评审过程中不作调整)。

1. 取基准价(含)以上的投标价5名按从低到高的顺序进行评审。

2. 基准价(含)以上的投标单位不足5家的，取投标价与评标基准价之差绝对值最小的前5名，按投标价从低到高的顺序进行评审。

第四条　评标委员会依照招标文件初步评审的要求和规定，对进入评审区间的5家投标文件进行初步评审。

初步评审予以废除的投标文件不再进入后续评审。其他投标人按照本办法第七条第(二)项原则依次替补满5名(少于5名时全部选取)，直至通过初步评审的投标单位达到5名(不足5名的全部进入后续评审)。

第五条　本工程采用经评审最低投标价法。经评审最低投标价评标程序按照投标文件技术标书评审、投标价评审、确定中标候选人等步骤进行。

第六条　按下列规定进行投标价评审，对投标人的工程量清单的范围、数量、报价进行全面审核和对比分析。重点列出投标价相对于法律法规和招标文件的重大偏差和有无严重的不平衡报价，通过质询、判断作出书面评审意见。

(一) 投标价中有以下情况之一的，投标人的投标应予废除。

1. 投标人未按招标文件的实质性规定进行报价的。

2. 投标人拒绝按评标委员会要求提供报价分析说明和证明材料的。

3. 投标人措施项目清单报价明显不合理，经评标委员会(同学临时推荐5人组成)质询，投标人不能说明理由或评标委员会认定其理由不成立的。

4. 投标人拒绝按招标文件的要求修正不平衡报价的。

5. 投标人未按招标文件要求提供电子版工程量清单报价书，并在评标时拒绝补正的。

6. 投标人未按时提交投标文件，未签字密封的。

(二) 装订顺序。

1. 投标总价表。

2. 表1-2分部分项工程量清单与计价表。

3. 表1-3-C技术措施项目清单及计价表。

4. 表1-4其他项目清单及计价表。

5. 表1-4-1计日工表。

6. 表1-4-2总承包服务费项目及计价表。

第七条　评标及定标。经评标委员会评审后有效投标人不足3名时，评标委员会应判定本次投标是否具有竞争力。若评标委员会认为本次投标明显缺乏竞争力的，可以否决全部投标。

第八条　采用经评审最低投标价法的项目，评标委员会对通过商务标及技术标评审的投标文件按投标价从低到高进行排序，报价最低者作为第一中标候选人。

出现投标人投标价完全相同时，由评标委员会集体讨论确定中标候选人的排序。

评标委员会应按排序推荐3名中标候选人，但有效投标不足3名的除外。

第九条　评标委员会应根据评标情况和结果，向招标人提交书面评标报告。评标报告由评标委员会成员起草，按少数服从多数的原则通过。评标委员会全体成员应在评标报告上签字确认，评标专家如有保留意见可以在评标报告中阐明。

第十条　开标之前，评标委员会不作任何解释，投标人自主报价。

投标总价

招标人：杭州市光阳大道工程建设指挥部

工程名称：杭州市光阳大道工程

投标总价(小写)：

(大写)：

投标人：班级+寝室号

(单位盖章)

法定代表人或其授权人：寝室长签字

(签字或盖章)

编制人：人员名单

(造价人员签字盖专用章)

编制时间：

工程项目投标价汇总表

工程名称：杭州市光阳大道工程

序号	单位工程名称	金额/元
一	杭州市光阳大道工程	
1	杭州市光阳大道工程	
合计		

单位工程投标价计算表

单位工程名称：杭州市光阳大道工程　　　　第1页　共1页

序号	费用名称	计算公式	金额/元
1	分部分项工程费	$\sum$(分部分项工程量×综合单价)	
2	措施项目费	2.1+2.2	
2.1	施工技术措施项目	$\sum$(技术措施工程量×综合单价)	
2.2	施工组织措施项目	$\sum$(人工费+机械费)×费率	
其中	安全文明施工费	(人工费+机械费)×费率	
	建设工程检验试验费	(人工费+机械费)×费率	
	其他措施项目费	(人工费+机械费)×费率	
3	其他项目	3.1+3.2+3.3+3.4	
3.1	暂列金额		
3.2	暂估价		
3.3	计日工		
3.4	总承包服务费		
4	规费		
5	税金	(1+2+3+4)×费率	
	合计	1+2+3+4+5	

工程量清单与计价表

单位及专业工程名称：光阳大道　　　　第 1 页　共 2 页

序号	项目编码	项目名称	项目特征	计量单位	工程量	综合单价/元	合价/元	其中/元		备注
								人工费	机械费	
		道路工程								
1	040203004001	沥青混凝土	3cmAH－70 细粒式沥青混凝土	m^2	7714.00					
2	040203004002	沥青混凝土	5cmAH－70 中粒式沥青混凝土	m^2	7714.00					
3	040203004003	沥青混凝土	7cmAH－70 粗粒式沥青混凝土	m^2	8282.80					
4	040202014001	水泥稳定碎(砾)石	30cm5%水泥	m^2	8659.00					
5	040202001001	垫层	30cm 塘渣垫层	m^2	8659.00					
6	DB001	路床整形碾压		m^2	8659.00					
7	040204001001	人行道块料铺设	8cm 广场砖铺地；10cmC15 混凝土；20cm 塘渣	m^2	4689.30					
8	040204003001	安砌侧石	37×15×100	m	1885.70					
9	040204003002	安砌平石	600×300×50	m	1885.70					
		桥涵工程								
10	040101003001	挖基坑土方	三类土	m^3	734.00					
11	040301007001	机械成孔灌注桩	ϕ1300mm	m	80.00					
12	040302003001	墩(台)帽	C30(40)	m^3	34.10					
13	040302004001	墩(台)身	C25(40)	m^3	98.80					
14	040302005001	支撑梁及横梁	系梁 C25	m^3	13.20					
15	040302006001	墩(台)盖梁	盖梁 C30	m^3	36.40					
16	040302015001	混凝土防撞护栏	C30(40)	m	136.08					

工程量清单与计价表

单位及专业工程名称：光阳大道　　　　第 2 页　共 2 页

序号	项目编码	项目名称	项目特征	计量单位	工程量	综合单价/元	合价/元	其中/元		备注
								人工费	机械费	
17	040302017001	桥面铺装	3cm 细粒式沥青混凝土；5cm 中粒式沥青混凝土；C50	m^2	660.00					
18	040302018001	桥头搭板	C25	m^3	49.00					
19	040303002001	预制混凝土板	预制混凝土板 C25；预制混凝土板 C25 (5.4m^3)	m^3	304.40					
20	040304002001	浆砌块料	M7.5 片石	m^3	67.20					
21	040309002001	橡胶支座	GJZF4：200mm×250mm×44mm	个	36					
22	040309002002	橡胶支座	GJZ：200mm×250mm×42mm	个	72					
23	040309006001	桥梁伸缩装置	60 型异型钢伸缩缝	m	24.00					
24	040701002001	非预应力钢筋	部位：钻孔灌注桩 材质：圆钢 制作、安装	t	0.849					
25	040701002002	非预应力钢筋	部位：钻孔灌注桩 材质：螺钢 制作、安装	t	7.429					
26	040701002003	非预应力钢筋	部位：除钻孔桩外 材质：圆钢 制作、安装	t	16.963					
27	040701002004	非预应力钢筋	部位：除钻孔桩外 材质：螺钢 制作、安装	t	49.388					
28	040701004001	后张法预应力钢筋	后张法预应力钢筋 ϕ15.2，YM15－3 锚具，YM15－4 锚具	t	10.003					

其他项目清单及计价表

工程名称：杭州市光阳大道

单位工程名称：杭州市光阳大道　　　　第1页　共1页

序号	项目名称	金额/元	备注
1	暂列金额	300000	
2	暂估价		
3	计日工		
4	总承包服务费		
	合计	0	

技术措施项目清单及计价表

工程名称：杭州市光阳大道

单位及专业工程名称：杭州市光阳大道　　　　第1页　共1页

序号	项目编码	项目名称	项目特征描述	计量单位	工程量	综合单价/元	金额/元	其中		备注
								人工费	机械费	
		技术措施								

计日工表

工程名称：杭州市光阳大道

单位工程名称：杭州市光阳大道　　　　第1页　共2页

编号	项目名称	单位	数量	综合单价/元	合价/元
一	人工				
1	一类人工	工日	50		
2	二类人工	工日	100		
人工小计					
二	材料				
1	HPB235	kg	10000		
2	HRB335	kg	10000		
3					
材料小计					
三	施工机械				

计日工表

工程名称：杭州市光阳大道

单位工程名称：杭州市光阳大道

第2页　共2页

编号	项目名称	单位	数量	综合单价/元	合价/元
1	履带式单斗挖掘机(液压)1m^3	台班	20		
2					
3					
4					
施工机械小计					
合计					0

总承包服务费项目及计价表

工程名称：杭州市光阳大道

第1页　共1页

序号	项目名称	项目价值/元	服务内容	费率/%	金额/元
1	发包人分包专业工程	100000.00			
2	发包人供应材料	0.00			
3					
合计					

学习情境6

设计概算编制

情境目标

通过学习情境 6 的学习，培养学生以下能力。

(1) 掌握建设项目总投资构成，理解工程费用、工程建设其他费用、预备费、建设期贷款利息、建设投资等概念。

(2) 能够编制工程费用、工程建设其他费用、预备费；能够计算建设期贷款利息。

(3) 理解设计概算编制基本要求，能按概算文件组成要求编制概算文件。

任务描述

根据杭州市康拱路工程设计资料，编制初步设计概算。

教学要求

能力目标	知识要点	权重
掌握建设项目总投资构成	工程费用、工程建设其他费用、预备费、建设期贷款利息、建设投资等	20%
能编制工程建设其他费用	建设用地费、建设管理费、前期工作费等	50%
能按概算文件组成要求编制概算文件	概算文件组成	30%

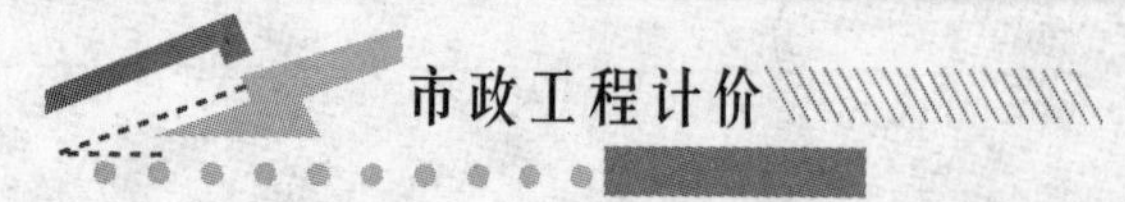

情境任务导读

建设项目设计概算是初步设计文件的重要组成部分，是确定和控制建设项目全部投资的文件。设计概算文件必须严格执行国家和本省有关的法律、法规和规章，完整反应工程项目初步设计内容，实事求是地根据工程所在地的建设条件(包括自然条件、施工条件、市场变化等影响投资的各种因素)进行编制。

知识点滴

世界著名排水系统

如果被带到一个陌生的国度或城市，如何分辨它是否发达？台湾作家龙应台认为，一场大雨足矣。她说："最好来一场倾盆大雨，足足下 3h。如果你撑着伞溜达了一阵，发觉裤脚虽湿了却不脏，交通虽慢却不堵塞，街道虽滑却不积水，这大概就是个先进国家；如果发现积水盈足，店家的茶壶头梳漂到街心来，小孩在十字路口用锅子捞鱼，这大概就是个发展中国家。它或许有钱建造高楼大厦，却还没有心力来发展下水道；高楼大厦看得见，下水道看不见。"

城市排水系统不完善也给人类带来了许多灾难，通过与灾难的抗争，留下了许多世界著名排水系统。

1) 江西赣州福寿沟

宋朝修建的城市下水道，至今已有 900 多年历史，如图 6.1 所示。

2) 巴黎下水道

雨果说：下水道是城市的良心。巴黎有着世界上最大的城市下水道系统，这个处在城市地面以下 50m 的世界，从 1850 年开建，巴黎人前后花了一个多世纪才完工，如图 6.2 所示。

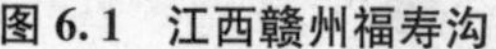
图 6.1　江西赣州福寿沟

图 6.2　巴黎下水道

经过不断完善，今天的巴黎下水道总长 2347km，约 2.6 万个下水道盖、6000 多个地下蓄水池。清淤系统配备了电脑控制，还有专门针对雨季塞纳河水的"涨水站"以及安全阀，以及用于下大雨时保证排水效果的路边下水道等。每天超过 1.5 万 m^2 的城市污水都通过这条古老的下水道排出市区。

3）慕尼黑下水道

德国慕尼黑的市政排水系统的历史可以追溯到1811年。地下总长2434km的排水管网中，有13个地下储存水库，总容量达70.6万m^2。如果暴雨不期而至，地下储水库就可以暂时存贮雨水，再慢慢释放入地下排水管道，以确保进入地下设施的水量不会超过最大负荷量，如图6.3所示

4）伦敦下水道

英国伦敦下水道的历史也在150年以上，被称为“工业世界的七大奇迹之一”。无独有偶，伦敦地下水道系统的修建也与流行病肆虐有关。

19世纪中期的伦敦是垃圾遍地、臭气冲天，排水系统极其糟糕。当时的泥土路面或卵石街道都凿有明渠或街沟，然而1m多深的明渠中往往塞满了灰烬、动物尸体，甚至粪便。由于水体污染，1848—1849年间，一场霍乱导致1.4万伦敦人死亡。疫情结束后，为了改善地下水道，政府成立了一个皇家污水治理委员会负责改进城市排水系统。

1853年，霍乱卷土重来。传染病医生约翰·史劳对比伦敦地图分析发病案例发现，由于人们生活依赖的地下水遭到严重污染，这才引发了霍乱。但当时政府卫生部门的官员和顾问坚信霍乱是由空气传播，没有对伦敦的饮用水做出任何改进。当时的泰晤士河已经成为伦敦最大的下水道，整条河都在发酵。化学家法拉第致信《泰晤士报》编辑描述：“整条河变成了一种晦暗不明的淡褐色液体……气味很臭……这时整条河实际上就是一道阴沟。”

1859年伦敦地下排水系统改造工程正式动工，1865年工程完工，长达到2000km，下水道在伦敦地下纵横交错，现代伦敦下水道内景如图6.4所示。

图6.3　1930年绘制的慕尼黑地下排水的示意图

图6.4　现代伦敦下水道内景

任务6.1　工程建设其他费用计算

6.1.1　我国现行建设项目总投资构成

1. 建设项目总投资

建设项目总投资，是指拟建项目从筹建到竣工验收以及试车投产的全部建设费用，应包括建设投资、固定资产投资方向调节税(暂停征收)、建设期利息和铺底流动资金。建设投资由工程费用、工程建设其他费用及预备费用三部分组成(图6.5)。

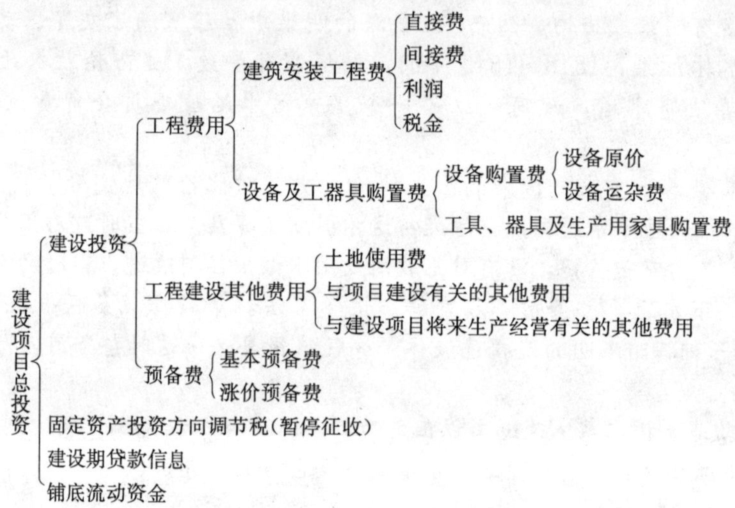

图6.5　我国现行建设项目总投资构成

2. 工程费用的组成

设计概算工程费用由建筑工程费、安装工程费、设备购置费3部分组成。

建筑工程费、安装工程费包括直接费、间接费、利润、税金。计算方法同施工图预算。

设备购置费是指为工程项目购置或自制的达到固定资产标准的设备、工具及器具所需的费用。它由设备原价和设备运杂费构成。

$$设备购置费=设备原价+设备运杂费 \tag{6-1}$$

3. 工程建设其他费用的组成

工程建设其他费用系指工程费用以外的、在建设项目的建设投资中必须支出的固定资产其他费用、无形资产费用和其他资产费用(递延资产)。工程建设其他费用一般包括下述费用项目，但不限于下述费用项目，实际工作中应结合工程项目情况予以确定，不发生时不计取。

(1) 建设用地费。

(2) 建设管理费。

(3) 可行性研究费。

(4) 研究试验费。
(5) 勘察设计费。
(6) 环境影响评价费。
(7) 劳动安全卫生评价费。
(8) 场地准备及临时设施费。
(9) 工程保险费。
(10) 特种设备安全监督检验费。
(11) 生产准备费及开办费。
(12) 联合试运转费。
(13) 专利及专有技术使用费。
(14) 市政公用设施费。
(15) 引进技术和进口设备项目的其他费用。
(16) 其他与工程建设相关费用。

一般建设项目很少发生或一些具有较明显行业或地区特征的工程建设其他费用项目，如工程咨询费、移民安置费、水资源费、水土保持评价费、地震安全性评价费、地质灾害危险性评价费、河道占用补偿费、超限设备运输特殊措施费、航道维护费、植被恢复费、种质检测费、引种测试费等，各省(市、自治区)、各部门可在实施办法中补充或具体项目发生时依据有关政策规定计取。

4. 预备费

预备费包括基本预备费和涨价预备费两部分。

1) 基本预备费

基本预备费指在造价编制阶段难以预料的工程和费用，其中包括实行按施工图预算加系数包干的预算包干费用，其用途如下。

(1) 在进行初步设计、技术设计、施工图设计和施工过程中，在批准的建设投资范围内所增加的工程和费用。

(2) 由于一般自然灾害所造成的损失和预防自然灾害所采取的措施费用。

(3) 在上级主管部门组织竣工验收时，验收委员会(或小组)为鉴定工程质量，必须开挖和修复隐蔽工程的费用。

2) 涨价预备费

涨价预备费指项目建设期间由于价格可能发生上涨而预留的费用。

5. 建设期贷款利息

建设期贷款利息是指筹措债务资金时，在建设期内发生的，并按规定允许在投产后计入固定资产原值的利息，即资本化利息。建设期利息包括银行借款和其他债务资金的利息以及其他融资费用。

6. 铺底流动资金

铺底流动资金是项目建成后，在项目投产初期、试运营阶段保证项目运转所必需的流动资金，一般按项目建成后所需全部流动资金的30%计算。

流动资金指为维持生产所占用的全部周转资金。流动资金总额可参照类似的生产企业的扩大指标进行估算。

1) 按产值(或销售收入)资金率估算

流动资金额=年产值(或年销售收入额)×产值(或销售收入)资金率　(6-2)

产值(或销售收入)资金率可由同类企业百元产值(或销售收入)的流动资金占用额确定。

2) 按年经营成本和定额流动资金周转天数估算

流动资金额=(年经营成本/360)×定额流动资金周转天数　(6-3)

6.1.2 工程建设其他费用计算

1. 建设用地费

建设用地费指按照《中华人民共和国土地管理法》等规定，建设项目征用土地或租用土地应支付的费用和管线搬迁及补偿费。包括以下方面。

(1) 土地征用及迁移补偿费。经营性建设项目通过出让方式购置的土地使用权(或建设项目通过划拨方式取得无限期的土地使用权)而支付的土地补偿费、安置补偿费、地上附着物和青苗补偿费、余物迁建补偿费、土地登记管理费等；行政事业单位的建设项目通过出让方式取得土地使用权而支付的出让金；建设单位在建设过程中发生的土地复垦费用和土地损失补偿费用；建设期间临时占地补偿费。

(2) 征用耕地按规定一次性缴纳的耕地占用税；征用城镇土地在建设期间按规定每年缴纳的城镇土地使用税；征用城市郊区菜地按规定缴纳的新菜地开发建设基金。

(3) 建设单位租用建设项目土地使用权而支付的租地费用。

(4) 管线搬迁及补偿费。指建设项目实施过程中发生的供水、排水、燃气、供热、通信、电力和电缆等市政管线的搬迁及补偿费用。

计算方法如下。

(1) 根据应征建设用地面积、临时用地面积，按建设项目所在省、市、自治区人民政府制定颁发的土地征用补偿费、安置补助费标准和耕地占用税、城镇土地使用税标准计算。

(2) 建设用地上的建(构)筑物如需迁建，其迁建补偿费应按迁建补偿协议计列或按新建同类工程造价计算。建设场地平整中的余物拆除清理费在“场地准备及临时设施费”中计算。

(3) 建设项目采用“长租短付”方式租用土地使用权，在建设期间支付的租地费用计入建设用地费；在生产经营期间支付的土地使用费应计入营运成本中核算。

(4) 根据不同种类市政管线分别按实际搬迁及补偿费用计算。

2. 建设管理费

建设管理费指建设单位从项目筹建开始直至办理竣工决算为止发生的项目建设管理费用。包括如下方面。

(1) 建设单位管理费，指建设单位从项目开工之日起至办理竣工财务决算之日止发生的管理性的开支。包括：不在原单位发工资的工作人员工资、基本养老保险费、基本医疗保险费、失业保险费、办公费、差旅交通费、劳动保护费、工具用具使用费、固定资产使用费、零星购置费、招募生产工人费、技术图书资料费、印花税、业务招待费、施工现场津贴、竣工验收费和其他管理性开支。

计算方法：以工程总投资为基数，按照工程项目的不同规模分别确定的建设单位管理费率计算。对于改、扩建项目的取费标准，原则上应低于新建项目，如工程项目新建与改、扩建不易划分时，应根据工程实际按难易程度确定费率标准。

浙江省市政工程建设其他费用应按《浙江省工程建设其他费用定额》标准或浙江省现行的文件规定执行，浙江省建设管理费费用定额见表6-1。

表6-1 建设管理费费用定额

<table>
<tr><th>序号</th><th>费用项目</th><th colspan="2">费用标准</th><th>依据</th><th>备注</th></tr>
<tr><td rowspan="8">1</td><td rowspan="8">建设单位管理费：是指建设单位从筹建之日起至办理竣工财务决算之日止发生的管理性质的开支，包括不在原单位发工资的工作人员工资、基本养老保险费、基本医疗保险费、失业保险费、办公费、差旅交通费、劳动保护费、工具用具使用费、固定资产使用费、零星购置费、招募生产工人费、技术图书资料费、印花税、业务招待费、施工现场津贴、竣工验收费和其他管理性质开支</td><td>工程总投资/万元</td><td>费率</td><td rowspan="8">财建［2002］394号
财建［2003］724号</td><td rowspan="8">注：
（1）该费率采用差额分档累进制
（2）工程总投资不包括建设单位管理费</td></tr>
<tr><td>1000以下</td><td>1.5%</td></tr>
<tr><td>1001～5000</td><td>1.2%</td></tr>
<tr><td>5001～10000</td><td>1.0%</td></tr>
<tr><td>10001～50000</td><td>0.8%</td></tr>
<tr><td>50001～100000</td><td>0.5%</td></tr>
<tr><td>100001～200000</td><td>0.2%</td></tr>
<tr><td>200000以上</td><td>0.1%</td></tr>
<tr><td rowspan="8">2</td><td rowspan="8">建设管理其他费：是指建设项目自建设意向成立至筹建之日发生的管理性质开支以及工程招标代理服务费、工程咨询服务费、竣工验收等在建设单位管理费中未包含的项目实施过程中发生的管理性质费用</td><td>工程总投资/万元</td><td>费率</td><td rowspan="8">计标［1985］352号
浙价服［2003］77号
计价格［2002］1980号
浙价服［2009］84号
发改价格［2011］534号</td><td rowspan="8">注：
（1）该费率采用差额分档累进制
（2）以必需发生的费用为准
（3）由建设单位自行负责征地、拆迁项目，建设管理其他费，取费基数应计入土地费用</td></tr>
<tr><td>1000以下</td><td>1.5%</td></tr>
<tr><td>1001～5000</td><td>1.1%</td></tr>
<tr><td>5001～10000</td><td>0.8%</td></tr>
<tr><td>10001～50000</td><td>0.5%</td></tr>
<tr><td>50001～100000</td><td>0.4%</td></tr>
<tr><td>100001～200000</td><td>0.2%</td></tr>
<tr><td>200000以上</td><td>0.1%</td></tr>
<tr><td>3</td><td>代建管理费：是指代建单位在实施项目代建过程中发生的管理费用</td><td colspan="2">代建管理费收费标准：建设单位自行确定项目代建单位和政府设立(或授权)产生的代建单位，其代建管理费按不高于建设单位管理费的标准核定。政府招标产生代建单位的项目，其代建管理费按实际中标价计入。在项目概算(或估算)编制阶段，可按代建服务内容结合建设单位管理费标准计入</td><td>财建［2004］300号</td><td>建设项目实行代建制，除建设单位前期工作发生必要的费用经批准可列支外，任何单位不得再列支建设单位管理费</td></tr>
</table>

（续）

序号	费用项目	费用标准	依据	备注
4	工程监理费	按文件收取	发改价格［2007］670号	现执行国家发改委、建设部发改价格［2007］670号
5	建设工程质量监督费	房屋建筑按建筑面积0.9元/m^2，构筑物按建安工程费的1‰计收，市政工程按建安工程费的1.8‰计收	浙价费［2003］102号	暂停征收

【例6-1】 某市政工程建设总投资9000万元，请计算建设单位管理费。

【解】 建设单位管理费见表6-2。

表6-2　建设单位管理费

工程总投资/万元	费率	建设单位管理费/万元
1000以下	1.5%	1000×1.5%=15
1001～5000	1.2%	15+(5000-1000)×1.2%=63
5001～9000	1.0%	15+63+(9000-5000)×1.0%=118

该市政工程建设单位管理费为118万元。

(2) 建设工程监理费，指委托工程监理单位对工程实施监理工作所需的费用。它包括：施工阶段的工程监理和勘察、设计、保修等阶段的监理。

计算方法：市政工程施工监理服务收费以第一部分工程费用(设备费用占总费用比例超过40%时按有关规定调整)与联合试运转费用之和为计费额，按《施工监理收费基价表》采用直线内插法计算收费；勘察设计、保修阶段监理服务收费按相关服务工作所需工日和《建设工程监理与相关服务人员人工日费用标准》计算。

如建设管理采用工程总承包方式，其总包管理费由建设单位与总包单位根据总包工作范围在合同中商定，从建设管理费中支出。

施工监理服务收费按照下列公式计算：

$$施工监理服务收费=施工监理服务收费基准价\times(1\pm浮动幅度值) \tag{6-4}$$

浮动幅度值不大于20%，由发包人和监理人协商确定。

$$施工监理服务收费基准价=施工监理服务收费基价\times专业调整系数\times工程复杂程度调整系数\times高程调整系数 \tag{6-5}$$

施工监理服务收费基价见表6-3。

表 6-3　施工监理收费基价

序号	工程费用十联合试运转费用/万元	施工监理费/万元
1	500	16.5
2	1000	30.1
3	3000	78.1
4	5000	120.8
5	8000	181.0
6	10000	218.6
7	20000	393.4
8	40000	708.2
9	60000	991.4
10	80000	1255.8
11	100000	1507.0
12	200000	2712.5
13	400000	4882.6
14	600000	6835.6
15	800000	8658.4
16	1000000	10390.1

专业调整系数：城市道路、轻轨工程 1.0，地铁、桥梁、隧道 1.1，市政公用工程 1.0。

工程复杂程度分为一般、较复杂和复杂 3 个等级，见表 6-4。其调整系数分别为：一般(Ⅰ级)0.85；较复杂(Ⅱ级)1.0；复杂(Ⅲ级)1.15。

表 6-4　公路、城市道路、轨道交通、索道工程复杂程度表

等级	工　程　特　征
Ⅰ级	(1) 三级、四级公路及相应的机电工程 (2) 一级公路、二级公路的机电工程
Ⅱ级	(1) 一级公路、二级公路 (2) 高速公路的机电工程 (3) 城市道路、广场、停车场工程
Ⅲ级	(1) 高速公路工程 (2) 城市地铁、轻轨 (3) 客(货)运索道工程

注：穿越山岭重丘区的复杂程度Ⅱ、Ⅲ级公路工程项目的部分复杂程度调整系数分别为 1.11 和 1.26。

公路桥梁、城市桥梁和隧道工程复杂程度见表 6-5，市政公用工程复杂程度表见表 6-6。

表 6-5 公路桥梁、城市桥梁和隧道工程复杂程度表

等级	工 程 特 征
Ⅰ级	(1) 总长<1000m 或单孔跨径<150m 的公路桥梁 (2) 长度<1000m 的隧道工程 (3) 人行天桥、涵洞工程
Ⅱ级	(1) 总长≥1000m 或 150m≤单孔跨径<250m 的公路桥梁 (2) 1000m≤长度<3000m 的隧道工程 (3) 城市桥梁、分离式立交桥，地下通道工程
Ⅲ级	(1) 主跨≥250m 拱桥，单跨≥250m 预应力混凝土连续结构，≥400m 斜拉桥，≥800m 悬索桥 (2) 连拱隧道、水底隧道、长度≥3000m 的隧道工程 (3) 城市互通式立交桥

表 6-6 市政公用工程复杂程度表

等级	工 程 特 征
Ⅰ级	(1) DN<1.0m 的给排水地下管线工程 (2) 小区内燃气管道工程 (3) 小区供热管网工程，<2MW 的小型换热站工程 (4) 小型垃圾中转站，简易堆肥工程
Ⅱ级	(1) DN≥1.0m 的给排水地下管线工程；<$3m^3/s$ 的给水、污水泵站；<10 万 t/日给水厂工程，<5 万 t/日污水处理厂工程 (2) 城市中、低压燃气管网(站)，<$1000m^3$，液化气贮罐场(站) (3) 锅炉房，城市供热管网工程，≥2MW 换热站工程 (4) ≥100t/日的垃圾中转站，垃圾填埋工程 (5) 园林绿化工程
Ⅲ级	(1) ≥$3m^3/s$ 的给水、污水泵站，≥10 万 t/日给水厂工程，≥5 万 t/7 日污水处理厂工程 (2) 城市高压燃气管网(站)，≥$1000m^3$ 液化气贮罐场(站) (3) 垃圾焚烧工程 (4) 海底排污管线、海水取排水、淡化及处理工程

高程调整系数如下。

海拔高程 2001m 以下的为 1.0；海拔高程 2001～3000m 为 1.1；海拔高程 3001～3500m 为 1.2；海拔高程 3501～4000m 为 1.3；海拔高程 4001m 以上的，高程调整系数由发包人和监理人协商确定。

短期工程项目的监理费可按表 6-7 执行。

表 6-7 建设工程监理与相关服务人员人工日费用标准表

建设工程监理与相关服务人员职级	工日费用标准/元
一、高级专家	1000～1200
二、高级专业技术职称的监理与相关服务人员	800～1000
三、中级专业技术职称的监理与相关服务人员	600～800
四、初级及以下专业技术职称监理与相关服务人员	300～600

【例 6-2】 杭州市某快速路建筑安装工程费 5000 万元，设备、工器具购置费 500 万元，联合试运转费 500 万元，试计算工程施工监理费。

【解】 收费基价＝5000＋500＋500＝6000(万元)

工程监理费＝[120.8＋(181.0－120.8)/(8000－5000)×(6000－5000)]×1.0×1.0×1.0＝140.87(万元)

(3) 工程质量监督费，指依据国家强制性标准、规范、规程及设计文件，对建设工程的地基基础、主体结构和其他涉及结构安全的关键部位进行现场监督抽查。

计算方法按国家或主管部门发布的现行工程质量监督费有关规定估列(目前暂停征收)。

3. 可行性研究费

可行性研究费是指在建设项目前期工作中，编制和评估项目建议书(或预可行性研究报告)、可行性研究报告所需费用。费用定额见表 6-8。

表 6-8 可行性研究费费用定额

费用项目	费用标准	依据	备注
建设项目前期工作咨询费	按建设项目估算投资分档收费	计价格［1999］1283 号 浙价格［1999］411 号	

计算方法：

(1) 按建设项目估算投资额分档收费。收费标准按表 6-9 执行。

表 6-9 按建设项目估算投资额分档收费标准　　单位：万元

投资估算额 / 咨询评估项目	3000～10000	10000～50000	50000～100000	100000～500000	500000 以上
一、编制项目建议书	6～14	14～37	37～55	55～100	100～125
二、编制可行性研究报告	12～28	28～75	75～110	110～200	200～250
三、评估项目建议书	4～8	8～12	12～15	15～17	17～20
四、评估可行性研究报告	5～10	10～15	15～20	20～25	25～35

注：① 建设项目估算投资额是指项目建议书或可行性研究报告的估算投资额。

② 建设项目的具体收费标准，根据估算投资额在相对应的区间内用插入法计算。

③ 根据行业特点和行业内部不同类别工程的复杂程度，计算咨询费用时可分别乘以行业调整系数和工程复杂程度调整系数(表 6-10)。

④ 编制预可行性研究报告，参照编制项目建议书收费标准，可适当调整。

表 6-10 按建设项目估算投资额分档收费的调整系数

行业	调整系数(以表一所列收费标准为 1)
(1) 石化、化工、钢铁	1.3
(2) 石油、天然气、水利、水电、交通(水运)、化纤	1.2
(3) 有色、黄金、纺织、轻工、邮电、广播电视、医药、煤炭、火电(含核电)、机械(含船舶、航空、航天、兵器)	1.0
(4) 林业、商业、粮食、建筑	0.8
(5) 建材、交通(公路)、铁道、市政公用工程	0.7

注：工程复杂程度具体调整系数由工程咨询机构与委托单位根据各类工程情况协商确定。

(2) 建设项目投资额在 3000 万元以下可行性研究费计算，按表 6-11 执行。

表 6-11 建设项目投资额在 3000 万元以下分档收费标准　　单位：万元

投资估算额	1000 以下	1000～3000
一、编项目建议书	1～2.5	2.5～6
二、编制可行性研究报告	2～5	5～16
三、评估项目建议书	0.6～1.5	1.5～4
四、评估可行性研究报告	1～2.5	2.5～5

【例 6-3】 某市政建设项目估算投资额 12000 万元，请计算可行性研究费。

【解】 编制可行性研究报告收费＝28＋(75－28)/(50000－10000)×(12000－10000)＝30.35(万元)

评估可行性研究报告＝10＋(15－10)/(50000－10000)×(12000－10000)

＝10.25(万元)

可行性研究费＝(30.35＋10.25)×0.7＝28.42(万元)

4. 研究试验费

研究试验费指为本建设项目提供或验证设计数据、资料进行必要的研究试验，按照设计规定在建设过程中必须进行试验所需的费用，以及支付科技成果、先进技术的一次性技术转让费。但不包括以下方面。

(1) 应由科技三项费用(即新产品试制费、中间试验费和重要科学研究补助费)开支的项目。

(2) 应由建筑安装费中列支的施工企业对建筑材料、构件和建筑物进行一般鉴定、检查所发生的费用及技术革新的研究试验费。

计算方法：按照设计提出的研究试验项目内容编制估算，费用金额由建设单位与科研单位在合同中约定。

研究试验费费用定额见表 6-12。

表 6-12 研究试验费费用定额

费用项目	费用标准	依据	备注
研究试验费	按照研究试验内容进行编制，列入总概算内	《城市基础设施工程投资估算指标》（[88] 建标字第 182 号）	不包括以下方面。 (1) 应由科技三项费用(即新产品试制费、中间试验费和重要科学研究补助费)开支的项目； (2) 应在建筑安装费用中列支的施工企业对建筑材料、构件和建筑物进行一般鉴定、检查所发生的费用及技术革新的研究试验费； (3) 应由勘察设计费或工程费用中开支的项目

5. 勘察设计费

勘察设计费指建设单位委托勘察设计单位为建设项目进行勘察、设计等所需的费用，由工程勘察费和工程设计费两部分组成。

(1) 工程勘察费。包括：测绘、勘探、取样、试验、测试、检测、监测等勘察作业，以及编制工程勘察文件和岩土工程设计文件等收取的费用。

计算方法：按照实物工程量定额计费方法计算，也可按第一部分工程费用的 0.8%～1.1%计列。

(2) 工程设计费。包括：编制初步设计文件、施工图设计文件、非标准设备设计文件、施工图预算文件、竣工图文件等服务所收取的费用。

计算方法：

(1) 以第一部分工程费用与联合试运转费用之和的投资额为基础，按照工程项目的不同规模分别确定的设计费率计算。

(2) 施工图预算编制按设计费的 10%计算。

(3) 竣工图编制按设计费的 8%计算。

工程勘察费、工程设计费费用定额见表 6-13。

表 6-13 工程勘察费、工程设计费费用定额

序号	费用项目	费用标准	依据	备注
1	工程勘察费	可按第一部分工程费用的 0.8%～1.1%计取	计价格［2002］10 号	
2	工程设计费	按概算投资额划分。参考标准： ① 200 万～3000 万元按 4.50%～3.46%计 ② 3000 万～1 亿元按 3.46%～3.05%计 ③ 1 亿～6 亿元按 3.05%～2.53%计，浮动幅度为上下 20%		

$$工程设计费=工程设计收费基价\times专业调整系数 \tag{6-6}$$

工程设计收费基价见表 6-14，工程设计收费专业调整系数见表 6-15。

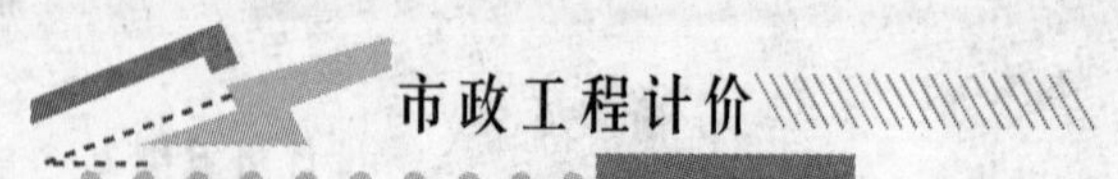

表 6-14　工程设计收费基价表　　单位：万元

序号	计费额	收费基价	序号	计费额	收费基价
1	200	9.0	10	60000	1515.2
2	500	20.9	11	80000	1960.1
3	1000	38.8	12	100000	2393.4
4	3000	103.8	13	200000	4450.8
5	5000	163.9	14	400000	8276.7
6	8000	249.6	15	600000	11897.5
7	10000	304.8	16	800000	15391.4
8	20000	566.8	17	1000000	18793.8
9	40000	1054.8	18	2000000	34948.9

注：计费额大于2000000万元的，以计费额乘以1.6%的收费率计算收费基价。

表 6-15　工程设计收费专业调整系数表

工程类型	专业调整系数
1. 矿山采选工程	
黑色、黄金、化学、非金属及其他矿采选工程	1.1
采煤工程、有色、铀矿采选工程	1.2
选煤及其他煤炭工程	1.3
2. 加工冶炼工程	
各类冷加工工程	1.0
船舶水工工程	1.1
各类冶炼、热加工、压力加工工程	1.2
核加工工程	1.3
3. 石油化工工程	
石油、化工、石化、化纤、医药工程	1.2
核化工工程	1.6
4. 水利电力工程	
风力发电、其他水利工程	0.8
火电工程	1.0
核电常规岛、水电、水库、送变电工程	1.2
核能工程	1.6
5. 交通运输工程	
机场场道工程	0.8
公路、城市道路工程	0.9
机场空管和助航灯光、轻轨工程	1.0
水运、地铁、桥梁、隧道工程	1.1
索道工程	1.3

（续）

工程类型	专业调整系数
6. 建筑市政公用工程 邮政工艺工程 建筑、市政公用、电信工程 人防、园林绿化、广电工艺工程	 0.8 1.0 1.1
7. 农业林业工程 农业工程 林业工程	 0.9 0.8

6. 环境影响评价费

环境影响评价费指按照《中华人民共和国环境保护法》和《中华人民共和国环境影响评价法》对建设项目对环境影响进行全面评价所需的费用。它包括：编制环境影响报告表、环境影响报告书(含大纲)和评估环境影响报告表、环境影响报告书(含大纲)。

计算方法：以工程项目投资为基数，按照工程项目的不同规模分别确定的环境影响咨询服务费率计算。

环境影响评价费费用定额见表6－16。

表6－16　环境影响评价费费用定额

费用项目	费用标准	依据	备注
建设项目环境影响咨询费	按建设项目估算投资额分档收费(行业调整系数)	计价格［2002］125号	

建设项目环境影响咨询收费标准见表6－17。

表6－17　建设项目环境影响咨询收费标准　　单位：万元

估算投资额 咨询服务项目	3000以下	3000～20000	20000～100000	100000～500000	500000～1000000	1000000以上
编制环境影响报告书(含大纲)	5～6	6～15	15～35	35～75	75～110	110
编制环境影响报告表	1～2	2～4	4～7	7以上		
评估环境影响报告书(含大纲)	0.8～1.5	1.5～3	3～7	7～9	9～13	13以上
评估环境影响报告表	0.5～0.8	0.8～1.5	1.5～2	2以上		

注：① 表中数字下限为不含，上限为包含。

② 估算投资额为项目建议书或可行性研究报告中的估算投资额。

③ 咨询服务收费标准根据估算投资额在对应区间内用插入法计算。

④ 以本表收费标准为基础，按建设项目行业特点和所在区域的环境敏感程度，乘以调整系数，确定咨询服务收费基准价。(调整系数见表6－18和表6－19)

⑤ 评估环境影响报告书(含大纲)的费用不包含专家参加审查会议的差旅费；环境影响评价大纲的技术评估费占环境影响报告评估费用的40%。

⑥ 本表所列编制环境影响报告表收费标准为不设评价专题基准价，每增加一个专题加收50%。

⑦ 本表中费用不包括遥感、遥测、风洞测试、污染气象观测、示踪试验、地探、物探、卫星图片解读、需要动用船、飞机等的特殊监测等费用。

表 6-18 环境影响评价大纲、报告书编制收费行业调整系数

行 业	调整系数
化工、冶金、有色、黄金、煤炭、矿业、纺织、化纤、轻工、医药	1.2
石化、石油天然气、水利、水电、旅游	1.1
林业、畜牧、渔业、农业、交通、铁道、民航、管线运输、建材、市政、烟草、兵器	1.0
邮电、广播电视、航空、机械、船舶、航天、电子、勘探、社会服务、火电	0.8
粮食、建筑、信息产业、仓储	0.6

表 6-19 环境影响评价大纲、报告书编制收费环境敏感程度调整系数

环境敏感程度	调整系数
敏感	1.2
一般	0.8

按咨询服务人员工日计算建设项目环境影响咨询收费标准见表 6-20。

表 6-20 按咨询服务人员工日计算建设项目环境影响咨询收费标准

咨询人员职级	人工日收费标准/元
高级咨询专家	1000～1200
高级专业技术人员	800～1000
一般专业技术人员	600～800

根据浙价服［2009］172 号文件规定，环境影响咨询服务基准收费标准按原国家计委、国家环境保护总局《关于规范环境影响咨询收费有关问题的通知》(计价格［2002］125 号)规定的标准降低 50%。

7. 节能评估费、审查费

节能评估费、审查费是指按国家发改委［2010］第 6 号令《固定资产投资项目节能评估审查暂行办法》的规定，对固定资产投资项目的能源利用是否科学合理进行分析评估，并编制节能评估报告书、节能评估表及根据节能法规标准对项目节能评估文件进行审查并形成审查意见所需的费用。

收费标准参照项目可行性研究报告的编制和评估费用标准。

8. 劳动安全卫生评价费

劳动安全卫生评价费指按《安全生产法》(中华人民共和国主席令第 70 号)的规定，为预测和分析建设项目存在的职业危险、危害因素的种类和危险危害程度，并提出先进、科学、合理可行的劳动安全卫生技术和管理对策所需的费用。包括：编制建设项目劳动安全卫生预评价大纲和劳动安全卫生评价报告，以及为编制上述文件所进行的工程分析和环境现状调查等所需的费用。

计算方法：按国家或主管部门发布的现行劳动安全卫生预评价委托合同计列，或按照建设项目所在省(市、自治区)劳动行政部门规定的标准计算，也可按第一部分工程费用的

0.1%～0.5%计列。

浙江省工程建设其他费用定额：一般可按工程项目总投资的0.02%～0.05%收取。

9. 场地准备及临时设施费

场地准备及临时设施费包括场地准备费和临时设施费。

(1) 场地准备费是指建设项目为达到工程开工条件所发生的场地平整和对建设场地余留的有碍于施工建设的设施进行拆除清理的费用。

(2) 临时设施费是指为满足施工建设需要而供到场地界区的、未列入工程费用的临时水、电、路、讯、气等其他工程费用和建设单位的现场临时建(构)筑物的搭设、维修、拆除、摊销或建设期间租赁费用，以及施工期间专用公路养护费、维修费。

(3) 场地准备及临时设施应尽量与永久性工程统一考虑。

建设场地的大型土石方工程应计入工程费用中的总图运输费用中。

计算方法如下。

(1) 新建项目的场地准备和临时设施费应根据实际工程量估算，或按工程费用的比例计算，一般可按第一部分工程费用的0.5%～2.0%计列。

(2) 改扩建项目一般只计拆除清理费。

(3) 发生拆除清理费时可按新建同类工程造价或主材费、设备费的比例计算。凡可回收材料的拆除采用以料抵工方式，不再计算拆除清理费。

(4) 此费用不包括已列入建筑安装工程费用中的施工单位临时设施费用。

浙江省工程建设其他费用定额如下。

(1) 场地准备及临时设施应尽量与永久性工程统一考虑，建设场地的大型土石方工程应进入工程费用中的总图运输费用中。

(2) 场地准备费是指建设项目为达到工程开工条件所发生的场地平整和对建设场地余留的有碍于施工建设的设施进行拆除清理的费用。

(3) 临时设施费是指为满足施工建设需要而供到场地界区的、未列入工程费用的临时水、电、路、讯、气等其他工程费用和建设单位的现场临时建(构)筑物的搭设、维修、拆除、摊销或建设期间租赁费用，以及施工期间专用公路养护费、维修费。

(4) 改扩建项目一般只计拆除清理费。

(5) 此项费用不包括已列入建筑安装工程费用中的施工单位临时设施费用。

场地准备和临时设施费＝(建筑工程费＋安装工程费)×所在地区费率×项目性质系数　(6－7)

场地准备及临时设施费费用定额见表6－21。

表6－21　场地准备及临时设施费费用定额

费用项目	费用标准		依据	备注
场地准备及临时设施费	按建安工程费和项目所在地区别费率计取		(1994)费用定额及近年工程项目实际投入情况测算	① 建设项目属新征集体土地的，其费用需乘1.2系数； ② 房屋建筑工程，建安投资(含设备投资)单方造价大于3000元/平方米的项目其费用需乘0.8～0.9系数
	市区	0.7%～0.8%		
	县城镇	0.8%～0.9%		
	非市区、县城镇	0.9%～1.1%		

10. 工程保险费

工程保险费指建设项目在建设期间根据需要对建筑工程、安装工程及机器设备和人身安全进行投保而发生的保险费用。包括：建筑安装工程一切险、人身意外伤害险和引进设备财产保险等费用。

计算方法如下。

(1) 不同的建设项目可根据工程特点选择投保险种，根据投保合同计列保险费用。编制投资估算时可按工程费用的比例估算。

(2) 不包括已列入施工企业管理费中的施工管理用财产、车辆保险费。

(3) 按国家有关规定计列，也可按下式估列：

$$工程保险费=第一部分工程费用\times(0.3\%\sim0.6\%) \tag{6-8}$$

注：不含已列入建安工程施工企业的保险费。

工程保险费浙江省工程建设其他费用定额见表 6-22～表 6-24。

表 6-22 工程保险费浙江省工程建设其他费用定额

费用项目	费用标准	依据	备注
人身意外伤害险	按投保金额计算	涉及费用详见相关保险条款	工程保险相关费用的计入需经概算审批部门批准
工程财产损失和第三者责任险	一、建筑工程一切险： 1. 物质损失部分(表 6-23) 2. 第三者责任险：赔偿额的 0.15%～0.2% 二、安装工程一切险： 1. 物质损失部分(表 6-24) 2. 第三者责任险：赔偿额的 0.15%～0.2%	中国人民银行 1995 年 1 月 1 日颁布	

表 6-23 建筑工程保险，物质损失部分

	项目	费率幅度
建筑工程一切险	住宅大楼、综合大楼、饭店、商场、办公大楼、医院、学校大楼、仓库及普通工厂厂房	0.12%～0.3%
	道路	0.3%～0.8%(普通) 0.4%～0.8%(高速、高等级)
	码头、水坝	0.4%～1%
	隧道、桥梁、管道	0.5%～1%
	机场(综合项目)	0.3%～0.55%
	地铁、铁路	0.6%～1%

注：如工期超过 36 个月的项目，可在 10%～20%比例内适当上浮；如工期超过 60 个月的，可在 20%～30%比例内适当上浮。

表 6-24 安装工程保险，物质损失部分

	项目		费率幅度
安装工程一切险	食品(饮料)加工行业 机械工业		0.15%～0.2% 0.2%～0.3%
	电子、电器工业		0.3%～0.5%
	纺织工业		0.2%～0.3%
	矿山		0.3%～0.5%
	化学、化工工业(石化、乙烯、纸业、生化)		0.35%～0.5%
	冶金	钢铁	0.25%～0.35%
		有色金属(含电解法)	0.35%～0.45%
	水电站		0.5%～0.7%
	热电厂		0.4%～0.6%
	联合循环电厂		0.5%～0.8%
	钢结构桥梁		0.35%～0.45%

注：如工期超过36个月的项目，可在10%～20%比例内适当上浮；如工期超过60个月的，可在20%～30%比例内适当上浮。

11. 特种设备安全监督检验费

特种设备安全监督检验费指在施工现场组装的锅炉及压力容器、压力管道、消防设备、燃气设备、电梯等特殊设备和设施，由安全监察部门按照有关安全监察条例和实施细则以及设计技术要求进行安全检验，应由建设项目支付的、向安全监察部门缴纳的费用。

计算方法：按照建设项目所在省(市、自治区)安全监察部门的规定标准计算。无具体规定的，在编制投资估算时可按受检设备现场安装费的比例估算。

浙江省工程建设其他费用定额：见浙价费［2004］165号文，浙价费［2011］249号。

12. 生产准备费及开办费

生产准备费及开办费指建设项目为保证正常生产(或营业、使用)而发生的人员培训费、提前进厂费以及投产使用初期必备的生产办公生活家具用具及工器具等的购置费用。

它包括以下方面。

(1) 生产准备费，包括生产职工培训及提前进厂费。

① 新建企业或新增生产能力的扩建企业在交工验收前自行培训或委托其他单位培训技术人员、工人和管理人员所支出的费用。

② 生产单位为参加施工、设备安装、调试等以及熟悉工艺流程、机器性能等需要提前进厂人员所支出的费用。

费用内容包括：培训人员和提前进厂人员的工资、工资性补贴、职工福利费、差旅交通费、劳动保护费、学习资料费等。

计算方法：根据培训人数(按设计定员的60%)按6个月培训期计算。为了简化计算，

培训费按每人每月平均工资、工资性补贴等标准计算。

提前进厂费，按提前进厂人数每人每月平均工资、工资性补贴标准计算，若工程不发生提前进厂费的不得计算此项费用。

(2) 办公和生活家具购置费，指为保证新建、改建、扩建项目初期正常生产、使用和管理所必须购置的办公和生活家具用具的费用。改、扩建项目所需的办公和生活用具购置费，应低于新建项目的费用。

购置范围包括：办公室、会议室、资料档案室、阅览室、食堂、浴室和单身宿舍等的家具用具。应本着勤俭节约的精神，严格控制购置范围。

计算方法：为简化计算，可按照设计定员人数，每人按1000～2000元计算。

(3) 工器具及生产用家具购置费，指新建项目为保证初期正常生产所必须购置的第一套不够固定资产标准的设备、仪器、工卡模具、器具等的费用，不包括其备品备件的购置费。该费用按照财政部财建［2002］394号文件的规定，应计入第一部分工程费用内。

计算方法：可按第一部分工程费用设备购置费总额的1%～2%估算。

浙江：一般建设项目可暂按工程费用的1%～1.2%计列。

13. 联合试运转费

联合试运转费指新建项目或新增加生产能力的工程在竣工验收前，按照设计文件所规定的工程质量标准和技术要求，进行整个生产线或装置的负荷联合试运转或局部联动试车所发生的费用净支出。当试运转有收入时，则计列收入与支出相抵后的亏损部分，不包括应由设备安装费用开支的试车调试费用，以及在试运转中暴露出来的因施工原因或设备缺陷等发生的处理费用。不发生试运转费的工程或者试运转收入和支出相抵消的工程，不列此费用项目。

试运转费用中包括：试运转所需的原料、燃料、油料和动力的消耗费用，机械使用费用，低值易耗品及其他物品的费用和施工单位参加联合试运转人员的工资以及专家指导费等。

试运转收入包括试运转产品销售和其他收入。

计算方法如下。

(1) 燃气工程项目：按第一部分工程费用燃气安装工程及设备购置费总额的1.5%计算。

(2) 供热工程项目：按第一部分工程费用供热安装工程及设备购置费总额的1%计算。

(3) 给排水工程项目：按第一部分工程费用内设备购置费总额的1%计算。

(4) 隧道、地铁等工程项目：按工程预计试运转的天数计算编列。

(5) 试运行期按照以下规定确定：引进国外设备项目按建设合同中规定的试运行期执行；国内一般性建设项目试运行期原则上按照批准的设计文件所规定的期限执行。个别行业的建设项目试运行期需要超过规定试运行期的，应报项目设计文件审批机关批准。试运行期一经确定，各建设单位应严格按规定执行，不得擅自缩短或延长。

浙江：一般建设项目可暂按工程费用的0.3%～1%计列。

14. 专利及专有技术使用费

专利及专有技术使用费指建设项目使用国内外专利和专有技术支付的费用，包括以下方面。

(1) 国外技术及技术资料费、引进有效专利、专有技术使用费和技术保密费。

(2) 国内有效专利和专有技术使用费。

(3) 商标权、商誉和特许经营权费等。

计算方法如下。

(1) 按专利使用许可协议和专有技术使用合同的规定计列。

(2) 专有技术的界定应以省、部级鉴定批准为依据。

(3) 项目投资中只计需在建设期支付的专利及专有技术使用费。协议或合同规定在生产期分年支付的使用费应在生产成本中核算。

(4) 一次性支付的商标权、商誉及特许经营权费按协议或合同规定计列。协议或合同规定在生产期支付的商标权或特许经营权费应在生产成本中核算。

(5) 为项目配套的专用设施投资，包括专用铁路线、专用公路、专用通信设施、变送电站、地下管道、专用码头等，如由项目建设单位负责投资但产权不归属本单位的，应作为无形资产处理。

15. 招标代理服务费

招标代理服务费指招标代理机构接受招标人委托，从事招标业务所需的费用。包括编制招标文件(包括编制资格预审文件和标底)，审查投标人资格，组织投标人踏勘现场并答疑，组织开标、评标、定标以及提供招标前期咨询、协调合同的签订等业务。

计算方法：按国家或主管部门发布的现行招标代理服务费标准计算。

招标代理费基准收费标准按原国家计委《关于印发＜招标代理服务收费管理暂行办法＞的通知》(计价格［2002］1980号)执行。

招标代理服务费按工程费用分档累进计费，费率见表6－25。

表6－25 工程费用差额费率分档累进计费费率

按工程费用差额费率分档累进计费费率/(%)			
项目	货物招标	服务招标	工程招标
100万元以下	1.50	1.50	1.00
100万～500万元	1.10	0.80	0.70
500万～1000万元	0.80	0.45	0.55
1000万～5000万元	0.50	0.25	0.35
5000万～10000万元	0.25	0.10	0.20
10000万～100000万元	0.05	0.05	0.05
100000万元	0.01	0.01	0.01

浙江：根据浙价服［2009］172号文件规定，招标代理费基准收费标准按上述标准降低30%。

【例6－4】 浙江省某市政工程施工招标代理业务中标金额为7000万元，计算招标代理服务费。

【解】 招标代理服务费见表6－26。

表6-26　招标代理服务费

工程费用	费率	招标代理服务费/万元
100万元以下	1.0%	100×1.0%=1
100万～500万元	0.7%	1+(500−100)×0.7%=3.8
500万～1000万元	0.55%	3.8+(1000−500)×0.55%=6.55
1000万～5000万元	0.35%	6.55+(5000−1000)×0.35%=20.55
5000万～10000万元	0.2%	20.55+(7000−5000)×0.2%=24.55

招标代理服务费=24.55×70%=17.19(万元)

16. 施工图审查费

施工图审查费指施工图审查机构受建设单位委托，根据国家法律、法规、技术标准与规范，对施工图进行审查所需的费用。包括：对施工图进行结构安全和强制性标准、规范执行情况进行独立审查。

计算方法：按国家或主管部门发布的现行施工图审查费有关规定估列。

市政基础设施工程按项目工程概(预)算投资额差额费率分档累进计收。施工图设计文件审查机构可根据施工图设计文件审查工作的难易程度，按上浮不超过10%，下浮不限的规定与委托人协商确定。单个项目收费不足1000元的，按1000元收费。

建设单位或者设计单位对审查机构作出的审查结论如有分歧时，按省建设行政主管部门的规定实施复审，复审费按本通知规定的基准收费标准的50%计收。

为防止结构设计安全系数过大造成的浪费，审查机构(单位)提出修改设计方案被采纳后，可向建设单位(业主)收取降低造价总额3%以内的技术咨询服务费。

浙江省市政基础设施工程施工图设计文件审查收费标准见表6-27。

表6-27　浙江省市政基础设施工程施工图设计文件审查收费标准

工程概(预)算额/万元	500(含500)以下	500～2000(含2000)	2000～5000(含5000)	5000～10000(含10000)	10000以上
收费标准/(‰)	1.5	1.2	0.8	0.5	0.3

注：工程概(预)算额指委托审查项目的建筑安装工程造价。

根据浙价服［2009］172号文件规定，施工图设计文件审查基准收费标准按上述标准降低30%。

17. 市政公用设施费

市政公用设施费指使用市政公用设施的建设项目，按照项目所在地省一级人民政府有关规定建设或缴纳的市政公用设施建设配套费用，可能发生的公用供水、供气、供热设施建设的贴补费用、供电多回路高可靠性供电费用以及绿化工程补偿费用。

计算方法如下。

(1) 按工程所在地人民政府规定标准计列。

(2) 不发生或按规定免征项目不计取。

18. 引进技术和进口设备项目的其他费用

引进技术和进口设备项目的其他费用的内容和编制方法按“引进技术和进口设备项目设计概算编制办法”执行。

任务6.2 预备费及建设期贷款利息计算

6.2.1 预备费

预备费包括基本预备费和涨价预备费两部分。

1. 基本预备费

计算方法以第一部分“工程费用”总额和第二部分“工程建设其他费用”总额之和为基数，乘以基本预备费率5%～8%计算。预备费费率的取值应按工程具体情况在规定的幅度内确定。浙江省工程建设其他费用定额：以“单项工程费用”(即总概算第一部分费用总值)和“工程建设其他费用”(即总概算第二部分费用总值)之和，乘以预备费率进行计算。计算标准如下。

初步设计概算阶段，按3%～5%计算。

注：预备费费率按工程繁简程度及遇特殊情况下计取。

2. 涨价预备费

计算方法：以编制设计概算的年份为基期，估算到项目建成年份为止的设备、材料等价格上涨系数，以第一部分工程费用总额为基数，按建设期分年度用款计划进行涨价预备费估算。

涨价预备费计算公式如下：

$$P_f = \sum_{t=1}^{n} I_t[(1+f)^{t-1}-1] \tag{6-9}$$

式中：P_f——计算期涨价预备费，元；

n——计算期年数，初步设计概算编制期至项目建成的合理计划工期，年；

I_t——计算期第t年的年度计划投资额，元，按建筑安装工程费和设备及工器具的购置费用分年度投资计划计算；

f——物价上涨系数，(%)，可取概算编制期的前3年建设工程造价增长的平均指数；

t——计算期第t年(经编制初步设计报告的年份为计算期第一年)。

特别提示

根据国家计委发布的(计投资［1999］1340号)文规定，目前投资价格指数按零计算。

6.2.2 建设期贷款利息

建设期贷款利息是指筹措债务资金时，在建设期内发生的，并按规定允许在投产后计入固定资产原值的利息，即资本化利息。建设期利息包括银行借款和其他债务资金的利息以及其他融资费用。

建设期贷款利息应根据资金来源、建设期年限和借款利率分别计算。

$$S=\sum_{n=1}^{N}(P_{n-1}+An/2)\cdot i \qquad (6-10)$$

式中：S——建设期贷款利息，元；

N——项目建设期，年；

n——施工年度；

P_{n-1}——建设期第$(n-1)$年末需付息贷款本息累计，元；

An——建设期第 n 年度付息贷款额，元

i——建设期贷款年利率，%。

建设期其他融资费用是指某些债务融资中发生的手续费、承诺费、管理费、信贷保险费等融资费用。一般情况下应将其单独计算并计入建设期利息；在项目前期研究的初期阶段，也可作粗略估算并计入工程建设其他费用，对于不涉及国外贷款的项目，在可行性研究阶段也可作粗略估算并计入工程建设其他费用。

【例 6-5】 某市政工程项目建设投资 12000 万元，建设期 3 年，拟贷款 9000 万元，第 1 年贷 2000 万元，第 2 年贷 4000 万元，第 3 年贷 3000 万元，贷款年利率 8%，计算建设期贷款利息。

【解】 第 1 年贷款利息 $S_1=(0+2000/2)\times 8\%=80$(万元)

第 2 年贷款利息 $S_2=(2000+80+4000/2)\times 8\%=326.4$(万元)

第 3 年贷款利息 $S_3=(2000+80+4000+326.4+3000/2)\times 8\%=632.51$(万元)

建设期贷款利息$=80+326.4+632.51=1038.91$(万元)

任务 6.3 设计概算的编制方法

6.3.1 设计概算的编制依据

(1) 浙江省建设工程计价规则(2010 版)；浙江省工程建设其他费用定额(2011 版)。

(2) 概算定额或概算指标等计价依据及有关计价规定。

(3) 批准的可行性研究报告。

(4) 建设项目设计文件。

(5) 与建设项目有关的标准、规范等技术资料。

(6) 常规的施工组织设计。

(7) 项目的建设条件，包括自然条件、施工条件、市场行情等各种因素。

(8) 工程造价管理机构发布的工程造价信息。

(9) 建设项目的合同、协议等有关文件。

6.3.2 概算文件组成

建设项目概算文件一般由概算说明、建设项目总概算表、单项工程综合概算表、单位工程概算表组成。

具体如下。

(1) 封面、签署页。
(2) 编制说明。
(3) 建设项目总概算表。
(4) 工程建设其他费用计算表。
(5) 单项工程综合概算表。
(6) 单位工程概算表。

6.3.3 单位工程概算编制

1. 单位工程概算计算程序

根据建设项目初步设计，按照本省概算定额、概算指标、建设工程费用定额、概算编制时工程所在地人工、材料、施工机械台班市场信息价等计算确定；单位工程概算计算程序见表6-28。

表6-28 单位工程概算计算程序表

序号	费用项目		计算方法
一	概算定额分部分项工程费		按专业工程概算定额规定计算
	其中	1. 人工费+机械费	$\sum$(定额人工费+定额机械费)
二	人工、机械台班价差		
三	综合费用		1×综合费率
四	税金		(一+二+三)×费率
五	其他费用		(一+二+三+四)×扩大系数
六	单位工程概算		一+二+三+四+五

注：其他费用是指概算扩大系数的费用。

2. 市政工程概算费率

建设工程综合费用费率包括施工组织措施费、企业管理费、利润、规费4项费用，税金另计。综合费率只适用于编制设计概算，费率值见表6-29。市政工程税金费率见表6-30。

表6-29 市政工程综合费用费率

定额编号	项目名称	计算基数	费率/%		
			一类	二类	三类
FC	市政工程				
FC-1	道路、给水、燃气、河道护岸工程	人工费+机械费	43.53	41.53	39.03
FC-2	桥梁工程		48.53	45.03	42.53
FC-3	隧道工程		30.53	28.53	26.53
FC-4	路灯及交通设施工程		61.16	55.66	51.16

注：综合费率包括安全文明施工费、检验试验费、已完工程及设备保护费、企业管理费、利润及规费。

表 6-30 市政工程税金费率

定额编号	项目名称	计算基数	费率(%)		
			市区	城(镇)	其他
A5	税金	直接工程费+施工技术措施费+综合费用	3.577	3.513	3.384
A5-1	税费		3.477	3.413	3.284
A5-2	水利建设资金		0.100	0.100	0.100

注：税费包括营业税、城市建设维护税及教育费附加。

综合费率中，施工组织措施费只包括安全文明施工费、检验试验费、已完工程及设备保护费 3 项费用。其费率按中值考虑，其中的安全文明施工费按市区一般工程费率考虑；不包括夜间施工增加费、提前竣工增加费、二次搬运费、优质工程增加费等费用项目的费率。

综合费率中，企业管理费按一、二、三类工程的中值费率考虑，利润按中值考虑。

综合费率中，规费只包括工程排污费、社会保障费及住房公积金 3 项费用，危险作业意外伤害保险费及民工工伤保险费按各市有关规定计算。

综合费率以概算定额中的定额人工费+定额机械费为计算基数。

3. 扩大系数

扩大系数是考虑概算定额与预算定额的水平幅度差及图纸设计深度等因素，编制概算费用时应予以适当扩大。扩大系数一般为 1%～3%，具体数值可根据工程的复杂程度和图纸的设计深度确定：一般工程取中值；较复杂工程或设计图纸深度不够要求的取大值；工程较简单或图纸设计深度达到要求的取小值。

任务 6.4 设计概算编制实例

工程建设项目概算书

建设项目名称：杭州市康拱路工程

概算费用总额(万元)：2066.39

编制单位资质证书号：______ 资质证章：______

编　制　人：______ 资质证章：______

校　对　人：______ 资质证章：______

审　核　人：______ 资质证章：______

审　定　人：______ 资质证章：______

编制单位(公章)　　　编制时间：____年____月____日

编制说明

1. 项目概况

杭州市康拱路工程西起康兴路，北至拱康路，道路全长约700m，主要包括道路工程、桥梁工程、涵洞工程、排水工程。为新建城市次干路，设计车速40km/h，3块板断面形式，双向4车道，标准段路幅宽度30m。

道路沿线主要分布着农田、鱼塘、河流、农房等。工程起点康兴路为现状道路，终点处拱康路正在建设。

2. 编制依据

(1) 浙江省住房和城乡建设厅、浙江省发展和改革委员会、浙江省财政厅建建发［2010］224号文件发布的《浙江省建设工程计价规则(2010版)》、《浙江省市政工程预算定额(2010版)》、《浙江省建设工程施工费用定额(2010版)》、《浙江省施工机械台班费用定额(2010版)》、《建设工程监理与相关服务收费管理规定(发改价格［2007］670号)》、《浙江省工程建设其他费用定额(建建发［2006］292号)》、《浙江省物价局关于进一步完善房屋建筑和市政基础设施工程施工图设计文件审查收费的通知(浙价服［2007］147号)》等现行文件。

(2)《浙江造价信息》(2011年4月份)；《杭州市建设工程造价信息》(2011年4月份)，并结合市场调查确定。

(3) 某市政工程设计院有限责任公司设计的《杭州市康拱路初步设计文件》。

(4) 指导性施工组织设计文件。

3. 取费标准

1) 建设用地费

依据杭州市××号文件60000元/亩执行。

2) 建设管理费

根据浙江省建设厅、浙江省发展和改革委员会、浙江省财政厅以建建发［2006］292号发布的《浙江省工程建设其他费用定额》，建设管理费各项费用取费如下。

建设单位管理费、建设管理其他费：按建安工程费总额以差额费率分档累进办法计取；

工程监理费：根据国家发改委、建设部发改价格［2007］670号文发布的《建设工程监理与相关服务收费管理规定》，结合本项目实际情况计算确定。

3) 勘察设计费

根据国家计委、建设部计价格［2002］10号文发布的《工程勘察设计收费标准》(2002年修订本)，结合本项目实际情况计算确定。

4) 环境影响评价费

根据浙价服［2007］147号按8.8万元的50%计算。

5) 场地准备及临时设施费

按建筑工程费加安装工程费的0.8%计算。

6) 工程保险费

按建安费的0.4%计算。

7) 基本预备费

按建安费与其他费用之和的5%计算。

4. 主要技术经济指标

杭州市康拱路工程设计概算总金额2066.39万元，其中工程费用为1492.07万元，工程建设其他费用475.92万元，工程预备费98.40万元，经济指标2792万元/km，具体费用组成详见后附总概算表。

特别提示

设计概算根据初步设计阶段设计工程量编制，所以工程数量与施工图预算工程量不一致；浙江省目前没有市政工程概算定额，故仍套用预算定额。

总概算表

建设项目(单位工程)：杭州市康拱路工程

序号	工程或费用名称	概算造价/万元					技术经济指标			占总投资额/(%)
		建筑工程费	安装工程费	设备购置费	其他费用	合计	单位	数量	单位造价/元	
一	工程费用	1492.07				1492.07				72.21
1	道路工程	1053.14				1053.14	m^2	14998	702	
2	桥梁工程	334.67				334.67	m^2	800	4183	
3	排水工程	104.26				104.26	m	1688	618	
二	工程建设其他费用				475.92	475.92				23.03
1	建设用地费				270.00					
2	建设管理费				95.74	95.74				
	建设单位管理费				26.92	26.92				
	建设管理其他费				26.92	26.92				
	工程监理费				41.91	41.91				
3	施工图审查费				1.36	1.36				
4	招标代理费				18.41	18.41				
5	勘察设计费				67.11	67.11				
6	环境影响评价费				4.40	4.40				
7	劳动安全卫生评价费				1.00	1.00				
8	场地准备及临时设施费				11.94	11.94				
9	工程保险费				5.97	5.97				
三	工程预备费				98.40	98.40				4.76
1	基本预备费				98.40	98.40				
2	涨价预备费				0.00	0.00				
	项目概算总投资					2066.39				100.00

编制人：　　　　审核人：　　　　编制日期：　　年　月　日

工程建设其他费用计算表

项目名称：杭州市康拱路工程　　　　第1页　共1页

序号	费用项目名称	金额/万元	计算公式	备注
1	建设用地费	270.00	45亩×60000元/亩	
2	建设管理费	95.75		
(1)	建设单位管理费	26.92	1000×1.5%＋(1993.04－1000)×1.2%	1993.04为不含建设单位管理费和建设管理其他费的工程总投资额
(2)	建设管理其他费	26.92	1000×1.5%＋(1993.04－1000)×1.2%	1993.04为不含建设单位管理费和建设管理其他费的工程总投资额
(3)	工程监理费	41.91	(78.1－30.1)/2000×(1492.07－1000)＋30.1	1492.07为工程费用合计
3	施工图审查费	1.36	[500×0.15%＋(1492.07－500)×0.12%]×70%	
4	招标代理费	22.59	[1＋2.8＋2.75＋14＋10＋(1492.07－1000)×0.35%]×70%	
5	勘察设计费	67.11		
(1)	勘察费	14.17	1492.07×0.95%	
(2)	设计费	52.93	[(103.8－38.8)/2000×(1492.07－334.67－1000)＋38.8]×0.9×1＋[(20.9－9)/300×(334.67－200)＋9]×1.1×0.85	
6	环境影响评价费	4.40	8.8×50%	
7	劳动安全卫生评价费	1.00	1993.04×0.05%	
8	场地准备及临时设施费	11.94	1492.07×0.8%	
9	工程保险费	5.97	1492.07×0.4%	
	合计	480.12		

编制人：　　　　编制日期：　　年　月　日

单位工程概算费用计算表

单位工程名称：杭州市康拱路工程—道路工程　　　　第1页　共1页

编号	费用项目	计算公式	金额/元
一	概算定额分部分项工程费	∑(分部分项工程量×工料单价)	9317878
	其中：1. 人工费＋机械费	∑(定额人工费＋定额机械费)	1370868
二	人工、机械台班补差		81123
三	综合费用	1×41.53%	569321
四	税金	(一＋二＋三)×3.577%	356567
五	其他费用	(一＋二＋三＋四)×[扩大系数]2%	206498
六	单位工程概算造价	一＋二＋三＋四＋五	10531387

注：其他费用指概算扩大系数费用。

市政工程概算表

单位工程名称：杭州市康拱路工程—道路工程　　　　第1页　共2页

序号	定额编号	工程项目或费用名称	单位	数量	单价/元				合价/元			
					合计	其中			合计	其中		
						人工费	材料费	机械费		人工费	材料费	机械费
		机动车道										
1	2-191换	机械摊铺细粒式沥青混凝土路面厚5cm(SBS改性)	100m²	149.98	7041.39	53.84	6654.25	333.30	1056068	8075	998004	49988
4	2-150	沥青层乳化沥青黏层	100m²	129.26	475.66	5.16	461.21	9.29	61484	667	59616	1201
5	2-175换	机械摊铺粗粒式沥青混凝土路面厚7cm	100m²	129.26	8182.54	47.09	7826.54	308.91	1057675	6087	1011659	39930
8	2-49换	沥青混凝土摊铺机摊铺厚20cm～5%水泥稳定碎石	100m²	142.51	2409.67	95.89	2260.57	53.21	343402	13665	322154	7583
9	2-76	人机配合铺装碎石底层厚度20cm	100m²	149.63	2138.08	78.26	1989.56	70.26	319921	11710	297698	10513
10	2-1	路床碾压检验	100m²	149.63	129.59	13.93		115.66	19391	2084		17306
		非机动车道										
13	2-175换	机械摊铺粗粒式沥青混凝土路面厚7cm	100m²	38.61	8182.54	47.09	7826.54	308.91	315928	1818	302183	11927
16	2-49换	沥青混凝土摊铺机摊铺厚15cm～5%水泥稳定碎石	100m²	39.77	1835.36	93.74	1697.42	44.20	72992	3728	67506	1758
		人行道										
19	2-215换	人行道板安砌砂浆垫层厚度3cm	100m²	24.49	3652.90	898.70	2733.60	20.60	89460	22009	66946	504
20	2-211换	人行道现拌混凝土基础厚15cm	100m²	24.98	4390.52	643.71	3544.04	202.77	109675	16080	88530	5065
22	2-228换	混凝土侧石安砌	100m	14.64	2875.58	415.81	2459.77		42098	6087	36011	
24	2-230换	混凝土平石安砌～混凝土平石120×120×1000	100m	37.76	1962.09	219.30	1742.79		74089	8281	65808	

注：限于篇幅，仅选列部分工程项目。

市政工程概算表

单位工程名称：杭州市康拱路工程—道路工程　　　　第2页　共2页

序号	定额编号	工程项目或费用名称	单位	数量	单价/元				合价/元			
					合计	其中			合计	其中		
						人工费	材料费	机械费		人工费	材料费	机械费
26	2-225换	人工铺装侧平石混凝土垫层～现浇现拌混凝土C20(20)	m^3	132.40	321.65	59.21	262.44		42586	7839	34747	
27	2-2	人行道整形碾压	$100m^2$	24.49	79.72	66.65		13.07	1952	1632		320
		路基										
28	1-47	推土机推距40m以内一、二类土	$1000m^3$	12.22	3034.62	192.00		2842.62	37068	2345		34723
32	1-59	挖掘机挖土装车一、二类土	$1000m^3$	0.32	3577.80	192.00		3385.81	1145	61		1083
35	3-207	碎石垫层	$10m^3$	464.90	1231.96	280.79	951.17		572738	130539	442199	
36	1-74	淤泥、流砂深6m以内不装车	$1000m^3$	1.24	5409.53	400.00		5009.53	6692	495		6197
37	1-444换	单头深层水泥搅拌桩喷粉～水泥42.5	$10m^3$	648.47	2028.07	202.10	1612.61	213.36	1315140	131056	1045727	138357
		挡土墙										
38	1-383换	现浇混凝土压顶～现浇现拌混凝土C30(20)	$10m^3$	11.34	3903.19	699.18	3139.71	64.30	44247	7926	35592	729
39	1-386换	浆砌块石挡土墙～水泥砂浆M10.0	$10m^3$	112.27	7287.63	511.70	6740.02	35.91	818168	57448	756689	4032
40	1-385	现浇混凝土模板	$100m^2$	4.14	2623.40	840.71	1705.90	76.97	10867	3482	7066	319
		技术措施费										
44	3001	履带式挖掘机$1m^3$以内	台次	3.00	3157.38	516.00	1155.88	1485.50	9472	1548	3468	4457
45	3010	压路机	台次	3.00	2763.13	215.00	1062.63	1485.50	8289	645	3188	4457
47	3028	单头搅拌桩机	台次	3.00	12829.64	860.00	2640.73	9328.91	38489	2580	7922	27987
48	2-101	施工便道塘渣厚度25cm	$100m^2$	0.37	1842.99	41.92	1645.62	155.43	682	16	609	58
		合计							9399001	570475	7947013	881513

人材机汇总表

工程名称：杭州市康拱路工程—道路工程　　　　第1页　共1页

序号	名称	单位	数量	预算价	市场价	差价
2	柴油	kg	1846.09	6.35	10.00	6738.23
8	柴油(机械)	kg	45552.97	6.35	8.00	75162.41
9	SBS改性沥青商品混凝土	m^3	916.77	865.00	1300.00	398794.56
10	乳化沥青	kg	37952.67	4.50	10.00	208739.69
11	汽油(机械)	kg	1262.23	7.10	10.00	3660.45
13	中粒式沥青商品混凝土	m^3	783.32	648.00	1100.00	354058.65
14	粗粒式沥青商品混凝土	m^3	1186.84	568.00	1100.00	631399.36
15	石屑	t	75.125	35.00	32.00	−225.38
16	碎石	t	16059.990	49.00	55.00	96359.94
17	水	m^3	5191.03	2.95	2.00	−4931.48
19	电(机械)	kW·h	67637.145	0.85	0.89	2299.66
20	5%水泥稳定碎石	m^3	6188.75	0.00	110.00	680762.28
21	水泥	kg	2156789.91	0.33	0.52	409790.08
22	黄砂(净砂)	t	1691.232	62.50	55.00	−12684.24
25	塘渣	t	1089.714	26.00	32.00	6538.28
26	道路侧石	m	1485.96	17.00	24.00	10401.72
32	木质素磺酸钙	kg	3067.26	3.38	10.00	20305.25
33	石膏粉	kg	30672.58	0.70	1.00	9201.77
36	木模板	m^3	6.21	1200.00	1100.00	−620.51
37	圆钉	kg	7.46	4.36	10.00	42.05
38	镀锌铁丝	kg	34.51	4.80	4.80	0.00
39	块石	t	2275.293	40.50	320.00	635944.52
40	枕木	m^3	0.72	2000.00	2000.00	0.00
41	镀锌铁丝	kg	51.00	4.80	4.80	0.00
42	架线	次	4.200	450.00	450.00	0.00
43	回程费	%	12720.804	1.00	1.00	0.00
44	橡胶板	m^2	2.34	10.33	10.33	0.00
	合计					3531737.29

注：限于篇幅，仅选列部分人材机。

机械调差表

工程名称：杭州市康拱路工程—道路工程　　　　第1页　共1页

序号	名称	单位	数量	预算价	市场价	差价
1	内燃光轮压路机 8t	台班	103.65	268.34	300.99	3384.67
2	内燃光轮压路机 15t	台班	111.03	478.82	549.69	7868.65
3	沥青混凝土摊铺机 8t	台班	73.36	789.95	856.00	4845.17
4	汽车式沥青喷洒机 4000L	台班	6.22	620.47	711.04	563.39
5	内燃光轮压路机 12t	台班	119.75	382.67	435.62	6340.80
6	双锥反转出料混凝土搅拌机 350L	台班	39.90	96.73	98.21	59.04
7	平地机 90kW	台班	11.65	459.54	518.02	681.20
8	振动压路机 8t	台班	19.27	420.60	473.15	1012.93
9	灰浆搅拌机 200L	台班	77.05	58.57	58.87	22.56
10	混凝土振捣器平板式 BLL	台班	23.12	17.56	17.69	3.14
11	机动翻斗车 1t	台班	74.84	109.73	119.68	744.57
12	履带式推土机 75kW	台班	27.05	576.52	665.60	2410.08
13	履带式推土机 90kW	台班	83.18	705.63	803.00	8098.69
14	洒水汽车 4000L	台班	27.89	383.06	469.94	2422.82
15	履带式单斗挖掘机(液压)1m^3	台班	62.89	1078.38	1182.33	6537.59
16	自卸汽车 12t	台班	388.87	644.78	721.65	29894.07
17	单头搅拌桩机喷粉	台班	304.78	308.94	312.17	984.44
18	偏心式震动筛 12～16m^3/h	台班	84.30	30.75	31.73	81.97
19	电动空气压缩机 3m^3/min	台班	304.78	129.37	133.02	1113.97
20	混凝土振捣器插入式	台班	38.08	4.83	4.96	5.18
21	载货汽车 4t	台班	0.89	282.45	356.34	66.11
22	履带式电动起重机 5t	台班	14.39	144.71	146.75	29.35
23	汽车式起重机 5t	台班	9.00	330.22	397.79	608.13
24	平板拖车组 40t	台班	15.00	993.05	1087.71	1419.91
25	汽车式起重机 16t	台班	6.00	800.52	859.67	354.91
26	汽车式起重机 20t	台班	6.00	976.37	1039.75	380.26
27	载货汽车 10t	台班	18.00	493.06	559.11	1188.89
	合计					81122.52

市政工程概算表

单位工程名称：杭州市康拱路工程—桥涵工程　　　　第1页　共2页

序号	定额编号	工程项目或费用名称	单位	数量	单价/元				合价/元			
					合计	其中			合计	其中		
						人工费	材料费	机械费		人工费	材料费	机械费
1	3－331换	C30预制混凝土空心板～现浇现拌混凝土C50(40)52.5级水泥	$10m^3$	43.22	4645.50	605.44	3715.26	324.8	200778.51	26167.12	160573.54	14037.86
4	3－193	后张法群锚制作、安装束长40m以内7孔以内	t	22.36	7696.85	482.89	6993.83	220.13	172107.72	10797.81	156387.63	4922.28
5	主材	YM15－5锚具	套	312	150.00		150		46800.00		46800.00	
6	3－202换	波纹管压浆管道安装～波纹管φ55	100m	38.56	1318.92	267.46	1051.46		50854.92	10312.72	40542.19	
7	3－203	压浆	$10m^3$	0.92	10941.95	2274.7	6914.82	1752.43	10018.54	2082.73	6331.26	1604.54
10	3－304	C25混凝土浇筑地梁、侧石、平石	$10m^3$	1.63	4034.37	951.16	2875.86	207.35	6576.02	1550.39	4687.65	337.98
11	3－329换	C30预制混凝土矩形板～现浇现拌混凝土C25(40)	$10m^3$	0.95	3786.60	592.968	2874.07	319.558	3597.27	563.32	2730.37	303.58
14	2－215换	人行道板安砌砂浆垫层厚度2cm	$100m^2$	1.07	3451.35	898.697	2532.05	20.5998	3682.59	958.91	2701.70	21.98
16	3－300	防撞护栏模板制作、安装	$10m^2$	7.13	393.71	188.771	65.0703	139.87	2806.60	1345.67	463.86	997.08
17	3－243换	C20混凝土浇筑台帽～现浇现拌混凝土C30(40)	$10m^3$	10	3849.49	547.39	3000.7	301.4	38494.90	5473.90	30007.00	3014.00
19	3－228换	C20混凝土浇筑实体式桥台～现浇现拌混凝土C25(40)	$10m^3$	55.54	3395.09	547.39	2546.57	301.13	188563.30	30402.04	141436.50	16724.76
20	3－230	实体式桥台模板制作、安装	$10m^2$	137.46	403.09	170.71	156.12	76.26	55409.36	23466.05	21460.49	10482.81
22	3－208	C15混凝土垫层	$10m^3$	3.28	3072.73	426.561	2380.5	265.671	10078.55	1399.12	7808.04	871.40
23	3－214	混凝土基础模板	$10m^2$	0.77	290.18	86.8572	167.398	35.9175	222.34	66.55	128.26	27.52
24	6－267	块片石垫层	$10m^3$	10.74	7160.16	342.71	6800.9	16.5503	76900.12	3680.71	73041.67	177.75
25	3－215换	C20混凝土承台～现浇现拌混凝土C25(40)	$10m^3$	44.56	3554.23	452.36	2829.78	272.09	158376.49	20157.16	126095.00	12124.33
27	3－176	预制混凝土螺纹钢制作、安装	t	14.79	5492.08	337.98	5069.83	84.27	81249.83	5000.08	75003.07	1246.69
28	3－175	预制混凝土圆钢制作、安装	t	25.31	5650.60	531.91	5061.13	57.56	143018.38	13462.80	128098.72	1456.86

注：限于篇幅，仅选例部分工程项目。

市政工程概算表

单位工程名称：杭州市康拱路工程—桥涵工程　　　　第2页　共2页

序号	定额编号	工程项目或费用名称	单位	数量	单价/元				合价/元			
					合计	其中			合计	其中		
						人工费	材料费	机械费		人工费	材料费	机械费
31	3-107	钻孔灌注桩陆上埋设钢护筒 $\phi \leqslant 1000$	10m	4.2	1086.42	841.94	179.91	64.569	4562.96	3536.15	755.62	271.19
32	3-128	回旋钻孔机成孔桩径 ϕ1000mm 以内	$10m^3$	71.44	1398.71	442.04	123.24	833.43	99916.85	31577.13	8803.65	59536.07
33	3-149	钻孔灌注混凝土回旋钻孔	$10m^3$	73.19	4510.19	322.5	3886.58	301.11	330100.81	23603.77	284458.79	22038.24
35	3-548	凿除钻孔灌注桩顶钢筋混凝土	$10m^3$	1.76	678.96	547.822	12.4773	118.659	1193.88	963.29	21.94	208.65
36	3-179	钻孔桩钢筋笼制作、安装	t	47.68	5834.32	417.1	5090.08	327.14	278185.05	19887.66	242699.09	15598.30
37	3-204	声测管制作安装	t	13.14	6643.85	312.18	6210.8	120.87	87321.45	4103.04	81629.79	1588.62
38	3-314	C40 混凝土桥面基层铺装	$10m^3$	7.92	4126.33	478.59	3463.66	184.08	32680.53	3790.43	27432.19	1457.91
41	3-313 换	桥面防水层聚氨脂沥青防水涂料～YN 桥面防水涂料	$100m^2$	8.00	5183.28	276.92	4892.5	13.8598	41481.79	2216.19	39154.68	110.92
43	3-506	毛勒伸缩缝安装单组	10m	6.7	6567.77	183.181	6041.06	343.53	44004.06	1227.31	40475.10	2301.65
	3021021	毛勒伸缩缝	m	10	600.00		600		6000.00		6000.00	
44	3-491	板式橡胶支座安装	$100cm^3$	1092	5.26	0.86	4.4		5743.92	939.12	4804.80	
45	3-492	四氟板式橡胶支座安装	$100cm^3$	1092	17.78	0.86	16.92		19415.76	939.12	18476.64	
46	补	青石栏杆	m	57.2	1200.00		1200		68640.00		68640.00	
47	3-318 换	C25 混凝土桥头搭板～现浇现拌混凝土 C30(40)	$10m^3$	4.14	3716.33	538.36	2990.97	187	15385.61	2228.81	12382.62	774.18
48	3-320	桥面铺装及桥头搭板模板	$10m^2$	5.76	329.70	193.5	114.521	21.6806	1899.07	1114.56	659.64	124.88
50	3-208	C15 混凝土垫层	$10m^3$	1.36	3072.73	426.559	2380.5	265.669	4178.91	580.12	3237.48	361.31
51	3-214	混凝土基础模板	$10m^2$	1.92	290.18	86.8594	167.401	35.9219	557.15	166.77	321.41	68.97
52	1-386	浆砌块石挡土墙	$10m^3$	7.6	7321.74	511.7	6774.13	35.9105	55645.22	3888.92	51483.39	272.92
53	1-56	挖掘机挖土不装车一、二类土	$1000m^3$	1.39	2314.82	191.999		2122.82	3208.34	266.11		2942.23
54	1-300	双排钢管脚手架 8m 内	$100m^2$	8.64	663.09	290.681	326.09	46.3194	5729.10	2511.48	2817.42	400.20
		合计							2947602.63	338354.88	2408590.82	200656.93

人材机汇总表

工程名称：杭州市康拱路工程—桥涵工程　　　　　第1页　共1页

序号	名称	单位	数量	预算价	市场价	差价
1	二类人工	工日	7862.529	43.00	43.00	0.00
2	水泥	kg	772234.39	0.33	0.52	146724.54
3	黄砂(净砂)	t	1908.321	62.50	68.00	10495.76
4	碎石	t	3347.759	49.00	55.00	20086.55
5	水	m^3	3752.60	2.95	2.00	—3564.97
12	电(机械)	kW·h	87911.764	0.85	0.89	2989.00
13	柴油(机械)	kg	2560.89	6.35	8.00	4225.47
14	水泥	kg	212804.86	0.39	0.58	40432.92
15	木模板	m^3	32.09	1200.00	1100.00	—3208.58
20	汽油(机械)	kg	560.53	7.10	10.00	1625.53
22	钢绞线	t	23.255	5640.00	6720.00	25115.65
27	YM15-5锚具	套	312	0.00	150.00	46800.00
30	螺纹钢	t	97.831	3780.00	4917.00	111234.03
32	圆钢	t	41.670	3850.00	4917.00	44462.06
37	块石	t	369.676	40.50	320.00	103324.40
38	钢护筒	t	0.164	4440.00	4500.00	9.83
46	柴油	kg	64.02	6.35	10.00	233.69
47	SBS改性沥青商品混凝土	m^3	40.58	865.00	1300.00	17650.22
48	中粒式沥青商品混凝土	m^3	48.50	648.00	1100.00	21921.18
50	YN桥面防水涂料	kg	2060.77	16.00	19.00	6182.32
51	D8钢筋网	t	11.320	3850.00	4917.00	12078.72
52	毛勒伸缩缝	m	67.00	0.00	600.00	40200.00
55	中厚钢板	kg	1201.20	3.80	4.90	1321.32
58	中厚钢板	kg	13.14	3.80	4.90	14.46
59	钢管	kg	13931.79	4.00	5.80	25077.23
	合计					675431.31

注：限于篇幅，仅选列部分人材机。

机械调差表

工程名称：杭州市康拱路工程—桥涵工程　　　　第1页　共1页

序号	名称	单位	数量	预算价	市场价	差价
1	双锥反转出料混凝土搅拌机350L	台班	156.89	96.73	98.21	232.15
2	机动翻斗车1t	台班	303.29	109.73	119.68	3017.55
3	履带式电动起重机5t	台班	210.40	144.71	146.75	429.21
4	混凝土振捣器平板式BLL	台班	40.22	17.56	17.69	5.47
5	混凝土振捣器插入式	台班	191.42	4.83	4.96	26.03
6	木工圆锯机 ϕ500	台班	71.71	25.39	26.20	58.52
7	木工平刨床500	台班	66.05	21.44	21.88	28.97
8	载货汽车4t	台班	13.46	282.45	356.34	994.30
9	汽车式起重机12t	台班	9.51	610.86	661.27	479.29
10	高压油泵80MPa	台班	17.44	194.54	201.82	126.87
11	液压注浆泵HYB50/50－1型	台班	6.17	80.93	81.46	3.28
12	灰浆搅拌机200L	台班	11.47	58.57	58.87	3.36
13	电动卷扬机单筒慢速50kN	台班	44.74	93.74	94.89	51.11
14	钢筋切断机 ϕ40	台班	33.18	38.82	39.91	36.22
15	钢筋弯曲机 ϕ40	台班	66.36	20.95	21.39	28.88
16	交流弧焊机32kV·A	台班	182.20	90.36	93.64	597.99
17	对焊机75kV·A	台班	5.62	123.06	127.24	23.47
18	转盘钻孔机 ϕ1500	台班	91.79	423.59	430.08	595.24
19	泥浆泵 ϕ100	台班	91.79	210.53	218.50	732.19
20	电动空气压缩机 $1m^3/min$	台班	4.06	50.00	51.37	5.57
21	内燃光轮压路机8t	台班	3.40	268.34	300.99	111.06
22	内燃光轮压路机15t	台班	3.40	478.82	549.69	241.04
23	沥青混凝土摊铺机8t	台班	1.69	789.95	856.00	111.53
24	汽车式起重机5t	台班	9.34	330.22	397.79	631.23
25	履带式单斗挖掘机(液压) $1m^3$	台班	2.33	1078.38	1182.33	242.05
26	履带式推土机90kW	台班	0.24	705.63	803.00	22.94
	合计					8835.51

市政工程概算表

单位工程名称：杭州市康拱路工程—排水工程　　　　第1页　共4页

序号	定额编号	工程项目或费用名称	单位	数量	单价/元				合价/元			
					合计	其中			合计	其中		
						人工费	材料费	机械费		人工费	材料费	机械费
1	6-210	管道闭水试验管径 300mm 以内	100m	2.05	108.29	53.75	54.54		221.99	110.19	111.81	
2	6-266	砂垫层	$10m^3$	2.67	947.14	202.10	727.15	17.89	2529.31	539.70	1941.83	47.77
3	6-23	承插式混凝土管道铺设人工下管管径 200mm 以内	100m	2.05	10799.03	396.03	10403.0		22138.01	811.86	21326.15	
10	6-268	C10 现浇现拌混凝土垫层	$10m^3$	1.74	2845.10	517.72	2248.70	78.68	4947.63	900.32	3910.49	136.82
11	6-282	C25 现浇现拌混凝土管座	$10m^3$	3.13	3960.47	836.78	2975.83	147.86	12382.41	2616.19	9303.93	462.28
13	6-164	承插式排水管道水泥砂浆接口管径 400mm 以内	10个口	4.6	36.10	26.66	9.44		166.06	122.64	43.42	
17	6-28	承插式混凝土管道铺设人工下管管径 600mm 以内	100m	1.68	12711.45	995.45	11716.00		21355.24	1672.36	19682.88	
21	6-282	C25 现浇现拌混凝土管座	$10m^3$	9.22	3960.47	836.78	2975.83	147.86	36517.12	7715.45	27438.34	1363.33
27	6-36	承插式混凝土管道铺设人机配合下管管径 1000mm 以内	100m	1.36	25570.28	1219.48	23129.00	1221.80	34775.58	1658.49	31455.44	1661.65
39	6-229换	C25 混凝土井垫层	$10m^3$	1.17	3624.15	597.70	2862.09	164.36	4222.13	696.32	3334.33	191.48
41	6-231换	矩形井砖砌	$10m^3$	5.80	3281.87	489.73	2733.14	59.00	19041.41	2841.41	15857.68	342.32
43	6-235换	石砌井底流槽砌筑	$10m^3$	0.46	8069.24	961.96	6999.36	107.93	3671.50	437.69	3184.71	49.11
45	6-337换	C20 钢筋混凝土井室盖板预制	$10m^3$	0.30	4424.20	1196.28	3064.77	163.19	1318.41	356.49	913.30	48.63
46	6-348	钢筋混凝土井室矩形盖板安装每块体积在 $0.3m^3$ 以内	$10m^3$	0.30	1233.97	649.03	379.46	205.47	367.72	193.41	113.08	61.23

注：限于篇幅，仅选列部分工程项目。

市政工程概算表

单位工程名称：杭州市康拱路工程—排水工程

序号	定额编号	工程项目或费用名称	单位	数量	单价/元				合价/元			
					合计	其中			合计	其中		
						人工费	材料费	机械费		人工费	材料费	机械费
48	6-249换	C30钢筋混凝土井圈安装制作	$10m^3$	1.18	3988.82	784.75	3040.06	164.01	4702.82	925.22	3584.23	193.37
49	6-1126	预制构件钢筋（圆钢）直径ϕ10mm以内	t	0.39	5687.12	501.38	5045.46	140.28	2217.98	195.54	1967.73	54.71
51	6-229换	C10混凝土井垫层	$10m^3$	0.38	3033.69	597.71	2271.63	164.37	1137.63	224.14	851.86	61.64
53	6-1125	现浇构件钢筋（螺纹钢）直径ϕ10mm以外	t	0.41	5418.76	275.64	5070.59	72.55	2210.85	112.46	2068.80	29.60
59	6-348	钢筋混凝土井室矩形盖板安装每块体积在$0.3m^3$以内	$10m^3$	0.17	1233.97	649.06	379.47	205.47	209.77	110.34	64.51	34.93
85	6-349	钢筋混凝土井室矩形盖板安装每块体积在$0.5m^3$以内	$10m^3$	0.15	1140.69	586.62	348.58	205.47	168.82	86.82	51.59	30.41
86	6-1127	预制构件钢筋（螺纹钢）直径ϕ10mm以外	t	0.12	5421.87	260.17	5068.53	93.19	628.94	30.18	587.95	10.81
87	6-249换	C30钢筋混凝土井圈安装制作	$10m^3$	0.34	3988.82	784.75	3040.06	164.01	1344.23	264.46	1024.50	55.27
88	6-1126	预制构件钢筋（圆钢）直径ϕ10mm以内	t	0.11	5687.12	501.34	5045.45	140.27	636.96	56.15	565.09	15.71
89	6-252	铸铁检查井井盖安装	10套	0.4	6826.63	214.15	6612.50		2730.65	85.66	2645.00	
90	6-229换	C10混凝土井垫层	$10m^3$	0.25	3033.69	597.69	2271.63	164.34	761.46	150.02	570.18	41.25
91	6-229换	C25混凝土井垫层	$10m^3$	0.48	3624.15	597.71	2862.08	164.35	1739.59	286.90	1373.80	78.89
92	6-1125	现浇构件钢筋（螺纹钢）直径ϕ10mm以外	t	0.28	5418.76	275.62	5070.58	72.54	1495.58	76.07	1399.48	20.02

市政工程概算表

单位工程名称：杭州市康拱路工程—排水工程　　　　第 3 页　共 4 页

序号	定额编号	工程项目或费用名称	单位	数量	单价/元				合价/元			
					合计	其中			合计	其中		
						人工费	材料费	机械费		人工费	材料费	机械费
93	6-231 换	矩形井砖砌	$10m^3$	2.54	3281.87	489.73	2733.14	59.00	8349.08	1245.87	6953.11	150.10
94	6-237	砖墙井壁抹灰	$100m^2$	0.78	1778.79	1013.64	709.72	55.43	1387.81	790.84	553.72	43.25
95	6-235 换	石砌井底流槽砌筑	$10m^3$	0.36	8069.24	961.96	6999.36	107.93	2888.79	344.38	2505.77	38.64
96	6-239	砖墙流槽抹灰	$100m^2$	0.13	1619.00	853.85	709.75	55.42	205.94	108.61	90.28	7.05
97	6-337 换	C20 钢筋混凝土井室盖板预制	$10m^3$	0.24	4424.20	1196.27	3064.75	163.19	902.54	244.04	625.21	33.29
98	6-349	钢筋混凝土井室矩形盖板安装每块体积在 $0.5m^3$ 以内	$10m^3$	0.20	1140.69	586.67	348.58	205.49	232.70	119.68	71.11	41.92
99	6-1127	预制构件钢筋（螺纹钢）直径 ϕ10mm 以外	t	0.14	5421.87	260.14	5068.51	93.19	764.48	36.68	714.66	13.14
100	6-249 换	C30 钢筋混凝土井圈安装制作	$10m^3$	0.25	3988.82	784.74	3040.08	163.99	1009.17	198.54	769.14	41.49
101	6-1126	预制构件钢筋（圆钢）直径 ϕ10mm 以内	t	0.84	5687.12	501.38	5045.46	140.29	4777.18	421.16	4238.19	117.84
102	6-252	铸铁检查井井盖安装	10 套	0.3	6826.63	214.13	6612.50		2047.99	64.24	1983.75	
103	6-225	井垫层（碎石）	$10m^3$	0.83	1340.21	319.92	1003.74	16.55	1108.35	264.57	830.09	13.69
104	6-229	C15 混凝土井垫层	$10m^3$	0.83	3194.81	597.70	2432.74	164.37	2642.11	494.30	2011.88	135.93
105	6-231 换	矩形井砖砌	$10m^3$	5.16	3281.87	489.73	2733.14	59.00	16947.58	2528.97	14113.93	304.68
106	6-238	砖墙井底抹灰	$100m^2$	0.16	1423.91	658.76	709.73	55.41	220.99	102.24	110.15	8.60
107	6-237	砖墙井壁抹灰	$100m^2$	1.40	1778.79	1013.64	709.72	55.43	2497.42	1423.15	996.45	77.82
108	6-258 换	高强模塑料雨水井箅安装	10 套	7.8	1775.92	183.18	1592.74		13852.18	1428.80	12423.37	
110	6-1126	预制构件钢筋（圆钢）直径 ϕ10mm 以内	t	0.43	5687.12	501.38	5045.46	140.28	2468.21	217.60	2189.73	60.88

市政工程概算表

单位工程名称：杭州市康拱路工程—排水工程　　　　第4页　共4页

序号	定额编号	工程项目或费用名称	单位	数量	单价/元				合价/元			
					合计	其中			合计	其中		
						人工费	材料费	机械费		人工费	材料费	机械费
112	6-229	C15混凝土井垫层	$10m^3$	0.25	3194.81	597.69	2432.75	164.34	801.90	150.02	610.62	41.25
118	6-1126	预制构件钢筋（圆钢）直径φ10mm以内	t	0.16	5687.12	501.35	5045.48	140.26	881.50	77.71	782.05	21.74
119	1-276换	拆除砖砌其他构筑物～拆除石砌构筑物	$10m^3$	0.46	433.17	433.17			199.26	199.26		
120	1-56	挖掘机挖土不装车一、二类土	$1000m^3$	0.03	2314.82	191.88		2122.81	74.07	6.14		67.93
121	1-370	浆砌块石护坡厚度30cm以内	$10m^3$	0.31	7260.52	449.77	6774.84	35.90	2250.76	139.43	2100.20	11.13
123	1-386换	浆砌块石挡土墙～水泥砂浆M10.0	$10m^3$	0.32	7359.91	511.69	6812.31	35.91	2355.17	163.74	2179.94	11.49
124	6-1126	预制构件钢筋（圆钢）直径φ10mm以内	t	0.02	5887.12	501.30	5245.65	140.43	135.40	11.53	120.65	3.23
	主材	1∶2水泥砂浆封口	m^3	0.2	1000.00		1000.00		200.00		200.00	
125	土3-5	塘渣垫层夯实机夯实	$10m^3$	0.3	652.54	154.80	488.80	8.93	195.76	46.44	146.64	2.68
126	1-56	挖掘机挖土不装车一、二类土	$1000m^3$	4.32	2314.82	192.00		2122.82	9999.92	829.43		9170.49
129	1-59	挖掘机挖土装车一、二类土	$1000m^3$	3.42	3577.80	192.00		3385.80	12235.95	656.63		11579.32
130	1-68	自卸汽车运土方运距1km以内	$1000m^3$	3.42	5905.97		24.00	5881.97	20198.21		82.08	20116.13
131	6-1044	现浇混凝土基础垫层木模	$100m^2$	34.2	2426.35	528.38	1853.05	44.92	82980.31	18070.41	63373.65	1536.25
132	6-1120	预制混凝土井盖板木模	$10m^3$	0.97	1577.60	582.35	991.01	4.24	1522.38	561.97	956.32	4.09
133	1-182	编织袋围堰	$100m^3$	0.53	8753.61	3800.34	4689.15	264.11	4639.41	2014.18	2485.25	139.98
	0409481	粘土	m^3	93	20.50		20.50		1906.50		1906.50	
134	6-1138	钢管工程井深4m以内	座	33	82.27	76.41	5.86		2714.91	2521.53	193.38	
		合计							904740.11	141187.40	701284.04	62268.67

人材机汇总表

工程名称：杭州市康拱路工程—排水工程　　　　第1页　共1页

序号	名称	单位	数量	预算价	市场价	差价
5	水泥	kg	206672.06	0.33	0.52	39267.69
6	黄砂(净砂)	t	667.640	62.50	68.00	3672.02
7	水	m^3	1480.09	2.95	2.00	-1406.08
8	混凝土实心砖	千块	126.245	310.00	400.00	11362.02
15	电(机械)	kW·h	2725.652	0.85	0.89	92.67
16	钢筋混凝土承插管	m	207.05	31.15	103.00	14876.54
17	钢筋混凝土承插管	m	474.70	46.73	130.00	39528.27
18	碎石	t	855.330	49.00	55.00	5131.98
21	柴油(机械)	kg	3148.67	6.35	8.00	5195.30
25	汽油(机械)	kg	176.76	7.10	10.00	512.59
28	防水涂料	kg	41.65	9.84	19.00	381.55
34	螺纹钢	t	2.978	3780.00	4917.00	3386.44
36	块石	t	39.474	40.50	320.00	11033.02
37	圆钢	t	2.334	3850.00	4917.00	2490.12
47	黏土	m^3	49.29	0.00	20.50	1010.45
	合计					136539.18

注：限于篇幅，仅选列部分人材机。

机械调差表

工程名称：杭州市康拱路工程—排水工程　　　　第1页　共1页

序号	名称	单位	数量	预算价	市场价	差价
1	电动夯实机 20～62N·m	台班	9.62	21.80	22.36	5.43
2	混凝土搅拌机 350L	台班	36.90	96.73	98.21	54.60
3	混凝土振捣器平板式 BLL	台班	35.75	17.56	17.69	4.86
4	机动翻斗车 1t	台班	50.61	109.73	119.68	503.55
6	汽车式起重机 5t	台班	4.29	330.22	397.79	289.66
7	汽车式起重机 8t	台班	3.87	493.23	540.14	181.45
8	汽车式起重机 12t	台班	5.82	610.86	661.27	293.21
9	叉式起重机 3t	台班	0.58	310.14	386.87	44.65
16	载货汽车 5t	台班	3.81	317.14	370.25	202.37
17	点焊机长臂 75kVA	台班	1.77	175.91	181.17	9.31
18	履带式单斗挖掘机(液压)$1m^3$	台班	13.95	1078.38	1182.33	1449.69
19	履带式推土机 90kW	台班	5.39	705.63	803.00	524.90
21	自卸汽车 12t	台班	26.54	644.78	721.65	2040.14
22	洒水汽车 4000L	台班	2.05	383.06	469.94	178.28
23	木工圆锯机 ϕ500	台班	5.54	25.39	26.20	4.52
	合计					5800.56

注：限于篇幅，仅选列部分机械。

情境小结

本学习情境详细阐述了工程费用、工程建设其他费用、预备费、建设期贷款利息、建设投资等我国现行建设项目总投资构成；建设用地费、建设管理费、前期工作费等工程建设其他费用编制方法；概算文件组成及概算文件编制方法。

具体内容包括：我国现行建设项目总投资构成、工程费用的组成和编制方法、工程建设其他费用的组成和编制方法、基本预备费和涨价预备费编制方法、建设期贷款利息编制方法、设计概算的编制依据、概算文件组成、单位工程概算计算程序、设计概算编制实例。

本学习情境的教学目标是培养学生：掌握建设项目总投资构成，理解工程费用、工程建设其他费用、预备费、建设期贷款利息、建设投资等概念；能够编制工程费用、工程建设其他费用、预备费；能够计算建设期贷款利息；理解设计概算编制基本要求，能按概算文件组成要求编制概算文件。

能力训练

【实训题 1】

某市政工程建设总投资 27000 万元，计算建设单位管理费。

【实训题 2】

某城市主干道建筑安装工程费 66000 万元，设备、工器具购置费 1000 万元，联合试运转费 100 万元，试计算工程监理费。

【实训题 3】

某市政工程项目建设投资 8000 万元，建设期 2 年，拟贷款 4000 万元，第 1 年贷 3000 万元，第 2 年贷 1000 万元，贷款年利率 9%，计算建设期贷款利息。

【实训题 4】

采用情境 2 杭州市阳光大道工程资料，编制杭州市阳光大道工程初步设计概算。

参考文献

[1] 浙江省建设工程造价管理总站. 浙江省建设工程计价规则(2010 版)[S]. 北京：中国计划出版社，2010.

[2] 浙江省建设工程造价管理总站. 浙江省市政工程预算定额(2010 版)[S]. 北京：中国计划出版社，2010.

[3] 浙江省建设工程造价管理总站. 浙江省施工机械台班费用定额(2010 版)[S]. 北京：中国计划出版社，2010.

[4] 浙江省建设工程造价管理总站. 浙江省建设工程施工费用定额(2010 版)[S]. 北京：中国计划出版社，2010.

[5] 中华人民共和国国家标准. 建设工程工程量清单计价规范(GB 50500—2008)[S]. 北京：中国计划出版社，2008.

[6] 王云江. 市政工程定额与预算 [M]. 2 版. 北京：中国建筑工业出版社，2010.

[7] 王志毅. 中华人民共和国房屋建筑和市政工程标准施工招标文件(2010 年版)合同条款评注 [M]. 北京：中国建材工业出版社，2012.

[8] 全国造价计价工程师执业资格考试培训教材编审组. 工程造价计价与控制 [M]. 5 版. 北京：中国计划出版社，2009.

[9] 中华人民共和国住房和城乡建设部. 市政工程设计概算编制办法 [S]. 北京：中国计划出版社，2011.

[10] 国家发展改革委、建设部. 建设项目经济评价方法与参数 [S]. 3 版. 北京：中国计划出版社，2006.

北京大学出版社高职高专土建系列规划教材

序号	书名	书号	编著者	定价	出版时间	印次	配套情况
	基础课程						
1	工程建设法律与制度	978-7-301-14158-8	唐茂华	26.00	2012.7	6	ppt/pdf
2	建设法规及相关知识	978-7-301-22748-0	唐茂华等	34.00	2014.9	2	ppt/pdf
3	建设工程法规(第 2 版)	978-7-301-24493-7	皇甫婧琪	40.00	2014.12	2	ppt/pdf/答案/素材
4	建筑工程法规实务	978-7-301-19321-1	杨陈慧等	43.00	2012.1	4	ppt/pdf
5	建筑法规	978-7-301-19371-6	董伟等	39.00	2013.1	4	ppt/pdf
6	建设工程法规	978-7-301-20912-7	王先恕	32.00	2012.7	3	ppt/ pdf
7	AutoCAD 建筑制图教程(第 2 版)	978-7-301-21095-6	郭　慧	38.00	2014.12	6	ppt/pdf/素材
8	AutoCAD 建筑绘图教程(第 2 版)	978-7-301-24540-8	唐英敏等	44.00	2014.7	1	ppt/pdf
9	建筑 CAD 项目教程(2010 版)	978-7-301-20979-0	郭　慧	38.00	2012.9	2	pdf/素材
10	建筑工程专业英语	978-7-301-15376-5	吴承霞	20.00	2013.8	8	ppt/pdf
11	建筑工程专业英语	978-7-301-20003-2	韩薇等	24.00	2014.7	2	ppt/ pdf
12	★建筑工程应用文写作(第 2 版)	978-7-301-24480-7	赵立等	50.00	2014.7	1	ppt/pdf
13	建筑识图与构造(第 2 版)	978-7-301-23774-8	郑贵超	40.00	2014.12	2	ppt/pdf/答案
14	建筑构造	978-7-301-21267-7	肖　芳	34.00	2014.12	4	ppt/ pdf
15	房屋建筑构造	978-7-301-19883-4	李少红	26.00	2012.1	4	ppt/pdf
16	建筑识图	978-7-301-21893-8	邓志勇等	35.00	2013.1	2	ppt/ pdf
17	建筑识图与房屋构造	978-7-301-22860-9	贠禄等	54.00	2015.1	2	ppt/pdf /答案
18	建筑构造与设计	978-7-301-23506-5	陈玉萍	38.00	2014.1	1	ppt/pdf /答案
19	房屋建筑构造	978-7-301-23588-1	李元玲等	45.00	2014.1	1	ppt/pdf
20	建筑构造与施工图识读	978-7-301-24470-8	南学平	52.00	2014.8	1	ppt/pdf
21	建筑工程制图与识图(第 2 版)	978-7-301-24408-1	白丽红	29.00	2014.7	1	ppt/pdf
22	建筑制图习题集(第 2 版)	978-7-301-24571-2	白丽红	25.00	2014.8	1	pdf
23	建筑制图(第 2 版)	978-7-301-21146-5	高丽荣	32.00	2013.2	4	ppt/pdf
24	建筑制图习题集(第 2 版)	978-7-301-21288-2	高丽荣	28.00	2014.12	5	pdf
25	建筑工程制图(第 2 版)(附习题册)	978-7-301-21120-5	肖明和	48.00	2012.8	3	ppt/pdf
26	建筑制图与识图	978-7-301-18806-2	曹雪梅	36.00	2014.9	1	ppt/pdf
27	建筑制图与识图习题册	978-7-301-18652-7	曹雪梅等	30.00	2012.4	4	pdf
28	建筑制图与识图	978-7-301-20070-4	李元玲	28.00	2012.8	5	ppt/pdf
29	建筑制图与识图习题集	978-7-301-20425-2	李元玲	24.00	2012.3	4	ppt/pdf
30	新编建筑工程制图	978-7-301-21140-3	方筱松	30.00	2014.8	2	ppt/ pdf
31	新编建筑工程制图习题集	978-7-301-16834-9	方筱松	22.00	2014.1	2	pdf
	建筑施工类						
1	建筑工程测量	978-7-301-16727-4	赵景利	30.00	2013.8	11	ppt/pdf /答案
2	建筑工程测量(第 2 版)	978-7-301-22002-3	张敬伟	37.00	2013.5	5	ppt/pdf /答案
3	建筑工程测量实验与实训指导(第 2 版)	978-7-301-23166-1	张敬伟	27.00	2013.9	2	pdf/答案
4	建筑工程测量	978-7-301-19992-3	潘益民	38.00	2012.2	2	ppt/ pdf
5	建筑工程测量	978-7-301-13578-5	王金玲等	26.00	2011.8	3	pdf
6	建筑工程测量实训（第 2 版）	978-7-301-24833-1	杨凤华	34.00	2015.1	1	pdf/答案
7	建筑工程测量(含实验指导手册)	978-7-301-19364-8	石　东等	43.00	2012.6	3	ppt/pdf/答案
8	建筑工程测量	978-7-301-22485-4	景　铎等	34.00	2013.6	1	ppt/pdf
9	建筑施工技术	978-7-301-21209-7	陈雄辉	39.00	2013.2	4	ppt/pdf
10	建筑施工技术	978-7-301-12336-2	朱永祥等	38.00	2012.4	7	ppt/pdf
11	建筑施工技术	978-7-301-16726-7	叶　雯等	44.00	2013.5	6	ppt/pdf /素材
12	建筑施工技术	978-7-301-19499-7	董伟等	42.00	2011.9	2	ppt/pdf
13	建筑施工技术	978-7-301-19997-8	苏小梅	38.00	2013.5	3	ppt/pdf
14	建筑工程施工技术(第 2 版)	978-7-301-21093-2	钟汉华等	48.00	2013.8	5	ppt/pdf
15	数字测图技术	978-7-301-22656-8	赵　红	36.00	2013.6	1	ppt/pdf
16	数字测图技术实训指导	978-7-301-22679-7	赵　红	27.00	2013.6	1	ppt/pdf
17	基础工程施工	978-7-301-20917-2	董伟等	35.00	2012.7	2	ppt/pdf
18	建筑施工技术实训(第 2 版)	978-7-301-24368-8	周晓龙	30.00	2014.12	2	pdf
19	建筑力学(第 2 版)	978-7-301-21695-8	石立安	46.00	2014.12	5	ppt/pdf

序号	书名	书号	编著者	定价	出版时间	印次	配套情况
20	★土木工程实用力学	978-7-301-15598-1	马景善	30.00	2013.1	4	pdf/ppt
21	土木工程力学	978-7-301-16864-6	吴明军	38.00	2011.11	2	ppt/pdf
22	PKPM 软件的应用(第 2 版)	978-7-301-22625-4	王　娜等	34.00	2013.6	2	pdf
23	建筑结构(第 2 版)(上册)	978-7-301-21106-9	徐锡权	41.00	2013.4	2	ppt/pdf/答案
24	建筑结构(第 2 版)(下册)	978-7-301-22584-4	徐锡权	42.00	2013.6	2	ppt/pdf/答案
25	建筑结构	978-7-301-19171-2	唐春平等	41.00	2012.6	4	ppt/pdf
26	建筑结构基础	978-7-301-21125-0	王中发	36.00	2012.8	2	ppt/pdf
27	建筑结构原理及应用	978-7-301-18732-6	史美东	45.00	2012.8	1	ppt/pdf
28	建筑力学与结构(第 2 版)	978-7-301-22148-8	吴承霞等	49.00	2014.12	5	ppt/pdf/答案
29	建筑力学与结构(少学时版)	978-7-301-21730-6	吴承霞	34.00	2014.8	3	ppt/pdf/答案
30	建筑力学与结构	978-7-301-20988-2	陈水广	32.00	2012.8	1	pdf/ppt
31	建筑力学与结构	978-7-301-23348-1	杨丽君等	44.00	2014.1	1	ppt/pdf
32	建筑结构与施工图	978-7-301-22188-4	朱希文等	35.00	2013.3	2	ppt/pdf
33	生态建筑材料	978-7-301-19588-2	陈剑峰等	38.00	2013.7	2	ppt/pdf
34	建筑材料(第 2 版)	978-7-301-24633-7	林祖宏	35.00	2014.8	1	ppt/pdf
35	建筑材料与检测	978-7-301-16728-1	梅　杨等	26.00	2012.11	9	ppt/pdf/答案
36	建筑材料检测试验指导	978-7-301-16729-8	王美芬等	18.00	2014.12	7	pdf
37	建筑材料与检测	978-7-301-19261-0	王　辉	35.00	2012.6	5	ppt/pdf
38	建筑材料与检测试验指导	978-7-301-20045-2	王　辉	20.00	2013.1	3	ppt/pdf
39	建筑材料选择与应用	978-7-301-21948-5	申淑荣等	39.00	2013.3	2	ppt/pdf
40	建筑材料检测实训	978-7-301-22317-8	申淑荣等	24.00	2013.4	1	pdf
41	建筑材料	978-7-301-24208-7	任晓菲	40.00	2014.7	1	ppt/pdf /答案
42	建设工程监理概论(第 2 版)	978-7-301-20854-0	徐锡权等	43.00	2014.12	5	ppt/pdf /答案
43	★建设工程监理(第 2 版)	978-7-301-24490-6	斯　庆	35.00	2014.9	1	ppt/pdf /答案
44	建设工程监理概论	978-7-301-15518-9	曾庆军等	24.00	2012.12	5	ppt/pdf
45	工程建设监理案例分析教程	978-7-301-18984-9	刘志麟等	38.00	2013.2	2	ppt/pdf
46	地基与基础(第 2 版)	978-7-301-23304-7	肖明和等	42.00	2014.12	2	ppt/pdf/答案
47	地基与基础	978-7-301-16130-2	孙平平等	26.00	2013.2	3	ppt/pdf
48	地基与基础实训	978-7-301-23174-6	肖明和等	25.00	2013.10	1	ppt/pdf
49	土力学与地基基础	978-7-301-23675-8	叶火炎等	35.00	2014.1	1	ppt/pdf
50	土力学与基础工程	978-7-301-23590-4	宁培淋等	32.00	2014.1	1	ppt/pdf
51	建筑工程质量事故分析(第 2 版)	978-7-301-22467-0	郑文新	32.00	2014.12	3	ppt/pdf
52	建筑工程施工组织设计	978-7-301-18512-4	李源清	26.00	2014.12	7	ppt/pdf
53	建筑工程施工组织实训	978-7-301-18961-0	李源清	40.00	2014.12	4	ppt/pdf
54	建筑施工组织与进度控制	978-7-301-21223-3	张廷瑞	36.00	2012.9	3	ppt/pdf
55	建筑施工组织项目式教程	978-7-301-19901-5	杨红玉	44.00	2012.1	2	ppt/pdf/答案
56	钢筋混凝土工程施工与组织	978-7-301-19587-1	高　雁	32.00	2012.5	2	ppt/pdf
57	钢筋混凝土工程施工与组织实训指导(学生工作页)	978-7-301-21208-0	高　雁	20.00	2012.9	1	ppt
58	建筑材料检测试验指导	978-7-301-24782-2	陈东佐等	20.00	2014.9	1	ppt
59	★建筑节能工程与施工	978-7-301-24274-2	吴明军等	35.00	2014.11	1	ppt/pdf
60	建筑施工工艺	978-7-301-24687-0	李源清等	49.50	2015.1	1	pdf/ppt/答案
61	建筑材料与检测(第 2 版)	978-7-301-25347-2	梅　杨等	33.00	2015.2	1	pdf/ppt/答案
	工程管理类						
1	建筑工程经济(第 2 版)	978-7-301-22736-7	张宁宁等	30.00	2014.12	6	ppt/pdf/答案
2	★建筑工程经济(第 2 版)	978-7-301-24492-0	胡六星等	41.00	2014.9	1	ppt/pdf/答案
3	建筑工程经济	978-7-301-24346-6	刘晓丽等	38.00	2014.7	1	ppt/pdf/答案
4	施工企业会计(第 2 版)	978-7-301-24434-0	辛艳红等	36.00	2014.7	1	ppt/pdf/答案
5	建筑工程项目管理	978-7-301-12335-5	范红岩等	30.00	2012. 4	9	ppt/pdf
6	建设工程项目管理(第 2 版)	978-7-301-24683-2	王　辉	36.00	2014.9	1	ppt/pdf/答案
7	建设工程项目管理	978-7-301-19335-8	冯松山等	38.00	2013.11	3	pdf/ppt
8	★建设工程招投标与合同管理(第 3 版)	978-7-301-24483-8	宋春岩	40.00	2014.12	2	ppt/pdf/答案/试题/教案
9	建筑工程招投标与合同管理	978-7-301-16802-8	程超胜	30.00	2012.9	2	pdf/ppt

序号	书名	书号	编著者	定价	出版时间	印次	配套情况
10	工程招投标与合同管理实务	978-7-301-19035-7	杨甲奇等	48.00	2011.8	3	pdf
11	工程招投标与合同管理实务	978-7-301-19290-0	郑文新等	43.00	2012.4	2	ppt/pdf
12	建设工程招投标与合同管理实务	978-7-301-20404-7	杨云会等	42.00	2012.4	2	ppt/pdf/答案/习题库
13	工程招投标与合同管理	978-7-301-17455-5	文新平	37.00	2012.9	1	ppt/pdf
14	工程项目招投标与合同管理(第2版)	978-7-301-24554-5	李洪军等	42.00	2014.12	2	ppt/pdf/答案
15	工程项目招投标与合同管理(第2版)	978-7-301-22462-5	周艳冬	35.00	2014.12	3	ppt/pdf
16	建筑工程商务标编制实训	978-7-301-20804-5	钟振宇	35.00	2012.7	1	ppt
17	建筑工程安全管理	978-7-301-19455-3	宋　健等	36.00	2013.5	4	ppt/pdf
18	建筑工程质量与安全管理	978-7-301-16070-1	周连起	35.00	2014.12	8	ppt/pdf/答案
19	施工项目质量与安全管理	978-7-301-21275-2	钟汉华	45.00	2012.10	1	ppt/pdf/答案
20	工程造价控制(第2版)	978-7-301-24594-1	斯　庆	32.00	2014.8	1	ppt/pdf/答案
21	工程造价管理	978-7-301-20655-3	徐锡权等	33.00	2013.8	3	ppt/pdf
22	工程造价控制与管理	978-7-301-19366-2	胡新萍等	30.00	2014.12	4	ppt/pdf
23	建筑工程造价管理	978-7-301-20360-6	柴　琦等	27.00	2014.12	4	ppt/pdf
24	建筑工程造价管理	978-7-301-15517-2	李茂英等	24.00	2012.1	4	pdf
25	工程造价案例分析	978-7-301-22985-9	甄　凤	30.00	2013.8	1	pdf/ppt
26	建设工程造价控制与管理	978-7-301-24273-5	胡芳珍等	38.00	2014.6	1	ppt/pdf/答案
27	建筑工程造价	978-7-301-21892-1	孙咏梅	40.00	2013.2	1	ppt/pdf
28	★建筑工程计量与计价(第2版)	978-7-301-22078-8	肖明和等	58.00	2014.12	5	pdf/ppt
29	★建筑工程计量与计价实训(第2版)	978-7-301-22606-3	肖明和等	29.00	2014.12	4	pdf
30	建筑工程计量与计价综合实训	978-7-301-23568-3	龚小兰	28.00	2014.1	1	pdf
31	建筑工程估价	978-7-301-22802-9	张　英	43.00	2013.8	1	ppt/pdf
32	建筑工程计量与计价——透过案例学造价(第2版)	978-7-301-23852-3	张　强	59.00	2014.12	3	ppt/pdf
33	安装工程计量与计价(第3版)	978-7-301-24539-2	冯　钢等	54.00	2014.8	2	pdf/ppt
34	安装工程计量与计价综合实训	978-7-301-23294-1	成春燕	49.00	2014.12	3	pdf/素材
35	安装工程计量与计价实训	978-7-301-19336-5	景巧玲等	36.00	2013.5	4	pdf/素材
36	建筑水电安装工程计量与计价	978-7-301-21198-4	陈连姝	36.00	2013.8	3	ppt/pdf
37	建筑与装饰装修工程工程量清单	978-7-301-17331-2	翟丽旻等	25.00	2012.8	4	pdf/ppt/答案
38	建筑工程清单编制	978-7-301-19387-7	叶晓容	24.00	2011.8	2	ppt/pdf
39	建设项目评估	978-7-301-20068-1	高志云等	32.00	2013.6	2	ppt/pdf
40	钢筋工程清单编制	978-7-301-20114-5	贾莲英	36.00	2012.2	2	ppt / pdf
41	混凝土工程清单编制	978-7-301-20384-2	顾　娟	28.00	2012.5	1	ppt / pdf
42	建筑装饰工程预算	978-7-301-20567-9	范菊雨	38.00	2013.6	2	pdf/ppt
43	建设工程安全监理	978-7-301-20802-1	沈万岳	28.00	2012.7	1	pdf/ppt
44	建筑工程安全技术与管理实务	978-7-301-21187-8	沈万岳	48.00	2012.9	2	pdf/ppt
45	建筑工程资料管理	978-7-301-17456-2	孙　刚等	36.00	2014.12	5	pdf/ppt
46	建筑施工组织与管理(第2版)	978-7-301-22149-5	翟丽旻等	43.00	2014.12	3	ppt/pdf/答案
47	建设工程合同管理	978-7-301-22612-4	刘庭江	46.00	2013.6	1	ppt/pdf/答案
48	★工程造价概论	978-7-301-24696-2	周艳冬	31.00	2015.1	1	ppt/pdf/答案
	建筑设计类						
1	中外建筑史(第2版)	978-7-301-23779-3	袁新华等	38.00	2014.2	2	ppt/pdf
2	建筑室内空间历程	978-7-301-19338-9	张伟孝	53.00	2011.8	1	pdf
3	建筑装饰CAD项目教程	978-7-301-20950-9	郭　慧	35.00	2013.1	2	ppt/素材
4	室内设计基础	978-7-301-15613-1	李书青	32.00	2013.5	3	ppt/pdf
5	建筑装饰构造	978-7-301-15687-2	赵志文等	27.00	2012.11	6	ppt/pdf/答案
6	建筑装饰材料(第2版)	978-7-301-22356-7	焦　涛等	34.00	2013.5	2	ppt/pdf
7	★建筑装饰施工技术(第2版)	978-7-301-24482-1	王　军	37.00	2014.7	2	ppt/pdf
8	设计构成	978-7-301-15504-2	戴碧锋	30.00	2012.10	2	ppt/pdf
9	基础色彩	978-7-301-16072-5	张　军	42.00	2011.9	2	pdf
10	设计色彩	978-7-301-21211-0	龙黎黎	46.00	2012.9	1	ppt
11	设计素描	978-7-301-22391-8	司马金桃	29.00	2013.4	2	ppt
12	建筑素描表现与创意	978-7-301-15541-7	于修国	25.00	2012.11	3	Pdf
13	3ds Max 效果图制作	978-7-301-22870-8	刘　晗等	45.00	2013.7	1	ppt
14	3ds max 室内设计表现方法	978-7-301-17762-4	徐海军	32.00	2010.9	1	pdf

序号	书名	书号	编著者	定价	出版时间	印次	配套情况
15	Photoshop 效果图后期制作	978-7-301-16073-2	脱忠伟等	52.00	2011.1	2	素材/pdf
16	建筑表现技法	978-7-301-19216-0	张　峰	32.00	2013.1	2	ppt/pdf
17	建筑速写	978-7-301-20441-2	张　峰	30.00	2012.4	1	pdf
18	建筑装饰设计	978-7-301-20022-3	杨丽君	36.00	2012.2	1	ppt/素材
19	装饰施工读图与识图	978-7-301-19991-6	杨丽君	33.00	2012.5	1	ppt
20	建筑装饰工程计量与计价	978-7-301-20055-1	李茂英	42.00	2013.7	3	ppt/pdf
21	3ds Max & V-Ray 建筑设计表现案例教程	978-7-301-25093-8	郑恩峰	40.00	2014.12	1	ppt/pdf
	规划园林类						
1	城市规划原理与设计	978-7-301-21505-0	谭婧婧等	35.00	2013.1	2	ppt/pdf
2	居住区景观设计	978-7-301-20587-7	张群成	47.00	2012.5	1	ppt
3	居住区规划设计	978-7-301-21031-4	张　燕	48.00	2012.8	2	ppt
4	园林植物识别与应用	978-7-301-17485-2	潘利等	34.00	2012.9	1	ppt
5	园林工程施工组织管理	978-7-301-22364-2	潘利等	35.00	2013.4	1	ppt/pdf
6	园林景观计算机辅助设计	978-7-301-24500-2	于化强等	48.00	2014.8	1	ppt/pdf
7	建筑・园林・装饰设计初步	978-7-301-24575-0	王金贵	38.00	2014.10	1	ppt/pdf
	房地产类						
1	房地产开发与经营(第 2 版)	978-7-301-23084-8	张建中等	33.00	2014.8	2	ppt/pdf/答案
2	房地产估价(第 2 版)	978-7-301-22945-3	张　勇等	35.00	2014.12	2	ppt/pdf/答案
3	房地产估价理论与实务	978-7-301-19327-3	褚菁晶	35.00	2011.8	2	ppt/pdf/答案
4	物业管理理论与实务	978-7-301-19354-9	裴艳慧	52.00	2011.9	2	ppt/pdf
5	房地产测绘	978-7-301-22747-3	唐春平	29.00	2013.7	1	ppt/pdf
6	房地产营销与策划	978-7-301-18731-9	应佐萍	42.00	2012.8	2	ppt/pdf
7	房地产投资分析与实务	978-7-301-24832-4	高志云	35.00	2014.9	1	ppt/pdf
	市政与路桥类						
1	市政工程计量与计价(第 2 版)	978-7-301-20564-8	郭良娟等	42.00	2015.1	6	pdf/ppt
2	市政工程计价	978-7-301-22117-4	彭以舟等	39.00	2015.2	1	ppt/pdf
3	市政桥梁工程	978-7-301-16688-8	刘　江等	42.00	2012.10	2	ppt/pdf/素材
4	市政工程材料	978-7-301-22452-6	郑晓国	37.00	2013.5	1	ppt/pdf
5	道桥工程材料	978-7-301-21170-0	刘水林等	43.00	2012.9	1	ppt/pdf
6	路基路面工程	978-7-301-19299-3	偶昌宝等	34.00	2011.8	1	ppt/pdf/素材
7	道路工程技术	978-7-301-19363-1	刘　雨等	33.00	2011.12	1	ppt/pdf
8	城市道路设计与施工	978-7-301-21947-8	吴颖峰	39.00	2013.1	1	ppt/pdf
9	建筑给排水工程技术	978-7-301-25224-6	刘　芳等	46.00	2014.12	1	ppt/pdf
10	建筑给水排水工程	978-7-301-20047-6	叶巧云	38.00	2012.2	1	ppt/pdf
11	市政工程测量(含技能训练手册)	978-7-301-20474-0	刘宗波等	41.00	2012.5	1	ppt/pdf
12	公路工程任务承揽与合同管理	978-7-301-21133-5	邱　兰等	30.00	2012.9	1	ppt/pdf/答案
13	★工程地质与土力学(第 2 版)	978-7-301-24479-1	杨仲元	41.00	2014.7	1	ppt/pdf
14	数字测图技术应用教程	978-7-301-20334-7	刘宗波	36.00	2012.8	1	ppt
15	水泵与水泵站技术	978-7-301-22510-3	刘振华	40.00	2013.5	1	ppt/pdf
16	道路工程测量(含技能训练手册)	978-7-301-21967-6	田树涛等	45.00	2013.2	1	ppt/pdf
17	桥梁施工与维护	978-7-301-23834-9	梁　斌	50.00	2014.2	1	ppt/pdf
18	铁路轨道施工与维护	978-7-301-23524-9	梁　斌	36.00	2014.1	1	ppt/pdf
19	铁路轨道构造	978-7-301-23153-1	梁　斌	32.00	2013.10	1	ppt/pdf
	建筑设备类						
1	建筑设备基础知识与识图(第 2 版)	978-7-301-24586-6	靳慧征等	47.00	2014.12	2	ppt/pdf/答案
2	建筑设备识图与施工工艺	978-7-301-19377-8	周业梅	38.00	2011.8	4	ppt/pdf
3	建筑施工机械	978-7-301-19365-5	吴志强	30.00	2014.12	5	pdf/ppt
4	智能建筑环境设备自动化	978-7-301-21090-1	余志强	40.00	2012.8	1	pdf/ppt
5	流体力学及泵与风机	978-7-301-25279-6	王　宁等	35.00	2015.1	1	pdf/ppt/答案

相关教学资源如电子课件、电子教材、习题答案等可以登录 www.pup6.com 下载或在线阅读。

扑六知识网(www.pup6.com)有海量的相关教学资源和电子教材供阅读及下载(包括北京大学出版社第六事业部的相关资源)，同时欢迎您将教学课件、视频、教案、素材、习题、试卷、辅导材料、课改成果、设计作品、论文等教学资源上传到 www.pup6.com，与全国高校师生分享您的教学成就与经验，并可自由设定价格，知识也能创造财富。具体情况请登录网站查询。

如您需要样书用于教学，欢迎登录第六事业部门户网(www.pup6.cn)申请，并可在线登记选题来出版您的大作，也可下载相关表格填写后发到我们的邮箱，我们将及时与您取得联系并做好全方位的服务。

联系方式：010-62756290，010-62750667，yangxinglu@126.com，pup_6@163.com，欢迎来电来信咨询。